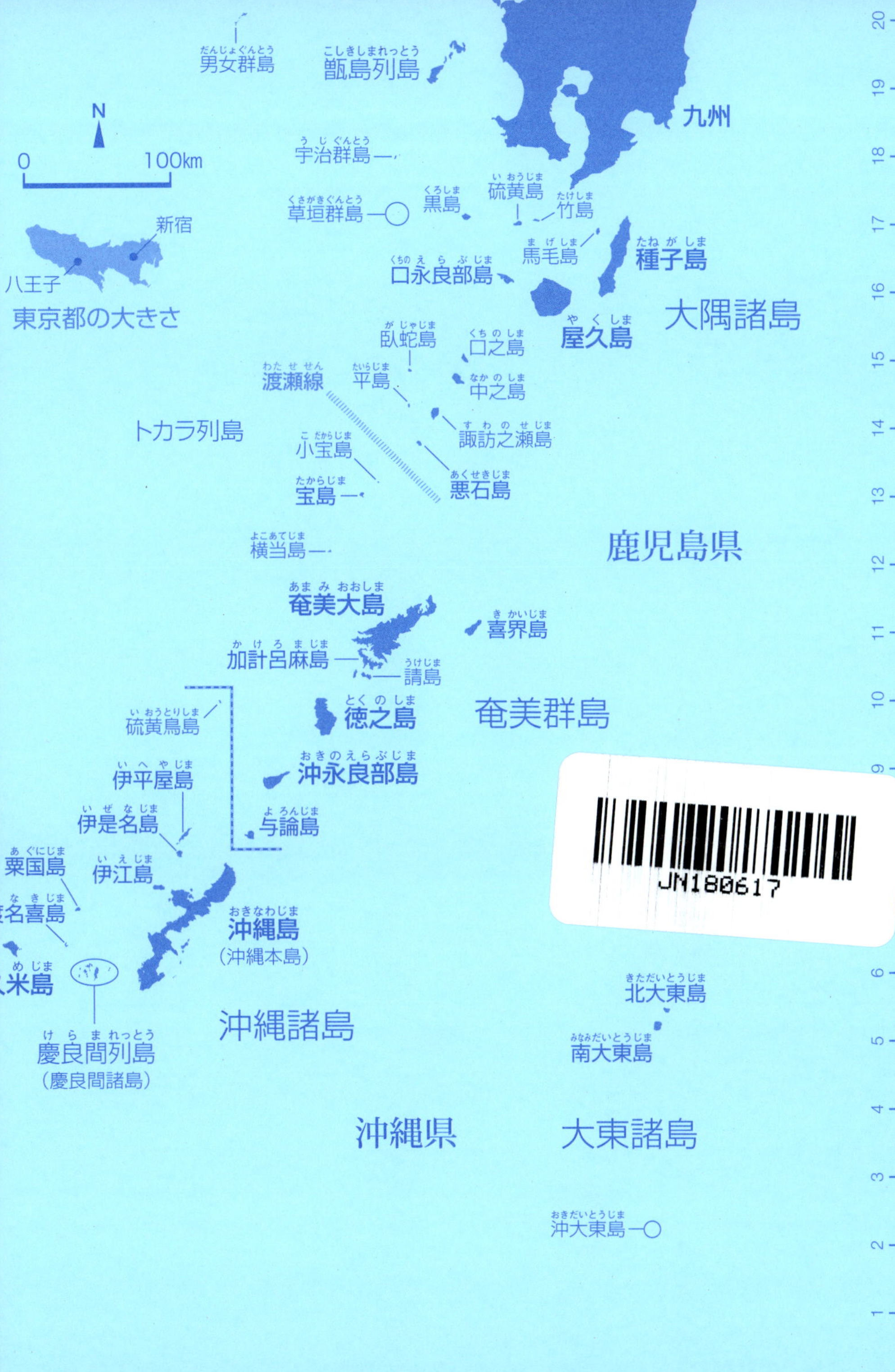
男女群島
甑島列島
九州
N
0
100km
宇治群島
草垣群島
黒島
硫黄島
竹島
新宿
八王子
東京都の大きさ
馬毛島
種子島
口永良部島
大隅諸島
屋久島
臥蛇島
口之島
渡瀬線
平島
中之島
トカラ列島
諏訪之瀬島
小宝島
悪石島
宝島
横当島
鹿児島県
奄美大島
喜界島
加計呂麻島
請島
硫黄鳥島
徳之島
奄美群島
伊平屋島
沖永良部島
伊是名島
与論島
粟国島
伊江島
度名喜島
沖縄島
(沖縄本島)
久米島
北大東島
沖縄諸島
南大東島
慶良間列島
(慶良間諸島)
沖縄県
大東諸島
沖大東島

Trees and Shrubs of the Ryukyu Islands

Tomoshi OHKAWA, Masayuki HAYASHI

琉球の樹木

奄美・沖縄～八重山の亜熱帯植物図鑑

はじめに

今から26年前の大学3年時、植物を見ながら離島を旅することが目的で西表島を訪ねたのが、初めての琉球だった。延々と県道を歩き、船浮に渡り、島を横断したことを今でもはっきりと覚えている。その後沖縄に移り住み、琉球大学で2年間、琉球の植物に精通した横田昌嗣先生の下でスゲ属の研究もさせてもらった。その頃からおぼろげに「樹木図鑑を作りたいな」と思い、10年ほど前からは少し本気で考えるようになった。ただ、具体的な青写真もないまま時は過ぎたが、図鑑作成のプロであり友人でもある林将之さんから、「一緒にやりましょう」と声をかけてもらったことで、一気に話が進み始めた。その後は林さんや編集担当の椿さんに引っ張られるのについていくので精一杯だったが、横田先生と既知だったことや、大学院時代の後輩が偉くなっていたこと、それに何度も琉球に通い、西表や奄美の方々と繋がりができていたことにずいぶんと助けられた。

さて、琉球の島々を巡って樹木を観察してきたが、後になって勘違いや間違いに気づくことが何度もあった。『琉球植物誌』が出てすでに40年以上が経ち、最近の知見を取り入れた視覚的で手頃な図鑑の必要性は常々感じていた。その場合は琉球に分布する樹木全種が載っていないと安心して調べられないな、とも感じていた。本書はそういう意味で、「自生全種」を掲載し、島ごとの分布一覧を作成することにこだわった。もちろん「全種」とはいえあくまで現時点でのことで、今後も新たな種がそれぞれの島で見つかることだろう。その時に本書が少しでも役に立ち、新発見に繋がる後押しとなってくれることを願っている。

大川智史（主に奄美群島・先島諸島・島嶼別分布リスト担当）

琉球は、本土とは大きく異なる亜熱帯の樹木が数多く見られ、多くの植物好きや南国ファンを惹きつけてやまない場所だ。那覇空港から続くコバノナンヨウスギの街路樹、国際通りで咲き誇るホウオウボク、御嶽（うたき）に垂れ下がるガジュマルの気根、海岸線に続くビロウの並木道やマングローブ、やんばるの林道を覆うヒカゲヘゴの森。琉球では当たり前の風景も、温帯の人間にとってはどれも衝撃的で、亜熱帯の情熱を感じずにはいられない。

これほど魅惑的な樹木が多いにもかかわらず、琉球の樹木を詳しく解説した図鑑は意外に少なかった。1971年の『琉球植物誌』、1979年の『沖縄植物野外活用図鑑』、1994年の『琉球植物目録』、1997年の『沖縄の都市緑化植物図鑑』など、名著は多いが大半が絶版で、ビジュアルな本格図鑑が待ち望まれていた。そこで本書は、琉球に自生する全樹木500種余りと、街中や観光地などでよく目にする主要な植栽木約150種を取り上げ、葉のスキャン画像、花や果実の生態写真、見分け方、最新の分類や分布など、従来の文献になかった情報も満載し、日本の亜熱帯樹木の基礎資料となることを目指した。

筆者は14歳で訪れた奄美に魅せられ、20代で南西諸島に通い、30代で沖縄に移住した琉球ファンの一人である。本土で樹木図鑑を制作してきたノウハウを活かし、ナイチャー（本土人）だからこそ分かる琉球の魅力を伝えたい。琉球の樹木図鑑をつくるという20年来の夢を叶えることができ、ご協力いただいた皆さんとこの土地に深く感謝している。

2016年10月1日　　**林　将之**（主に沖縄島・植栽種・葉の検索一覧表担当）

目次

（）内は本書に写真掲載した変種以上の数

凡例

本書は、琉球、すなわち奄美群島〜八重山列島に分布する全ての自生樹木510種と、主要な植栽樹木151種（うち野生化約65種）、それに草本だがよく目立つもの19種を加えた合計680種（いずれも変種以上）を写真・画像で掲載した。文中で紹介した近縁種や品種等も含めた掲載種総計は862種類にのぼる。ただし、確かな自生情報が得られなかった樹種や、園芸に特化した樹種などは割愛した。掲載順はAPG Ⅲ分類体系の科の配列に従い、属および種は葉形や生活形が類似するものを適宜並べた。制作にあたっては、筆者らが実際に確認した生育状況を踏まえ、葉などの栄養器官で同定が行えるよう、ビジュアルで分かりやすい紙面を心掛けた。執筆は、大川智史が主に奄美群島、先島諸島、その他の離島の自生種を担当、林将之が主に沖縄島の自生種と植栽種を担当し、相互に補完した。その上で、自生種については横田昌嗣氏の助言を、植栽種については花城良廣氏などの助言を仰いだ。p.14に葉の検索表と葉一覧表を設けたほか、類似種が多い科・属については、各分類群の冒頭に検索表を作成し、葉の形態などから候補種を調べられるように配慮した。

■ 和名・漢字名・別名・方言名

和名は植物学でよく使われる分かりやすいもの、または『YList』（米倉浩司・梶田忠；BG Plants 和名−学名インデックス；http://ylist.info）に記されたものをカナ表記したが、琉球でよく普及した呼称がある場合はそれを優先した。和名の上の罫線は、琉球自生種は黒、外来種は赤で記した。漢字名はなるべくシンプルなものを[]内に一つ記し、英語やラテン語由来の場合はスペルを記した。「**別**」の項目には、一般によく使われる別名を最大3つ記した。「**方**」の項目には、琉球における主な方言名を、北から順（例：奄美、沖縄、八重山）に最大3つ記した。

■ 分類・学名

分類は分子系統解析による最新の分類体系（APG Ⅲ）に従い、原則として、自生種・野生化種の学名は『日本維管束目録』（北隆館）および前述の『YList』に、植栽種の学名は前述の『YList』または『The Plants List（2013）』Version 1.1. Published on the Internet; http://www.theplantlist.org/）に従い、著者名は省いた。基準種が国外にある場合は琉球産の種内分類群の学名を必ず記した。科・属の和名および学名はページ両横に記し、本文内の属学名は短縮した。科・属名の字と帯は、シダ植物、裸子植物、基部被子植物群、単子葉類、真正双子葉類で色分けした。

■ 性状・樹高

樹木の性状は、常緑・半常緑（常緑樹に近い）・半落葉（落葉樹に近い）・落葉のどれか1つを記したが、亜熱帯で台風の多い琉球では、落葉状態に環境や年による差が現れやすく、適切に表現できない場合がある。樹高は、成木の樹高が概ね10m以上に達するものを高木、4−10mのものを小高木、4m以下のものを低木、0.5m以下のものを矮性低木、茎が匍匐するものを匍匐性低木、草と木の中間的性質のものを亜低木、つる状のものをつる性木本（または草本）に区分し、()内に成木の標準的な樹高を記した。つる植物は()内につるの形態を以下のように区分し記した。Z巻（横から見てつるがZと同じ向きに巻く）、S巻（横から見てつるがSと同じ向きに巻く）、気根（付着根で貼りつく）、巻ひげ（枝や葉の巻きひげで巻きつく）、刺（刺で絡む）、葉柄（小葉柄などで巻きつく）、吸盤（吸盤で貼りつく）など。

■ 分布

「**分**」の項目は、日本国内の分布を北から記し、外国産種の場合は原産地を記した。日本本土の分布は、原則としての地方単位（関東、九州など）で記し、局地的な場合は都道府県名や地域名を記した。南西諸島の分布は、下記の主要な島・諸島については必ず記し、分布域の端や隔離分布、分布上重要な場合については、それ以外の小さな島も記した。主要な島に全て分布する場合は諸島名で記したが、諸島内の小さな島にも全て分布するとは限らない。各諸島の範囲は見返しの地図に記した。分布が連続する場合は、北端と南端を「〜」で繋いで記した。「本州〜屋久島」と記した場合は本州、四国、九州、種子島、屋久島に分布することを指す。国外の分布は必要に応じて解説文で述べた。

【分布を記した主要な島・諸島（略称）】

種子島（種子）・屋久島（屋久）・吐噶喇列島（トカラ）・奄美大島（奄美）、徳之島（徳之）・沖永良部島（沖永）・沖縄本島（沖縄島※）・宮古島（宮古）・石垣島（石垣）・西表島（西表）・波照間島（波照間）・与那国島（与那国）・大東諸島（大東）。※沖縄県や沖縄市との混同を避けるため「沖縄島」と表記。

■ 個体数・植栽利用

自生種および広く野生化した種を対象に、琉球における個体数の多少を、ごく普通・普通・やや普通・やや稀・稀・ごく稀の6段階で記した。地域ごとに差がある場合はそれを記した。琉球で植栽利用がある場合、庭木・公園樹・街路樹・生垣・防風林・果樹などの用途を記した。

■ 葉の形状

「**葉**」の項目は、葉形・葉序・葉縁・葉身の長さを「／」で区切って記した。葉形は、単葉・羽状複葉・3出複葉・掌状複葉・針状葉・鱗状葉などを記し、単葉で分裂する場合は裂数を（）内に記し、羽状複葉や掌状複葉では標準的な小葉の枚数を（）内に記した。単に羽状複葉と記した場合は1回奇数羽状複葉を指すが、必要に応じ偶数・奇数や回数を記した。葉序は互生・対生・輪生・らせん生・束生（顕著な場合のみ）のいずれかを記した。葉縁は全縁・鋸歯縁の区別を記し、必要に応じて鈍鋸歯・低鋸歯・粗鋸歯のように補足した。「長」「幅」は葉身の長さ（葉柄は含まない）と幅を、複葉の場合は小葉の葉身の長さを、実測値で記した。

■ 花・実の形状

「**花**」の項目は、琉球における標準的な花色・花や花序の大きさや形状・大まかな花期を「／」で区切って記した。「**実**」の項目も同様に、標準的な実色・大きさや形状・果期を記した。いずれも同定のポイントとなる情報を重視した。ただし、琉球は四季が不明瞭で台風による攪乱も多いため、花期・果期のずれが大きく、また奄美と八重山では数ヶ月もの季節差が生じることも多い点に注意を要する。

■ 解説文

◆印以下に、生育環境・特徴・同定ポイント・類似種や種内分類群・本土産との違い・名の由来などを解説した。専門用語の羅列にならないよう、シンプルで分かりやすい解説を心掛けた。

■ 生態写真

自生種は原則として琉球の自生個体の写真を掲載し、植栽個体の場合はそれを記した。なるべく花か実の写真を載せ、主要種や特徴的なものは樹皮や樹形の写真も載せた。キャプション（写真解説文）の（）内には、撮影月日、撮影地（市町村名または島名や山名）、撮影者名を表すアルファベットを記した（撮影者名は奥付参照）。

■ 葉のスキャン画像

葉の画像は、原則として琉球の自生個体の典型的な葉の表裏を、スキャナで直接スキャンして掲載したが、稀少種に関しては栽培個体か現地で写真撮影した。枝の様子や葉形の変異も分かるように、なるべく枝つきの葉を選んだ。同定に重要な部位は、円内に拡大画像を掲載した。掲載倍率は原則0.1倍単位で「×0.8」のように水色字で記し、葉の裏面は「裏」と記した。同定ポイントとなる特徴は引き出し線で解説をつけた。

用語解説

亜種(あしゅ):種の下の分類階級で最も上位のもの。基準種(基準亜種)に比べ、形態の違いと、異なる分布域を有する場合が多い。基準種の学名の後にsubspeciesの省略形subsp.を記し、亜種名を記す。

亜熱帯(あねったい):熱帯と温帯の中間に位置する気候帯で、厳密な定義はないが、日本では奄美群島以南や小笠原諸島が該当する。

逸出(いっしゅつ):栽培された植物が逃げ出し、野生状態で見られること。

御嶽(うたき):琉球の信仰における重要な場所で、神様が降臨する空間が神聖な場所とされることが多い。本土の神社と同様、その周辺は自然性の高い森に囲まれていることが多い。

帰化(きか):広義には、本来その地域に分布しない植物が野生化すること。狭義には、人間が意図しない運搬方法で持ち込まれた植物が野生化すること(自然帰化)。

気根(きこん):空気中に伸びた根のこと。支柱根や呼吸根、板根、他物に張りつくための付着根などがある。

ギャップ:森林内で、倒木や大枝折れなどにより生じた林冠の空隙のこと。

鋸歯(きょし):葉の縁などに見られるギザギザのこと。

呼吸根(こきゅうこん):呼吸をするために空気中に出た根のこと。マングローブ植物に多く見られる。

栽培品種(さいばいひんしゅ):野生植物から、ある形質を栽培や園芸目的で明瞭化するために選抜し、名前をつけられたもの。栽培品種名を' 'で囲んで表記する。園芸品種。

蒴果(さくか):果実に複数の部屋があり、熟すと部屋の数だけ裂けるもの。

3行脈(さんこうみゃく):葉の基部付近から伸びる3本の太い葉脈のこと。

自生(じせい):ある植物がその土地に本来の自然状態で生育すること。野生。

支柱根(しちゅうこん):植物体を支えるために、地上部から出て地中に達する根のこと。支持根ともいう。ガジュマルやアダン、ヤエヤマヒルギなどで顕著。

小葉(しょうよう):複葉の、小さく分かれた葉身の一つ一つ。

植栽(しょくさい):人が植えること。

星状毛(せいじょうもう):放射状に分岐し星形に見える毛のこと。肉眼ではその形を確認しにくい場合もある。

石灰岩地(せっかいがんち):琉球では、主にサンゴ礁が隆起して生じた石灰岩質の土地。海岸や低地に多く、灰白色の石灰岩がしばしば露出する→p.9参照

腺(せん):様々な分泌物を分泌する器官。毛の場合は腺毛(せんもう)、点状の場合は腺点(せんてん)、突起状の場合は腺体(せんたい)という。

全縁(ぜんえん):葉などの縁に鋸歯がなく滑らかなこと。

痩果(そうか):果皮が硬く、中に1種子が入っている果実。外見は種子のように見える。

束生(そくせい):複数の葉や花が1カ所から束状に生えること。

托葉(たくよう):葉柄の基部に普通1対生じる、小さな葉状の器官。種によってはないものも多い。

徒長枝(とちょうし):通常より勢いよく長く伸びた枝のこと。

板根(ばんこん):幹の基部で、板状に地上にせり出した根。植物体を支える役割があり、ぬかるんだ場所に生えた木や大木でよく見られ、熱帯生樹木に多い。

皮目(ひもく):樹皮に生じ、通気を行うためのコルク質の組織。

品種(ひんしゅ):種の下の分類階級で最も下位のもの。基準種(基準品種)と比べ、花色など一つの形質が異なる場合が多い。基準種の学名の後にformaの省略形f.を記し、品種名を記す。

変種(へんしゅ):種の下の分類階級。基準種(基準変種)と比べ、通常は分布に関係ない形態の変異を有するものだが、分布域が異なる場合もある。基準種の学名の後にvarietasの省略形var.を記し、変種名を記す。

マングローブ:河口や汽水域の潮間帯に成立する森林、またはそこに生育する植物の総称。熱帯、亜熱帯に見られ、ヒルギ類をはじめ支柱根や呼吸根を発達させた特有の樹木が多い。

蜜腺(みつせん):蜜を分泌する腺。花以外に葉などに生じることも多く、多くは突起状か点状で、アリが集まる。

虫こぶ(むしこぶ):虫が植物体に寄生して生じる異常なこぶ。虫癭(ちゅうえい)、ゴールともいう。

野生化(やせいか):その土地に本来は野生で見られない植物が、野生(自生)状に生育すること。栽培植物から野生化したものを逸出、無意識的に野生化したものを帰化と呼ぶ場合もあるが、両者の区別は時に難しいので、本書では両方含めて「野生化」と記した。

優占(ゆうせん):ある植物が、ある範囲に生育する植物の中で、特に広い面積を占めるか、特に個体数が多いこと。

幼形葉(ようけいよう):幼い樹木や花をつけない枝に生じる特徴的な形態の葉。つる植物の地面をはう枝につく小形の葉も含めた。成木につく通常の葉は成形葉(せいけいよう)と呼ぶ。

葉軸(ようじく):羽状複葉の小葉がつく軸の部分。基部は葉柄に繋がる。

葉身(ようしん):葉の本体にあたる面状の部分。

葉柄(ようへい):葉の柄の部分。

葉脈(ようみゃく):葉身の中に分布する脈で、水分や養分の通り道。特に太い脈を主脈(しゅみゃく。中央を通る脈は中央脈)、主脈から横に伸びる脈を側脈(そくみゃく)、さらに分岐した脈を細脈(さいみゃく)、最も細かい網目状の脈を網脈(もうみゃく)という。

翼(よく):果実や枝に生じる、ひれ状やプロペラ状の突起部分。

隆起石灰岩(りゅうきせっかいがん):海中で生じたサンゴ礁由来の石灰岩が、地殻変動などで隆起し地上に現れたもの。隆起サンゴ礁。→p.9参照

琉球(りゅうきゅう):定義は定まっていないが、本書では奄美群島から八重山列島まで(沖縄諸島、宮古列島、大東諸島、尖閣諸島を含む)を指した。自然科学の分野では、種子島・屋久島などの大隅諸島から八重山列島までを琉球列島と称することが多いが、国土地理院では沖縄諸島〜八重山列島を琉球諸島としている。→見返し地図参照

稜(りょう):枝や果実の表面に生じる、角張った線状の部分。

S巻(Sまき):横から見てつるがSと同じ向き(↖)に巻く。これを左巻きと呼ぶことが多いが、右巻きと呼ぶ見解もあり混乱しているので、ロープの分野で使われるS・Zの表現を用いた。

Z巻(Zまき):横から見てつるがZと同じ向き(↗)に巻く。

琉球の生物相の成立

琉球の主要な島々は、海底に堆積した四万十帯と呼ばれる地層が、フィリピン海プレートが大陸プレートに沈み込む時にはぎ取られ、次々と付加され押し上げられたものが土台になっている。

では最初に地面が海上に現れたのは、つまり琉球の島々が生まれたのは、いつどの辺りだったのだろうか。それはおよそ2300万年前から始まる新第三期中新世で、場所は中国大陸の東側、古黄河から古揚子江の河口域一帯にかけてではないかと考えられている。そして、この時代に地続きだった大陸から移動してきた生物たちが、琉球の生物相の最も古い基礎を形づくることになった。

現存の生物につながる祖先がほぼ出そろった約500万年前の鮮新世以降になると、大陸の東に広がっていた陸地は、プレートの動きや東シナ海の拡大により大陸から切り離され、現在の琉球の位置まで押し出されるようにして、ゆっくりと東に移動してきた。古い時代の生物を乗せたまま移動してきたこの様子は、時に「中新世の方舟」とたとえられるが、中琉球や北琉球に見られる中国大陸と類縁の深い生き物たちや古い化石の存在も、この仮説を使うと説明しやすいようだ。

その後、第四紀更新世に入ると氷河期が繰り返されることで海水面が上下し、特に最も寒冷化した最終のウルム氷期では、海水面が約120m低下することで島々の陸域が広がり、浅い東シナ海では海岸線が数百㎞以上も後退することで広大な陸地が出現した。さらにこの時代を通しては、浅海でつくられたサンゴ礁が地殻変動で隆起することで、宝島や与論島、宮古列島など琉球石灰岩からなる新たな島がいくつも発生した。

この頃に、琉球の島々が台湾や九州、それに中国大陸とどこまで陸続きになっていたかは不明な部分が多いが、ただ生物の移動範囲が広がったこと自体は想像に難くなく、この時に何らかの方法で渡ってきた生物が既にいた生物と重なり合うことで、現在の琉球の生物相ができあがったと考えられる。ただし、ウルム氷期でもトカラ列島の小宝島と悪石島の間には海峡が存在し、生物の移動が制限されたため、ここに旧北区（北海道〜九州を含むユーラシア大陸の大部分など）と東洋区（琉球〜東南アジア〜インドなど）という生物区の重要な境界線（渡瀬線）ができることになった。

一方、琉球の多くの島々と違い、大東諸島は小笠原諸島と同様、一度も大陸と陸続きになったことのない「海洋島」として知られている。今から約4800万年前に赤道付近でできた火山島が、長い年月をかけて北に移動しながら沈降し、その上に発達したサンゴ礁（環礁）が後に隆起してできた島である。ただし、海洋島ではあるが島の面積が小さいこと、比較的大陸と近いこと、それに西から東へ黒潮が流れていることなどから、小笠原諸島のように固有種は多くはなく、他の琉球の島々と生物相の共通性は比較的高い。（大川智史）

琉球石灰岩の大規模な海食崖（徳之島伊仙町 O）

隆起環礁の絶壁に発達した長幕の森（北大東島 O）

琉球の植生と樹木

奄美群島から八重山列島にかけての琉球一帯は、世界的にも稀な亜熱帯海洋性気候に立地する照葉樹林が広がり、温帯から熱帯までの植物が混在することが特徴である。

琉球の植生に関しては、優占種（ゆうせんしゅ）による概観や植物社会学的な区分による解説が様々な文献でなされてきた。学術的な解説はそれらを見ていただくとして、本稿では少し視点を変え、主要な植生内に見られる珍しい樹木を追いながら、海からさかのぼる形で全体を見渡していきたいと思う。

海浜植生

最も海に近い海岸の砂浜では、グンバイヒルガオやハマゴウが優占し、後方にクサトベラ群落やモンパノキが単木的に見られる砂浜植生が成立している。クスノキ科のスナヅルは琉球全域で普通に見られるし、伊平屋島の北部ではオキナワハイネズが群生し、宮古島の一部ではナガミハマナタマメやハテルマカズラが見られる砂浜もある。

同じような沿岸部でも、隆起サンゴ礁の岩場がむき出しになり、常に波の飛沫を浴びるような場所では、ハギカズラやナハエボシグサ、クロイゲなどの半つる性植物が優占する群落が見られる。イソマツやテンノウメ、モクビャッコウなどの矮性低木も見られる他、沖縄島・万座毛のハナコミカンボクやヒメクロウメモドキ、大東諸島のアツバクコ、宮古列島のイラブナスビ、石垣島のヒシバウオトリギ、与那国島のトゲイボタなど、時に珍しい植物も見られる。波照間島では樹高数mに成長したミズガンピが優占している群落もある。

海岸林

海浜植生の後方に発達するのが、少し背の高い海岸林である。ハスノハギリの大木が優占する

グンバイヒルガオやハマゴウが広がる砂浜（恩納村 H）

イソマツやミズガンピが生える隆起サンゴ礁（与那国島 O）

海食崖上にコウライシバ群落が広がる万座毛（恩納村 H）

アダンやモンパノキが茂る海岸林（宮古島 H）

浦内川河口に広がる日本最大級のマングローブ（西表島 H）

伊良部島より平らな宮古島を望む。いずれも低島（H）

こともあるが、オオハマボウやクロヨナ、オオバギなどが多い海岸に沿った帯状の群落である。そして何よりこの植生を代表するのはアダンだろう。奄美大島で生涯を終えた田中一村の日本画にも好んで描かれたように、紅色に熟した大きな果実と湾曲して伸びる枝ぶりは、琉球の海岸風景を象徴する植物だ。また、石垣島や西表島の限られた海岸林内では、トゲミノイヌヂシャやテングノハナ、ササキカズラなども見られる。

マングローブ林

比較的大きな川の河口に移動すれば、マングローブ植生に目を引かれる。奄美大島の住用川や石垣島のアンパルも有名だが、西表島の仲間川や浦内川の広大なマングローブ林は圧巻で、オヒルギやメヒルギ、ヤエヤマヒルギをはじめとして、10種前後のマングローブ植物を同時に観察することができる。コウシュンカズラやヒルギカズラなどの希少なつる植物も時に見られる。

マングローブ林の後背地には、潮汐の影響をあまり受けない低湿地がある。そのような場所を代表するのが、美しい花で有名なサガリバナや、板根が発達するサキシマスオウノキの群落で、林床にはオキナワアナジャコの大きな塚がよく見られる。西表島船浦湾のニッパヤシ群落が見られるのもこのような場所だ。

低地の琉球石灰岩地植生

沿岸部を離れて丘に上がると、比較的平らな低地が広がっている。喜界島や与論島、大東島、宮古列島、波照間島などは、島全体がそのように低く平らで、かつて浅海のサンゴ礁だった場所が、地殻変動による隆起や海水面の低下により地上に現れた新生代の石灰岩地からなり、一般的に低島（ていとう）と呼ばれている。地質的には琉球石灰岩と呼ばれ、林床には鋭く尖ったゴツゴツの石灰岩がむき出しになり、アルカリ性の土壌が発達する。

基本的にはブナ科樹木が少なく、ガジュマル、

吹通川のマングローブ後背湿地林（石垣島 H）

石灰岩の露出が目立つ斎場御嶽の林（南城市 H）

標高452mの古生層石灰岩地の嘉津宇岳（本部半島 H）

ギンネムやノアサガオが茂る市街地近郊の藪（那覇市 H）

アコウ、アカギ、ヤブニッケイ、クワノハエノキ、シマタゴなど様々な樹種が林冠を覆う。大東諸島のムクイヌビワ、徳之島のアマミアラカシやオオカナメモチ、沖永良部島のクスノハカエデなど、特徴的な樹木が優占することもしばしばある。ホルトカズラ、トゲカズラ、ウドノキ、サキシマエノキ、インドヒモカズラなどの好石灰岩的な珍しい樹木も見られる。ツゲモドキやグミモドキ、クロツグなどが多いのもこの植生内で、やや砂質の土壌が堆積した場所や沿岸部の風衝地では、ソテツやビロウ、ヤエヤマヤシなどの特殊な群落も成立する。それぞれが琉球を代表する植生の一つだ。

なお、沖縄島の本部半島や大宜味村、辺戸岬周辺には、より成立の古い古生代の石灰岩地が広がり、標高200−400m級の山地に石灰岩地植生が見られ、土壌が発達した場所にはオキナワジイ林もあるなど、特殊な植生が見られる。ヒゼンマユミ、リュウキュウチトセカズラ、リュウキュウハナイカダ、ナンゴクアオキなど、本土と共通性の高い樹木の南限となっていることも多い。

低地の代償植生、農地・牧場植生

低地から山麓部にかけての大部分は、残念ながらほとんどの植生が人為的に破壊され、既に市街地化、農地化しており、御嶽林や急傾斜地などごく一部にしか元の植生は残っていない。しかし、市街地や農地が全体の80%以上を占める島もあるので、植生的にも無視はできない。そのような場所で最も目につくのは、道端や法面に広がったギンネム、ソウシジュ、モクマオウなど、外来樹木主体の群落だろう。林縁のマント群落でも、モミジヒルガオ、オウゴンカズラ、アメリカハマグルマ、ツルヒヨドリなどの外来種が各地で繁茂しており、その勢いはとどまることを知らない。やっかいな帰化植物群落だが、小笠原諸島のように自然植生を駆逐するほどではないのがまだ救いだ。

気候的には全域で森林が発達する琉球において、実は農地の隅や牧場などの半自然的な草地植生は、時に貴重な植物の生育地にもなっている。ヤエヤマノイバラが見られるのも石垣島の牧場内にほぼ限られるし、フジボグサ類やタマツナギ、エノキマメ、与那国島のドナンコバンノキなどの絶滅危惧種も、実はこのような人為的に管理された場所に分布が限られる。

一方、森林伐採跡地の代償植生には、石灰岩・非石灰岩地を問わずリュウキュウマツ林が多く見られ、二次林に多いイジュやホルトノキやハゼノキなどとともに琉球の里山景観をつくっている。

非石灰岩の山地植生

さらに登って山地に入っていくと、琉球の植生の心臓部でもある、常緑広葉樹が優占する深い森にようやく出会える。いわゆる赤土と呼ばれる酸性土壌に成立した、非石灰岩の山地植生である。奄美大島の金作原（きんさくばる）や、徳之島の天城岳（あまぎだけ）、井之川岳周辺、沖縄島北部のやんばる地域、石垣島の於茂登岳（おもとだけ）周辺、西表島全域などが代表的な山地林である。これらの島は標高300−600m級の山々が主峰となり、大陸と陸続きだった時代から一度も海に沈んでいないため、台湾や本土と共

リュウキュウマツ主体の二次林（伊平屋島 H）

オキナワウラジロガシの大木が見られる相良川（西表島 H）

通する植物やハブなどの動物も多く分布しており、低島に対し高島と呼ばれる（沖縄島は北半分が高島、南半分は低島）。アマミノクロウサギやケナガネズミ、ヤンバルクイナやノグチゲラ、イリオモテヤマネコなど、希少な哺乳類や鳥類を育んできた森でもある。

植生としては、高木層でオキナワジイ（イタジイ）を筆頭にタブノキ、イスノキなどが優占し、亜高木層～低木層にはアカネ科やサカキ科、ハイノキ科の樹木が多く、木生シダのヒカゲヘゴが混生し、林床にはシダ類やラン科の植物が多く見られる、湿潤な亜熱帯的相観の森である。徳之島ややんばる、西表島の谷沿いでは、オキナワウラジロガシの大木が優占する群落も見られ、やんばるでは尾根周辺にマテバシイが優占する群落もある。島ごとに固有の低木種や草本種もあり、西表島の奥地ではホソバムラサキなど国内初記録の植物が近年も見つかっているように、まだまだ未知の魅力を秘めた森でもある。

また、渓流沿いの植生では、リュウキュウアセビをはじめとしたツツジ科樹木や、クニガミヒサカキ、アカハダコバンノキ、ヤエヤマヒメウツギなどの希少な樹木が生育する場所もある。さらに登りつめた湯湾岳や天城岳、古見岳といった山頂部では、アマミヒイラギモチやヒメカカラ、シナヤブコウジ、ナガミカズラなど、分布的にも珍しい樹木もあれば、於茂登岳のスゲ類のように氷河時代の生き残りのような植物が見られる植生もある。

さらに多様な植生の数々

これら以外にも、沿岸部の海食崖植生や、風衝地のリュウキュウチク林、奄美大島南西部の落葉樹林など、特殊な群落が各島に見られる。日本の最南端に位置し、面積的にも狭い琉球だが、様々な地史を経て成立してきた植生は想像以上に多様で、それぞれで見られる樹木も実に特徴的なのである。　（大川智史、林 将之）

やんばるを縦断する大国林道沿いのオキナワジイ林（H）

季節風の影響で落葉樹が主体となった林（奄美大島 O）

植物の分布情報の公開と希少種保護

植物の分布情報を公開するに当たっては、常に頭を悩ませる問題がある。それは「心ない人間による盗掘被害」である。ピンポイントの位置情報のみならず、たとえば周辺の環境が分かるような写真を掲載してしまったがために情報が漏れ、希少な植物が根こそぎ採られてしまったという例は少なくないだろう。インターネットが普及した昨今、多くの人に珍しい植物の存在を知らせたいという善意の植物愛好家の思いが、心ならずも悪意に利用されてしまうことは避けて通れない。

徳之島では、そうやって希少なランが百株近くも盗掘されたこともあったようだし、個人的な経験では、植物観察会で珍しい植物を紹介した後にその植物が盗掘されているのを見たこともある(この経験が植物観察会に講師として参加することを躊躇させるきっかけにもなったのだが)。

樹木も盗掘されるのか

樹木の場合、多くのものは根こそぎ持って行かれるわけでもないし、枝葉や花を少々切り取られても生育に影響しない場合が多いので、それほど深刻な問題にはならない。

ただしそれも皆無ではなく、アマミアセビやリュウキュウアセビ、タイワンツクバネウツギなどのように、庭木や盆栽に仕立てやすく花の綺麗な低木類は、大量に根こそぎ盗掘されたことで今や絶滅の危機に瀕している。同様に盆栽や庭木にされるミズガンピ(ハマシタン)やヒレザンショウ、オキナワハイネズなどは、離島こそまだ多く自生する場所もあるが、人口が集中する沖縄島ではほとんど見られなくなっている。県単位や琉球全体では絶滅危惧ではなくとも、島単位で絶滅の危機、あるいは既に絶滅した種は数多いと思われ、島嶼ならではの保護対策も求められている。

こうした状況を考えると、少なくとも希少種の分布情報は、予防的措置としてひとまず秘匿とするのが最善の方法か、といえば、決してそうではないのがまた難しい問題だ。

知られないが故に消失してゆく希少種

樹木に限らないが、実は「知られていない」ことにより、無意識に伐採されたり、生育環境が失われることで数を減らした希少植物は数多い。奄美大島にある着生植物のヤドリコケモモは、多くの希少な着生ランやシダ類とともに、盗掘以上に大規模な森林伐採により生育環境が失われたことが致命的で、今や10株ほどしか残っていない。こういう森林伐採による個体数減少は、多くの人が知るところだろう。

同じ奄美群島には、オオシマガンピという希少種がある。奄美大島、請島、徳之島にそれぞれ1、2カ所の自生地しか知られていないとても希少な

園芸用に採取されほぼ絶滅してしまったアマミアセビ。その子孫を自生地に植え戻す努力もされている(龍郷植栽 O)

恩納村ではかつて万座毛などにオキナワハイネズが自生していたというが、現在は集落内の庭木しか残っていない(H)

奄美大島蘇刈のオオシマガンピの自生地。適度な草刈りで環境が維持されているが、時に伐採されてしまう（O）

米軍のキャンプ・シュワブの演習場が広がる名護市辺野古。海岸から山頂までフェンスに閉ざされ立ち入れない（H）

低木であるが、その中で瀬戸内町蘇刈の自生地は、道路沿いの切り土法面で比較的多くの個体が見られた。ある年の秋に開花を確認したので、結実の様子を見に行こうと翌春その場所を訪ねたところ、道路沿いの草刈りがことさら丁寧に行われてしまったせいで、ほとんど全ての株が基部から刈り取られてしまっていた。直接的な原因が草刈りにしろ森林伐採にしろ、つまりはそこにあることが「知られていない」がために失われたのである。

このような危険を避けるため、石垣島の太田地区では、最近の道路工事に際して、ここにしか分布していないテングノハナの自生地をはっきりと明示して、工事により間違って伐採してしまうことを防ぐ努力をしている。「積極的に知らせる」ことも時には重要なのだ。

道路工事や草刈りの場合のみならず、たとえば盗掘されやすい植物でも、逆にその所在を公表して知らせることで、「多くの人の監視の目」が増え、盗掘を防ぐ効果が期待できるかもしれない。

石垣島のテングノハナ自生地では、工事に際してむしろ積極的に存在をアピールし保護に努めている（O）

沖縄の米軍基地と希少種

沖縄県は、日本の米軍基地の面積にして74%が集中し、基地と希少種をめぐる特殊事情がある。特に米軍基地面積が約２割を占める沖縄島では、普天間や嘉手納の飛行場以外に、海兵隊の射撃演習やゲリラ訓練を行う広大な演習場が北部を中心に広がっており、調査の立ち入りさえ許されない未知なる山林が残されている。国立公園や世界遺産化で注目されるやんばる地域の山林も、実は約３分の１は米軍北部訓練場で占められる。

こうした米軍基地内の森の多くは、開発や盗掘ができない原生に近い自然状態と思われ、むしろ希少種の保護に役立っているという側面がある一方で、激しい射撃演習などによる裸地化や山火事、有毒物質による汚染などの問題も生じている。新たな基地建設となると、希少な動植物にさらなる悪影響が出てしまうのが現実なのである。

その植物の希少性や園芸的価値、置かれた状況などを総合的に判断した上で、徹底的に秘匿するのがいいのか、特に何もしない方がいいのか、逆に積極的に公開する方がいいのかを考え、それぞれの希少植物が今後も長く生育していける方法を、我々人間側が考えていく必要がある。

（大川智史、林 将之）

葉の検索一覧表

【使い方】下の総検索表で、調べたい葉がどのグループに属するかを調べ、次に該当ページの検索表や葉一覧表でよく似た葉を探して下さい。種名の後に本文掲載ページを記したので、詳細は本文ページを確認して下さい。※一部の希少種や草本などは掲載を省略しています。葉の形状は変異が多いことを考慮して下さい。

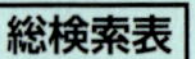

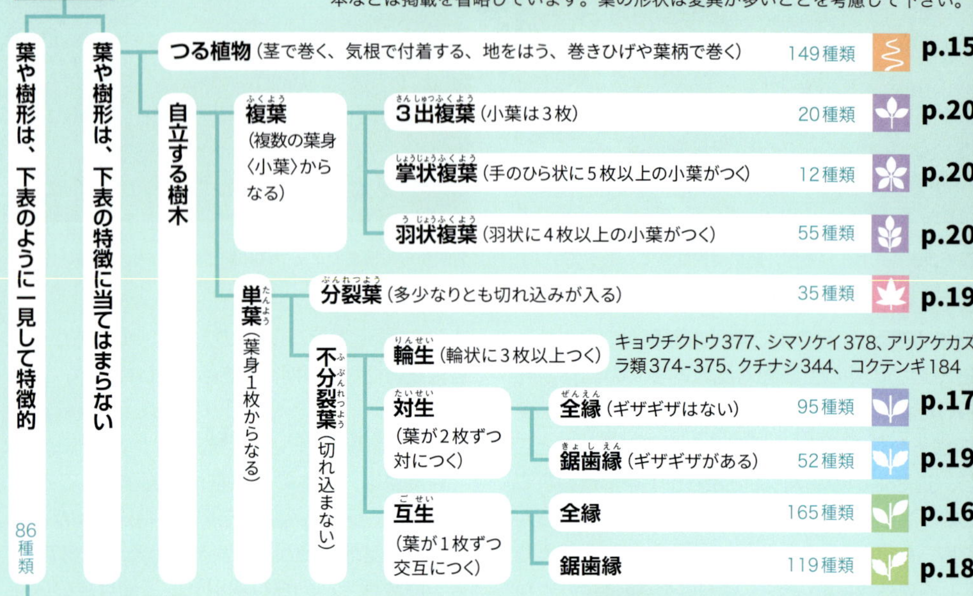

ヤシ類 68-71

ソテツ 26

ヘゴ類 22-24

アダン類 60-63

大型の草本

クワズイモ類56
ゲットウ、クマタケラン類72-73
ハブカズラ類57-59

樹高30cm以下の矮性低木

モクビャッコウ436
ヤブコウジ類314-316
イソマツ284
テンノウメ142
ヒレザンショウ258
【他】アツバクコ387
アオイ科272-275
カラタチバナ314
イラブナスビ389

着生・寄生植物

ヤドリギ類282
ヤドリコケモモ337

葉は針状、線形、鱗片状、退化

スナヅル類54
リュウキュウマツ27
モクマオウ類182
ソウシジュ98
イヌマキ類29
キバナキョウチクトウ377
コバノナンヨウスギ28
ハナチョウジ402
ヒノキバヤドリギ282
オキナワハイネズ30
カイヅカイブキ30

葉は長さ3cm以下で極小

互生

ヒメクマヤナギ149
マメヒサカキ299
オオイタビ類幼169-170
ヒメサザンカ321
アマミヒメカカラ67
ハリツルマサキ189
コミカンソウ科212、218-220
ツツジ類333-334

対生

ハクチョウゲ355
ミズガンピ232
メキシコハナヤナギ235
トゲイボタ397
クロイゲ148
タイワンツクバネウツギ440

シラタマカズラ幼354
アデク237
ツゲ類88-89
ヒメスイカズラ440
アリドオシ類364

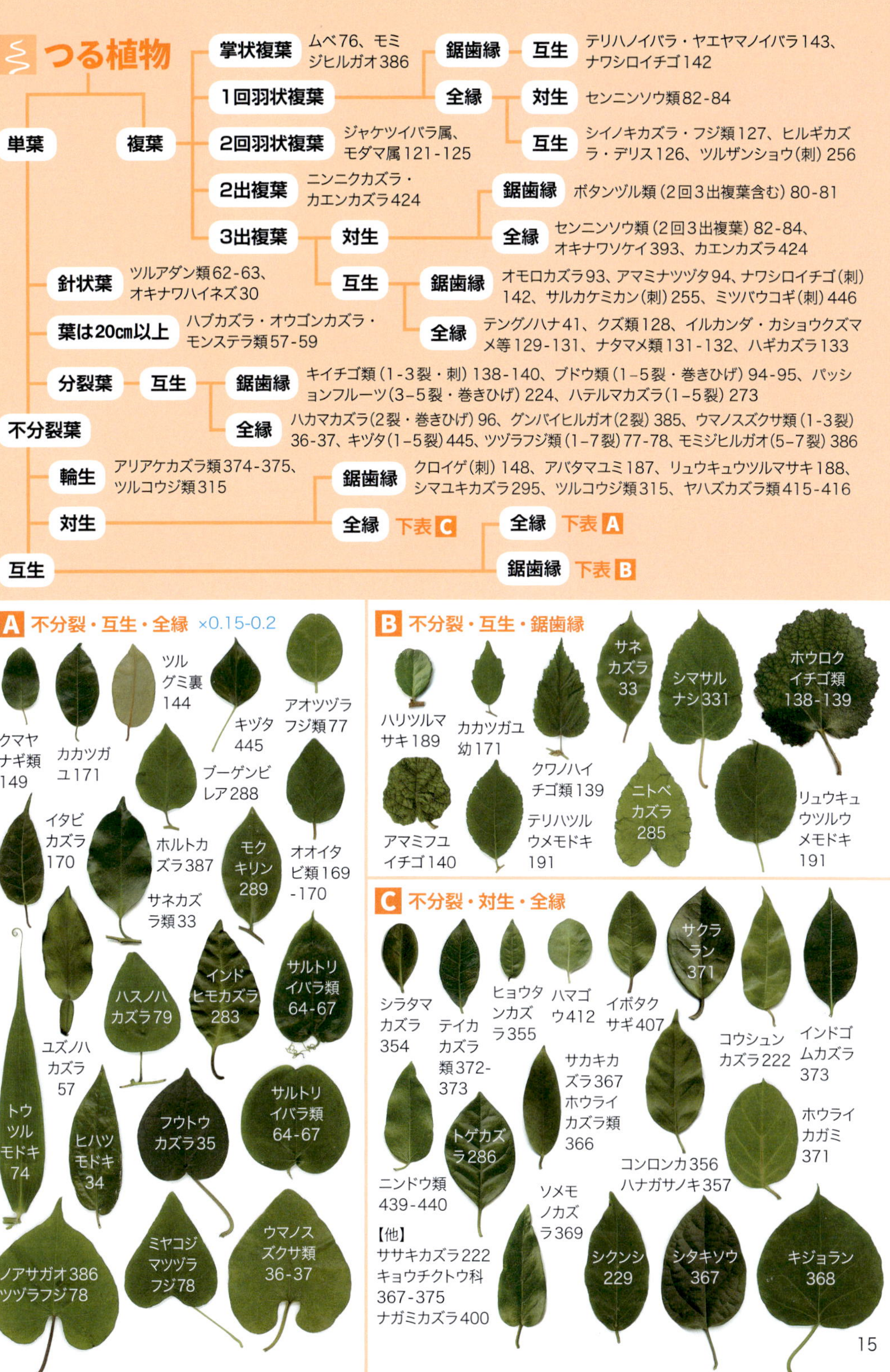
つる植物
単葉
複葉
掌状複葉 ムベ76、モミジヒルガオ386
1回羽状複葉
2回羽状複葉 ジャケツイバラ属、モダマ属121-125
2出複葉 ニンニクカズラ・カエンカズラ424
3出複葉
鋸歯縁 互生 テリハノイバラ・ヤエヤマノイバラ143、ナワシロイチゴ142
全縁 対生 センニンソウ類82-84
互生 シイノキカズラ・フジ類127、ヒルギカズラ・デリス126、ツルザンショウ(刺)256
対生 鋸歯縁 ボタンヅル類(2回3出複葉含む)80-81
全縁 センニンソウ類(2回3出複葉)82-84、オキナワソケイ393、カエンカズラ424
互生 鋸歯縁 オモロカズラ93、アマミナツヅタ94、ナワシロイチゴ(刺)142、サルカケミカン(刺)255、ミツバウコギ(刺)446
全縁 テングノハナ41、クズ類128、イルカンダ・カショウクズマメ等129-131、ナタマメ類131-132、ハギカズラ133
針状葉 ツルアダン類62-63、オキナワハイネズ30
葉は20cm以上 ハブカズラ・オウゴンカズラ・モンステラ類57-59
分裂葉 互生 鋸歯縁 キイチゴ類(1-3裂・刺)138-140、ブドウ類(1-5裂・巻きひげ)94-95、パッションフルーツ(3-5裂・巻きひげ)224、ハテルマカズラ(1-5裂)273
全縁 ハカマカズラ(2裂・巻きひげ)96、グンバイヒルガオ(2裂)385、ウマノスズクサ類(1-3裂)36-37、キヅタ(1-5裂)445、ツヅラフジ類(1-7裂)77-78、モミジヒルガオ(5-7裂)386
不分裂葉
輪生 アリアケカズラ類374-375、ツルコウジ類315
対生 鋸歯縁 クロイゲ(刺)148、アバタマユミ187、リュウキュウツルマサキ188、シマユキカズラ295、ツルコウジ類315、ヤハズカズラ類415-416
全縁 下表C
互生 全縁 下表A
鋸歯縁 下表B
A 不分裂・互生・全縁 ×0.15-0.2
クマヤナギ類149
カカツガユ171
ツルグミ裏144
キヅタ445
アオツヅラフジ類77
ブーゲンビレア288
イタビカズラ170
ホルトカズラ387
サネカズラ類33
モクキリン289
オオイタビ類169-170
ユズノハカズラ57
ハスノハカズラ79
インドヒモカズラ283
サルトリイバラ類64-67
トウツルモドキ74
ヒハツモドキ34
フウトウカズラ35
サルトリイバラ類64-67
ノアサガオ386
ツヅラフジ78
ミヤコジマツヅラフジ78
ウマノスズクサ類36-37
B 不分裂・互生・鋸歯縁
ハリツルマサキ189
カカツガユ幼171
クワノハイチゴ類139
サネカズラ33
シマサルナシ331
ホウロクイチゴ類138-139
アマミフユイチゴ140
テリハツルウメモドキ191
ニトベカズラ285
リュウキュウツルウメモドキ191
C 不分裂・対生・全縁
シラタマカズラ354
テイカカズラ類372-373
ヒョウタンカズラ355
ハマゴウ412
イボタクサギ407
サクララン371
コウシュンカズラ222
インドゴムカズラ373
ニンドウ類439-440
トゲカズラ286
サカキカズラ367
ホウライカズラ類366
コンロンカ356
ハナガサノキ357
ホウライカガミ371
ソメモノカズラ369
シクンシ229
シタキソウ367
キジョラン368
【他】
ササキカズラ222
キョウチクトウ科367-375
ナガミカズラ400

不分裂葉・互生・全縁 ×0.15-0.2

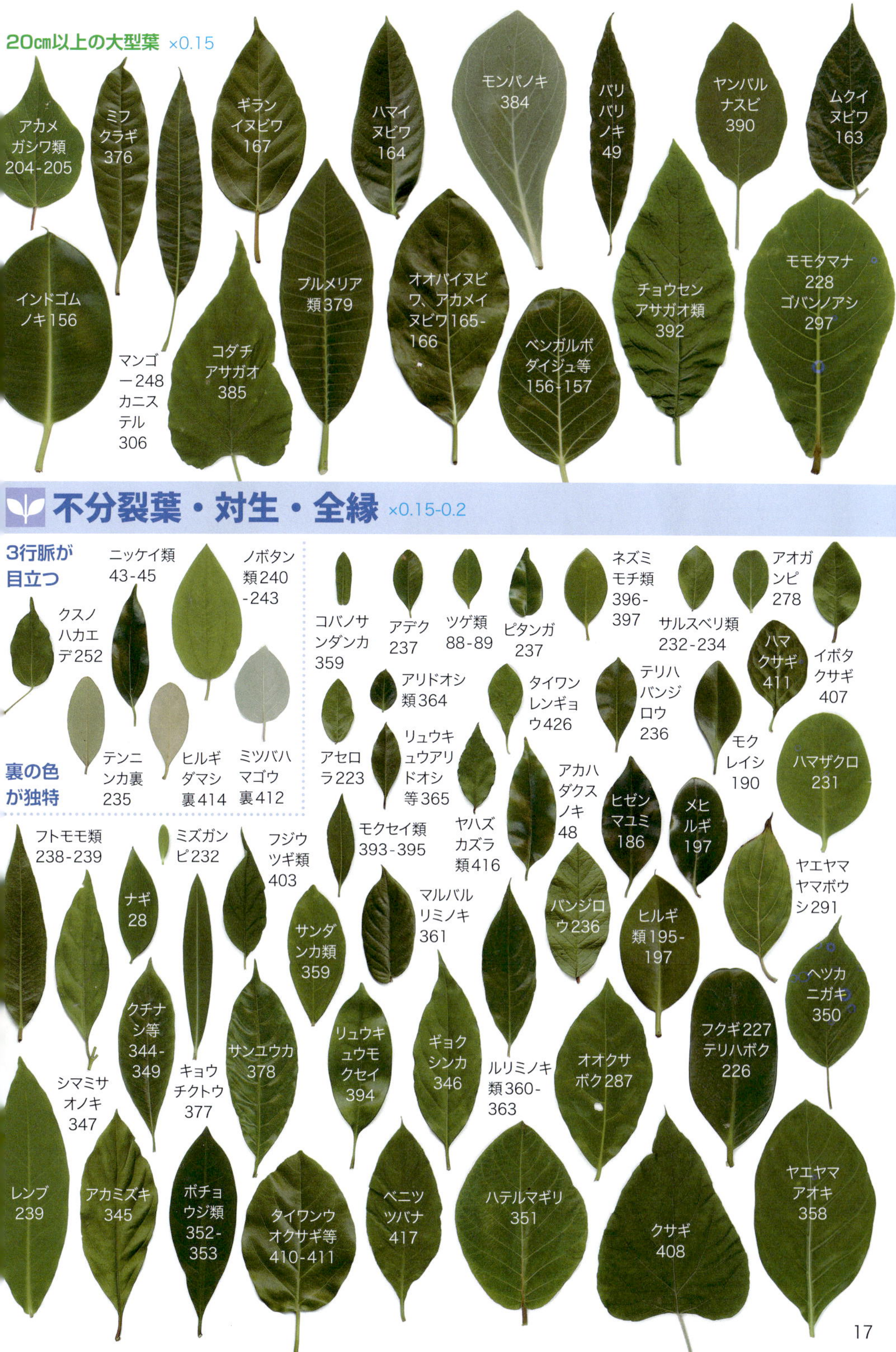

20㎝以上の大型葉 ×0.15
アカメガシワ類204-205
ミフクラギ376
ギランイヌビワ167
ハマイヌビワ164
モンパノキ384
バリバリノキ49
ヤンバルナスビ390
ムクイヌビワ163
インドゴムノキ156
マンゴー248
カニステル306
コダチアサガオ385
プルメリア類379
オオバイヌビワ、アカメイヌビワ165-166
ベンガルボダイジュ等156-157
チョウセンアサガオ類392
モモタマナ228
ゴバンノアシ297
不分裂葉・対生・全縁 ×0.15-0.2
3行脈が目立つ
ニッケイ類43-45
ノボタン類240-243
クスノハカエデ252
テンニンカ裏235
ヒルギダマシ裏414
ミツバハマゴウ裏412
裏の色が独特
コバノサンダンカ359
アデク237
ツゲ類88-89
ピタンガ237
ネズミモチ類396-397
サルスベリ類232-234
アオガンピ278
アリドオシ類364
タイワンレンギョウ426
テリハバンジロウ236
ハマクサギ411
イボタクサギ407
アセロラ223
リュウキュウアリドオシ等365
アカハダクスノキ48
モクレイシ190
ハマザクロ231
ヤハズカズラ類416
モクセイ類393-395
ヒゼンマユミ186
メヒルギ197
フトモモ類238-239
ミズガンピ232
フジウツギ類403
ナギ28
サンダンカ類359
マルバルリミノキ361
バンジロウ236
ヒルギ類195-197
ヤエヤマヤマボウシ291
ヘツカニガキ350
クチナシ等344-349
シマミサオノキ347
キョウチクトウ377
サンユウカ378
リュウキュウモクセイ394
ギョクシンカ346
ルリミノキ類360-363
オオクサボク287
フクギ227
テリハボク226
レンブ239
アカミズキ345
ボチョウジ類352-353
タイワンウオクサギ等410-411
ベニツツバナ417
ハテルマギリ351
クサギ408
ヤエヤマアオキ358

不分裂葉・互生・鋸歯縁 ×0.15-0.25

【他】
リンボク135
オオカナメモチ136
ヒメクロウメモドキ14
トゲミイヌヂシャ383
ヒロハタマミズキ428
アマミヒイラギモチ43
ダイトウセイシボク19

不分裂葉・対生・鋸歯縁 ×0.15-0.2

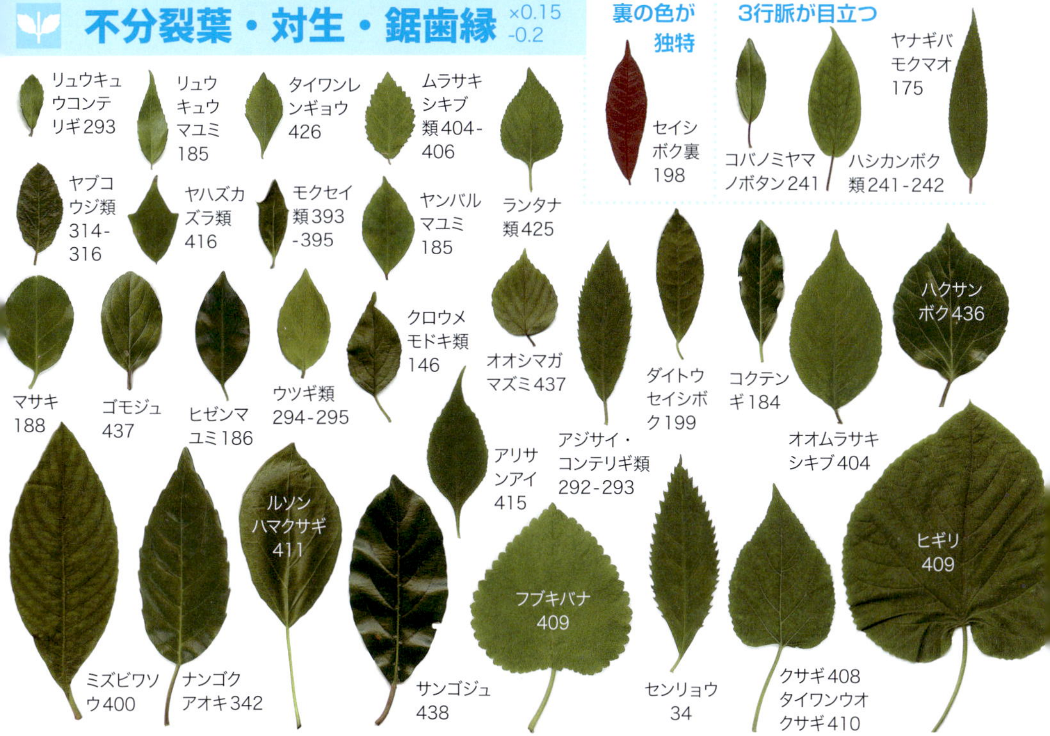

リュウキュウコンテリギ293
リュウキュウマユミ185
タイワンレンギョウ426
ムラサキシキブ類404-406
ヤブコウジ類314-316
ヤハズカズラ類416
モクセイ類393-395
ヤンバルマユミ185
ランタナ類425
マサキ188
ゴモジュ437
ヒゼンマユミ186
ウツギ類294-295
クロウメモドキ類146
オオシマガマズミ437
ダイトウセイシボク199
コクテンギ184
ハクサンボク436
オオムラサキシキブ404
アリサンアイ415
アジサイ・コンテリギ類292-293
ミズビワソウ400
ナンゴクアオキ342
ルソンハマクサギ411
サンゴジュ438
フブキバナ409
センリョウ34
クサギ408
タイワンウオクサギ410
ヒギリ409

裏の色が独特

セイシボク裏198

3行脈が目立つ

コバノミヤマノボタン241
ハシカンボク類241-242
ヤナギバモクマオ175

分裂葉

- 互生
  - 鋸歯縁 右表 D
  - 全縁 下表 E
- 対生 シマウリカエデ、アマミカジカエデ253、クスノハカエデ幼252

×0.1-0.2

E 分裂葉・互生・全縁

パンノキ154
カクレミノ443
ポインセチア201
テイキンザクラ210
ソシンカ類97
サキシマハマボウ268
ククイノキ201
アカメガシワ類204-205
パパイヤ280
クロトン210
アオギリ266

D 分裂葉・互生・鋸歯縁

カジノハラセンソウ273
ハイビスカス類271
リュウキュウイチゴ140
シマグワ172
キイチゴ類138-140
フウ89
ウナズキヒメフヨウ271
フヨウ類270
ボンテンカ類275
ドンベヤ278
カミヤツデ445
ヤンバルアカメガシワ207
カジノキ173
リュウキュウヤツデ444
アカメガシワ類204-205
リュウキュウハリギリ442

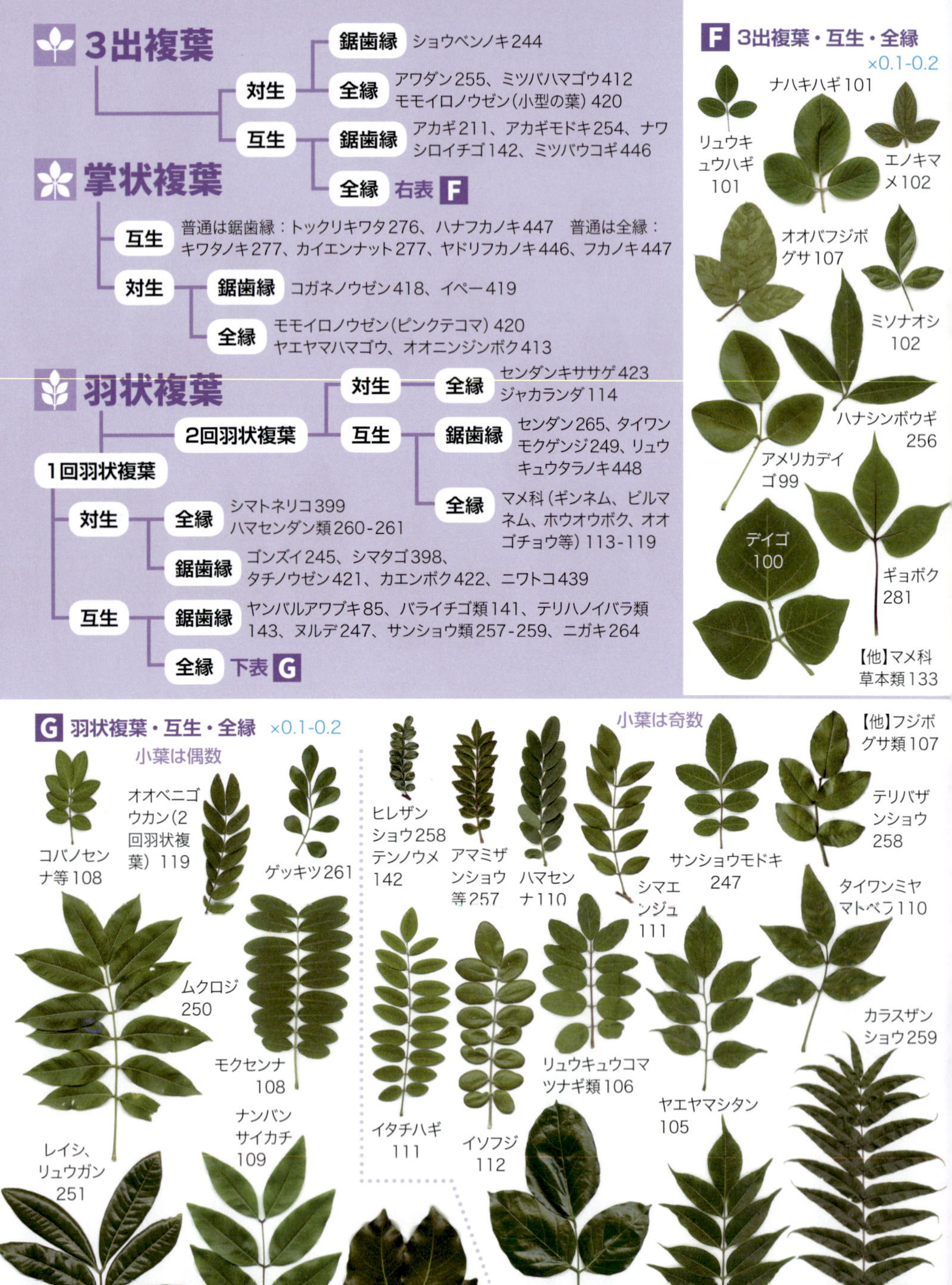

3出複葉
対生
鋸歯縁 ショウベンノキ244
全縁 アワダン255、ミツバハマゴウ412
モモイロノウゼン(小型の葉) 420
互生
鋸歯縁 アカギ211、アカギモドキ254、ナワシロイチゴ142、ミツバウコギ446
全縁 右表 F
掌状複葉
互生
普通は鋸歯縁：トックリキワタ276、ハナフカノキ447 普通は全縁：キワタノキ277、カイエンナット277、ヤドリフカノキ446、フカノキ447
対生
鋸歯縁 コガネノウゼン418、イペー419
全縁 モモイロノウゼン(ピンクテコマ) 420
ヤエヤマハマゴウ、オオニンジンボク413
羽状複葉
2回羽状複葉
対生 全縁 センダンキササゲ423
ジャカランダ114
互生
鋸歯縁 センダン265、タイワンモクゲンジ249、リュウキュウタラノキ448
全縁 マメ科(ギンネム、ビルマネム、ホウオウボク、オオゴチョウ等) 113-119
1回羽状複葉
対生
全縁 シマトネリコ399
ハマセンダン類260-261
鋸歯縁 ゴンズイ245、シマタゴ398、
タチノウゼン421、カエンボク422、ニワトコ439
互生
鋸歯縁 ヤンバルアワブキ85、バライチゴ類141、テリハノイバラ類143、ヌルデ247、サンショウ類257-259、ニガキ264
全縁 下表 G
F 3出複葉・互生・全縁
×0.1-0.2
リュウキュウハギ101
ナハキハギ101
エノキマメ102
オオバフジボグサ107
ミソナオシ102
ハナシンボウギ256
アメリカデイゴ99
デイゴ100
ギョボク281
【他】マメ科草本類133
G 羽状複葉・互生・全縁 ×0.1-0.2
小葉は偶数
コバノセンナ等108
オオベニゴウカン(2回羽状複葉) 119
ゲッキツ261
ムクロジ250
モクセンナ108
レイシ、リュウガン251
ナンバンサイカチ109
小葉は奇数
ヒレザンショウ258
テンノウメ142
アマミザンショウ等257
ハマセンナ110
シマエンジュ111
サンショウモドキ247
【他】フジボグサ類107
テリバザンショウ258
タイワンミヤマトベラ110
イタチハギ111
イソフジ112
リュウキュウコマツナギ類106
ヤエヤマシタン105
カラスザンショウ259
タシロマメ104
クロヨナ103
ハゼノキ246

シダ植物

MONILOPHYTES

川を覆うヒカゲヘゴの林
(2014.5.23名護市真喜屋川 H)

ヘゴ科 Cyatheaceae ヘゴ属 Cyathea

ヒカゲヘゴ ［日影桫欏］

C. lepifera

常緑木生シダ(3–12m) **別**：モリヘゴ **方**：ヒグ、マヤーフィグ、バラピ **分**：トカラ列島(悪石)〜沖縄諸島、石垣、西表、与那国。普通。庭木。**葉**：2回羽状複葉／複葉長1.5–2.5m

◆非石灰岩地に生育し、山地の明るい谷沿いをはじめ、深い森の中から乾燥した場所まで様々な環境に生え、しばしば群生する。幹は発達して高さ10m前後になり、葉柄の落ちた痕が丸く残り特徴的。葉は大きく長さ2m以上になり、裂片は深裂する。葉柄は緑〜褐色で、基部は淡い褐色の鱗片で密に覆われ、目立った刺はない。「ヒカゲ」は日光を表す「日影」の意味で、明るい所でよく見られることを意味すると思われる。

樹形(12.18国頭H)

幹の基部は気根で覆われ、葉痕の円内は逆八の字形に維管束痕が並ぶ(H)

やんばるの森に群生(4.24国頭O)

1枚の葉は非常に大きい(12.5読谷H)

新芽は鱗片に覆われ金色っぽく見える(5.2読谷H)

小羽片は深く裂け、裂片はほぼ全縁
小羽片 裏 ×1
裏は軸上に白褐色の鱗片や開出毛が多い

胞子嚢群 ×2
ソーラス(胞子嚢群)は丸く並んでつく
葉は明るい緑色で軟らかい
羽片 ×0.5

ヘゴ ［桫欏］

C. spinulosa

常緑木生シダ（1–5m）**方**：ヒゴ、ウービーグ **分**：八丈島、紀伊半島、四国南部、九州南部〜奄美群島、沖縄島、久米、石垣、西表、小笠原。やや稀。**葉**：2回羽状複葉／複葉長1.5–2.5m ◆山地の湿潤な林内に点在。ヒカゲヘゴと違い幹は普通高さ1–3mほどで、葉柄は紫褐色で刺があり、基部が幹に残るので葉痕は見えない。

羽片
×0.4
表は緑色で
光沢はない
羽軸は褐色
を帯びる
小羽片は深裂
し、裂片は鋸
歯がある
小羽片
裏 ×1
裏は淡褐
色の鱗片
がある

古い葉柄の刺（1.17国頭 H）

樹形（5.5与那覇岳 H）

樹木と“木生”シダ

ヒカゲヘゴの幹の表面。硬く細かい不定根で密に覆われている（H）

「樹木（木本）」という言葉を少し専門用語を使って説明すると、例外もあるが「幹の維管束が真正中心柱に配列し、形成層が発達して二次肥大生長を行う植物」と定義でき、さらに我々が普通に「樹木」と認識しているのは、その中でも「目に見えて太くなるもの」ということができよう。

ただ、実際には二次肥大生長を行わず、「太らない」のに樹木のように見える植物も多い。その代表がヒカゲヘゴなどの「木生（もくせい）シダ」だ。ヘゴ科とタカワラビ科に多いこの木生シダは、積み重なった不定根（本来の根と異なる場所に生じる根）が太い幹のように見えるだけで、「真の木本」ではないことから、つまりは「木生」と呼ばれることになる。この木生シダ以外にも、節を作り中を空洞にすることで茎の軽さと強度を増して大きくなるタケ類や、維管束を最初から大量に作って茎を太くするヤシ類など、二次肥大生長をせずとも、さまざまな方法で太い幹をもつ植物は多い。それらいわば「樹木のように見えるもの」に関しても、本書ではいくつか扱っている。

ところで、あえてシダに関して「木生」とつけるのには理由があり、それはシダの中には二次肥大生長を行い幹が太くなる、いわば本当の“木本”シダが太古の時代に存在したからである。ヒカゲノカズラの仲間のリンボクや、トクサの仲間のロボクなどが有名だが、ただこれらはかなり原始的な分類群である。恐竜図鑑の背景として思い出す木生のシダ類だが、より進化した薄嚢（はくのう）シダ類である“木生”シダのヘゴ科と、“木本性”のロボクやリンボクは、系統的に実はかなり離れているのだ。（大川智史）

クロヘゴ ［黒桫欏］

C. podophylla

常緑木生シダ（1–3m）**別**：オニヘゴ **分**：八丈島、奄美、徳之、沖縄島、久米、石垣、西表。やや普通。**葉**：2回羽状複葉／複葉長1–2m ◆山地の林内にしばしば群生し、幹は発達しても高さ1–2mほど。ヘゴに似て葉柄基部が幹に残るが、葉柄が暗褐色で、小羽片がほとんど切れ込まず、葉表に光沢があることが違い。

谷に群生したクロヘゴ（10.1奄美 O）

葉柄は黒っぽく、こぶ状突起と鱗片がある（7.4国頭 H）

樹形（12.18与那覇岳 H）

羽片 ×0.4

葉は濃い緑色で光沢が強い

羽軸は褐色を帯びる

小羽片 裏 ×1

小羽片は全縁から浅裂

胞子嚢

胞子嚢群 ×2

ソーラスはやや全体に散らばる

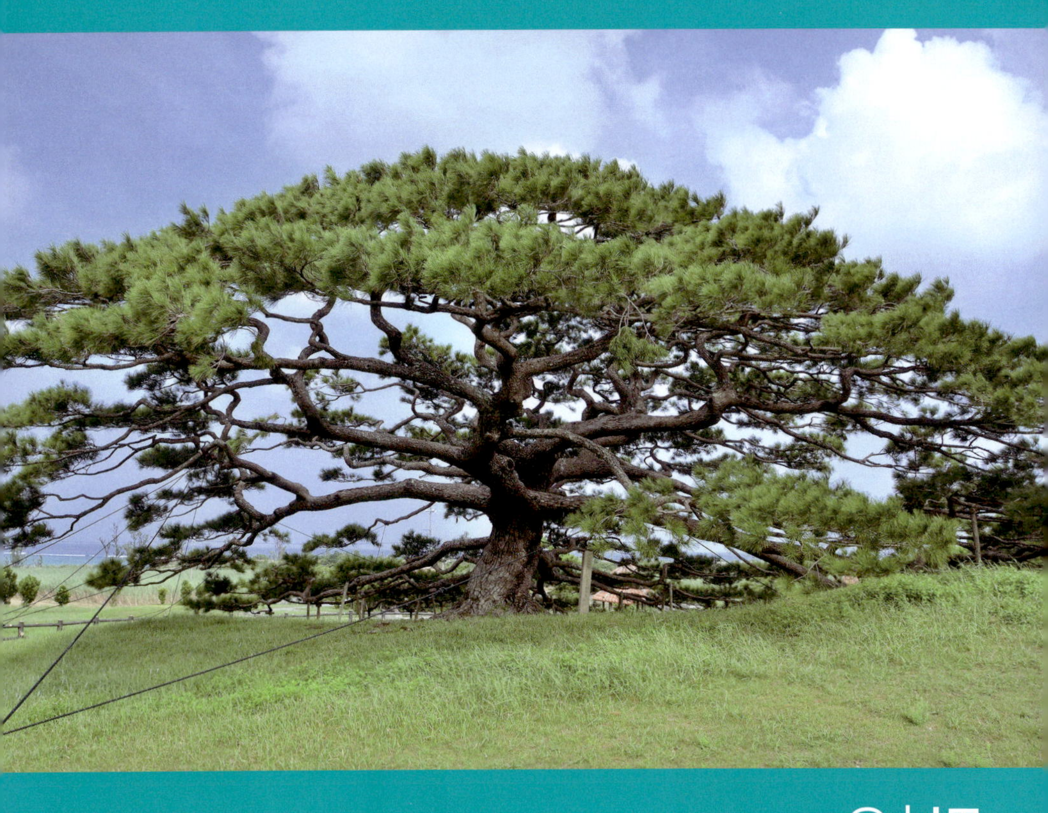

裸子植物
GYMNOSPERMAE

樹齢300年前後といわれるリュウキュウマツの名木・念頭平松
（2015.8.26 伊平屋島 H）

ソテツ ［蘇鉄］

C. revoluta

常緑低木（2–5m） **方**：スチチ、スティーチャ、シトゥチ **分**：九州南部～先島諸島。普通。庭木、公園樹、街路樹、防風林。**葉**：羽状複葉／らせん生／全縁／複葉長50–150cm **花**：淡黄／初夏 **実**：橙／長4cm前後／秋～冬

◆ソテツ科植物は世界に約100種あるが、日本には本種のみ分布する。海岸近くの岩場や乾いた斜面に生え、時に群落をつくる。葉は大型の羽状複葉でヤシ類に似るが、色濃く硬く、小葉の先は針状に尖る。幹は黒く太く、古い葉柄の基部が残って密集する。サイカシンという毒分を含むが、実や幹はデンプンを多く含むため、戦前の食糧難の時代はアク抜きをして食用にされた。そのため、山野に多数植栽されたといわれ、本来の自生との区別は難しい。現在もソテツの実を原料にした味噌が奄美大島や粟国島で生産されている。

海岸の急傾斜地に見られるソテツの群落（3.15 笠利 O）

雄花（6.11 国頭 H）

種子は橙色（8.24石垣 O）

花期。左が雌株、右が雄株（6.11 国頭 H）

台風被害を受けた古木（1.18国頭 H）

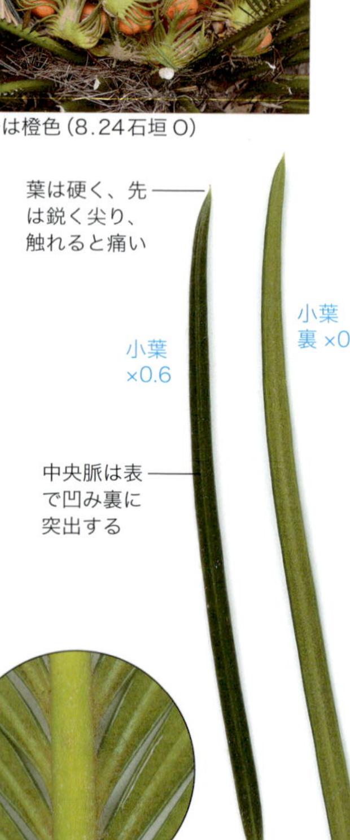

葉は硬く、先は鋭く尖り、触れると痛い
小葉 ×0.6
小葉 裏 ×0.6
中央脈は表で凹み裏に突出する
葉裏 ×1.5
葉裏や葉軸には褐色の軟毛が生える

×0.2
刺状になった小葉が葉柄に並ぶ

リュウキュウマツ ［琉球松］

P. luchuensis

常緑高木（10–25m） **別**：リュウキュウアカマツ **方**：マチ、マーチ、マチギ **分**：トカラ列島〜先島諸島。ごく普通。造林、防風林、公園樹、街路樹、庭木。**葉**：針状葉／2本束生／長10–20㎝ **花**：淡黄（雄花）、紅紫（雌花）／春 **実**：褐／球果／長3.5–6.5㎝／秋

◆琉球産唯一のマツ科樹木で、南西諸島の固有種。沖縄県木に指定されている。海岸〜山地の尾根ややせ地によく生え、伐採後の二次林ではしばしば優占林をつくる。アカマツ（屋久島以北に分布）とクロマツ（トカラ列島以北に分布）の中間的な雰囲気があり、葉はアカマツに似て軟らかいがより長く、頂芽は赤褐色〜灰白色、樹皮はやや赤い。太い横枝をよく伸ばし、広い樹冠の力強い樹形になる。

先端は雌花、下部は雄花（3.22読谷 H）

球果はアカマツよりやや小型（8.26伊平屋 H）

葉先に触れても痛くない

×1

×1

葉はアカマツやクロマツより長い傾向がある

2本の葉が束生して枝につく

冬芽はアカマツとクロマツの中間的な色形（9.15浦添 H）

壮木の樹形（11.6那覇 H）

樹皮は網目状に裂ける（那覇 H）

ナンヨウスギ科 Araucariaceae ナンヨウスギ属 Araucaria

コバノナンヨウスギ

A. heterophylla [小葉南洋杉]

常緑高木（10–30m）**別**：シマナンヨウスギ、ノーフォークマツ **分**：南太平洋ノーフォーク島原産。公園樹、街路樹、庭木。**葉**：針状葉／らせん生／長0.5–1.2cm **花**：褐（雄花）／初夏 **実**：球果／ほぼ球形／径7–13cm ◆幹は直立し、整然と並んだ枝葉を斜上させる姿が特徴的。本来は整った円錐形樹形になるが、琉球では台風の影響で乱れた狭長な樹形が多い。葉はスギに似て湾曲した針状で、枝にらせん状につく。

琉球でよく見られる樹形（4.15那覇H）

葉はやや湾曲し先に触れてもあまり痛くない
×1
枝先では葉がやや鱗状に密集する
×1

樹皮は横向きにややはがれる（H）

枝葉（3.25沖縄H）

マキ科 Podocarpaceae ナギ属 Nageia

ナギ

N. nagi [梛]

常緑高木（5–20m）**方**：ナジ **分**：紀伊半島、山口、四国、九州～奄美群島、沖縄島、久米、石垣、西表。稀。社寺植栽、庭木。**葉**：単葉／対生／全縁／長4–8cm **花**：淡黄（雄花）／春～初夏 **実**：緑白～褐／径1–1.5cm／秋 ◆山地に点在するが大木は少ない。葉は長卵形で多数の平行脈が走る。種子は肥厚した鱗片に包まれ液果状。

（7.21神奈川県植栽H）

葉は広葉樹のように幅広い

樹皮は黒褐色で鱗状にはがれる（国頭H）

琉球では本土産
個体より葉幅が
広い個体も多い
裏
葉先は尖るが触
れても痛くない
×1
両面とも無
毛で中央脈
が隆起する
裏

枝葉（9.30大宜味 H）

雄花（4.5那覇植栽 H）

ラカンマキの実。種子は肥厚した鱗片に包まれ核果状。黒紫の花托部分は甘く食べられる（8.14伊江島植栽 H）

樹皮は細かくはがれる（H）

イヌマキ ［犬槇］

P. macrophyllus f. spontaneus
常緑高木（3–20m） **別**：マキ、クサマキ **方**：チャーギ、キャーンギ **分**：関東〜先島諸島。やや稀。庭木、生垣、防風林、公園樹。**葉**：単葉（針状葉）／互生／全縁／長 8–15cm **花**：淡黄（雄花）／春 **実**：緑白（種子）·赤〜黒紫（花托）／夏〜秋

◆主に山地の林内に点在する。材はシロアリに強いため古くから建材用に伐採され、大木はほとんど残っていない。葉は細長い剣状で、枝先にらせん状につく。基準品種の**ラカンマキ** f. macrophyllus は、葉が長さ4–8cmと短くて垂れ下がらず密につき、中国原産または静岡県に自生するといわれ、庭木や生垣にされることが多い。台湾などに分布するリュウキュウイヌマキ（ナンバンイヌマキ）P. fasciculus は、葉先がより鋭く尖り、雄花の穂に柄があることが特徴で、琉球にも自生するとの説もあるが定かではない。

オキナワハイネズ

［沖縄這杜松］

J. taxifolia var. lutchuensis

常緑匍匐性低木（0.3–3m）**別**：オオシマハイネズ、ハマハイネズ **方**：ハイスギ、ヒッチャシ、ピケシ **分**：関東南部～東海、伊豆諸島、宇治群島、種子、トカラ、奄美、徳之、与論、沖縄諸島。稀。庭木、盆栽、地被。**葉**：針状葉／3輪生／全緑／長0.8–1.4cm **花**：褐（雄花）／春 **実**：白緑～紫褐／球果／径1–1.2cm／冬～春 ◆海岸の砂地や岩場に生え、普通は幹が地をはい、カーペット状に枝葉を広げる。葉は表面に2本の白い気孔帯があり、枝に3輪生する。かつて各地の海岸に見られたというが開発や園芸用の採取で減少し、現在は希少になった。基準変種のシマムロ var. taxifolia は小笠原に産し、幹が立ち上がり小高木にもなる。よく似たハイネズ J. conferta は葉先に触れると痛いほど硬く、白色の気孔帯は1本で種子島以北に分布。

海岸砂丘の自生地（8.27伊平屋 H）

球果は白粉をかぶる（2.19伊平屋 O）

葉は枝に3本ずつ輪生して密集する

×1

葉先は尖るが、触れてもあまり痛くない

×2

オキナワハイネズ

表（向軸側）に2本白い気孔帯がある

裏（背軸側）は緑色

カイヅカイブキ

［貝塚伊吹］

J. chinensis ‘Kaizuka’

常緑小高木（2–8m）**分**：原種のイブキ（ビャクシン）は北海道～九州に自生。庭木、生垣、公園樹。**葉**：鱗状葉（幼形葉は針状葉）／対生／長1–2mm **花**：褐（雄花）／春 **実**：緑白～紫褐／径6–7mm ◆イブキの栽培品種で葉は原種より鮮やかな緑色でよく密生する。枝葉が旋回する樹形が特徴的。

拝所に植栽された個体（9.18読谷 H）

×1

葉先は丸い

幼木や刈り込んだ枝では針状の青白い葉が出て、3輪生または十字対生する

針状葉 ×1

鱗状の葉が十字対生して枝に密着し、表裏の区別はない

カイヅカイブキ

被子植物

基部被子植物群

BASAL ANGIOSPERMS

板根が発達したハスノハギリの大木
(2015.4.12 宮古島新城海岸 H)

シキミ ［樒］

I. anisatum

常緑小高木（4–12m）**方**：マッコー、マッコーイク **分**：本州〜トカラ、奄美、徳之、沖縄諸島。やや稀。**葉**：単葉／互生／全縁／長5–12㎝ **花**：淡黄〜白、時に淡紅／冬〜春 **実**：緑〜褐。種子は橙／通常8個の袋果からなる集合果／夏〜秋

◆山地の尾根付近の林内に点在する。本土では社寺や墓地によく植栽されるが、琉球は社寺が少なく、墓地に植える風習もない。葉はやや細い倒卵形で枝先に集まり、モッコクやモチノキ類に似るが、ちぎると強い芳香があることがよい区別点。樹皮は暗褐色で、ほぼ平滑で縦すじが入る。果実は香辛料の八角に似るが有毒。沖縄諸島の個体は本土産個体に比べ葉が細い傾向があり、変種**オキナワシキミ** var. masa-ogatae に区別する見解もあるが、奄美群島の個体は中間的で、線引きが難しい。

花（12.1 与那覇岳 O.K）

若葉は赤みを帯びる（3.8与那覇岳 H）

裏 ×0.8

両面無毛。側脈は普通不明瞭

沖縄島産 ×0.8

オキナワシキミにあたる個体で、葉は細い倒卵形

この個体の葉は本土産のシキミ同様に広い倒卵形

徳之島産 ×0.8

ちぎると甘い芳香がある

葉先はやや突き出て鈍いか尖る

集合果
8個からなる（8.28天城岳 O）

ちぎると
甘い芳香
がある

×0.8

裏

葉は倒卵形～細い楕円形で、沖縄島産のシキミより大きく幅広い葉が多い

両面無毛。側脈は普通不明瞭

ヤエヤマシキミ ［八重山樒］

I. tashiroi

常緑小高木（4–10m）**分**：石垣、西表。やや稀。**葉**：単葉／互生／全縁／長6–14㎝ **花**：白／冬～春 **実**：緑～褐／11–13個の袋果からなる集合果／夏～秋 ◆山地の尾根などに生える。シキミに比べ、葉がやや大きく、花は普通きれいな白色で、心皮数が多いことが違いだが、シキミの変種とする見解もある。台湾にも分布する。

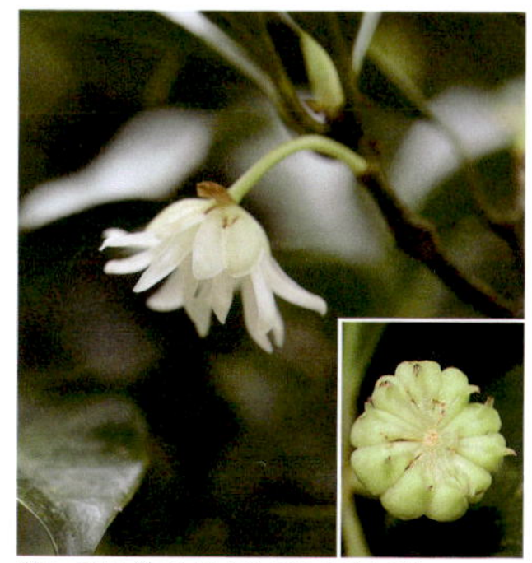
花と若い集合果（3.25 石垣 O）

マツブサ科 Schisandraceae シキミ属 Illicium

鋸歯はサネカズラに比べて目立たず、微凸点状や、ないことも多い

×0.8

裏

枝葉は無毛で、両面とも光沢がある。サネカズラより丸い葉が多い

枝の皮をはぐと粘りがあり、糸を引く

葉柄はしばしば赤みを帯びる

リュウキュウサネカズラ

K. matsudae ［琉球実葛］

常緑つる性木本（S巻）**分**：奄美群島～先島諸島。やや普通。**葉**：単葉／互生／疎鋸歯縁～全縁／長5–13㎝ **花**：淡黄／秋 **実**：暗赤／集合果は径2–4㎝／冬 ◆本州～奄美大島、西表島などに分布するサネカズラ（ビナンカズラ）K. japonicaと同一とされてきたが、2017年に別種と発表された。雄しべは普通黄色で葯が隣接しない。

果実（12.19）雄花（10.31 大宜味 H）

サネカズラ属 Kadsura

セ ン リ ョ ウ 科 Chloranthaceae　セ ン リ ョ ウ 属 Sarcandra

センリョウ ［千両］

S. glabra

常緑低木（0.5–1.5m）**方**：ヤマオグマ、ヤマグサ、ハナンバ **分**：関東南部〜沖縄諸島、石垣、西表、与那国。やや普通。庭木。**葉**：単葉／対生／鋸歯縁／長5–16㎝ **花**：淡黄／初夏 **実**：赤、稀に黄／秋〜冬 ◆低地〜山地の湿った林内に生え、時に群生。葉は枝先に十字対生する。果実が黄色い品種キミノセンリョウ f. flava もある。

花期（5.23名護 H）花（3.20西表 O）

鋸歯は粗く鋭く目立つ

裏 ×0.7

裏は淡緑色。枝葉は無毛

葉先はやや伸びて尖る

×0.7

小枝は緑色で、節が隆起し関節になる

果実

コショウ科 Piperaceae　コショウ属 Piper

ヒハツモドキ ［畢撥擬］

P. retrofractum

常緑つる性木本（気根）**別**：ジャワナガコショウ、ヒハツ、サキシマフウトウカズラ **方**：フィファチ、ピバーツ、ビバーチ **分**：東南アジア原産。主に先島諸島で野生化。香辛料用に栽培、庭木。**葉**：単葉／互生／全縁／長7–15㎝ **花**：淡黄／初夏 **実**：赤／夏〜秋 ◆民家の塀や林縁に見られる。葉は長い楕円形で、葉脈のしわが目立つ。

花(6.12那覇植栽H)果実(9.3波照間O)

葉をちぎると、ニッケイとコショウを混ぜたような甘い香りがある

裏

裏は白みを帯びる。枝葉は無毛

×0.7

やや硬い質感で光沢が強く、葉脈はくぼむ

葉の基部に、枝を1周する線がある

葉身基部は湾入するか丸い

花期（3.19西表 O）

果実（1.7読谷 H）

フウトウカズラ ［風藤葛］

P. kadsura

常緑つる性木本（気根） **方**：ピーザーグサ、ウシチカンダ、クースギー **分**：関東南部〜先島諸島、大東、小笠原。普通。**葉**：単葉／互生／全縁／長6–15㎝ **花**：淡黄／穂状花序は長5–10㎝前後／春 **実**：赤／径3–4㎜／果穂は長3–17㎝／冬 ◆沿海地の湿った林内や林縁に多く生える。枝の節から気根を出し、木の幹や岩壁に5m前後登り、しばしば辺り一面を覆い尽くす。葉は卵形で5本の葉脈が目立ち、地面をはう枝の葉は小型で丸みが強い。雌雄異株で、花や果実は長くぶら下がった穂について特徴的。葉や果実はコショウに似た香りがある。

枝葉をかむとコショウに似た風味がある

×0.7

裏は白み帯び、全体にやや伏した毛がある

裏

葉身基部は湾入する

2対の長く伸びる側脈が目立つ

葉の基部に、枝を1周する線（托葉痕）がある

地面をはう枝の葉は、丸みのあるハート形で小さく、葉脈の網目がやや目立つ

裏

幼形葉 ×0.7

リュウキュウウマノスズクサ

A. liukiuensis　［琉球馬鈴草］

常緑つる性木本（∠巻）**方**：イトカズラ、ハナコゴ、マルバーカンダ **分**：奄美群島〜沖縄諸島（久米を除く）。普通。**葉**：単葉／互生／全縁／長6–15㎝ **花**：紫褐・淡黄の条紋／冬〜春 **実**：褐／蒴果／六角柱状／長6㎝前後／夏〜冬

◆低地〜山地の林縁によく生える。茎は緑色で毛があり、他物に巻き高さ2–5ｍになる。葉は丸みのあるハート形で両面有毛。花は萼片が筒状に合着し、サクソフォーンのような独特の形。関東〜屋久島に分布するオオバウマノスズクサ A. kaempferi と似ており、同種に含める説もあるが、本種は葉が厚く葉脈が裏により顕著に隆起し、幼枝の葉は耳形のせり出しが弱く、花はやや大型で紫褐色の模様が強い。ジャコウアゲハやベニモンアゲハの食草として知られる。

花。内壁も模様がある型（3.16国頭 H）
内壁が黄色い型（3.15奄美 O）

果実は6稜がある（3.17湯湾岳 O）

表ははじめ有毛で次第に減る。光沢は弱い

×0.7

基部は深く湾入

細い茎は緑色で毛が多い

葉先は丸いか鈍い

裏 ×0.7

裏は白みを帯び、葉脈が隆起し目立つ

葉裏 ×2.5
脈上や葉裏全体に伏毛が密生する

花期（3.16国頭 H）

幼枝の葉は矢尻形（2.4本部 H）

本土産のアリマウマノスズクサと異なり、3裂する細い葉は見られない

裏 ×0.6

×0.6

葉はリュウキュウウマノスズクサと区別困難で、葉裏や葉柄、若枝は毛が密生する

アリマウマノスズクサ

A. shimadae ［有馬馬鈴草］

常緑つる性木本（Z巻）**方**：ゴッコゴーギー、ヤマカジャ **分**：兵庫、九州北部、沖縄島?、久米島、先島諸島。やや普通。**葉**：単葉／互生／全縁／長6–15㎝ **花**：黒紫・黄（内壁）／冬～春 ◆最近の研究で、従来リュウキュウウマノスズクサとされてきたもののうち、久米島以南のものは本種と分かった。花は唇部が黒紫色でやや反り、内部の黄色との境が明瞭。

花（1.6西表）（4.6宮古 O）

葉先は丸いか尖る

表は光沢があり、古い葉は葉脈の網目が目立つ

×0.6

基部の両端がせり出した3浅裂状の葉も多い

裏はやや白みを帯びる。両面無毛なので区別は容易

裏 ×0.6

コウシュンウマノスズクサ

A. zollingeriana ［恒春馬鈴草］

常緑つる性木本（Z巻）**分**：宮古列島、魚釣。稀。**葉**：単葉（時に3裂）／互生／全縁／長6–16㎝ **花**：紫褐～黄褐／夏 **実**：楕円形／長4–6㎝ ◆林縁に生え、つるで草木に5m前後登りよく繁茂する。同属2種と異なり、枝葉は無毛で葉は光沢があり、花は細い筒状で開口部を下に向けて咲く。台湾やフィリピン、マレーシアにも分布。

花（4.6宮古 O）

果実（4.11H）

モクレン科 Magnoliaceae モクレン属 Magnolia

オガタマノキ ［招霊木］

M. compressa

常緑高木（5–15m）**方**：ルスン、カミキ　**分**：関東〜奄美、徳之、沖縄島、久米。稀。時に社寺植栽。**葉**：単葉／互生／全縁／長5–14cm　**花**：白・紅紫／花被片12枚／径約3cm／冬〜早春　**実**：赤／長5–10cmの集合果　◆山地の林内に点在する。葉は長い倒卵形で裏は青白く、タブノキに似るが、冬芽や托葉痕が異なり、樹皮は平滑。

花弁の基部は紅紫色（1.26国頭 Y.O）

裏はいくぶん青白色を帯びる。両面ほぼ無毛

裏 ×0.8

先は短く突き出る

×0.8

表は先端が結合した側脈が見える

葉柄は3cm前後あり長い

冬芽や若枝は褐色の毛に覆われる

葉の基部の枝に托葉痕が輪状に残る

タイワンオガタマの冬芽 ×2

タイワンオガタマノキ

M. formosana ［台湾招霊木］

常緑高木（5–15m）**方**：ドゥスヌ　**分**：石垣、西表、与那国。やや稀。**葉**：単葉／互生／長5–11cm　**花**：白／径3cm／冬〜早春　**実**：赤／秋　◆山地に点在する。葉はオガタマノキに比べ小さく幅が狭く、葉柄がやや短い。また、花弁の基部が普通紅色を帯びないことも違い。オガタマノキの変種や同種とする説もある。

若い果実（8.29西表 O）

裏 ×0.8

側脈はやや不鮮明

×0.8

葉柄は1cm前後で短め

花（1.1与那国 K.T）

自生地の集団（9.2波照間 O）

林内の低木の葉（3.19西表 O）

冬芽 ×3
褐色の毛が密生する

×0.5

裏

側脈は主脈から約45度の角度で斜上し、10対前後ある

葉柄は短い

葉身基部はしばしば左右非対称。両面無毛

クロボウモドキ ［黒ぼう擬］

M. liukiuense

常緑高木（10–20m）**方**：アカンギ **分**：西表、波照間。ごく稀。**葉**：単葉／互生／全縁／長20–30cm 5–10cm **花**：黄緑／花弁は披針形／枝に単～束生／晩夏～冬 **実**：橙～黒／長楕円形／長2–3cm／1種子／夏

◆日本産唯一のバンレイシ科植物で、和名の由来はクロボウ（リュウキュウガキの方言）に似ることによる。現在知られる自生地は、波照間島と西表島の低地の石灰岩地1カ所ずつで、それぞれ十数本の高木と多数の幼木がまとまって生えている。葉は深い緑色で光沢が強く、平行脈が目立つ。樹皮は縦に浅く裂ける。花弁は6枚で、1心皮からなる分果には長い柄がついてこん棒状となり、短い果柄に10個以上の分果が放射状につく。香料用に植栽される同科のイランイランノキと似るが、雄しべの形が異なる。台湾（蘭嶼）にも分布する。

花（9.2波照間 O）

若い分果。右は種子（3.19西表 O）

ハスノハギリ ［蓮葉桐］

H. nymphaeifolia

常緑高木（5–15m） **方**：トゥカナチ、ウンブギ、ウシヌタニ **分**：喜界、奄美、沖永、与論、沖縄諸島～先島諸島。やや稀。先島諸島ではやや普通。防風林、公園樹、観葉植物。**葉**：単葉／互生／全縁／長10–30㎝ **花**：白／頂生の散房花序／3花ずつ4枚の苞に包まれる／早春・夏 **実**：淡黄～赤（総苞）・黒（核果）／総苞は径3–4㎝／核果は径1–2㎝／初夏・秋

◆海岸にしばしば群落をつくる他、防潮用に植栽されることも多い。葉は大きな卵円形で光沢があり、葉柄がハスの葉のように楯状につき特徴的。総苞が花後に合着し、黄白～淡い赤色に肉質球形化し、核果を包んで風鈴のようになる。自然がよく残った御嶽では、幹の直径が1mを超えるような巨木群落が見られることもある。

花序。雄花が咲いている（7.5名護H）

果実（4.12宮古H）（9.4石垣O）

御嶽林の大木（6.22名護H）

樹皮は縦すじが入るか浅裂する（H）

×0.5

葉形が似るオオバギより肉厚で光沢が強い

葉の大きさの割に葉脈は少ない

葉先はほとんど突き出ずに尖る

裏

成葉は両面無毛で裏は淡緑色

葉柄は楯着する

シダの葉上をはうつる（4.29石垣 O）

葉（4.29石垣 O）

テングノハナ ［天狗鼻］

I. luzonensis

常緑つる性木本（葉柄） **分**：石垣島。ごく稀。**葉**：3出複葉／互生／全縁／小葉長4–10㎝ **花**：桃～赤紫／径約1.5㎝／腋生の散房花序／秋～冬 **実**：紅～黄緑／長短の幅広い翼が十字に出る／春

◆琉球産の木本では最も稀な種の一つ。現存する自生地は石垣島の1カ所だが、植栽されたものが時々見られる。海岸近くの明るい低木林内で、林床から低木の樹冠などに広がった株が点々と見られる。葉は一見マメ科を思わせる3出複葉で、葉柄で他の植物に巻きついて伸びる。小葉は卵形～楕円形～倒卵形で、基部はやや心形となり、普通、両面に衣類にくっつような先が曲がった毛が密に生えるが、時に無毛に近いものもある。和名は果実の翼が烏天狗の鼻（嘴）に似ていることに由来する。台湾、フィリピンにも分布する。

花（11.3西表植栽 M.K）

果実（3.21西表植栽 O）

裏は淡緑色で葉脈が隆起する

裏 ×1

葉先は急に尖る

小葉 ×1

両面に毛があり、ざらざらした質感

若い果実

葉柄や小葉柄は毛が多い

枝と葉痕

枝は稜があり、はじめ有毛、後に無毛（4.29石垣 O）

クスノキ ［樟］

C. camphora

常緑高木（10−25ｍ）**方**：クスヌチ　**分**：関東〜南西諸島。本来の自生は九州〜屋久島といわれ、他は野生化。奄美群島や沖縄島ではやや普通。先島諸島では稀。公園樹、街路樹。**葉**：単葉／互生／全縁／長6−11㎝　**花**：淡黄／径約5㎜／腋生の円錐花序／初夏　**実**：黒／径7−8㎜／秋

◆常緑広葉樹としては日本最大級の大木になる。かつて樟脳採取のため西日本を中心に植林され、逸出したものが自然林内でも見られ、琉球では山地の谷沿いなどに野生化している。葉は3行脈が目立ち、脈腋にダニ室があることや、葉をちぎると樟脳の香りがすることが特徴。樹皮は通常、縦に細かく裂ける。沖縄島では、樹皮が白っぽく薄い鱗片状にはがれ、葉の香りがやや異なる個体もあり、タイプの異なるものがあるように思われる。台湾産の品種で香りが異なるホウショウ（芳樟） f. linaloolifera も過去に植栽された記録がある。

遠景。葉色は明るい（4.15大宜味 H）

若い果実がついた枝（6.22名護 H）

典型的な樹皮（大宜味 H）

鱗片状にはがれる樹皮（大宜味 H）

縁はやや波打つ。葉形は卵形から丸みの強いものまで変異がある

×0.9

葉身基部の少し上から3本に分かれる葉脈が目立つ

ダニ室 ×2

3行脈の分岐点にダニ室の膨らみがあり、裏に穴が空いている

葉先は短く突き出て尖る

ちぎると樟脳のツンとした香りがある

裏

成葉は両面ほぼ無毛で、裏は白みを帯びる

ヤブニッケイ ［藪肉桂］

C. yabunikkei

常緑高木（4–15m）**方**：シバキ、ツツアギ、ブーシザキ **分**：本州～先島諸島、大東。普通。**葉**：単葉／互生・対生／全縁／長5–13㎝ **花**：淡黄／腋生の散形花序／初夏 **実**：黒紫／長1–1.2㎝／秋～冬

◆海岸～山地の林内や林縁に生え、特に石灰岩地に多い。小高木状の個体を見る機会が多いが、時に林冠に達するほど大きくなることもある。葉は3行脈が目立ち、クスノキやシロダモに似るが、枝先に集まらず、枝に平面的に並んで互生と対生が入り交じってつく（コクサギ型葉序）ことが違い。ニッケイに比べると葉先が短く、葉の香りが弱いことが違い。琉球では枝にタマバエの仲間が寄生し、径3–4㎝に達する串刺し団子状の虫こぶ（ヤブニッケイエダコブフシ）ができることも多い。

樹形（4.26本部 H）

樹皮は黒褐色で平滑（大宜味 H）

花期（4.26国頭 H）花（4.7宮古 O）

枝にできた虫こぶ（3.28名護 H）

若い果実（11.17 糸満 H）

葉先はニッケイのようには伸びない

葉柄はやや曲がる

3行脈が目立つ。葉腋にダニ室はない

×0.9

ちぎるとシナモンに似た香りがある

裏 ×0.7

裏は粉白色を帯び、無毛

シバニッケイ ［柴肉桂］

C. doederleinii

常緑小高木（2–15m） **別**：ヒメニッケイ、オキナワマルバニッケイ **方**：ファーグヮーシバキ、シザリ **分**：トカラ（悪石）、奄美、徳之、沖永?、沖縄諸島、石垣、小浜、西表、与那国。普通。**葉**：単葉／互生・対生／全縁／長3–7cm **花**：淡黄／初夏 **実**：黒紫／長約7mm／秋

◆山地～低地の尾根や乾いた場所に生え、時に林をつくる琉球固有種。低木状の個体も多いが幹径30cm以上にもなる。葉はヤブニッケイを小さくした印象で、葉裏や枝は通常ほぼ無毛。奄美大島や伊平屋島、伊是名島、沖縄島、慶良間列島には葉裏に毛の多い変種**ケシバニッケイ** var. pseudodaphnoides が稀にあり、マルバニッケイより花序の分枝がやや長く、マルバニッケイとの雑種の可能性もある。シバニッケイとヤブニッケイの雑種はシバヤブニッケイ C. ×takushii と呼ばれ、葉は両者の中間形で時に見られる。

花期の外観（5.9うるま H）

花は小型（5.9うるま H）

果実（9.30国頭） 虫こぶ（10.9うるま H）

樹皮は平滑。老木はやや割れる（H）

裏 ×1

葉裏や枝に淡褐色の伏毛が密生する

ケシバニッケイ

葉裏 ×2.5

葉先はやや突き出て鈍い

3行脈が目立つ

表は無毛。ちぎるとシナモンに似た香りがある

×1

枝ははじめ絹毛があるが、後にほぼ無毛。葉は亜対生しコクサギ型葉序になる

シバニッケイ

葉裏 ×2.5
裏は白みを帯び、はじめ少し毛があるが成葉はほぼ無毛

日なたの葉は縁がしばしば裏に反る

×1

裏

薩摩半島産
×1

葉先は丸い

裏 ×1

3行脈が
目立つ

裏は白～淡褐
色の伏した絹
毛が密生する

枝も絹毛が密生
する。葉は亜対
生し、コクサギ
型葉序につく

蕾をつけた花序
(6.22薩摩半島 H)

葉裏 ×2.5

マルバニッケイ ［丸葉肉桂］

C. daphnoides

常緑低木（1–10m）**別**：コウチニッケイ **分**：九州〜トカラ、奄美?、硫黄鳥島。ごく稀。生垣、公園樹、街路樹。**葉**：単葉／互生・対生／全縁／長3–7㎝ **花**：淡黄／初夏 **実**：黒紫／長約1㎝ ◆海岸の風衝低木林などに生える。植栽は珍しくない。シバニッケイに比べ、葉は先が丸く裏に毛が密生し、花序の分枝が短く花が少ない。

海岸林の樹形（7.15屋久島 H）

ニッケイ ［肉桂］

C. sieboldii

常緑高木（7–15m）**別**：オキナワニッケイ **方**：カラギ、ニッキ **分**：徳之、沖縄島、久米、石垣。やや稀。関東以南で時に野生化。庭木。**葉**：単葉／互生・対生／全縁／長8–18㎝ **花**：淡黄／初夏 **実**：黒紫／長約1㎝ ◆山地に点在する固有種とされるが、各地で古くから栽培され、自生か紛らわしい個体も多い。葉はヤブニッケイより細長く先が尖り、芳香が強い。

尖った葉先が目立つ（7.12国頭 H）

葉先は細長
く伸びるこ
とが多い

ちぎるとシナ
モンに似た強
い香りがある

×0.7

裏は粉白色を帯
び、全体に微毛
が少しある

裏
×0.8

3行脈はヤブニ
ッケイより長く
並行に伸びる

シロダモ ［白だも］

N. sericea var. sericea

常緑小高木（5–15m）**方**：ヤマダックヮ、ウーシバキ **分**：本州～先島諸島。普通。**葉**：単葉／互生／全縁／長7–18㎝ **花**：淡黄／秋～冬 **実**：赤／楕円形／長1–1.5㎝／秋～冬 ◆山地～低地の林に点在する。葉は枝先に集まり、裏が白いことが特徴だが、琉球ではあまり白くない個体も多い。若葉は金～銀白色の毛に覆われ目立つ。樹皮は平滑で皮目がある。

若葉（3.21）雄花（12.18国頭 H）

葉は長い卵形で、先は緩やかに狭まり尖る

×0.7

裏は多少有毛で白みを帯びるが、変異がある

裏 ×0.7

葉をちぎるとクスノキ科特有の香りが少しある

3行脈が目立つ

葉柄はイヌガシより長く、金色の伏毛があるかほぼ無毛

キンショクダモ ［金色だも］

N. sericea var. aurata

常緑小高木（5–15m）**方**：ギンタブ **分**：伊豆諸島、九州、屋久、黒、トカラ、奄美、徳之、沖縄島、石垣、西表、小笠原。やや稀。**葉**：単葉／互生／全縁／長7–18㎝ **花**：黄／春 **実**：赤／春 ◆シロダモの変種で成葉も裏に金色を帯びる毛がよく残り、春に開花する。シロダモとの境は連続的と思われる。

雄花。雌雄異株（1.27国頭 H）

×0.7

裏全面に金褐色の毛が密生することが多い

裏 ×0.7

倒卵形の葉もある

同じ個体の中でも葉裏の色の濃淡に変異がある

色が薄い葉 裏 ×0.6

裏 ×0.6

×0.6

裏は普通白い伏毛がやや密生し銀白色

葉柄にも毛が多い

葉先はシロダモに比べやや急に狭まる

成葉はほぼ無毛。若葉は赤みを帯び両面に毛が多い

×0.7

裏

3行脈が目立つ

裏はシロダモに似て白みを帯びる

葉柄に灰色の微毛がある

ダイトウシロダモ ［大東〜］

N. sericea var. argentea

常緑小高木（5–10m）**分**：北大東、南大東。やや普通。**葉**：単葉／互生／全縁／長7–20㎝ **花**：淡黄／冬 **実**：赤／倒卵形／長1.5–1.8㎝ ◆南北大東島に分布するシロダモの固有変種で、神社林などに点在する。シロダモに比べ葉はやや幅広く、裏は銀灰色で赤みが全くない。果実もやや大きい。

葉は両面に毛がある（4.19北大東 O）
右下は雄花（12.21南大東 M.Y）

イヌガシ ［犬樫］

N. aciculata

常緑小高木（3–10m）**別**：マツラニッケイ **方**：バテンギー **分**：関東〜沖縄諸島、石垣、西表、与那国。普通。**葉**：単葉／互生／全縁／長5–12㎝ **花**：赤／冬〜春 **実**：黒／長約8㎜／秋〜冬 ◆山地の林内に点在し、低木状の個体が多いが高木にもなる。葉はシロダモに似て3行脈が目立つが、やや小型で細く、葉柄は灰色で短い。花は赤く、果実は黒いことも違い。

花は腋生。冬芽は細長い（3.8国頭 H）

アカハダクスノキ ［赤膚樟］

B. erythrophloia

常緑高木（10–20m）**分**：トカラ列島（悪石）〜沖縄諸島、石垣、西表、与那国。やや稀。**葉**：単葉／対生・互生／全縁／長9–16cm **花**：淡黄／腋生の円錐花序／秋 **実**：黒紫／楕円形／長1.5–2cm

◆クスノキ科最大の約250種からなるアカハダクスノキ属で、唯一日本産の種。悪石島以南の南西諸島において、主に山地の石灰岩地林内に稀に生えるが、与那国島では比較的多く、久部良岳の斜面ではアカハダクスノキ−ビロウ群集を形成している。葉は長い楕円形〜卵形で、ヤブニッケイなどと同様に対生かややずれてつく（亜対生）ことが多く、革質で光沢がある。葉裏も緑色で光沢があることや、2枚の芽鱗が合わさった冬芽を確認すると見分けやすい。樹皮は暗褐色で平滑のことが多いが、時に赤橙色を帯びるものもある。国外では台湾に分布する。

若木の枝葉。枝先に2–3枚の葉がつくことが多い(2.11大宜味 H)

若い果実(3.28名護 A.S)

花(10.23与那国 O)

赤褐色を帯びた樹皮(西表 O)

葉先はやや伸びる

裏 ×1

×1

縁はやや波打つ

裏も緑色で光沢がある。両面無毛

葉は対生かややずれてつく

冬芽 ×2.5
2枚の芽鱗で覆われる

ちぎると香りが少しある

葉は薄い革質。表は無毛で光沢がある

×0.9

葉先は少し突き出て尖る

裏 ×0.9

裏は白みを帯び、脈上に伏毛があるかほぼ無毛

葉柄は3–6㎜で短い

葉脈は表で凹み裏に突出する

小枝は緑色

オキナワコウバシ ［沖縄香］

L. communis var. okinawensis

常緑小高木（3–7m）**別**：オキナワヤマコウバシ **分**：沖縄島、石垣。稀。**葉**：単葉／互生／全縁／長4–8㎝ **花**：淡黄／冬 **実**：赤／径約6㎜／初夏 ◆主に石灰岩地の低地に点在する琉球の固有変種で、沖縄島中部に多い。葉は楕円形で、本土産のクロモジやヤマコウバシを常緑にした印象。基準変種のタイワンコウバシは台湾に分布する。

若葉（4.30）雄花（1.15読谷 H）

クスノキ科 Lauraceae クロモジ属 Lindera

縁は強く波打つことが多いが、波打たない個体もある

×0.7

葉先は次第に狭まり尖る

裏 ×0.7

側脈は広い角度で出て、裏によく隆起する

裏はやや白みを帯び、両面ほぼ無毛。ホソバタブの狭葉タイプに似るが、中央脈は黄色を帯びる傾向がある

冬芽 ×1

頂芽は大型で長く、しばしば芽鱗の縁が濃色で目立つ

若枝や葉柄は伏毛があり、次第に減る

バリバリノキ

A. acuminata

常緑小高木（5–15m）**別**：アオカゴノキ **方**：ファナガギー、ビーコーガ **分**：関東～奄美、徳之、伊平屋、沖縄島、久米、石垣、西表、与那国。やや稀。**葉**：単葉／互生／全縁／長12–25㎝ **花**：淡黄／夏 **実**：黒／長約1.5㎝／夏 ◆山地の谷沿いなどに点在。葉は日本産常緑広葉樹の中で最も細長い。樹皮は淡褐色でややはがれる。

若葉。葉は枝先に集まる（5.5国頭 H）

バリバリノキ属 Actinodaphne

クスノキ科 Lauraceae タブノキ属 Machilus

ホソバタブ ［細葉椨］

M. japonica

常緑高木（7–15m）**別**：アオガシ **方**：インタブ、コーガー、マートゥムヌ **分**：関東南部〜奄美群島、伊平屋、伊是名、沖縄島、久米、石垣、西表、与那国。やや普通。**葉**：単葉／互生／全縁／長8–20cm 幅2–5cm **花**：黄緑／腋生の円錐花序／春 **実**：緑〜黒紫／径1–1.5cm／夏

◆山地の渓流沿いなどに生え、時に優占林をつくる。特に西表島に多い。葉はタブノキに似て混同されやすいが、より細長く、最大幅はほぼ中央にあることが違い。葉の長短にやや変異があり、長い葉はバリバリノキに似るが、側脈が裏にあまり隆起しないことなどが違い。幹はよく直立し、枝葉を水平に広げた樹形になるが、タブノキほど大木にはならない。樹皮は灰白色で点状の皮目がある。

花序（2.18西表 O）

若い実。果軸は赤い（4.30西表 O）

葉は枝先にやや集まる（6.8今帰仁 H）

若木の樹皮（国頭 H）

裏は青白みを帯びる。両面無毛

裏 ×0.8

側脈はバリバリノキほど裏に隆起せず、角度も緩やか

葉先はやや細長く伸びて尖る

縁は緩く波打つことが多いが、変異がある

×0.8

頂芽はタブノキやバリバリノキに比べ小さい

花と赤みを帯びた芽鱗（2.1今帰仁 H）

若い果実（4.13伊良部 H）

樹冠（10.14石垣 H）

樹皮（南城 H）

若葉（1.17大宜味 H）

タブノキ ［椨木］

M. thunbergii

常緑高木（5–20m）**別**：イヌグス **方**：トゥムル、コウーギ、トゥムヌ **分**：本州～先島諸島、大東。普通。公園樹、防風林、街路樹。**葉**：単葉／互生／全縁／長8–16cm **花**：黄緑／冬～春 **実**：黒／径1–1.5cm／春～初夏

◆低地～山地に広く生え、幹径1mを超える大木にもなる。石灰岩地にも多く、ガジュマルやアカギなどと混生し林をつくる。葉は長い倒卵形で、枝先に集まってつく。葉の大小は変異が大きく、マテバシイなど葉形が似た樹種も多いが、葉裏が白みを帯びることや、ちぎると香りがあること、枝先に大きな冬芽が一つつくことが特徴。花は地味だが、芽吹き時は赤みを帯びた大きな芽鱗が開いて目立ち、若葉もしばしば赤く色づく。樹皮は白っぽい褐色で、はじめ縦すじがあり、老木は網目状に裂けてくる。

裏は粉白色を帯び、側脈はあまり目立たない。両面無毛

葉の最大幅は中央より先側にあることがホソバタブとの違い

×1

葉先は急に狭まり、尾状に突き出る

裏

葉をちぎるとクスノキ科特有のツンとした香りがある

枝先に大きな冬芽が一つだけつく

クスノキ科 Lauraceae ハマビワ属 Litsea

カゴノキ ［鹿子木］

L. coreana

常緑小高木（5–15m）**方**：コガノキ **方**：クガ **分**：本州～奄美、徳之、伊平屋、伊是名、沖縄島、宮古、石垣、西表。やや稀。**葉**：単葉／互生／全縁／長7–13㎝ **花**：淡黄／秋 **実**：赤／径約7㎜／冬～春 ◆山地林内に点在。葉は細い倒卵形で枝先に集まる。若枝は黒っぽく、幹は白、黒褐色、緑褐色などの鹿の子模様になる。

樹皮は鱗状にはがれる（6.25国頭H）

葉はタブノキを小型にした印象で、先寄りで幅が最大になる

葉先はやや鈍い

×0.9 裏

裏は粉白色を帯び、はじめ絹毛があるが次第に減る

主脈はやや黄色い

枝はタブノキと異なり、紫褐色を帯びた暗い色

アオモジ ［青文字］

L. cubeba

落葉小高木（3–7m）**別**：タイワンクロモジ **方**：アオヤギ、ヨージギ **分**：本州西部（野生化）、九州～奄美、徳之。やや稀。**葉**：単葉／互生／全縁／長7–15㎝ **花**：黄白／春 **実**：赤～黒紫／径約6㎜／秋 ◆山地の林縁や道端など、攪乱を受ける明るい場所に点在する。葉は細長く尖り、葉の展開と同時に小さな花を多数つける。

芽吹きと花（3.16宇検O）

葉先は次第に狭まり尖る

枝葉をちぎると芳香がある

×0.9 裏

葉の中央より基部側で幅が最大になる

雄花

花は数個かたまってつく（3.16宇検O）

雄花と蕾（10.16読谷 H）

果実（2.4本部 H）

ハマビワ ［浜枇杷］

L. japonica

常緑小高木（3–8ｍ）**方**：ショージギー、チーギウトゥ、ガラサームック **分**：島根、山口、四国、九州～先島諸島。やや普通。防風林、公園樹。**葉**：単葉／互生／全縁／長10–20㎝ **花**：淡黄／秋 **実**：黒紫／楕円形／長1.5–2㎝／春

◆海岸～低山の林縁や林内に生え、丸くまとまった樹形になる。葉は楕円形で枝先に集まり、裏は褐色の軟毛が密生することが特徴。葉の広狭は変異が大きい。生育環境が同じアカテツとよく似ており間違えやすいが、本種は葉裏の葉脈が突出し、毛も明らかに多い点で区別できる。果実は大きく、基部に杯状の目立つ果托がある。

裏は褐色を帯び、葉脈が顕著に突出する

裏 ×0.7

葉先は鈍い

×0.7

表はほぼ無毛で濃い緑色

葉裏 ×2
フェルト状の褐色の軟毛が密生する

葉柄や枝も褐色の軟毛が密生する

芽吹き（3.18恩納 H）

若い果実をつけた枝（1.18国頭 H）

スナヅル ［砂蔓］

C. filiformis var. filiformis

常緑つる性草本（Z巻）**別**：シマネナシカズラ **方**：ニーナシカンダ、ソーミングサ **分**：九州南部〜先島諸島、小笠原。普通。**茎**：径1–2㎜／緑〜黄褐／ほぼ無毛 **花**：白／径約3㎜／穂状花序は長3–4.5㎝／ほぼ通年 **実**：緑〜黄橙／球形／径約7㎜ ◆海岸の砂地や草地、時に山地にも生える寄生植物で、グンバイヒルガオやハマゴウはじめ多くの植物に寄生する。茎は長く伸びて他の植物に巻きつき、時に高さ1–2mほど登り、一面を覆う。葉は退化して小さな鱗片状で互生する。よく似たヒルガオ科のアメリカネナシカズラより茎は太く硬い。世界中の熱帯に分布する。

ケスナヅル ［毛砂蔓］

C. filiformis var. duripraticola

常緑つる性草本（Z巻） **分**：伊平屋、伊是名島、沖縄島。稀。**茎**：径0.6–1.1㎜／緑〜黄褐／有毛 **花**：白／径約2㎜／総状花序は長1–2㎝／ほぼ通年 **実**：球形／径約5㎜ ◆スナヅルの変種で、茎は毛が多くてやや細く、花序や果実はより小型だが、スナヅルとの中間型もある。乾いた山地の林縁や草地に生え、オオマツバシバやシバニッケイなどに寄生する。オーストラリア産のC. pubescensと同一とされていたこともある。

イトスナヅル ［糸砂蔓］

C. pergracilis

常緑つる性草本（Z巻） **分**：伊是名、久米。ごく稀。**茎**：径0.3–0.8㎜／赤褐〜黄褐／無毛〜有毛 **花**：白／長約1㎜／穂状花序は長約1㎝ **実**：広楕円形／長3–4㎜ ◆乾いた山地の草地に生え、オオマツバシバに寄生する。スナヅルに比べ茎が細く赤みを帯び、光沢があり、花、果実、丈ははるかに小型。オーストラリア産のC. glabellaと同一とされていたが、近年は琉球の固有種として区別される。

スナヅルの生育環境（1.13読谷 H）

スナヅルの果実（2.19伊平屋 O）

ケスナヅルの生育環境（1.14恩納 H）

イトスナヅル全形と花（6.19伊是名 H）

被子植物 単子葉類

ANGIOSPERMS MONOCOTS

アカギの幹に登ったハブカズラ
(2014.8.29 那覇市首里城公園 H)

クワズイモ ［不食芋］

A. odora

常緑多年生草本（1–2m）**方**：ンバシ、ハチコーンム、カサヌパ **分**：四国南部、九州南部～先島諸島。ごく普通。庭木、観葉植物。**葉**：単葉／根生／全縁／長40–100㎝ **花**：白／肉穂花序／春～初夏 **実**：橙／夏 ◆林床に多い肉質の大型草本。葉は長いハート形で大きく目立つ。栽培されるサトイモに似るが、葉身基部の湾入が深く、葉柄はわずかに楯状につく程度。

果実。有毒植物（6.12那覇 H）

林縁の群落（9.15浦添 H）

シマクワズイモ ［島不食芋］

A. cucullata

常緑多年生草本（0.4–0.7m）**別**：タイワンクワズイモ **方**：バジ **分**：奄美、沖永、与論、沖縄諸島～先島諸島。稀。庭木、観葉植物。**葉**：単葉／根生／全縁／長10–20㎝ **花**：白／肉穂花序 **実**：橙 ◆クワズイモより明らかに葉が小さく、側脈が少ない。集落付近によく見られ、自生と逸出との区別は不明瞭。稀にクワズイモとの雑種がある。

小型の葉 ×0.25

両面無毛で表は光沢が強い

花序（5.9名護岳 H）

縁は波打ち、側脈は縁近くまでまっすぐ伸びる

クワズイモ 裏

基部は深く湾入する

葉先はやや長く伸びる

葉柄はわずかに楯状につき、長さ50–100㎝前後と長い

側脈は葉先に向かって曲がり長く伸びる

シマクワズイモ 裏

×0.3

基部は浅い心形で、葉柄は楯状につく

※本科の仲間はシュウ酸カルシウムを含み、汁が皮膚につくと刺激がある

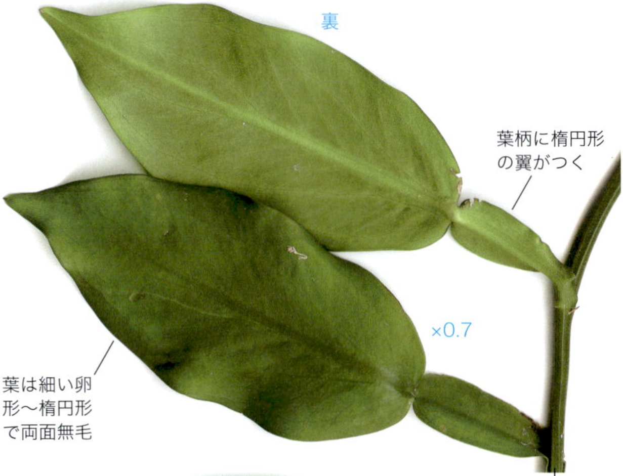

裏

葉柄に楕円形の翼がつく

×0.7

葉は細い卵形～楕円形で両面無毛

茎は稜があり、気根を出す

ユズノハカズラ ［柚子葉蔓］

P. chinensis

常緑つる性木本（気根）**分**：大東。稀。**葉**：単葉／互生／全縁／長5–12㎝ **花**：白／肉穂花序／春 **実**：紅／楕円形／長約1.5㎝ ◆南北大東島の石灰岩地にのみ生える。葉は普通長い楕円形で、ユズの葉のように葉柄に広い翼が出る。茎は光沢のある濃緑色で、付着根で岩場や樹幹を登り高さ1–3mになる。台湾～インドに分布する。

林床の岩場をはう(4.18 大東 O)

黄白色の斑が不規則に入る。時に斑が入らない葉もある

小型の葉 ×0.4

葉の両面に光沢があり、ほぼ無毛か微細な圧毛が散生する

オウゴンカズラ

葉柄の半分以上は葉鞘で、2稜があり、褐色の繊維がつく

茎から気根を出し他物に付着する

羽状に裂けた成形葉(H)

裏

オウゴンカズラ ［黄金葛］

E. aureum

常緑つる性木本（気根）**別**：ポトス **分**：ソロモン諸島、インドネシア周辺原産。南西諸島、小笠原などで野生化。普通。庭木、観葉植物。**葉**：単葉（時に羽状裂）／互生／全縁／長15–80㎝ **花**：緑／開花結実は稀 ◆集落周辺の林縁に多く、他の木に5–10m前後登る。葉は黄白色の斑が入り、幼形葉は小型で卵形、成形葉は大型で羽状裂。

鬱蒼と葉を茂らす(4.29 嘉手納 H)

ハブカズラ ［波布葛］

E. pinnatum

常緑つる性木本（気根） **方**：パウギー、ナーミヌカジャ、トゥカラカジャ **分**：奄美群島（野生化）、沖縄諸島～先島諸島。先島諸島ではやや普通、他はやや稀。庭木、観葉植物。**葉**：単葉（成形葉は羽状裂）／互生／全縁／長20–60㎝ **花**：白／肉穂花序は長10–30㎝／初夏 **実**：淡緑～橙

◆低地～山地の林内に生え、ハブのように曲がりくねる茎から付着根を出し、木の幹や岩壁に登り高さ5–10mになる。自生地以外でも逸出したものが見られる。葉は大きな卵形で、羽状に4–10対ほど切れ込む。幼形葉は小型の長卵形で切れ込みがなく、オウゴンカズラと似る。観葉植物として知られる**モンステラ**（ホウライショウ）Monstera deliciosa（メキシコ～中央アメリカ原産）は、葉がより大型で窓状に穴があき、琉球では野外に植栽されている。

幼形葉は長15㎝前後（3.18西表O）

モンステラの葉（9.22本部H）

他の木の幹に登り葉を茂らす（1.17大宜味H）

花序に緑白色の仏炎苞がある（6.1那覇）
果実は甘味がある（8.11名護H）

木の幹をはう茎（那覇H）

×0.25

両面とも光沢が強く、ほぼ無毛か微細な圧毛がある

羽状に深裂し、穴はあかない。大型の葉ほど切れ込みの数は多い

葉鞘部に糸状の繊維が多い

裏

主脈から約60°の角度で多数の側脈が出て、葉縁近くで上向きに曲がる
裏
×0.35
両面無毛

ヒメハブカズラ ［姫波布蔓］

R. liukiuensis

常緑つる性木本（気根）**分**：石垣、西表。ごく稀。**葉**：単葉／互生／全縁／長17–30㎝ **花**：白／肉穂花序／長約10㎝／春 **実**：白 ◆マングローブ林奥の渓流沿いなどで見られ、岩や樹幹を3–8mほど登る。匍匐茎につく幼形葉は小さく倒卵形、成形葉は長楕円形で細長く、普通切れ込まない。台湾（蘭嶼）、フィリピンにも分布する。

匍匐茎と幼形葉（西表 O）

果実と仏炎苞に包まれた花序（2.13西表 O）

成形葉は長楕円形で羽状に10対前後深裂する。ハブカズラに似るが、葉が厚く、切れ込みが広く深い（5.5西表 O）

幼形葉と匍匐茎（9.16西表 O）

サキシマハブカズラ

R. korthalsii ［先島波布蔓］

常緑つる性木本（気根）**分**：石垣、西表。ごく稀。**葉**：単葉（羽状裂）／互生／全縁／長17–90㎝ **花**：夏 ◆渓流沿いに生え高さ3–6mになる。成形葉は大型でハブカズラのように深く切れ込む。匍匐茎は岩や樹幹に張りつき、ステゴザウルスの骨板のような小型の幼形葉を密につける。林内ではこの葉がよく目につく。東南アジアに分布。

葉裏。他の木の幹をよじ登り、途中から大型の葉を水平に広げる（5.5西表 O）

アダン ［阿檀］

P. odoratissimus

常緑小高木（2–6m） **別**：リントウ、シマタコノキ **方**：アダニ、アザキ、アダヌ **分**：トカラ列島～先島諸島、大東。ごく普通。防風林、街路樹、公園樹、庭木。**葉**：単葉／らせん生／鋸歯縁／長100–150㎝ **花**：黄白（雄）／頂生の肉穂花序／春～夏 **実**：黄橙／先は5–10裂／集合果は長10–30㎝／初夏～秋

◆海岸の砂地や岩場に生えて帯状に群落をつくり、沿岸部の低山にも見られる。防風・防潮用に海岸に植栽されることも多い。幹はしばしば地をはい、ひょろひょろと伸びて立ち上がり、下部から気根（支柱根）を出す。核果は先が平らではっきりと5–10裂し、多数集まってパイナップル状の集合果をつくる。タコノキに似るが、果実の形や葉の刺で見分けられる。

雄花の花序（7.12 大宜味 H）

果実の先は普通5–6裂（6.11 国頭 H）

幹が立ち上がった個体（7.12 大宜味 H）

幹には刺状の突起がある（H）

×1

葉の刺 ×2

刺の長さは普通3–8㎜と長く、基部は太い。タコノキに比べると刺は疎らで少ない

葉は硬い革質で幅は3–6㎝

×1

裏

葉裏主脈上に上向きと下向きの刺が混在して並ぶ（同属3種とも共通）

葉の刺 ×2
刺は長さ約1㎜でアダンより明らかに小さく、数が多い

集合果
果実の先はアダンより尖る(10.11 那覇 H)

葉の幅は3–8㎝

葉の幅は5–10㎝で、他2種より広く短い

ビヨウタコノキ

集合果
果実の先はやや尖る(3.17 那覇 O)

タコノキ ［蛸木］

P. boninensis

常緑小高木（3–8m）**別**：オガサワラタコノキ **分**：小笠原。街路樹、公園樹、庭木。**葉**：単葉／らせん生／鋸歯縁／長100–150㎝ **花**：黄白（雄）／初夏〜秋 **実**：黄橙／先は3裂／集合果は長20㎝前後／秋〜冬 ◆アダンより葉の刺が小さく、核果は数倍大きく、先は通常浅く3裂する。アダンより幹が立ちやすいのでよく植栽される。

タコ足状に支柱根が出る(3.2 うるま)

ビヨウタコノキ ［美葉蛸木］

P. utilis

常緑小高木(3–10m) **別**：アカタコノキ **分**：マダガスカル原産。街路樹、公園樹、庭木。**葉**：単葉／らせん生／鋸歯縁／長50–100㎝ **花**：白／初夏 **実**：緑〜橙／集合果は長15–20㎝ ◆幹はよく直立し赤橙色を帯び、支柱根は少なめ。葉はやや短く、縁は赤みを帯びる。核果は扁平なレンズ形。樹形が美しいのでよく植栽される。

樹形(9.18 本部 N.Y)

ホソミアダン ［細実阿檀］

P. daitoensis

常緑小高木（2–6m） **分**：北大東島。ごく稀。◆北大東島中央部の赤池周辺でのみ見られる。アダンに似るが、核果の先は8–11以上に細く分裂して密集し、隣の核果との境は不明瞭。分類上は別種とされているが、似た形態の集合果はアダンでも琉球各地で時に見られることから、果実が奇形な一系統に過ぎない可能性がある。

アダンの奇形集合果（10.17 西表 H）

赤池の自生株（4.18 北大東島 O）

集合果（4.18 北大東島 O）

ヒメツルアダン ［姫蔓阿檀］

F. williamsii

常緑つる性木本（気根） **方**：ガシヤンダヌ **分**：西表島。ごく稀。**葉**：単葉／らせん生／鋸歯縁〜全縁／長10–22㎝ **花**：黄白／頂生の肉穂花序／雌雄異株／冬 **実**：集合果は広楕円形で長2–3㎝ ◆自生地は数カ所のみで、河川沿いの林縁などに生える。他の樹木に張りつき高く登る。葉はツルアダンより短く、先は垂れずにまっすぐで、綺麗に平面に並んでつく。台湾（蘭嶼）とフィリピンにも分布する。

樹上から再び地面まで茎を垂らしながら枝葉を広げる（8.26 西表 O）

茎は細く葉は平面に並ぶ（8.26 西表 O）

雌花。開花は数年に1回で、雄花は知られていない（3.15 西表 M.Y）

果実は小さい（1.30 西表 M.Y）

縁に微鋸歯状の小さな刺がある
裏面主脈上に刺が散在する
×0.7
裏
ヒメツルアダン

雌花（7.21 西表 K）

束生した集合果（8.28 西表 O）

茎は太く葉は垂れる（3.25 石垣 O）

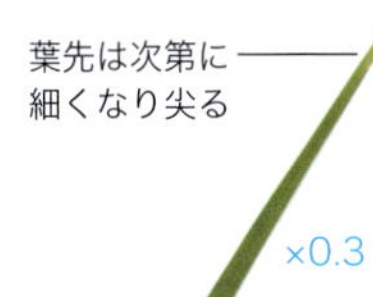
葉先は次第に
細くなり尖る
×0.3
縁の刺は基部以外
は微小でほとんど
目立たない

葉の刺 ×2
葉の縁に小さ
な刺が並ぶ

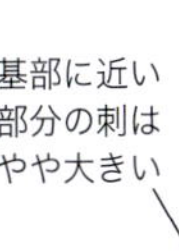
基部に近い
部分の刺は
やや大きい
裏は主脈が隆起し、
主脈上に小さな刺
が多少ある
裏 ×1
×1
裏は縦に走る
平行脈が目立
つ。両面無毛

ツルアダン ［蔓阿檀］

F. formosana

常緑つる性木本（気根）**方**：ヤマザニ、ヤンダル、ヤンダヌ **分**：石垣、西表、与那国、小笠原。ごく普通。**葉**：単葉／らせん生／鋭鋸歯縁～全縁／長40–80㎝（時に1m以上）**花**：白～黄／頂生の肉穂花序／雌雄異株／初夏 **実**：橙／集合果は長8–13㎝／晩夏～冬

◆林内や林縁に多く生える大型のつる植物。茎から気根を出し、他の樹木などに登って鬱蒼と茂り、高さ5–10mかそれ以上になる。葉は線形でアダンに似るが、より細く軟らかく、刺も優しい。枝先に2–4個の肉穂花序が頂生し、葉状の総苞片とともに黄白色に色づき美しい。集合果は細い円筒形で通常3個つき、アダンのようなパイナップル状にはならない。台湾、フィリピンにも分布する。

アカギに登った個体（10.16 西表 H）

気根で他の木を登る（西表 O）

サルトリイバラ科の検索表

琉球に6種が自生。葉の基部の托葉が1対の巻きひげになり他物に絡む。茎に刺がある種もある。雌雄異株で、果実が赤熟か黒熟かは重要な区別点。

A. 直立する小低木で、葉は小さく1–2.5㎝。奄美大島に固有 …………………… **アマミヒメカカラ** p.67
A. 茎が長く伸びるつる植物。
　B. 葉は線形または卵形で、厚く硬い革質で、裏面も光沢が強い ……………… **ササバサンキライ** p.67
　B. 葉は線形にならない。
　　C. 葉はスコップ形で薄く、葉脈のしわが目立つ。果実は黒熟 ………… **カラスキバサンキライ** p.64
　　C. 葉は楕円形～卵形で、葉脈のしわは目立たない。
　　　D. 葉裏は白みを帯びず、網脈が目立つ。3脈は葉身基部より少し上で分岐。花序は分岐し花は赤みを帯びる。果実は赤褐～黒熟 ………………………………………… **サツマサンキライ** p.66
　　　D. 葉裏は白みを帯び、網脈は目立たない。3脈は葉身基部で分岐。花序は分岐せず、花は黄緑系。
　　　　E. 葉は三角状卵形が多く、裏は白粉で覆われる。果実は黒熟 ……… **ハマサルトリイバラ** p.65
　　　　E. 葉は楕円形～卵形が多く、裏は時に白粉で覆われる。果実は赤熟 **オキナワサルトリイバラ** p.65

カラスキバサンキライ

H. japonica　　[唐鋤葉山帰来]

常緑つる性木本（巻きひげ） **別**：クニガミサンキライ **方**：サンキラ **分**：長崎、鹿児島、屋久、トカラ～先島諸島。普通。**葉**：単葉／互生／全縁／長6–18㎝ **花**：黄緑／夏 **実**：黒／径0.8–1㎝／冬

◆沿海～山地に生える。葉の形が唐鋤（からすき）（田畑を耕すスコップ形の道具）に似て、表面にしわが目立つので他種と区別できる。花は花被片が完全に合着し、雄花は筒状、雌花は壷状となる点で、他のサルトリイバラ類とは別属とされる。

葉は本科中でも大型（1.19 那覇 H）

雄花（8.29徳之島） 果実（1.6西表 O）

葉先はよく尖る

葉裏 ×2
裏はやや色が暗く、網脈の細かい網目が目立つ

葉はやや薄く、網脈が細かいしわに見える

×0.7

基部は心形になる

枝に刺はない

裏

3–5本の主脈が目立つ

大きな株では幅広く丸みの強い葉もある

×0.7

裏は粉白色をよく帯び、本科で最も白い

裏

ハマサルトリイバラ

普通は枝に刺がないが、時に刺が出る

基部寄りで幅が最大になる葉が多い

幼形葉 ×0.7

幼木は細い菱形状卵形の葉が多く、しばしば中央に濃色の斑が入る

裏は淡緑色かやや粉白色を帯びる。サツマサンキライほど網脈は目立たない

オキナワサルトリイバラ

葉は普通、楕円形〜円形

裏

×0.7

中央〜基部寄りで葉幅が最大になる

3脈は葉身の最も基部で分岐することがサツマサンキライとの違い

枝は刺が多少あることが多い

ハマサルトリイバラ

S. sebeana [浜猿捕茨]

常緑つる性木本（巻きひげ）**別**：トゲナシカカラ **方**：クールー、サンキラ **分**：九州南部〜先島諸島。普通。**葉**：単葉／互生／全縁／長4–12㎝ **花**：淡黄／冬〜春 **実**：赤紫〜黒／冬 ◆沿海の林縁に生える。オキナワサルトリイバラに似るが、三角状卵形の葉が多く、葉や果実は白粉をよくかぶり、果実は黒熟、花序や花被片は大きい。

雄花（3.13恩納）果実（1.10藪地島H）

オキナワサルトリイバラ

S. china var. yanagitae [沖縄〜]

半常緑つる性木本（巻きひげ・刺）**別**：トキワサルトリイバラ、トゲナシサルトリイバラ **分**：伊豆諸島、沖永、沖縄諸島、石垣、西表、与那国、小笠原。やや普通。**葉**：単葉／互生／全縁／長5–12㎝ **花**：黄緑／春 **実**：赤／秋〜冬 ◆非石灰岩の山地に多い。トカラ列島以北の基準変種サルトリイバラに比べ、茎の刺が少なく、葉は半常緑。

雄花（2.23宜野座H）実（2.14西表O）

サツマサンキライ

S. bracteata ［薩摩山帰来］

常緑つる性木本(巻きひげ･刺) **方**：クール、サンキラ **分**：九州南部～先島諸島。普通。**葉**：単葉／互生／全縁／長7–13㎝ **花**：赤･淡黄／冬 **実**：赤褐～黒紫／冬

◆低地～山地の林縁に広く生え、琉球で最も普通に見られるサルトリイバラ類。本科では唯一、花軸が分岐し複散形花序になり、花被片や花柄が赤みを帯びるので、花や果実があれば見分けやすい。葉は楕円形～卵形～円形でオキナワサルトリイバラと似るが、3脈の分岐位置や、幼形葉の斑の入り方が異なる。変種の**アラガタサンキライ**(アラガタオオサンキライ) var. verruculosa は小枝に粒状突起が密生し、沖縄島北部などに見られるが、中間型もある。

花期の姿(2.1今帰仁 H)

雄花。右下は雌花(1.31本部 H)

幼い枝の葉はしばしば斑点状の斑が入ることも他種との違い(1.18国頭 H)

果序の軸は分岐する。果実は中途半端な色で、疎らに色づく(2.14読谷 H)

葉はやや厚く、幅広い大型の葉が多い

裏

アラガタサンキライの枝 ×4
粒状突起がありざらつく。通常のサツマサンキライは突起がなく平滑

裏は葉脈の網目がやや目立ち、粉白色は帯びず光沢がある

3脈は葉身基部より少し上で分岐する

縁は明色の線で縁取られる

葉は厚く硬い質感で、両面に光沢がある

×0.8

このような広い葉形もある

裏 ×0.8

枝に刺はない

ササバサンキライ

裏は網脈が顕著

幼木の葉はしばしば線状に細くなり、中央に明色の斑が入る

幼形葉 ×0.7

雄花 (5.4国頭 H)

葉は普通1cm以下でやや縦長

×1

ヒメカカラ

3行脈が目立つ

先が凹む葉も多い

アマミヒメカカラ

×1

裏

裏は粉白色を帯びる

両種とも枝に刺が多い

裏

葉は1cm以上でやや横広

ササバサンキライ

S. nervomarginata ［笹葉山帰来］ 常緑つる性木本（巻きひげ） **方**：サンキラ　**分**：奄美群島〜沖縄諸島、石垣、西表。やや普通。**葉**：単葉／互生／全縁／長5–12cm　**花**：紫褐／初夏　**実**：黒／冬 ◆非石灰岩地の乾いた山地の林縁や林内に生える。小さな株ではササのように細い葉が多く、本科で最も厚く硬い葉なので見分けやすい。大きな株ではハート形の葉も多い。

特徴的な細い葉と果実（1.14 恩納 H）

アマミヒメカカラ

S. amamiana ［奄美姫かから］ 落葉矮性低木（0.1–0.5m） **分**：奄美大島。やや稀。**葉**：単葉／互生／全縁／長1–2.5cm　**花**：黄緑／春　**実**：赤／径約6mm／秋〜冬 ◆山地上部に生え、葉は小さくやや横に広い円形。枝はジグザグに曲がってテーブル状に広がり、つるにならない。屋久島に分布する**ヒメカカラ** S. biflora（葉は長0.5–1cmほど）と同種とされてきたが、2016年に別種として発表された。

葉（8.26） 果実（11.9 湯湾岳 O）

ヤシ科 Arecaceae ビロウ属 Livistona

ビロウ ［蒲葵］

L. chinensis var. subglobosa

常緑高木（10–15m）**方**：クバ、フバ　**分**：四国南部、九州～先島諸島、大東。普通。街路樹、公園樹、御嶽植栽。**葉**：掌状葉／径1–2m　**花**：淡黄／腋生の円錐花序／春～初夏　**実**：青緑～黒褐／楕円形／長約1.5cm／秋

◆琉球各島の海岸に近い乾いた斜面に自生し、時に岬一面を覆うこともある。葉は円形で、裂片は線形で先が二つに裂けて垂れ下がる。琉球では広く「クバ」と呼ばれ、クバ笠を作る材料として昔から利用されてきた。大東諸島のものは変種ダイトウビロウ var. amanoi に区別されることもある。関東～九州に野生化または自生するシュロ Trachycarpus fortunei に似るが、シュロの幹が黒い繊維に覆われるのに対し、本種は平滑で縦しわがあり、葉柄は縁に刺があり基部が太いことが違い。

樹形（4.13西表O）

花（3.18那覇植栽H）

幼木の葉（7.28南城H）幹（恩納H）

果実（11.22北谷植栽H）

ヤエヤマヤシ属 Satakentia

ヤエヤマヤシ ［八重山椰子］

S. liukiuensis

常緑高木（15–25m）**方**：ビンロー、ビンドー　**分**：石垣、西表。やや稀。街路樹、公園樹。**葉**：羽状複葉（小葉90対前後）／複葉長4–5m／小葉長30–70cm　**花**：白／円錐状花序／春　**実**：赤～黒／楕円形／長約1.5cm／秋

◆ヤエヤマヤシ属は本種1種からなる八重山列島に固有の属である。石垣島の米原と、西表島の仲間川沿い（ウブンドル）、干立地区の3カ所に天然記念物に指定された大きな群落があるが、その他にも山地に点々と自生が見られる。ユスラヤシやマニラヤシなどに似るが、筒状になった葉鞘（樹冠軸）が赤紫色を帯びることがよい区別点。花序は筒状の葉鞘下部から横に出て、小さな果実が多数つく。樹形や葉が美しいため、那覇市の国際通りをはじめ、街路樹やホテルの庭にもよく植えられている。

干立の自生地（3.18西表O）

葉鞘の色が特徴（3.15沖縄植栽H）

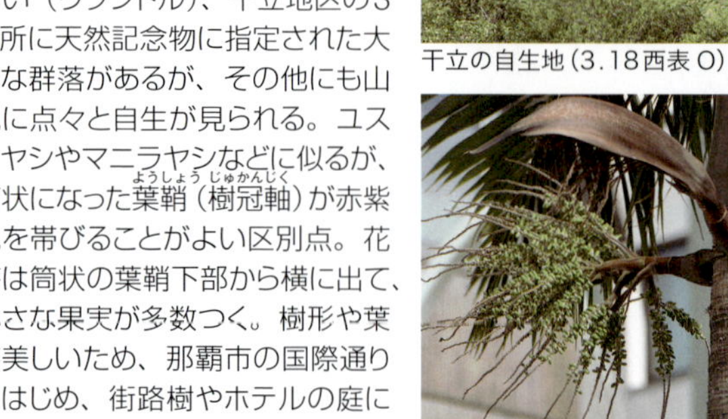
若い果実（8.30那覇植栽H）

樹皮に割れ目はない（那覇植栽H）

樹形（1.17大宜味 H）

花（4.29石垣 O）

葉柄基部の繊維（西表 O）

果実（4.10西表 O）

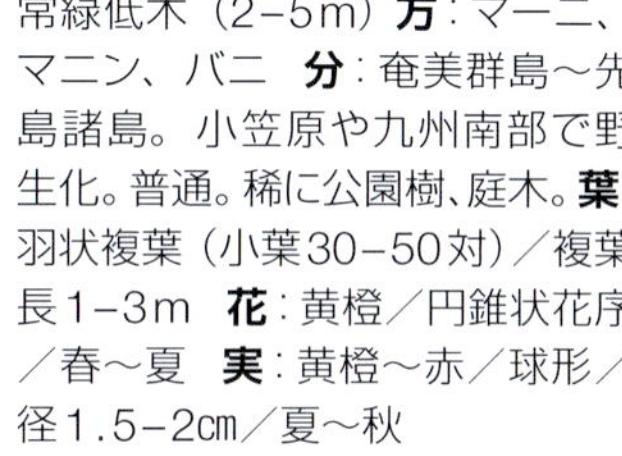

ヤシ科 Arecaceae クロツグ属 Arenga

クロツグ ［桄榔］

A. ryukyuensis

常緑低木（2–5m）**方**：マーニ、マニン、バニ　**分**：奄美群島～先島諸島。小笠原や九州南部で野生化。普通。稀に公園樹、庭木。**葉**：羽状複葉（小葉30–50対）／複葉長1–3m　**花**：黄橙／円錐状花序／春～夏　**実**：黄橙～赤／球形／径1.5–2㎝／夏～秋

◆主に石灰岩地の低地～山地の林内や林縁、水際などで見られる。葉柄を含め3m近くにもなる大きな葉を、地面近くから扇状に広げる樹形が特徴。幹や葉柄基部は黒い繊維に覆われ、この繊維はシュロと同様に縄や網などに利用されてきた。八重山列島のものはやや果実が小さく、東南アジアに広く分布するコミノクロツグとされてきたが、現在はクロツグに含められている。南西諸島の固有種とされるが、台湾やフィリピンに分布するものと同一とする見解もある。

樹形（4.9西表 O）

小葉の間は隙間がある（4.9西表 O）

泥湿地から出る葉柄基部（4.9西表 O）

開花後の雄花序（4.9西表 O）

ニッパヤシ属 Nypa

ニッパヤシ ［Nypa 椰子］

N. fruticans

常緑低木（3–5m）**分**：西表、内離。ごく稀。**葉**：羽状複葉（小葉60対前後）／複葉長3–7m　**花**：黄／地際生／夏　**実**：褐／球形の集合果／径約30㎝

◆西表島船浦湾のマングローブ林内と内離島の2カ所で見られるが、船浦のものは結実しないといわれる。地上茎は発達せず、根茎が二叉分岐しながら地中をはい、地面から長さ5mを超す大きな葉を扇状に束生する。クロツグにも似るが、幹がなく、葉柄は繊維で覆われず、マングローブ植物という点などで明瞭に異なる。小葉は線形で、葉軸表面から左右にねじれながら出て、中央脈が強く浮き出る。若葉は最初長い針状に地面から出て、後に軸の表面が縦に裂けて小葉を出す。花は雌雄別花序で、地面から出て高さ約1mほど。熱帯アジアに広く分布する。

ヤシ科 Arecaceae　トックリヤシ属 Hyophorbe

トックリヤシ ［徳利椰子］

H. lagenicaulis

常緑低木（2–5m）**分**：マダガスカル沖マスカレン諸島原産。庭木、公園樹、街路樹。**葉**：羽状複葉（小葉40–60対）／複葉長1.3–2m／小葉長30–40cm **花**：淡黄／径約4mm／春〜初夏 **実**：緑黒／長約2.5cm ◆幹の下部が著しくトックリ状に膨らみ、幹径40–60cmに達する。葉は重厚感がありアーチ状に湾曲する。筒状の葉鞘は黄緑色。樹皮は環状紋が並ぶ。時にトックリヤシモドキと紛らわしいが、小葉は羽軸から上向きに揃ってつき、樹高が低く幹が太い。

並木道（3.15 沖縄 H）

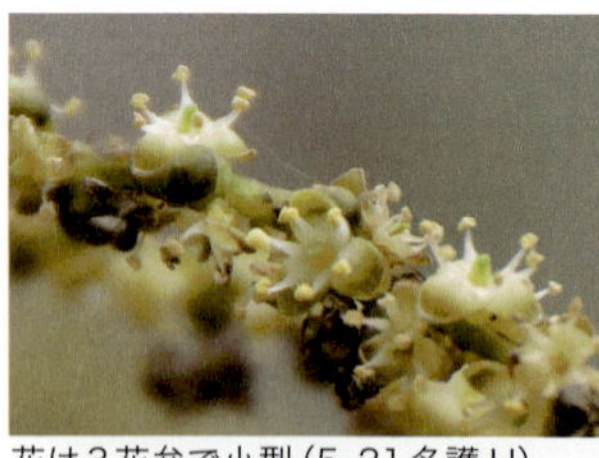

花は3花弁で小型（5.21 名護 H）

若い果実（3.15 沖縄 H）

トックリヤシモドキ

H. verschaffeltii ［徳利椰子擬］

常緑小高木（6–10m）**分**：マダガスカル沖マスカレン諸島原産。街路樹、公園樹、庭木。**葉**：羽状複葉（小葉30–50対）／複葉長1.5–3m／小葉長30–75cm **花**：黄橙／径約5mm／春〜初夏 **実**：黒紫／楕円形／長1.5–2cm ◆幹はトックリヤシほど顕著ではないが、中央や上部がトックリ状にやや膨らみ、径20–30cmになる。葉は弓状に曲がり、小葉は羽軸から上下2方向にやや乱れてつく。筒状の葉鞘は黄緑色。公共緑化樹としてはトックリヤシより多く見られる。

街路樹の樹形（11.27 嘉手納 H）

花序（5.21 恩納 H）

果実（12.5 うるま H）

ヴィーチア属 Veitchia

マニラヤシ ［Manila 椰子］

V. merrillii

常緑小高木（4–7m）**分**：フィリピン原産。公園樹、庭木、観葉植物。**葉**：羽状複葉（小葉40–60対）／複葉長1.5–2.5m／小葉長25–75cm **花**：白／径1cm弱／初夏 **実**：赤橙／紡錘形／長2.5–3.5cm／冬〜春 ◆幹径10–20cmの小型のヤシで、幹は環状紋が密にある。葉はアーチ状に湾曲し、小葉は葉軸から上向きにつき、裏は緑色、先はちぎったように不定形。豪州原産でよく似たユスラヤシ Archontophoenix alexandrae は、葉裏が灰白色で果実は球形の高木。

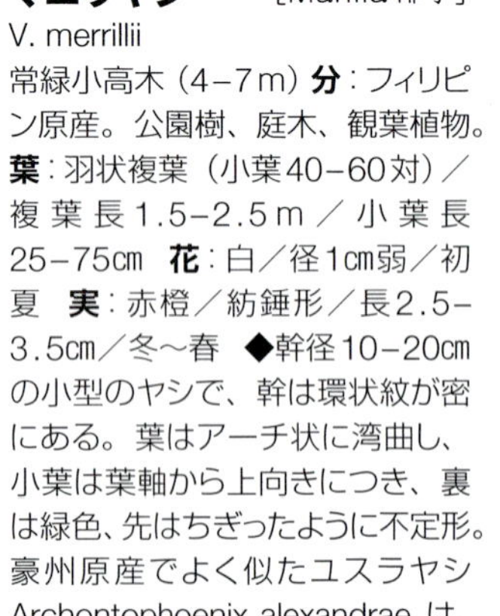

筒状の葉鞘は黄緑色（4.11 宮古 H）

花（7.31 金武 H）

果実（1.18 恩納 H）

樹形（7.28 宜野湾 H）

果実（12.31 恩納 H）

漂着した果実（12.19国頭 H）

ココヤシ ［coco椰子］

ココヤシ属 Cocos

C. nucifera

常緑高木（6–20m） **分**：ポリネシア～熱帯アジア原産。小笠原では野生化。公園樹、庭木、街路樹。 **葉**：羽状複葉（小葉140対前後）／複葉長2–5m。小葉長50–100cm **花**：淡黄 **実**：黄緑～黄／長10–30cm／夏～秋 ◆果実はココナッツとして知られる。幹の上部にヤエヤマヤシのような筒状の葉鞘は見られず、葉柄の出る位置は不揃い。琉球で植栽されたものは樹高10m程度のものが多く、果実も小型。国外からの果実は各地の海岸に漂着するが、定着していない。

花序。基部の小葉は刺状（5.24恩納 H）

幹の突起（読谷 H）

樹形。幹は曲がりやすい（5.13恩納 H）

シンノウヤシ ［神農椰子］

ナツメヤシ属 Phoenix

P. roebelenii

常緑低木（2–4m） **別**：フェニックス・ロベ **分**：中国南部～インドシナ原産。庭木、公園樹、街路樹、観葉植物。 **葉**：羽状複葉（小葉40–50対）／複葉長80–150cm／小葉長15–30cm **花**：淡黄／春～夏 **実**：黒紫／長1–3cm／秋 ◆幹径10cm前後の小型のヤシで、葉柄基部が角状突起となり幹に残ることが特徴。小葉はほぼ水平に並ぶ。同属で西アジア～北アフリカ原産のナツメヤシ P. dactylifera や、カナリア諸島原産のカナリーヤシ P. canariensis も植栽がある。

樹形（7.14那覇 H）

花序（5.21名護 H）

幹はタケ類に似る（読谷 H）

ヤマドリヤシ ［山鳥椰子］

ディプシス属 Dypsis

D. lutescens

常緑小高木（3–10m） **別**：アレカヤシ、コガネタケヤシ **分**：マダガスカル原産。庭木、公園樹、観葉植物。 **葉**：羽状複葉（小葉40–60対）／小葉長30–50cm **花**：淡黄 **実**：黒紫／長約2cm ◆複数の細い幹が株立ちになり、タケのように10cm前後の間隔で環状の葉痕がある。若い幹や葉柄は黄～橙色を帯び、外観が特徴的で見分けやすい。本土では室内栽培されるが、琉球では野外で大きく育った個体も多い。かつて Areca（ビンロウジュ）属に含められていた。

ゲットウ ［月桃］

A. zerumbet

常緑多年生草本（1.5–3m）**方**：サニン、サンニン、ムーチーガサ **分**：台湾～熱帯アジア原産。九州南部～先島諸島、大東、小笠原で野生化（自生説もある）。普通。庭木、生垣、公園樹。**葉**：単葉／互生／全縁／長40–70㎝。**花**：白・赤・黄／長3–5㎝／花序は下垂／初夏 **実**：橙／径約2㎝／縦条 ◆人里近くの陽地や林縁に野生状。

花期（5.8読谷）果実（9.19北谷 H）

クマタケラン ［熊竹蘭］

A. formosana

常緑多年生草本（1–2m）**方**：サネン、ウニムチガサ **分**：台湾原産。九州南部～先島諸島で野生化（自生説もある）。やや稀。植栽。**葉**：単葉／互生／全縁／長40–70㎝ **花**：白・紅・黄／長約3㎝／花序は斜上／初夏 **実**：径約1.3㎝ ◆低地～山地林内に生え、丈や花はゲットウより小型。ゲットウとアオノクマタケランの雑種と推測される。

花期（6.7今帰仁）果実（12.5石川岳H）

花
唇弁内側は黄色で赤い模様がある（5.23うるま H）

裏は主脈沿いに毛が密生する

×0.25

裏

葉はやや厚く、側脈は不明瞭

ゲットウ

葉縁 ×2.5
縁に褐色の毛が生える

縁に少し毛があるか無毛。裏はほぼ無毛

×0.25

葉は比較的大型で薄く、側脈はやや明瞭

花
唇弁内側は白色で赤いすじがあり、先が少し黄色くなる（7.6名護 O）

クマタケラン

花
唇弁は白色で紅色のすじが入る(5.9名護岳 H)

葉はゲットウより薄い

×0.4

葉縁や葉裏は無毛

アオノクマタケラン

裏

側脈は明瞭

イリオモテクマタケラン

×0.4

葉縁や葉裏は無毛

裏

側脈はやや明瞭

花
唇弁は小さく、鳥居のように切れ込む(4.11西表 O)

アオノクマタケラン

A. intermedia ［青熊竹蘭］

常緑多年生草本(0.5–1.5m) **方**:サネン、ヤマムーチ **分**:伊豆諸島、紀伊半島、四国、九州〜先島諸島。普通。**葉**:単葉/互生/全縁/長30–50㎝ **花**:白・淡紅/長約2㎝/花序は直立/初夏 **実**:径約1.2㎝ ◆山地のやや湿った林内に多く生える。ゲットウに比べ丈も葉も花も小型で、葉は無毛で花序が直立し、果実が平滑なことが違い。

花期(5.13名護) 果実(12.9国頭 H)

イリオモテクマタケラン

A. flabellata ［西表熊竹蘭］

常緑多年生草本(1–3m) **別**:ハダカゲットウ **分**:石垣、西表。やや稀。**葉**:単葉/互生/全縁/長25–40㎝ **花**:白・淡紅/長約1㎝/花序は斜上し基部で分岐/初夏 **実**:黄橙〜赤/径約1㎝ ◆低地の林縁や古い集落跡などに多い。アオノクマタケランに似るが、葉や花、果実はやや小さく、花序が分枝するので区別できる。

果実(12.7)(2.13西表 O)

トウツルモドキ ［唐蔓擬］

F. indica

常緑つる性木本（巻きひげ）**別**：トウヅルモドキ **方**：トウ、ヤシマキ、ハブイ **分**：トカラ（宝）、徳之、与論、沖縄諸島～先島諸島、大東。普通。**葉**：単葉／互生／全縁／長15–25㎝ **花**：白／初夏 **実**：淡紅／球形／径約5㎜／秋～冬 ◆海岸～山地の林縁に生え、よく茂る。葉は2列互生し、先の巻きひげで草木に絡み5–15m登る。

花。頂生の円錐花序（4.28石垣 O）

果実
（11.29大宜味 H）
枯れ枝に巻きついた巻きひげ
×0.4
裏
全体無毛で表裏ともほぼ同じ色
葉の基部は葉鞘となって茎を抱く
葉先 ×1.5
葉先は普通巻きひげになり、他物に巻くと肥大化し硬くなる

琉球のササ、バンブー、タケ

いわゆる「タケ類」は、その生育型から普通3つに分けられる。地下茎が長く伸び、稈（かん）（茎）の鞘（さや）（竹の皮）が宿在するのがいわゆる「ササ」で、南西諸島ではメダケ属のリュウキュウチク Pleioblastus linearis が広く自生している。尾根や沿岸部など乾いた場所に多く、樹林が発達しない風衝地などではしばしば優占群落をつくり、三島村の竹島や奄美大島の宮古崎には見事な純群落がある。稈径1–2㎝、高さ2–6mで節から多数の枝を出し、筍（たけのこ）は食用にされる。

地下茎が伸びず、密な株立ちとなるのが「バンブー」で、琉球では、熱帯アジア原産で稈径2–4㎝、高さ5–8mになるホウライチク属のホウライチク Bambusa multiplex が各地に野生化しており、特に浦内川の軍艦岩から下流に多い。九州ではかつて境界を印すために植えられ、サカイダケの別名もある。同属で稈径が10㎝以上、高さ15m以上になり、節から伊勢エビの脚のような屈曲した枝を多数出すダイサンチク B. vulgaris も浦内川沿いで点々と見られる。

一方、地下茎が長く伸び、稈鞘が早落性で、普通1節から2本の枝を出すのが「タケ（マダケ属）」で、本州～九州ではごく普通だが、琉球で見かける機会は少ない。庭園植栽以外では、奄美群島などでマダケ P. reticulata やハチク P. nigra var. henonis の小さな竹林が見られる程度である。（大川）

リュウキュウチクとマテバシイが生い茂る熱田岳の尾根道（恩納 H）

浦内川の河岸に野生化したホウライチク（西表島 O）

被子植物
真正双子葉類
ANGIOSPERMS
EUDICOTS

梅雨入りとともに満開を迎えたイジュ
(2016.5.12 恩納村前兼久 H)

ムベ ［郁子］

S. hexaphylla

常緑つる性木本（Z巻）**別**：トキワアケビ　**方**：アマンジャ　**分**：本州～沖縄諸島、石垣、西表。やや普通。生垣。**葉**：掌状複葉（小葉5–7枚）／互生／全縁／小葉長5–10cm　**花**：白～紫／春　**実**：赤紫／長5–8cm／秋　◆低地～山地の林縁に生え、他の樹木に登り3–8mになる。葉裏の網脈は明瞭。琉球では白花が多い。

アケビ科 Lardizabalaceae　ムベ属 Stauntonia

若葉と雌花（3.21本部H）

葉先は短く突き出て尖る

革質で表は光沢がある

裏 ×1

×0.5

硬く長い小葉柄がある

葉枝は無毛

果実

食痕のついた落果と種子（11.11東H）

コウシュウウヤク ［衡州烏薬］

C. laurifolius

常緑低木（2–5m）**別**：イソヤマアオキ　**方**：ハマクネブ、タンメーグリギー　**分**：四国南部、九州南部～先島諸島。やや稀。時に観葉植物。**葉**：単葉／互生／全縁／長7–15cm　**花**：黄緑／初夏　**実**：黒／径6–7mm／冬～春　◆低地～山地の林に生え、石灰岩地に多い。葉はクスノキ科に似た3行脈が目立ち、枝は緑色で稜がある

ツヅラフジ科 Menispermaceae　アオツヅラフジ属 Cocculus

花（4.29）若い果実（7.17嘉手納H）

葉先は尖る

薄い革質で両面とも光沢があり無毛

×0.9

裏は3脈がやや隆起し、細脈まで見える

裏

クスノキ科と異なり、最基部から3脈が出る

枝はやや扁平で稜がある

樹形（4.12宮古 H）

雄花（4.11西表 O）

雌花序（8.26伊平屋 H）

本土産個体の果実と葉（9.10埼玉県H）

アオツヅラフジ ［青葛藤］

C. trilobus

半落葉つる性木本（Z巻） **別**：カミエビ **分**：北海道～先島諸島。やや稀。 **葉**：単葉／互生／全縁／長3–10㎝ **花**：淡黄／径2–3㎜／腋生の集散花序／雌雄異株／春～夏 **実**：青紫～黒／径約7㎜ ◆海岸や低地の原野や林縁に生える。茎や葉に毛が多いことが特徴で、他の植物に巻きついたり岩場をはい、高さ0.3–5mになる。果実はブルーベリーに似るが普通は食べない。葉形は変異に富み、卵形、円形、ハート形など。本土産個体の葉は、先が尖り光沢がないものが普通で、3浅裂する葉も多いが、琉球産個体は、葉が円形に近く先が凹み、光沢があるものが多い。別属のホウライツヅラフジ Pericampylus glaucus は本種に似るが掌状脈が5本あり、台湾、中国～東南アジアなどに分布し、宮古島でも記録があるが現状不明。

ホウザンツヅラフジ

C. orbiculatus ［宝山葛藤］

常緑つる性木本（Z巻） **分**：徳之、阿嘉。ごく稀。 **葉**：単葉（時に3裂）／互生／全縁／長3–8㎝ **花**：淡黄／春～夏 **実**：青紫～黒 ◆海岸や耕作地周辺などに生える。アオツヅラフジと同一とされることも多いが、葉は狭卵形～長楕円形で表裏の毛は少ない。台湾や中国、ベトナムにも分布する。

ホウザンツヅラフジの葉と雌花。葉柄や枝は毛が密生（3.13徳之島 C.H）

ツヅラフジ　［葛藤］

S. acutum

落葉つる性木本（Z巻）**別**：オオツヅラフジ **分**：東北南部〜九州、種子、屋久、喜界、沖縄島、宮古。稀。**葉**：単葉（1–7裂）／互生／全縁／長6–15㎝ **花**：淡黄／夏 **実**：青黒／径6–7㎜ ◆石灰岩地の林縁や岩場に生え、高さ10mにもなる。葉はアオツヅラフジより大きく、ハート形、五角形、7浅裂など多様で、毛が少なく葉裏が白い。

地際の葉（2.16那覇 H）

×0.7

表はほぼ無毛

地際の枝では3–7裂する葉が多い

葉裏はほぼ無毛だが、毛が多いものは変種ケオオツヅラフジ var. cinereum に区別することもあり、琉球でも見られる

裏

樹冠ではハート形の葉が多く、ノアサガオに似るが、裏がかなり白い

枝は緑色ではじめ多毛だが次第に減る

基部は湾入する

ミヤコジマツヅラフジ　［宮古島葛藤］

C. insularis

常緑つる性木本（Z巻）**分**：紀伊半島、山口、愛媛、九州、トカラ列島〜先島諸島、大東。稀。**葉**：単葉／互生／全縁／長3–11㎝ **花**：黄緑／夏〜秋 **実**：桃／長約5㎜ ◆沿海の林縁や石灰岩地に生える。葉はハート形で葉柄が楯状につく。ハスノハカズラに似るがより縁寄りに葉柄がつき、葉身基部が湾入し、枝葉は時に有毛なことが違い。

葉（9.21今帰仁）雌花（10.15石垣 H）

表ははじめ有毛、成葉は無毛

葉先はやや鈍いか尖る

×0.7

裏

枝は長白毛が多いか無毛

葉裏の脈上や葉柄は開出毛が多いか、ほぼ無毛

基部は心形になることが多く、葉柄は葉身の少し内側につく

雄花序 ×1.5（9.21今帰仁 H）

花をつけた枝（10.12糸満 H）

フェンスに絡んだ個体（8.18読谷 H）

雌花（10.12糸満 H）

本土産個体の果実（11.29和歌山県 A.S）

ハスノハカズラ ［蓮葉葛］

S. japonica

常緑つる性木本（Z巻）**方**：ビルカズラ、ヤンジャマチ、カチラ **分**：関東南部～先島諸島、大東。普通。**葉**：単葉／互生／全縁／長6–15㎝ **花**：淡緑／腋生の複散形花序／夏～秋 **実**：橙～赤／径約6㎜／夏～冬

◆海岸～山地の林縁に生え、低木などに巻きつく。葉は卵形～丸みのある三角形で、葉柄がハスの葉のように楯状につくことが大きな特徴。葉裏は白みを帯びる。ミヤコジマツヅラフジと混同されやすいが、本種の枝葉は無毛で、葉身基部は普通湾入しないので区別できる。トカラ列島以南には、葉がやや細く小型で、裏は普通緑色で、花序が有毛の別種ケハスノハカズラ（コバノハスノハカズラ）S. longa も分布するとの見解もあるが、変異は連続的で区別されないことが多い。

ツヅラフジ科 Menispermaceae ハスノハカズラ属 Stephania

先が尖る葉も時にある

×0.7

基部がやや湾入する葉も時にある

葉先は普通丸い

葉は薄く、表は光沢がある

×0.7

両面無毛で、裏は普通粉白色を帯び、葉脈がよく見える

裏

葉柄は明瞭に楯状につく

センニンソウ属の検索表

琉球に8種が分布。葉は複葉で、小葉柄で他物に巻きつき高さ5m前後になる。草本に近いが茎はなかり木質化する。果実は痩果で、花柱は羽毛状の冠毛になる。

A. 葉は明瞭な鋸歯があり有毛。
  B. 葉は普通3出複葉で、表面は毛が多い。
    C. 小葉は大型の卵形で、各部に開出毛が多くふさふさした触感 ………… **ビロードボタンヅル** p.80
    C. 小葉は小型で粗い鋸歯があり、しばしば3裂。各部に伏毛が多い **リュウキュウボタンヅル** p.81
  B. 葉は普通2回3出複葉で、表面は毛が少ない……………………………… **コバノボタンヅル** p.81
A. 葉は全縁かほぼ全縁。
  B. 托葉は癒合し楯状、葉は3出複葉で時に低鋸歯がある。萼片は黒色 … **ヤエヤマセンニンソウ** p.83
  B. 托葉は癒合せず、萼片は白色。
    C. 葉は普通2回3出複葉で、小葉柄に関節がある ……………………… **オキナワセンニンソウ** p.82
    C. 葉は羽状複葉か3出複葉。小葉柄に関節はない。
      D. 葉は革質で光沢が強く、葉柄や茎は赤みを帯びやすい。3出複葉… **ヤンバルセンニンソウ** p.83
      D. 葉はやや薄く光沢は弱い。葉柄や茎は普通緑色。
        E. 普通は羽状複葉で、葉表の主脈基部は有毛。葉は乾くと黒変 …… **サキシマボタンヅル** p.84
        E. 3出複葉または羽状複葉で、成葉は無毛。葉は乾いても黒変しない …… **センニンソウ** p.84

ビロードボタンヅル

［天鵞絨牡丹蔓］

C. leschenaultiana

常緑つる性木本（葉柄） **分**：鹿児島、屋久、トカラ、奄美、徳之、沖縄島、石垣、西表。稀。**葉**：3出複葉／対生／鋸歯縁／小葉長4–12cm **花**：淡黄／径2–3cm／葉腋に1–3個／冬 **実**：冠毛は長4–5cm／冬～春 ◆山地の林縁や道沿いに生える。本属中では大型の3出複葉で、各部に長毛が密生し、ビロード状の感触があることが特徴。花は萼片4個が反り返った釣鐘形で、目立たないが美しい。痩果の冠毛は特に長い。

花と実（2.6名護岳）葉（6.8今帰仁 H）

両面に軟毛が多く、ふさふさした触感

×0.5

3–5行脈がやや目立つ

枝や葉柄も長い開出毛が多い

小葉 裏 ×0.5

小葉は時に浅い切れ込みが入り2–3裂する

裏は葉脈が突出し、開出毛が多い

葉裏 ×2

脈上や小葉柄に淡い黄褐色の開出毛が多い

鋸歯は大きく顕著で、小葉はしばしば3裂する

裏 ×0.6

×0.6

裏は長い伏毛が多く、葉脈が突出する

表は葉脈が凹み、伏毛がある

時に小葉は3つに全裂する

葉柄や枝は伏毛が多い

2回3出複葉 ×0.3

裏

痩果
白い冠毛が目立つ(7.16浦添 H)

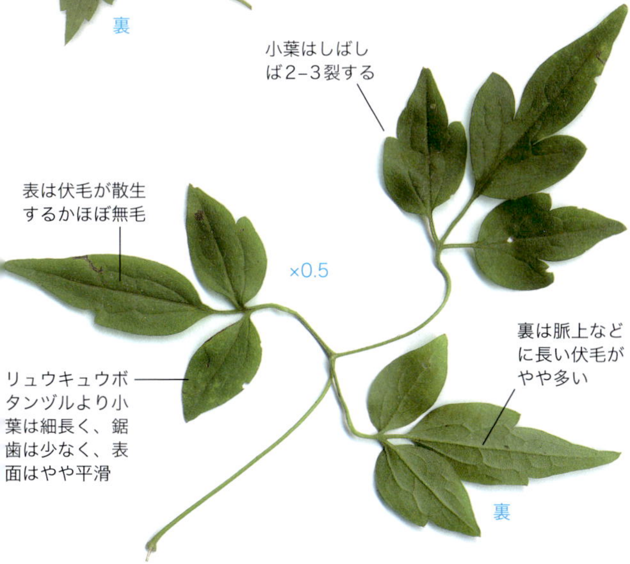

小葉はしばしば2–3裂する

表は伏毛が散生するかほぼ無毛

×0.5

裏は脈上などに長い伏毛がやや多い

リュウキュウボタンヅルより小葉は細長く、鋸歯は少なく、表面はやや平滑

裏

リュウキュウボタンヅル

C. javana ［琉球牡丹蔓］

常緑つる性木本（葉柄）**別**：ケボタンヅル、リュウキュウハンショウヅル **方**：ブクブクーグーサ **分**：奄美群島～先島諸島。普通。**葉**：3出複葉、時に2回3出複葉／対生／鋸歯縁／頂小葉長2–6㎝ **花**：白／夏 **実**：冠毛は長2–3㎝／夏～秋 ◆低地の林縁や藪に多い。小葉は2–3裂して粗い鋸歯があり、両面有毛で葉脈のしわが目立つ。屋久島以北に産するボタンヅルに似るが、葉は小型で毛が多く、痩果は扁平で冠毛が長い。

花。腋生の円錐花序（6.18読谷 H）

コバノボタンヅル

C. pierotii ［小葉牡丹蔓］

落葉つる性木本（葉柄）**別**：メボタンヅル **分**：四国、九州、種子、屋久、トカラ、奄美、沖縄島?、石垣?。稀。**葉**：2回3出複葉／対生／鋸歯縁～全縁／頂小葉長2–7㎝ **花**：白／秋 ◆山地の林縁に生え、リュウキュウボタンヅルに似るが葉のしわが少ない。

花（9.22湯湾岳 C.H）

オキナワセンニンソウ

［沖縄仙人草］

C. uncinata var. okinawensis

常緑つる性木本（葉柄）**別**：オキナワボタンヅル **分**：沖縄島、浜比嘉。やや稀。**葉**：2回3出複葉、時に2回羽状複葉（小葉5–13枚）／対生／全縁／小葉長3–8cm **花**：白／径2cm前後／夏 **実**：冠毛は長1.5–2cm／夏〜秋

◆石灰岩地の林縁に生える。葉は普通2回3出複葉で、小葉はやや硬く丸みがあり無毛で、裏は白みが強く、小葉柄に関節がある点などで見分けやすい。基準変種で台湾に産するサンヨウボタンヅルと区別しない見解もある。別変種のキイセンニンソウ var. ovatifolia は紀伊半島や熊本に分布し、雌しべが無毛で花が大きく、別種とする見解もある。

花は多数咲き目立つ（7.3嘉手納 H）

若い枝葉（12.15南城 H）

樹皮は白っぽく縦に裂け、節がある。これは本属にほぼ共通する（読谷 H）

小葉は楕円形〜卵形で、先は短く突き出て尖る

両面無毛でやや硬く、成葉は光沢がある

小葉柄に1–2本の関節がある

×0.6

2回羽状複葉 ×0.2

小葉柄の関節 ×2

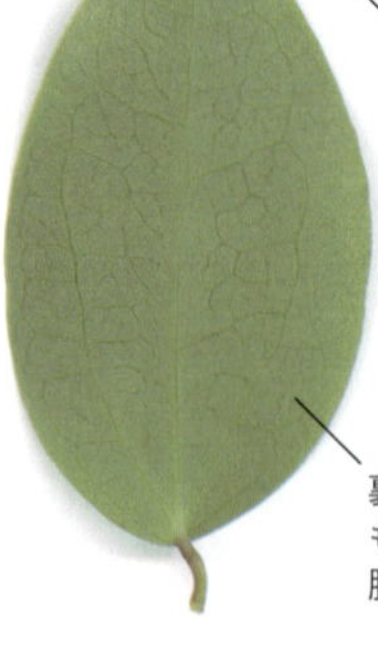

小葉 裏 ×0.8

裏はこの仲間で最も白みを帯び、葉脈の網目が見える

×0.5

裏

表は本属中で特に光沢が強い。両面ほぼ無毛

裏はやや白みを帯び、葉脈はやや隆起する

葉柄や枝、花柄は赤みを帯びることが多い

冠毛は褐色（2.11国頭 H）

ヤンバルセンニンソウ

C. meyeniana ［山原仙人草］

常緑つる性木本（葉柄） **別**：テリハノセンニンソウ **方**：コソーカズラ **分**：種子島〜先島諸島。やや普通。**葉**：3出複葉／対生／全縁／小葉長5–12㎝ **花**：白／春〜夏 **実**：冠毛は長2–2.5㎝／秋〜冬 ◆山地〜低地の林縁によく見られ、林床で単葉の幼木を見る機会も多い。葉はやや厚く光沢が強く、小葉は広卵形〜長い三角形。

花期は比較的早い（4.11瀬戸内 O）

葉脈が凹んで3–5行脈がやや目立つ

×0.5

しばしば葉身基部や幼木の葉に鋸歯が出る

隣り合う葉の托葉が繋がり面状になる

幼木の葉
裏 ×0.5

幼枝の葉

地面をはう枝の葉は単葉で明瞭な鋸歯があり、別種のように見える

ヤエヤマセンニンソウ

C. tashiroi ［八重山仙人草］

常緑つる性木本（葉柄） **方**：マシュカズラ **分**：トカラ列島〜沖縄諸島、石垣、西表、与那国。やや稀。**葉**：3出複葉（稀に小葉5枚）、幼形葉は単葉／対生／全縁、時に鋸歯縁／小葉長4–11㎝ **花**：黒紫・白／秋〜冬 **実**：冠毛は長4–5㎝ ◆花は濃紫色の4枚の萼片と白い雄しべの対比が目立つ。葉柄基部の托葉が楯状になることが特徴。

花と楯状の托葉（10.23与那国 O）

センニンソウ ［仙人草］

C. terniflora var. terniflora

常緑つる性木本（葉柄）**分**：北海道〜沖縄諸島。稀。**葉**：3出複葉、時に2回3出〜羽状複葉（小葉5–9枚）／対生／全縁／小葉長3–11㎝　**花**：白／径2–3㎝／夏　**実**：痩果は長7–10㎜　◆低地〜山地の林縁に生えるが少ない。本土では小葉5枚の葉が多いが、琉球では小葉3枚の葉が普通。葉脈は裏によく隆起する。

花は比較的大きい（7.4大宜味H）

サキシマボタンヅル ［先島〜］

C. chinensis var. chinensis

常緑つる性木本（葉柄）**分**：伊江、沖縄島、渡名喜、久米、先島諸島。やや稀。**葉**：羽状複葉（小葉5–7枚）、稀に3出複葉／対生／全縁／小葉長2–9㎝　**花**：白／径約1.5㎝／夏　**実**：痩果は長3–5㎜　◆明るい林縁に生える。センニンソウに似るが、葉はやや小ぶりで表面脈上に伏毛が残り、乾くと普通は黒変し、花や痩果も小型。

葉（4.6宮古O）花（8.14伊江島H）

小葉の先は次第に狭まり、小さく尖るか鈍い

×0.5

はじめ両面に毛を散生するが成葉は無毛

葉はやや厚く、乾燥させても黒変しない

裏は葉脈がよく突出し目立つ

センニンソウ

葉はやや薄く、小葉は長い卵形〜卵円形まで変異がある

裏

裏はほぼ無毛か毛が散生する

裏

基部が湾入する葉、しない葉がある

×0.5

乾燥した葉 ×0.5

葉表の毛 ×2

葉表は葉脈基部などに白い伏毛が多少ある

ヤンバルアワブキ［山原泡吹］

M. arnottiana subsp. oldhamii var. oldhamii

半落葉高木（5–20m）**別**：フシノハアワブキ、リュウキュウアワブキ、ヌルデアワブキ **方**：テサン、チサン、ユイピトゥガナシ **分**：山口、対馬、大分、熊本、奄美群島、沖縄島、久米、石垣、西表、与那国。やや普通。**葉**：羽状複葉（小葉4–8対）／互生／鋸歯縁／小葉長4–12㎝ **花**：白／頂生の円錐花序／初夏 **実**：赤／径約5㎜／秋

◆山地～低地の林縁や林内に生え、幼木を見る機会も多い。葉はやや肉厚で光沢があり、葉軸は赤みを帯びることが多い。奄美以南のものは本土産個体（フシノハアワブキ）に比べ、葉の表裏や全体に毛が少なく小葉柄が長く、変種 var. rhoifoliaに区別されることもあるが、近年は同一とされる。伊豆諸島には小葉が多く果実が黒熟する変種サクノキ var. hachijoensis が分布する。

満開の大木（5.23名護 H）

花期はよく目立つ（6.8今帰仁 H）

樹皮は縦すじが入る（H）

アワブキ科 Sabiaceae アワブキ属 Meliosma

ナンバンアワブキ［南蛮泡吹］

M. squamulata

常緑小高木（3–10m）**別**：クスノキモドキ **方**：スルミチ **分**：奄美、徳之、沖縄島、久米、石垣、西表。やや稀。**葉**：単葉／互生／全縁、時に鋸歯縁／長8–13㎝ **花**：白／頂生の円錐花序／春 **実**：黒／径約5㎜

◆山地の林内に点在する。葉はクスノキを大きくしたような形で、枝先に集まってつく。葉柄は長く、基部が肥大することが特徴。本科の樹木はアオバセセリやスミナガシの食草として知られる。

枝の頂部に花序を出す（4.24国頭 O）

花弁は5枚中3枚が大きい（4.24国頭 O）

若葉（4.23西銘岳 H）

樹皮は皮目があり老木ははがれる（H）

先は尾状に細く伸びる
×0.8
表は強い光沢がある
成木は普通全縁だが、若木や日陰の枝ではしばしば少数の鋸歯が出る
葉柄は細く長く、基部は膨らむ
裏
両面無毛で裏は白みを帯びる。側脈は3–5対で裏にやや隆起する

葉先は普通尖るが、丸い葉もある

鋸歯は普通鋭いが、時に鈍く、ほぼ全縁の葉もある

裏

×0.7

葉裏 ×2

脈上などに黄褐色の粗い毛が密生する

葉柄、枝、芽に黄褐色の毛が密生する

葉柄は2–5㎝ありビワより長く、基部は膨らむ

ヤマビワ ［山枇杷］

M. rigida

常緑小高木（3–12ｍ） **方**：スグヌキ、ユイヌゴー **分**：東海～沖縄諸島、石垣、西表。やや稀。**葉**：単葉／互生／鋸歯縁、稀に全縁／長10–25㎝ **花**：白／初夏 **実**：赤～黒紫／径約6㎜／秋 ◆山地林内に点在する。葉は先の方で幅広くなる細長い形で、枝先に集まる。ビワにやや似て、葉裏や葉柄に茶色い毛が密生することが特徴。

開花直前の花序（4.15大宜味 H）

幼木や若木では粗い鋸歯がよく出る

裏

成木は普通全縁。葉身基部は葉柄に流れて翼状になる

×0.8

果実

果実はホルトノキ（モガシ）に似る（3.28福岡県 H）

葉柄基部が膨らみ関節ができる

隣り合う側脈は縁で繋がり、亀甲形の部屋をつくる。両面無毛

ヤマモガシ ［山茂樫］

H. cochinchinensis

常緑小高木（5–15ｍ） **方**：インヌクス **分**：東海～九州、種子島～沖縄諸島、石垣、西表。稀。**葉**：単葉／互生／鋸歯縁～全縁／長6–15㎝ **花**：白／夏 **実**：黒／楕円形／長約1.5㎝／秋 ◆山地林内に点在。葉は枝先に集まり、弱い光沢があり、若木の葉は鋸歯があるが、成木ほど鋸歯が減る。葉柄基部が肥大することが特徴。

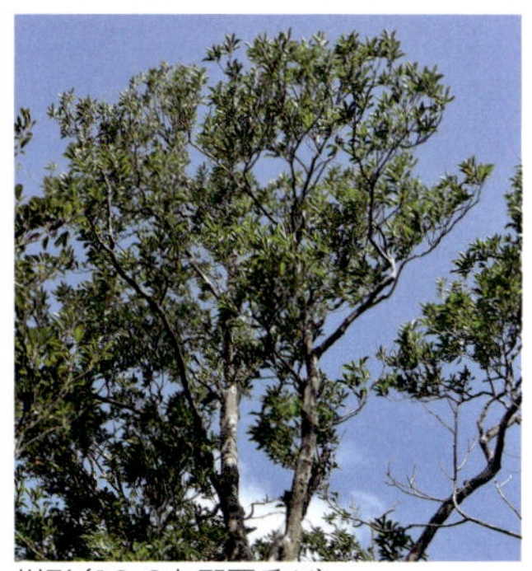

樹形（12.9与那覇岳 H）

ヤマグルマ科 Trochodendraceae　ヤマグルマ属 Trochodendron

ヤマグルマ ［山車］

T. aralioides

常緑小高木（5–10m）**別**：トリモチノキ　**方**：サネヤクショ、イワモジ　**分**：本州〜九州、屋久、黒、奄美、徳之?、石垣、西表。稀。**葉**：単葉／互生／鋸歯縁／長5–14cm　**花**：黄緑／春　**実**：褐／扁球形／径約7mm／秋　◆冷温帯〜亜熱帯まで分布し、琉球では山頂付近や渓流沿いの岩場などに生える。湯湾岳には幹径1m近い大木もある。葉は和名のように車輪状につく。

花。花弁はない（3.18 西表 O）

葉先は短く突き出て尖る

葉は枝先に集まってつく（10.16 西表 H）

葉は厚くやや硬く、光沢がある

裏

普通は倒卵形状の葉形だが、細長いものからほぼ円形のものまで変異がある

×0.8

—ヤマグルマ—

葉柄は長い

裏は葉脈の網目が見える。全株無毛

ツゲ科 Buxaceae　ツゲ属 Buxus

タイワンアサマツゲ ［台湾浅間柘植］

B. microphylla subsp. sinica

常緑小高木（1–6m）**分**：沖縄島北部、魚釣。ごく稀。**葉**：単葉／対生／全縁／長1.5–3.5cm　**花**：淡黄／冬　**実**：蒴果／径約1cm　◆自生地は限られ、尾根付近の風衝地の岩場やシイ林内などに生える。本州〜屋久島に分布するツゲ subsp. microphylla var. japonica の別亜種とされ、葉は倒卵形〜楕円形や卵状楕円形で先は丸いか凹み、ツゲの葉が長さ0.5–1.5cmなのに対し、本種は3cmほどになり少し長い。オキナワツゲの葉に比べると小型でやや厚い。葉表は無毛か主脈基部に微毛があり、葉裏は主脈沿いに白い乳頭状の微毛が密生する。葉柄や若枝は多少微毛がある。分類には諸説があり、ツゲとは別種とする見解もある。台湾にも分布する。

葉（7.17 国頭 M.Y）

樹皮は薄くはがれ白っぽい（国頭 M.Y）

先は少し凹む

×0.8

花

短い花序に雌花が頂生し、下に2–3個の雄花がつく。(3.15 龍郷植栽 O)

側脈は平行に多数並ぶが、両面とも不明瞭

葉裏の主脈上に白い乳頭状の微毛が普通ある

裏

×0.8

葉は基部近くが幅広い

若枝や葉柄、葉表の主脈基部は微毛があるか、ほぼ無毛

裏

裏面脈上に毛が少しある以外は無毛

縁は低い鋸歯が全体にある

×0.5

葉柄の基部に1対の線形の托葉が残ることが多い

オキナワツゲ ［沖縄柘植］

B. liukiuensis

常緑低木（1–3m）**方**：チギ、ウコールギー、インカンキ **分**：喜界、沖永、与論、沖縄島、屋嘉比、渡名喜、宮古、石垣、西表、与那国、大東。稀。生垣。**葉**：単葉／対生／全縁／長2–8㎝ **花**：緑白／腋生の団集花序／春 **実**：褐／径1–2㎝ ◆低地の石灰岩地や山地の岩場などに生えるが、古くから植栽もされ、本来の自生と区別しにくいこともある。葉は普通、他のツゲ類より明らかに大きく、卵形状。果実は3個の花柱が角状に残る。

葉（3.25石垣 H） 果実（4.18北大東 O）

フウ ［楓］

L. formosana

落葉高木（8–20m）**別**：タイワンフウ **分**：台湾、中国原産。街路樹、公園樹。**葉**：単葉（3裂、稀に5裂）／互生／鋸歯縁／長7–17㎝ **花**：褐、赤／春 **実**：褐／集合果は径2–3㎝／秋～冬 ◆葉はカエデ類に似るが互生。樹皮は浅く縦裂。

紅葉と果実（12.30恩納 H）

イスノキ　［蚊母樹］

D. racemosum

常緑高木（8–20m）**別**：ヒョンノキ **方**：ユシギ、ユシ、ユス **分**：関東〜先島諸島。普通。街路樹、防風林、生垣、庭木、公園樹。**葉**：単葉／互生／全縁、時に鋸歯縁／長4–9㎝ 幅1.5–3.5㎝ **花**：赤／無花弁／春 **実**：褐／楕円形／長約1㎝／秋〜冬

◆琉球の照葉樹林を構成する主要種の一つで、石灰岩の低地から非石灰岩の山地まで広く生え、防風林や街路樹の植栽も多い。樹皮は赤みを帯び、はじめ平滑だが老木ほど鱗状にはがれる。葉は楕円形〜倒卵形で、普通全縁だが、時に少数の鋸歯がある葉も交じる。枝に大きな虫こぶがつくこともある。リュウキュウコクタンの葉によく似るが、本種の方が一回り大きく、先が尖る傾向が強い。沖縄の神社では、サカキの代用に本種の枝葉が玉串に使われることも多い。

防風用の列植（2.4本部植栽 H）

果実は表面に褐色の毛が密生し、花柱の基部が角状に2本残る。熟すと裂ける（7.13大宜味 H）（4.25国頭 O）

×1

先は尖るかやや鈍い

葉先近くに数対の鋸歯が出る葉もある

裏 ×1

両面無毛で、裏は葉脈の網目が見える

冬芽 ×3

冬芽や若枝は褐色の鱗毛に覆われる

虫こぶ

アブラムシが寄生してできた虫こぶ（10.31 大宜味 H）

雄花（3.17湯湾岳 O）雌花（3.8国頭 H）。花弁はなく葯や花柱は紅色

樹皮は赤橙色を帯びた褐色（国頭 H）

白花を多数つける（10.23与那国 O）

総状花序は長さ3–5㎝（5.6石垣 O）

ヒイラギズイナ ［柊随菜］

I. oldhamii

常緑小高木（3–10m） **方**：シルムム、アタニバギー、モイタナキ **分**：奄美群島、沖縄島、石垣、西表、与那国。やや稀。**葉**：単葉／互生／全縁、若木は鋸歯縁／長6–10㎝ 幅2–5㎝ **花**：白／頂生の総状花序／初夏・秋 **実**：緑～褐／壺形／長6–10㎜

◆山地の林内に点在する。葉は楕円形でやや硬く、成木では全縁だが、若木ではヒイラギのような鋭い鋸歯が出ることが名の由来。成木の葉はモチノキ類やイスノキなどに似るが、表裏の側脈が目立つことがよい区別点。樹皮は平滑で縦すじがある。台湾にも分布する。同属のズイナ I. japonica は近畿～九州に分布する日本固有の落葉樹で、葉はより大きな卵形で細かい鋸歯があり、多数の平行な脈が目立つ。

果実（12.3西表 O）

先は普通鈍く、時にやや尖る

×1

側脈は明色で目立ち、縁で曲がり上下で連結する

ユズリハ科 Daphniphyllaceae　ユズリハ属 Daphniphyllum

ヒメユズリハ ［姫譲葉］

D. teijsmannii

常緑小高木（3–15ｍ）**方**：ユズル、ユムナ、ハナガー　**分**：本州〜沖縄諸島、石垣、西表、与那国。普通。庭木。**葉**：単葉／互生／全縁、幼木は時に鈍鋸歯縁／長6–20㎝ 幅2–6㎝　**花**：紫、黄緑／無花弁／春　**実**：黒紫／長1㎝弱／秋〜冬

◆海岸〜山地の林内まで広く生え、マツ林に比較的多い。葉は長い楕円形で枝先に集まり、赤みを帯びる葉柄が目立つ。ユズリハより葉が小ぶりで細く、葉裏の細脈の網目が細かい。ただし葉形に変異が多く、林内では葉が長さ20㎝近くになる個体もあるが、陽地の低木林では10㎝以下の個体も多い。幼木では鈍い歯牙状の鋸歯がある葉も交じる。雌雄異株で花は花弁がない。雄花には萼片もなく、雌花には微小な萼片が3–5枚ある。

花期の姿（3.22読谷 H）

花粉を出す前の雄花（4.3国頭 H）

葉先は尖るか時に丸い

×0.9

側脈は8–12対前後

基部は三角形

幼木は数対の歯牙が出る

幼木の葉 裏 ×0.9

裏はやや白みを帯び、ユズリハより細かい網目まで見える。両面無毛

果実（11.23名護 H）

小型の葉 ×0.9

葉柄は赤みを帯びることが多く、ユズリハより細い

樹皮は薄く縦すじが入る（H）

ユズリハ科 Daphniphyllaceae　ユズリハ属 Daphniphyllum

ユズリハ　［譲葉］

D. macropodum subsp. macropodum

常緑小高木（5–15ｍ） **分**：本州～九州、屋久、徳之。ごく稀。**葉**：単葉／互生／全縁／長15–22㎝ **花**：紫／無花弁／初夏 **実**：黒紫／長1㎝弱 ◆琉球では徳之島の井之川岳山頂付近に生える。葉は長い楕円形。ヒメユズリハに似るが葉がやや広く、側脈の数がより多く、雌花の萼片は0–2枚。

葉は枝先に集まる（8.29 徳之島 O）

裏

葉先は尖るかやや鈍い

側脈は15–19対前後

×0.5

縁は波打つ

裏は粉白色を帯び、葉脈の網目はヒメユズリハより大きい。両面無毛

葉柄は普通赤みを帯びる

葉身基部は円形～広い三角形

ブドウ科 Vitaceae　ミツバビンボウカズラ属 Tetrastigma

オモロカズラ　［おもろ葛］

T. liukiuense

常緑つる性木本（巻きひげ） **分**：屋久？、トカラ、徳之、沖永、与論、沖縄島、伊江、渡名喜、先島諸島。やや稀。**葉**：3出複葉／互生／鋸歯縁／頂小葉長4–10㎝ **花**：緑白／初夏 **実**：橙?／径約3㎜ ◆低地～山地の林縁や岩場に生える。小葉は細い卵形～楕円形。台湾産のミツバビンボウカズラT. formosanumと同種とされてきたが、葉先が尖り、花弁に鉤状毛がある点などが違う。

葉（5.29糸満）花（6.8今帰仁 H）

先は尖る

×0.6

鋸歯は小さな切れ込みを入れたような形で小型

小型の葉 裏 ×0.8

表は光沢があり、枝葉とも無毛

裏はやや白みを帯び、葉脈が緑色に見える

葉と対生して巻きひげを出す

貧弱な葉は小葉が細い

アマミナツヅタ ［奄美夏蔦］

P. heterophylla

落葉つる性木本（吸盤） **別**：アマミヅタ **分**：奄美、徳之、沖縄島、伊江、久米、宮古、石垣。やや稀。壁面緑化。**葉**：3出複葉、単葉／互生／鋸歯縁／小葉長5–15㎝ **花**：淡緑／夏 **実**：黒紫／径5–6㎜ ◆海岸や山地の岩場などに生える。北海道～屋久島、魚釣島に分布するツタ P. tricuspidata に似るが、本種の葉は普通3出複葉。

上は成形葉、下は幼形葉（7.26読谷 H）

縁は波打ち、鋸歯は低く目立たないことが多い

×0.5

紅葉（11.8湯湾岳 O）

短枝の葉は3出複葉で、側小葉は歪んだ卵形

裏はやや白みを帯び葉脈が隆起する。両面無毛

長枝につく葉は単葉で小さく5㎝前後

巻きひげは分岐し、先に丸い吸盤がつく

長枝の幼形葉 裏 ×0.5

テリハノブドウ ［照葉野葡萄］

A. glandulosa var. hancei

半落葉つる性木本（巻きひげ） **方**：ガニブ **分**：本州～先島諸島。やや普通。**葉**：単葉（1–5裂）／互生／鋸歯縁／長6–18㎝ **花**：緑白／初夏 **実**：紫～青／径6–8㎜／秋 ◆海岸～山地の林縁に生え、葉は普通3–5浅裂する。北海道～九州に分布する別変種のノブドウ var. heterophylla に比べ、葉は光沢が強くほぼ無毛。

花。花序は上向き（5.29糸満 H）

×0.5

表は無毛でやや光沢がある

裂片の先は尖る

幼木の葉 裏 ×0.5

幼木や若い枝では深く切れ込んだ葉が出る

※ノブドウは葉裏の脈沿いや葉柄、若枝などに毛があり、葉表の光沢が少ない

葉と対に巻きひげを出す

葉裏の脈腋に少し毛がある以外は無毛

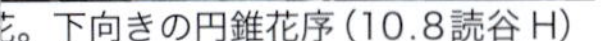

花。下向きの円錐花序（10.8読谷 H）

果実は甘酸っぱい（10.8読谷 H）

リュウキュウガネブ

［琉球紫葛］

V. ficifolia var. ganebu

常緑つる性木本（巻きひげ）**方**：カネブ、カニブ、カニフンナー　**分**：甑島列島～口之永良部、トカラ列島～先島諸島。やや普通。**葉**：単葉（3–5裂）／互生／鋸歯縁／長6–18㎝　**花**：淡黄／春～秋　**実**：黒紫／径5–10㎜／夏～冬

◆海岸～山地の林縁に生える。葉と対生して巻きひげを出し、他の木などに登り高さ数mになる。葉は浅く3–5裂し、テリハノブドウに似るが、葉裏に綿毛が密生することが違い。北海道～屋久島に分布する基準変種のエビヅルと同一扱いされることも多いが、琉球産の個体は葉が大型で切れ込みが浅く、裂片の先は尖る傾向が強い他、常緑性で芽の休眠性がなくほぼ通年開花し、果実のアントシアニン含有量が多いなどの違いがあり、異なる印象を受けるものが多い。

樹皮は濃い赤褐色で、縦に裂けてはがれる（那覇 H）

表は葉脈のしわが目立ち、若葉は綿毛が多い

×0.5

リュウキュウガネブ

裂片の先は尖る個体も多い

裏 ×0.5

枝や葉柄も綿毛が多い

葉裏 ×2
裏は綿毛が密生し、白～淡い赤褐色

サンカクヅル

［三角蔓］

V. flexuosa

落葉つる性木本（巻きひげ）**別**：ギョウジャノミズ　**分**：本州～九州、屋久、種子、トカラ列島、奄美、西表?。ごく稀。**葉**：単葉（時に3–5裂）／互生／鋸歯縁／長4–12㎝　**花**：黄緑／初夏　**実**：黒紫／径約7㎜／秋　◆山地の林縁や林内に生えるが、琉球ではかなり少ない。葉は通常不分裂で三角形状。台湾にも分布する。

鋸歯の先は小突点になる

サンカクヅル（島根県産）

×0.5

葉裏 ×1
葉裏脈上を除き通常は無毛

ハカマカズラ ［袴葛］

P. japonica

常緑つる性木本（巻きひげ） **別**：ワンジュ **方**：ハンチェーグヮー、ガランカザ **分**：紀伊半島、高知、九州〜先島諸島、大東。やや普通。**葉**：単葉（2裂）／互生／全縁／長6–11㎝ **花**：淡黄／径約2㎝／頂生の総状花序／初夏 **実**：黒褐／長楕円形／長4–8㎝／秋

◆海岸近くの林縁や石灰岩地に生える。枝から巻きひげを出し、他の樹木や岩に登り、高さ5–15ｍにもなるが、岩場をはう背の低い個体もある。葉は中央に切れ込みが入った独特の形で、切れ込みを下にすると袴の形に見えることが和名の由来。地をはう幼い枝の葉ほど、切れ込みが広い傾向がある。花は淡い黄色で、花序が直立し見応えがある。本種はかつてソシンカ属に含められていたが、近年の研究で別属に分類された。

樹冠に咲いた花。総状花序は長さ10–20㎝（6.29名護 H）

5枚の花弁はほぼ同形で左右相称。花序の下から開花する（6.11国頭 H）

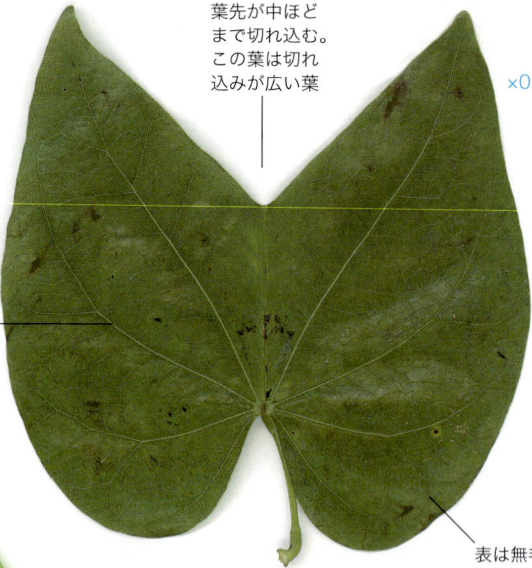

葉先が中ほどまで切れ込む。この葉は切れ込みが広い葉

×0.6

葉脈は基部から掌状に出る。葉形が似たグンバイヒルガオの葉脈は羽状に出る

表は無毛で光沢がある

花をつける枝の葉は切れ込みが狭い

裏 ×0.6

巻きひげはしばしば対生する

はじめ両面に赤褐色の伏毛があるが、次第に減る

裂開した豆果（11.17糸満 H）

満開のフイリソシンカ(4.6南城H)

フイリソシンカの花(3.25沖縄H)。

ムラサキソシンカの花と若い果実(12.5うるまH)

オオバナソシンカの花(3.15沖縄H)

フイリソシンカ ［斑入蘇芯花］

B. variegata

半落葉小高木(3–7m) **別**:ソシンカ **分**:中国南部原産。公園樹、街路樹、庭木。**葉**:単葉(2裂)/互生/全縁/長6–10cm **花**:淡紅～紅紫/花弁は卵形/雄しべ5本/秋·春 **実**:長15–30cm ◆本属の葉は2枚が合着し、先が凹んだ蹄(ひづめ)に似た形で、ヨウテイボク(羊蹄木)とも呼ばれる。本種は上の花弁に赤い斑が入り、葉はやや小さく、裏や若枝は有毛で、花期にかなり落葉する。白花の変種シロバナソシンカ var. candida もある。

ムラサキソシンカ

B. purpurea ［紫蘇芯花］

常緑高木(4–10m) **別**:ムラサキモクワンジュ **分**:東南アジア原産。時に植栽。**葉**:単葉(2裂)/長7–15cm **花**:紫～淡紅～白/花弁は細いヘラ形で赤線が1本/雄しべ3本/秋～冬 ◆花弁が細く色は多様。葉はほぼ無毛で大型。

オオバナソシンカ

B. ×blakeana ［大花蘇芯花］

常緑高木(4–10m) **別**:アカバナハカマノキ、ホンコンオーキッドツリー **分**:中国南部原産。街路樹、公園樹。**葉**:単葉(2裂)/長8–13cm **花**:紅紫/花弁はやや細い卵形/雄しべ5本/秋～春 ◆フイリソシンカとムラサキソシンカの雑種とされ、花は大きく色濃く鮮やかで、結実しない。

ムラサキソシンカ

葉は紙質で両面ほぼ無毛

裂片の先はやや尖る

葉身の3分の1～2分の1まで切れ込む

×0.5

裏

葉柄は細く長め

基部は少し湾入するか湾入しない

フイリソシンカ

葉身の3分の1ほど切れ込む

基部はよく湾入する

裏面脈上や葉柄に細毛がある

裂片の先は丸い

裏

※オオバナソシンカの葉は大型で有毛でやや厚く、両種の中間的

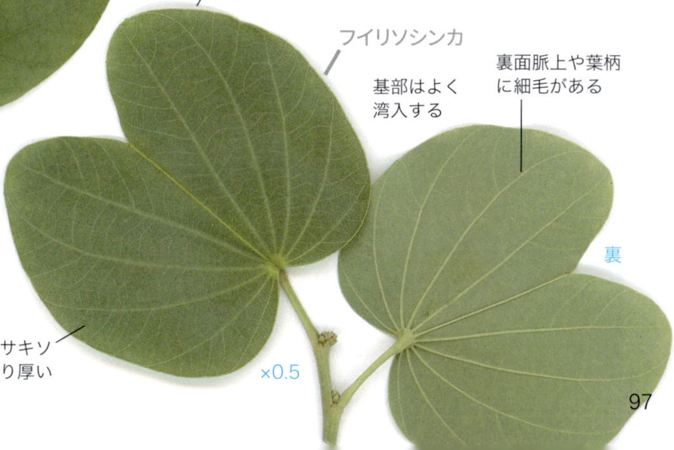

葉はムラサキソシンカより厚い

×0.5

ソウシジュ ［相思樹］

A. confusa

常緑高木（5–20m） **別**：タイワンアカシア **方**：ソーシギ、タイワンヤナギ **分**：台湾、フィリピン原産。公園樹、街路樹、防風林、砂防樹。南西諸島や小笠原で野生化。**葉**：単葉（偽葉）／互生／全縁／長6–12㎝ **花**：黄／腋生の頭状花序／初夏 **実**：褐／扁平／長5–15㎝／夏

◆明治末期以降に防風用や肥料木として導入され、道沿いや集落周辺に広く野生化している。花期はモコモコした樹冠が黄色く染まり、遠くからも分かる。葉は葉身が退化し、葉柄が扁平になった偽葉と呼ばれる形で、ヤナギのように細長く、無毛で平行脈が並び特徴的。幼木では羽状複葉が出る。和名は中国の故事「鴛鴦（えんおう）の契り」に登場する相思樹の音読み。

花は葉腋につく（5.3 読谷 H）

豆果（6.19伊是名 H）

花期の遠景（5.6金武 H）

樹皮は浅く縦裂するかほぼ平滑（浦添 H）

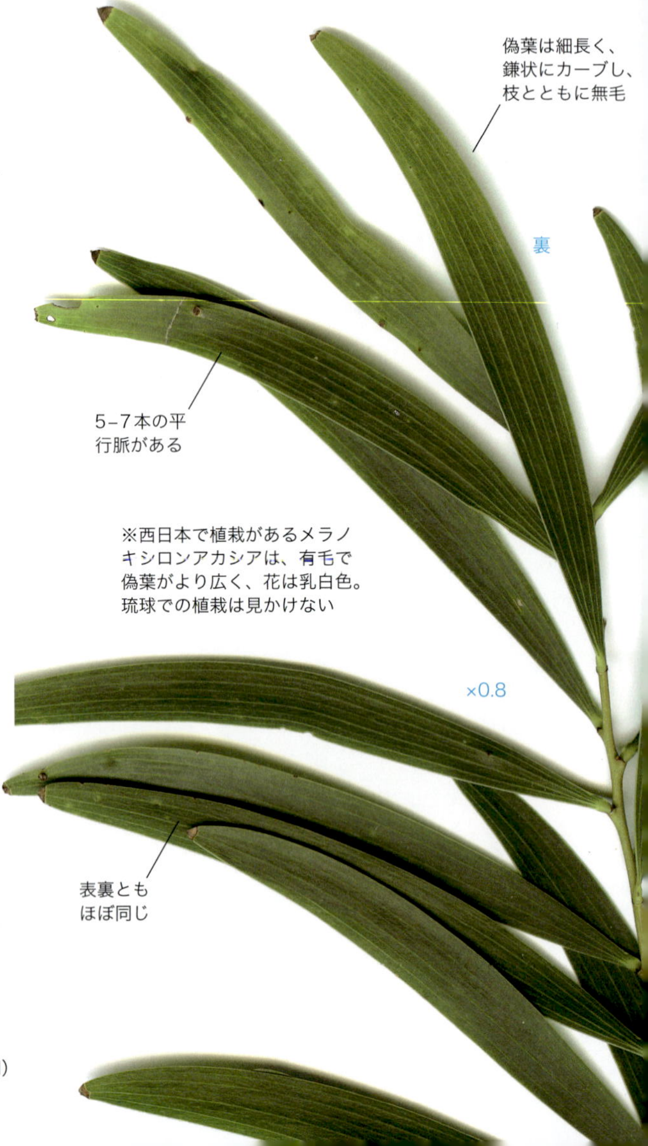

偽葉は細長く、鎌状にカーブし、枝とともに無毛

裏

5–7本の平行脈がある

※西日本で植栽があるメラノキシロンアカシアは、有毛で偽葉がより広く、花は乳白色。琉球での植栽は見かけない

×0.8

表裏ともほぼ同じ

×1

裏

針状の小托葉が1対ある

両面に毛が散生し、裏面脈上に多い

裏はやや白く、細脈まで隆起する

花（4.28石垣 O）

若い果実
節果はやや曲がる。小節果はほぼ円形（4.28石垣 O）

タマツナギ ［玉繋］

D. gangeticum

常緑亜低木（0.3–1.2m）**分**：宮古、石垣、小浜、西表。稀。**葉**：単葉（1小葉）／互生／全縁／長3–10cm **花**：淡紫／頂生か腋生の総状花序／初夏～秋 **実**：黒褐／節果は長約2cm／小節果は4–8個 ◆牧場など低地の原野に生える草本状の低木で、茎は細く、斜上するか地をはう。葉は普通楕円形で、小葉1枚からなる単出複葉で、斜めに揃って出る側脈が目立つ。

花序は細長く花は疎ら（4.28石垣 O）

アメリカデイゴ

E. crista-galli ［亜米利加梯梧］

落葉小高木（1.5–7m）**別**：カイコウズ **分**：南アメリカ原産。公園樹、街路樹、庭木。**葉**：3出複葉／互生／全縁／頂小葉長8–13cm **花**：赤／初夏～秋 **実**：豆果／長10–20cm ◆関東以南の暖地に植栽され、琉球でも植栽されるが少ない。デイゴと比べ、小葉は卵形で幅が狭く、花は葉のある夏に咲き、花弁は丸く開き、樹高は低い。

花をつけた街路樹（4.16うるま H）

×0.5

葉はやや厚く、表は光沢がある

蜜腺状の小托葉が1対ある

両面無毛

葉柄の裏や葉裏の主脈上に少数の刺がある

小葉は普通卵形で先は丸い

小葉
裏 ×0.5

デイゴ ［梯梧］

E. variegata

半落葉高木（5–15ｍ）**別**：デイコ **方**：ディーグ、ドゥフキー、アカヨーラ **分**：インド〜マレー半島原産といわれ、太平洋西部〜インド洋沿岸の熱帯・亜熱帯で野生状。奄美群島〜先島諸島、小笠原で野生化。やや稀。公園樹、街路樹、庭木、防風林。**葉**：3出複葉／互生／全縁／頂小葉長6–18㎝ **花**：赤／長20–30㎝の総状花序／春〜初夏 **実**：豆果／長15–30㎝／秋

◆沖縄の県花として知られ、3–5月頃、ほぼ落葉した枝に真っ赤な花をつけて目立つ。各地で広場や学校によく植栽される他、山地や海岸に逸出した個体もあり、自生状に見られる場所もある。葉は大型の3出複葉で、頂小葉は幅広い。成木の幹は平滑だが、若い幹や枝には刺が出る。2005年頃から枝葉に寄生するデイゴヒメコバチの虫こぶが大量発生し、花が咲かない個体や枯死する個体が激増している。

枝は太く扇形の樹形（6.12読谷植栽H）

花（3.14西表植栽H）

樹皮は緑褐色を帯び、縦すじが入る。右上は若い幹の刺（うるま植栽H）

デイゴヒメコバチの虫こぶがついた枝葉（1.19那覇植栽H）

頂小葉は横広で大きく、クズの葉に似た形

側小葉は三角形状

アメリカデイゴと異なり葉に刺はない

×0.5

裏は比較的濃い緑色で無毛

蜜腺状の小托葉が1対ある

裏

小葉の先はやや尖る

果実
(2.27今帰仁 O)

×0.7

葉先は鈍いか尖る

表ははじめ伏毛があり、成葉はほぼ無毛か脈上に残る

平行に並ぶ多数の側脈が目立つ

ナハキハギ

枝は伏した絹毛があり、枝を1周する托葉痕がある

裏は伏毛が密生し、次第に減る

小葉 裏 ×1

葉先は尖るもの、丸いもの、凹むものまである

裏 ×1

萼裂片は細長く尖る

表ははじめ伏毛があるが後にほぼ無毛

裏は伏毛が密生し白い

リュウキュウハギ

×1

葉裏 ×3
葉裏や小葉柄、葉柄は伏毛が密生する

ナハキハギ ［那覇木萩］

D. umbellatum

落葉低木（1–6m） **別**：オオキハギ **分**：沖縄島、石垣、小浜、西表、内離。稀。**葉**：3出複葉／互生／全縁／頂小葉長4.5–8㎝ **花**：白／夏 **実**：節果／長2–4㎝ ◆海岸付近の林縁や岩場に生え、群生もする。ハギの名がつくが幹は径10㎝を超えることもあり、小高木状にもなる。小葉は広い楕円形で、平行に並ぶ側脈が特徴的。

花期（9.9那覇）花（9.20今帰仁 H）

リュウキュウハギ ［琉球萩］

L. thunbergii subsp. formosa

落葉低木（1–2m） **別**：タイワンハギ **分**：台湾、中国原産とされる。奄美群島〜沖縄諸島に野生化。やや稀。庭木、公園樹、法面緑化 **葉**：3出複葉／互生／全縁／小葉長2.5–5㎝ **花**：紅紫／初夏・秋 ◆道沿いなどに逸出が見られ、枝は垂れ下がる。L. liukiuensis の学名があてられていたこともあるが、近年は栽培されるミヤギノハギの亜種とされ、花は色濃くより大型。

花は濃く鮮やか（6.7名護植栽 H）

マメ科 Fabaceae　ミソナオシ属 Ohwia

ミソナオシ　［味噌直］

O. caudata

落葉低木（0.5–1ｍ）**方**：ウジクサ　**分**：関東～奄美群島、沖縄島、宮古、石垣、西表、与那国。やや稀。**葉**：3出複葉／互生／全縁／頂小葉長4–12㎝　**花**：黄白／夏～秋　**実**：扁平な線形／長5–8㎝／4–8個の小節果　◆古い山道や林道上、伐採地などの草地で見られる。草本のリュウキュウヌスビトハギやトキワヤブハギに似るが、小葉が細く、葉柄に狭い翼がある。

花序をつけた枝と花（8.19瀬戸内 O）

裏はやや白く、脈上に短毛がある

表は光沢があり濃緑色

×1

裏 ×0.8

葉柄に狭い翼がある

若い節果（8.19瀬戸内 O）

エノキマメ属 Flemingia

エノキマメ　［榎豆］

F. macrophylla var. philippinensis

常緑匍匐性低木（0.1–0.7ｍ）**分**：宮古、石垣、小浜、嘉弥真、西表。稀。**葉**：3出複葉／互生／全縁／小葉長2–7㎝　**花**：淡紅／総状花序／春～夏　**実**：楕円形／長約1㎝／白毛密生　◆明るい草地に生え、普通高さ30㎝ほどの草本状。小葉は細い卵形で柄がほとんどなく、表面の脈がしわ状になる。同属で1小葉からなるソロハギ F. strobilifera は近年確認されてない。

若い豆果と蕾（4.9西表 O）

蕾

裏は長毛が密生する

×1

裏 ×1

若枝や葉柄も褐色の毛が密生する

頂小葉と側小葉はほぼ同形同大

葉脈がしわ状になり目立つ

花は花序に多数つく（9.5石垣 O）

豆果。海流で散布される（5.4西表 O）

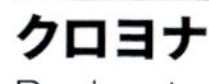

クロヨナ ［黒右納］

P. pinnata

常緑小高木（5–15m）**方**：クロユーナ、ウカバ、ウカファ **分**：屋久、奄美群島～先島諸島。やや普通。公園樹、街路樹。**葉**：奇数羽状複葉（1–3対）／互生／全縁／頂小葉長5–12㎝ **花**：桃～淡紫／腋生の総状花序／春・晩夏 **実**：広楕円形／長3–5㎝／初夏・秋

◆琉球の海岸林の主要構成樹種の一つで、マメ科の高木の中では最も普通に見られる。小葉は広い卵形で大きく、暗い緑色で光沢が強いことが特徴。普通は5小葉で、頂小葉が最も大きく、基部の小葉ほど小さい。豆果は厚みのある木質で1個の種子が入り、先端に柱頭の落ちた痕が突起状に残る。アジア、オーストラリアの熱帯・亜熱帯に広く分布する。

花（9.5石垣 O）

先は急に狭まり短く尖る

×0.6

葉はやや薄く多少波打ち、光沢が強い

基部の小葉は小さい

小葉 裏 ×0.6

裏は比較的濃い緑色。両面無毛

樹皮は平滑で薄い縦すじがある（H）

マメ科 Fabaceae タシロマメ属 Intsia

タシロマメ ［田代豆］

I. bijuga

常緑高木（10–20m） **別**：タイヘイヨウテツボク、シロヨナ **方**：ビヌッフカバ、フィヌキウカバ、ヤイヤマシタン **分**：石垣、西表。ごく稀。**葉**：偶数羽状複葉（小葉1–3対）／互生／全縁／小葉長7–15㎝ **花**：白～淡紅／花弁1枚のみ発達／夏 **実**：黒褐／豆果／扁平／長10–25㎝

◆海岸や河口付近の岩場などに生える。偶数羽状複葉で小葉は普通1–2対と少なく、やや湾曲した広卵形で重なり合い、琉球では他に似た樹木はない。石垣島の自生地の一つは比較的個体数が多く、幼木も見られるが、それ以外ではかなり少ない。シロアリに強い良質の建築材となるため、伐採され減少したらしい。国外では台湾、中国南部、熱帯アジア、オーストラリア、ポリネシアなどに分布。和名は沖縄・台湾植物の研究者・田代安定にちなむ。

花をつけた枝（8.25石垣 O）

花は長い雄しべが目立つ（8.25石垣 O）

豆果（5.6）裂開後（3.25石垣 O）

幼木の葉（5.5石垣 O）

小葉は歪んだ楕円形で左右非対称

裏 ×0.5

×0.5

厚い革質で表は濃緑色

葉先は鈍いか時に凹む

裏は比較的濃い緑色。枝葉とも無毛

ヤエヤマシタン ［八重山紫檀］

P. vidalianus

落葉高木（10–25ｍ）**方**：シタン **分**：石垣島。ごく稀。**葉**：奇数羽状複葉（小葉2–5対）／互生／全縁／小葉長5–12㎝ **花**：黄／長10–15㎝の総状か円錐花序／初夏 **実**：褐／円盤形／径4–6㎝

◆限られた山地に稀産し、幹径50㎝以上になる。小葉は卵形〜楕円形で先が尾状に尖り、側小葉が顕著に互生することが特徴。かつては個体数が多かったようだが、家具材や建材用に乱伐され、現在確実な自生個体は数えるほどという。ただし保全のため種子から発芽させた植栽木は石垣島の各地にある。国外ではフィリピンに分布。台湾〜インドに分布し時に植栽されるインドシタン P. indicus と同種とされることもあるが、豆果の中央に刺があることが大きな違い。

落葉期の樹冠。天然記念物指定の平久保の自生地（3.26石垣O）

花期（5.1 豊見城植栽 H）

花（5.16 豊見城植栽 H）

小葉の先はやや尾状に伸びる

薄い革質で、表はほぼ無毛で光沢がある

×0.7

小葉は互生

葉柄や小葉柄、若枝は短い伏毛があるか無毛

樹皮は白っぽい（9.4石垣O）

豆果

周囲に広い翼があり、中央に刺が生える（9.4石垣 O）

小葉 裏 ×1

裏は無毛か短い伏毛が散生する

リュウキュウコマツナギ

I. zollingeriana ［琉球駒繋］

常緑低木（1–2m） **別**：コウトウコマツナギ **分**：下地、石垣、竹富、小浜、新城、西表。やや稀。**葉**：奇数羽状複葉（5–8対）／互生／全縁／小葉長3–5㎝ **花**：紅／長8–15㎝の総状花序／春～初夏 **実**：黒褐／円筒形／長2–4㎝／秋～冬

◆沿海地の林縁や岩場に生える。小葉は軟らかく、両面や葉軸に伏毛（丁字状毛）が一様に生える。深紅色の花を密につけた花序を葉腋から直立させ、豆果の莢は裂開後も長く残っていることが多い。台湾、中国、東南アジアなどに分布する。琉球では木藍と呼ばれる同属の以下２種が染料植物として古くから栽培され、稀に帰化している。タイワンコマツナギ（ナンバンアイ）I. tinctoria は花が鮮やかな桃色で小葉は薄く、ナンバンコマツナギ I. suffruticosa は花が橙色に近く、茎の稜が目立ち、果実は湾曲する。ともに枝は長く伸びる傾向がある。

花期（4.28西表 O）

花は少しずつ咲く（4.28西表 O）

果期（12.4西表 O）

豆果はまっすぐ（1.6西表 O）

丁字状毛 ×3
各部に微細なＴ字形の伏毛が生えることが本属の特徴。小托葉は突起状

小葉の先端は微突端で終わる

小葉は軟らかいがやや厚め

×0.6

小葉
裏 ×1

肉眼では分かりづらいが、小葉の両面は微細な丁字伏毛が生える

花期はよく目立つ(5.4小浜島 O)

花と落ち始めた節果(8.29西表 O)

表は無毛で頂小葉はやや大きい

フジボグサ

×0.5

小葉
裏 ×0.5

裏はやや白い
く、脈上に毛
が多く、細脈
まで隆起する

頂小葉は一回り大きい

×0.5

裏 ×0.5

オオバフジボグサ

葉の両面脈上や小枝に毛が密生する

フジボグサ ［藤穂草］

U. crinita

常緑亜低木（0.3–1m）**別**：フジボハギ **方**：マユヌシブ **分**：宮古、石垣、小浜、西表。やや普通。**葉**：奇数羽状複葉（小葉1–4対）／互生／全縁／小葉長6–12㎝ **花**：紅紫／長約40㎝の総状花序／初夏 **実**：緑／3–7小節果 ◆低地の道沿いや原野、耕作地わきなどの陽地に生える。葉は大きくやや厚く光沢がある。直立した花序に多数の花を順次咲かせる。

道路の法面などに多い(8.29西表 O)

オオバフジボグサ

U. lagopodioides ［大葉藤穂草］

常緑亜低木（0.3–0.6m）**別**：ヤエヤマフジボグサ **分**：宮古、下地、石垣、西表、波照間。稀。**葉**：3出複葉、時に単葉／小葉長2–7㎝ **花**：淡紅紫／長3–8㎝の総状花序／晩夏〜秋 ◆低地の原野や道端などに生える。名に反し複葉はフジボグサより一回り小さく、普通白斑が入り、茎が斜上することが特徴。花序はフジボグサより太く短く、花色は薄い。

ホソバフジボグサ ［細葉藤穂草］

U. picta

常緑亜低木（0.3–1m）**分**：宮古、石垣、小浜、西表。ごく稀。**葉**：奇数羽状複葉（小葉2–4対）／小葉長7–15㎝ **花**：青紫／花序は長約20㎝ ◆小葉は普通線形で白斑が入る。低地の原野に生えるが、近年確認されている個体はわずか。

ホソバフジボグサ花(7.20宮古M.Y)

コバノセンナ ［小葉旃那］

S. pendula

半常緑匍匐性低木（1–2.5m） **分**：南アメリカ原産。南西諸島で時に野生化。庭木、公園樹、法面緑化。**葉**：偶数羽状複葉（3–5対）／互生／全縁／小葉長2–5cm **花**：黄／径4–7cm／初夏・秋 **実**：淡褐／長10–18cm／冬

◆鑑賞用に植栽される他、道路工事の法面緑化などで導入され逸出したものが散発的に見られる。幹は匍匐して他物に寄りかかるように伸びる。葉は小型で、小葉は広い楕円形〜倒卵形で丸みが強いので他種と区別できる。花は黄色く大型で目立つ。よく似た**ハナセンナ** S. corymbosaは南アメリカ原産で庭木にされ、小葉が細長く、先が尖ることが違い。両者は容易に雑種をつくるという。「アンデスの乙女」の流通名で出回っているものはハナセンナの一型と思われる。

半透明の縁取りがある

葉先は丸い

×0.7

裏

裏面基部に白毛が生える。表は無毛

葉脈は明色で、上下で結合して輪をつくる

花は美しい（6.2沖縄 H）

ハナセンナの花と葉（9.1福岡県 H）

コバノセンナの豆果（12.3読谷 H）

モクセンナ ［木旃那］

S. surattensis

常緑小高木（2–7m） **別**：キダチセンナ、イリタマゴノキ **分**：インド原産。街路樹、公園樹、庭木。**葉**：偶数羽状複葉（4–9対）／互生／全縁／小葉長3–9cm **花**：黄／径約5cm／初夏・秋 **実**：長15–20cm ◆本属では数少ない小高木。花期は炒り卵のように鮮やかな黄花が目立ち、スクランブルエッグツリーの英名もある。小葉は長い楕円形で先は丸く、枚数が多い。

開花のピークは秋（10.11浦添 H）

×0.6

葉先は丸いかわずかに凹む

表は無毛で光沢はない

若枝や葉軸は毛が多少ある

裏は粉白色で、疎らに白毛がある

腺体 ×2.5

基部の小葉2–3対がつく葉軸上に、こん棒状の腺体がある

›数の花をつけた街路樹（6.1那覇 H）

花序（6.22大宜味 H）

ナンバンサイカチ ［南蛮皂莢］

C. fistula

落葉高木（5–15m）**別**：ゴールデンシャワー　**分**：インド周辺原産。公園樹、庭木、街路樹。**葉**：偶数羽状複葉（3–8対）／互生／全縁／小葉長6–18㎝ **花**：黄／花序は長30–60㎝／春〜夏　**実**：黒褐／円柱形／長30–80㎝

◆ Golden shower treeの英名で知られる熱帯花木で、フジのように黄花を垂らす姿が美しく、琉球でもよく植栽されている。大型の小葉をつける偶数羽状複葉と、樹皮が特徴。センナ属と近縁で、本属にセンナ属を含める見解もある。

樹皮はやや緑褐色を帯び、はじめ平滑だが次第に鱗片状にはがれて荒れる。豆果は非常に長い（6.1那覇 H）

先は次第に狭まりやや尖る

×0.3

៶葉は卵形で
表は光沢がある

小葉は普通対生し、時に少しずれる

平行に並ぶ多数の側脈が少し見える。成葉は両面無毛

小葉
裏 ×0.6

ハマセンナ ［浜旃那］

O. cochinchinense

落葉低木（2–6m） **別**：ハマエンジュ **方**：メーヌナギー、ヒザーメ **分**：奄美群島～先島諸島。やや稀。 **葉**：奇数羽状複葉（5–9対）／互生／全縁／小葉長2–4cm **花**：白・紫／夏～秋 **実**：節果（5–8個の小節果）／長10cm前後 ◆海岸や低地の林縁に点在する。葉は薄く、小葉は互生する。花は目立たないが、紫の網目模様が入り美しい。

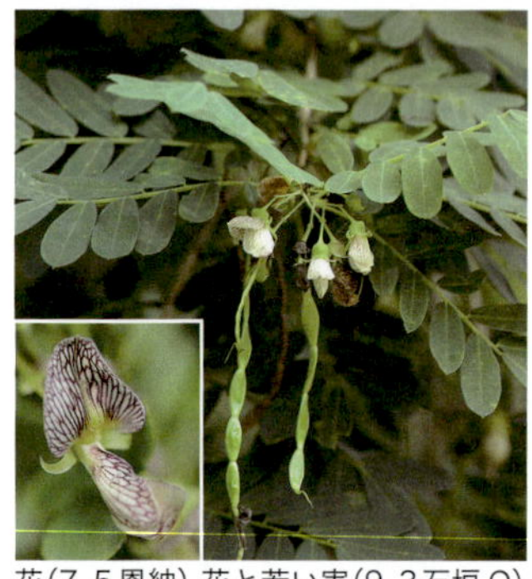

花（7.5恩納） 花と若い実（9.3石垣 O）

樹皮はやや荒れる（屋我地 H）

先は糸状に微凸する

小葉 裏 ×1

裏はやや白みを帯び、葉脈の網目が見える。両面無毛

×0.7

小葉は小判形で薄く軟らかく、光沢はない

タイワンミヤマトベラ

E. formosana ［台湾深山扉］

常緑低木（0.5–1.5m） **別**：リュウキュウミヤマトベラ **分**：沖縄島、西表。稀。**葉**：奇数羽状複葉（2–4対）／互生／全縁／小葉長6–12cm **花**：白／夏 **実**：黒／楕円形／冬 ◆陰湿な林内に生え、自生地は限られる。小葉は両端が尖り、光沢のある濃緑色。台湾、フィリピン、ジャワ島にも分布する。九州以北に分布するミヤマトベラ E. japonica は3出複葉で小葉は丸い。

暗い林床に生える（12.4西表 O）

裏

裏面は細かい毛が生える

小葉は長楕円形で薄い革質。表面は無毛

×0.5

小葉柄は短い

主脈は表で凹み、裏で隆起する。側脈は両面ともほとんど見えない

花
（6.5西表 M.K）

小葉
裏 ×1

裏面や葉柄に短毛が多少生える

×0.6

豆果
(8.18大和 O)

表は無毛か伏毛がある

×0.6

小葉の基部に糸状の小托葉がよく残る

豆果
(7.24恩納 H)

葉先は普通糸状の微突起がある

小葉
裏 ×2

小葉の両面や葉軸に伏毛が生える

シマエンジュ ［島槐］

M. tashiroi

落葉低木（1–2m）**方**：アブラギィ **分**：紀伊半島、四国南部、九州南西部〜沖縄諸島、小浜?、西表?。奄美大島ではやや普通、他は稀。**葉**：奇数羽状複葉（5–7対）／互生／全縁／小葉長3–5㎝ **花**：白／長10㎝前後の総状花序／夏 **実**：扁平な楕円形／長2–4㎝ ◆沿海地に生える。小葉はやや厚い楕円形。小枝は紫色を帯びることが多く、折ると悪臭がする。

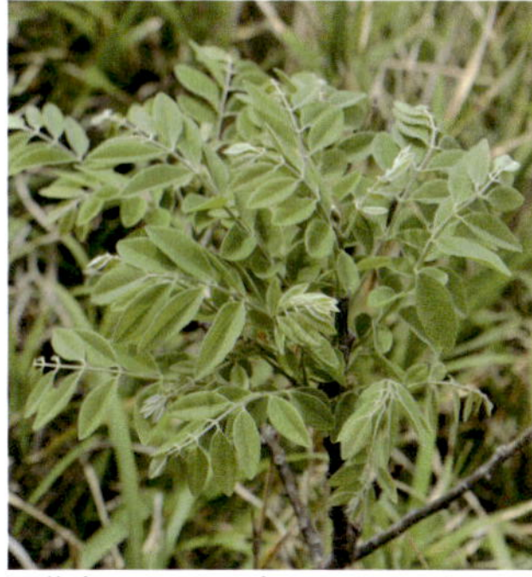
若葉（4.21粟国 O）

イタチハギ ［鼬萩］

A. fruticosa

落葉低木（1–3m）**別**：クロバナエンジュ **分**：北アメリカ原産。北海道〜南西諸島で野生化。やや稀。法面緑化、庭木。**葉**：奇数羽状複葉（6–20対）／互生／全縁／小葉長1–4㎝ **花**：黒紫／穂状花序／春〜夏 **実**：長約1㎝ ◆本土で野生化が多いが、琉球では奄美群島や沖縄島の道沿いで時に見る程度。

花序は頂生し葯は橙色（4.9伊仙 O）

イソフジ ［磯藤］

S. tomentosa

常緑低木（1–3m）**方**：ハブユキギー、ハママミ、イカヌタマグ **分**：奄美群島〜先島諸島、小笠原。奄美大島や沖縄島では稀。沖永良部島や与論島、八重山列島ではやや普通。庭木、公園樹、防風林。**葉**：奇数羽状複葉（5–8対）／互生／全縁／小葉長2–4㎝ **花**：黄／長15㎝前後の総状花序／夏〜冬 **実**：緑白〜褐／数珠状の豆果／長10–15㎝／表面に密毛／冬〜春

◆海辺の砂浜などに生え、海岸防風林に植えられることもある。小葉はやや肉厚で丸みがあり、縁が裏に巻き込む。若葉の表面、葉裏、若枝、花序、果実などに白い軟毛が密生し、木全体が青白く見えるので遠くからでも分かる。豆果は、方言でイカの卵にもたとえられる独特のくびれた形で、長く枝に残って目立つ。

花期は長い（3.23波照間 O）

豆果と種子（4.29石垣 O）

果実をつけた個体（4.12宮古 H）

両面に軟毛があるので軟らかい感触
葉表 ×2
表ははじめ伏した白軟毛が密生し、次第に減る
×0.7
先は丸いかわずかに凹む
若葉は黄緑色で、毛が落ちた成葉ほど濃い緑色

裏は伏した軟毛が密生し白く見える

裏 ×1

枝や葉柄も白い軟毛が密生

花期（5.22西表 M.K）

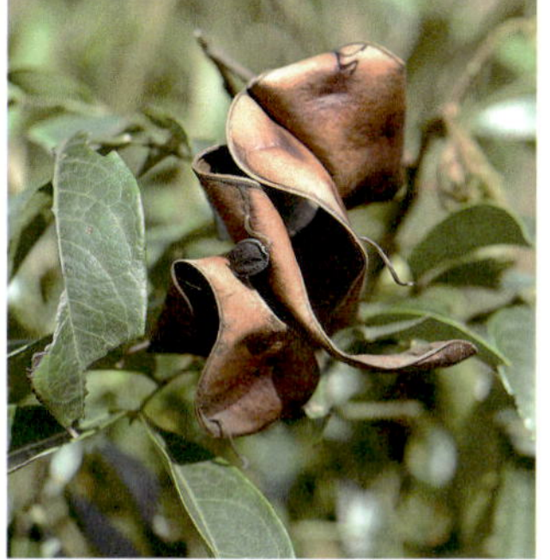

裂開した豆果（4.9西表 O）

複葉の全形（10.16西表 H）

樹皮は赤褐色（西表 O）

アカハダノキ ［赤肌木］

A. lucidum

常緑小高木（5–10m）**別**：タマザキゴウカン　**方**：ヤマヌバン　**分**：石垣、西表。やや普通。**葉**：1–3回偶数羽状複葉（羽片2–4対）／互生／全縁／小葉長6–9cm　**花**：白／頭状花序／初夏　**実**：紅褐・藍（種子）／長15–20cmでらせん状にねじれる／秋〜冬

◆石垣島と西表島の山地の林内に入ると、樹高1m前後の幼木がよく見られる。普通は2回偶数羽状複葉で、小葉は先端の1対を除いてはっきり互生することが多く、倒卵形で先が急に狭まって長く伸びることが特徴で、他に似た樹木はない。花は総状に集まった頭状花序につき、緑色の筒状花冠から白い雄しべが多数突き出る。豆果はらせん形に巻いた独特の形で、裂開して中から藍色の種子をぶら下げる。台湾、中国、インドシナにも分布する。

小葉の先はやや突き出る

小型の葉 ×0.4

裏

成葉は両面無毛か、裏面脈沿いや葉軸などに赤褐色の毛が残る

枝葉ははじめ赤褐色の毛に覆われるが、次第に無毛に近づく

小葉 裏 ×0.9

ホウオウボク ［鳳凰木］

D. regia

落葉高木（5–15m） **分**：マダガスカル原産。公園樹、街路樹。**葉**：2回偶数羽状複葉（羽片8–20対、小葉10–25対）／互生／全縁／小葉長0.8–1.5cm **花**：朱～赤／径10cm前後／夏～秋 **実**：黒褐／扁平で長30–60cm／秋～初夏

◆熱帯を代表する花木で世界中に植えられ、琉球でも都市部や観光地などによく植えられている。太い幹に傘形の樹冠を広げ、夏に燃えるような赤い花をつける姿がよく目につく。葉はギンネムやネムノキに似るが、一回り大きく黄緑色で、小葉の先が丸いことが違い。葉が似たノウゼンカズラ科のジャカランダ（キリモドキ）Jacaranda mimosifolia は、頂小葉があり複葉は対生することが違いで、植栽は稀。花色が似て混同しやすいノウゼンカズラ科のカエンボクは、大型の1回奇数羽状複葉。

学校に植えられた壮齢木。樹冠は横に広がり、満開時は見事（5.24恩納 H）

花（6.8今帰仁 H）

豆果は大型で硬い（6.1那覇 H）

樹皮は縦すじが入る（H）

頂小葉はない

羽片 ×1

小葉の先は丸く、微突起がある

羽片 裏 ×1

葉の縁、脈上、裏面、葉軸などに微毛がある

小型の葉 ×0.35

葉は明るく軟らかく、軽やかな印象

ギンネム ［銀合歓］

L. leucocephala

常緑小高木（1.5–10m）**別**：ギンゴウカン　**方**：ニブイギ、ニーブヤーギー、ナイクチョー　**分**：熱帯アメリカ原産。九州南部〜先島諸島、小笠原に野生化。ごく普通。**葉**：2回偶数羽状複葉（羽片4–8対、小葉10–16対）／互生／全縁／小葉長0.8–1.6cm　**花**：白／通年　**実**：褐／扁平な線形／長10–20cm／通年

◆世界中の熱帯・亜熱帯に帰化し、琉球で最も繁茂している外来樹木。成長が早くやせ地でも育つので、明治末期から肥料木や砂防樹、荒廃地の緑化用などに導入されたが、現在は林縁や道端、原野など陽地の至る所に野生化し、群生している。葉はネムノキに似るが、羽片や小葉がやや少なく、やや青白い。花も果実もほぼ通年見られるので見分けやすい。琉球では普通、幹径10cm以下で、低木状の個体が多い。

葉と花（9.21今帰仁H）

花は丸い頭状花序につく（3.25沖縄H）

比較的背の高い個体（10.12南城H）

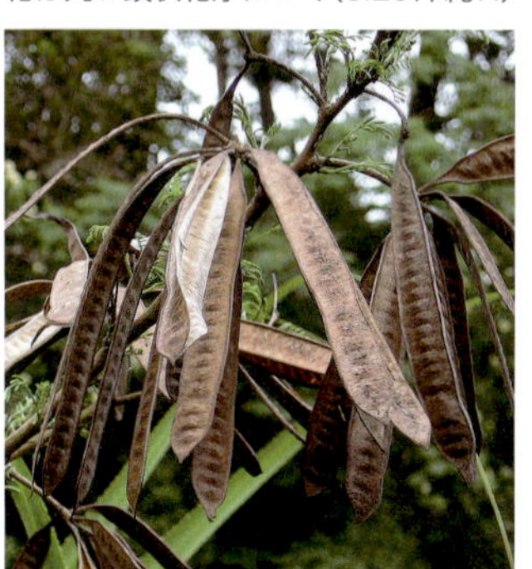

豆果（5.19国頭H）

×0.5

暗くなると就眠運動で葉を閉じる

葉柄や葉軸は有毛

葉軸 ×2.5

基部の羽片のつけ根に円盤状の腺体がある

羽片 裏 ×1

小葉は幅2–4mm、先は尖る

小葉は縁に毛があるか、ほぼ無毛

ヤエヤマネムノキ

A. retusa ［八重山合歓木］

落葉高木（7–15m）**方**：ハマクワ、パマクワ **分**：沖縄島、石垣、小浜、嘉弥真、西表、内離。稀。**葉**：2回羽状複葉（羽片4–6対、小葉3–8対）／互生／全縁／小葉長2–3㎝ **花**：淡紅〜白／頂生の円錐花序／夏 **実**：扁平な広線形／長8–18㎝ 幅約2.5㎝／秋

◆琉球の固有種で、沿海地に生える。沖縄島では1カ所に数本生えているだけで、石垣島や西表島でも自生地は限られる。小葉はギンネムやネムノキより明らかに大きく、広い楕円形〜倒卵形で先端はやや凹むか丸く、裏はやや白い。花は夕方から夜にかけてよく咲き、ネムノキの花に似る。

満開の花（5.5石垣 O）

葉としぼんだ花（6.22名護 H）

豆果（11.19名護 H）

樹皮はやや白っぽく、小さな皮目が縦に並ぶ（西表 O）

葉は薄い質感で光沢はない

×0.4

先端の小葉は、先側で幅広くなる形が多い

羽片 ×

先は丸いかやや凹む

裏

成葉は無毛か、伏毛が両面や葉軸にやや残る

ヒロハネム ［広葉合歓］

A. julibrissin var. glabrior

落葉高木（5–12m） **分**：九州南西部、トカラ、喜界、奄美。稀。**葉**：2回羽状複葉（羽片4–9対、小葉10–20対）／小葉長1.5–3㎝ 幅0.5–1㎝ **花**：桃〜白／初夏 **実**：扁平な広線形

◆林縁など明るい場所に生える。喜界島の自生地は喜界町の天然記念物に指定されており、奄美大島の龍郷町にも一集団ある。トカラ列島の中之島〜宝島では普通に見られるという。九州以北に自生する**ネムノキ**の変種で、ネムノキの小葉は長さ0.7–1.7㎝、幅0.3–0.6㎝なのに対し、本変種は縦横2倍近く大きい。ヤエヤマネムノキと異なり、小葉の先端は尖る。ネムノキは琉球で稀に植栽され、時に逸出もあるが自生はない。同属の**オオバネムノキ** A. kalkora は小葉の長さが2–4㎝とより大きな楕円形で、葉先はヒロハネムより丸く、微突起がある点でヤエヤマネムノキとも異なる。オオバネムノキの花は白〜淡黄色（稀に淡紅色）で、宮崎県やトカラ列島（中之島）に分布する他、奄美大島からの報告もある。

樹形は逆三角形状（8.20龍郷 O）

複葉の全形（8.20龍郷 O）

小葉は包丁形で先は尖り、微突起がある

羽片 ×1

ヒロハネム

小葉は両面とも無毛か、時に伏毛がある

羽片 裏 ×1

ヒロハネムの樹皮。縦に皮目が並ぶ（O）

ネムノキの花
（7.15山口県 H）

オオバネムノキ（7.19東京都植栽 H）

羽片 ×1

ネムノキ

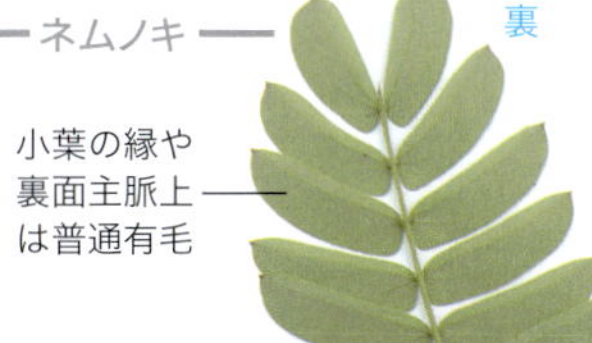
裏

小葉の縁や裏面主脈上は普通有毛

マメ科 Fabaceae ネムノキ属 Albizia

ビルマネム ［Burma合歓］

A. lebbeck

落葉高木（10–20m）**別**：ビルマゴウガン **分**：北アフリカや熱帯アジア原産とされる。公園樹 **葉**：2回偶数羽状複葉（羽片2–4対、小葉4–10対）／互生／全縁／小葉長3–5cm **花**：緑白→黄／夏 **実**：長15–25cm ◆広い公園や学校に古木が多く、広い樹冠で大木になる。小葉は歪んだ長方形状〜倒卵形で、ヤエヤマネムノキより一回り大きい。横すじの入る樹皮も特徴。

満開の樹形。これほど花つきがよく樹形が整った木は珍しい（6.2那覇 Ya）

花は半球形に広がる長い雄しべが目立ち、次第に黄色くなる（7.10名護 H）

豆果は扁平（1.19那覇 H）

樹皮は皮目が横に並び次第に荒れる（H）

先端の羽片基部に円盤形の腺体がある
先端の小葉は先側で幅広くなる形が多い
ビルマネム
×0.3
先は丸い
裏 ×1
表は無毛で光沢はない
若枝や葉軸は黄褐色の伏毛がある
裏は微細な伏毛があるか、ほぼ無毛

ファルカタリア属 Falcataria

モルッカネム ［Molucca合歓］

F. moluccana

落葉高木（20–40m）**分**：モルッカ諸島原産。稀に植栽。**葉**：2回偶数羽状複葉（羽片10対前後、小葉20対前後）／小葉長10–20mm **花**：黄白／円錐形総状花序 ◆世界一成長の早い木として熱帯各地で植栽され、材はファルカタ材と呼ばれる。西表島の試験地内に植栽があり、山地に放置された個体と実生が見られる。

小葉は幅3–7mm（4.11西表植栽 O）

樹皮は白っぽく縦に皮目が並ぶ（O）

先は鈍い

裏面や葉軸、若枝にやや硬い毛があり、ざらつく

小葉は左右非対称の歪んだ形で、基部から伸びる2脈が目立つ

裏

×0.6

羽状複葉が対生しているように見えるが、この1対で1枚の複葉を構成する珍しい形

オオベニゴウカン［大紅合歓］

C. haematocephala

常緑低木（1–3ｍ）**分**：ボリビア原産。公園樹、庭木。**葉**：2回羽状複葉（羽片1対、小葉5–9対）／互生／全縁／小葉長2–5㎝　**花**：赤、稀に白／径6–10㎝／冬〜春　**実**：長7–10㎝　◆花は多数の長い雄しべが球状につき、冬によく目につく。葉形は独特。同属のベニゴウカン C. eriophylla は羽片2–3対の小型の2回偶数羽状複葉で、植栽は稀。

花期（1.15読谷 H）

就眠運動で閉じかけた小葉

裏

小葉は楕円形〜倒卵形で、ジャケツイバラに似て軟らかい質感

×0.5

先は少し凹むか丸く、微突起がある

羽片に6–12対の小葉がつく

裏は細脈が少し見え、主脈上に微毛がある以外は無毛

羽軸の刺 ×3

羽片の基部の裏に逆向きの鋭い刺がつく

オオゴチョウ［黄胡蝶］

C. pulcherrima

落葉低木（1–5ｍ）**別**：オウゴチョウ　**分**：西インド諸島原産。庭木、公園樹。**葉**：2回偶数羽状複葉（羽片6–9対）／互生／全縁／小葉長1–2㎝　**花**：赤橙、黄／径4–5㎝／夏〜秋　**実**：長10㎝前後　◆しべが長く突き出る花が美しく、デイゴ、サンダンカと並ぶ沖縄三大名花とされるが植栽は少ない。葉軸や幹に刺があり、樹形はいびつ。

花（5.29糸満）豆果（5.19うるま H）

マメ科つる性木本の検索表

A. 葉は3出複葉。
　B. 小葉は3枚ともほぼ同型で左右対称。草本状。
　　C. 頂小葉の先は急に狭まって尖る。豆果は分厚い楕円形 ………………………… **タカナタマメ** p.132
　　C. 頂小葉の先は普通少し尖る。豆果は少し厚みのある長楕円形 ………………… **ハマナタマメ** p.132
　　C. 頂小葉の先は普通やや凹む。豆果は線状の長楕円形 ……………… **ナガミハマナタマメ** p.131
　B. 側小葉の2枚は左右非対称で下側が明らかに広い。木本状。
　　C. 小葉柄の根元に2本の針状の小托葉が残る。
　　　D. 葉裏に毛が多い。
　　　　E. 葉裏は白みを帯びる。花序は上向きで花は紅紫色 ………………………… **タイワンクズ** p.128
　　　　E. 葉裏は白みを帯びない。花序は下垂し花は濃紫色。八重山に普通 … **カショウクズマメ** p.130
　　　D. 葉はほぼ無毛、若葉は黄色を帯びる。沿海地に稀 ……………………… **ワニグチモダマ** p.131
　　C. 小葉柄の根元に小托葉は残らない。葉はほぼ無毛、若葉は赤みを帯びる …… **イルカンダ** p.129
A. 葉は1回奇数羽状複葉。
　B. 小葉は1–3対で光沢がある濃い緑色で、先は尖る。側小葉は対生 ……… **シイノキカズラ** p.127
　B. 小葉は2–5対で光沢はなく黄緑色で、先は丸い。側小葉は互生 ……………… **ヒルギカズラ** p.126
　B. 小葉は3–6対で長さ20㎝前後と明らかに大きく、裏に褐色の毛が多い。野生化 … **デリス** p.126
A. 葉は2回偶数羽状複葉。
　B. 全株に鋭い刺が多い。巻きひげはない。
　　C. 葉は落葉性で薄く軟らかく光沢はなく、ほぼ無毛。小葉は1–3㎝ ……… **ジャケツイバラ** p.121
　　C. 葉は常緑性で多少なりとも光沢がある。小葉は普通2.5㎝以上。
　　　D. 小葉は羽片に2–4対、無毛、2–5㎝で光沢が強い。豆果に刺はない … **ナンテンカズラ** p.121
　　　D. 小葉は羽片に4対以上、裏や葉軸は有毛。豆果は刺がある。
　　　　E. 小葉は羽片に普通7対以上、2.5–6㎝で光沢は弱い。面状の托葉がある … **シロツブ** p.122
　　　　E. 小葉は羽片に普通4–6対、4–8㎝で光沢が強い。托葉はない …… **ハスノミカズラ** p.123
　B. 刺はなく、複葉の先端はしばしば巻きひげになる。幹は著しくねじれる。
　　C. 種子は径4.5–7.5㎝で全体が厚い。屋久島、奄美に分布 ………………………… **モダマ** p.124
　　C. 種子は径3.3–5.5㎝で中央が厚い。沖縄島、八重山に分布 ………………… **ヒメモダマ** p.125

海流散布植物の未来

オオハマボウやモモタマナ、ハスノハギリなど琉球の海岸で見られる主要な樹木の多くは、果実や種子が海流によって運ばれる海流散布植物である。中でもマメ科は種類が多く、モダマが藻玉という意味で名づけられたように、海岸を歩けば何かしらマメ科の種(たね)が流れ着いており、西表島の海岸ではシロツブやカショウクズマメの種子、クロヨナの莢などがよく見られる。これらの種は、はるかに流され日本本土まで運ばれてしまうものも多いが、運よく気候に適した琉球の海岸にたどり着いたものだけが定着できる。そして、近年シロツブやワニグチモダマの定着が沖縄島以北でも見つかっているように、温暖化が進めばさらに北でも新しい産地が見つかることだろう。しかし、これら海流散布植物にとって気候以上に問題なのが、漂着先の自然海浜の多くが既に失われ、ほとんどがコンクリート護岸になってしまっていることである。海流に乗って分布を広げるはずの植物が、温暖化の波には乗れず分布域を広げられない、といった皮肉なことになってしまうかもしれない。(大川)

海岸に漂着した種子や果実(西表 M.I)

残念ながら漂着するのは種だけではない

満開時はよく目立つ（3.21 西表 O）

河口の林縁を覆う個体（4.13 恩納 H）

ナンテンカズラ ［南天蔓］

C. crista

常緑つる性木本（刺）**方**：サルカキ、サラカチ、バラカッツァ　**分**：種子島〜先島諸島。やや普通。**葉**：2回偶数羽状複葉（羽片2–5対、小葉2–4対）／互生／全緑／小葉長2–5㎝　**花**：黄／腋生の総状花序／春　**実**：楕円形／長4–5㎝／1種子／秋

◆海岸や河口、マングローブ周辺の林縁などに生える。葉軸に鋭い刺があり、枝をはわせて他の木や岩に覆い被さり、高さ1–8mになる。この刺は衣服にも絡みやすく厄介。葉は普通3–4対の羽片があり、各羽片に小葉は2–4対と少なく、ナンテンの葉にやや似ることが名の由来。

小葉は卵形〜楕円形で光沢がある

葉先は鈍いか尖る

×0.4

ナンテンカズラ

豆果
黒く光沢があり、刺はない。莢は裂開せずこのまま散布される（9.6 西表 O）

裏の網脈が少し見える。全体無毛

葉軸の裏に逆向きの刺がしばしばある

小葉 裏 ×1

羽片 ×0.6

ジャケツイバラ

小葉は楕円形〜倒卵形で円頭

小葉 裏 ×1

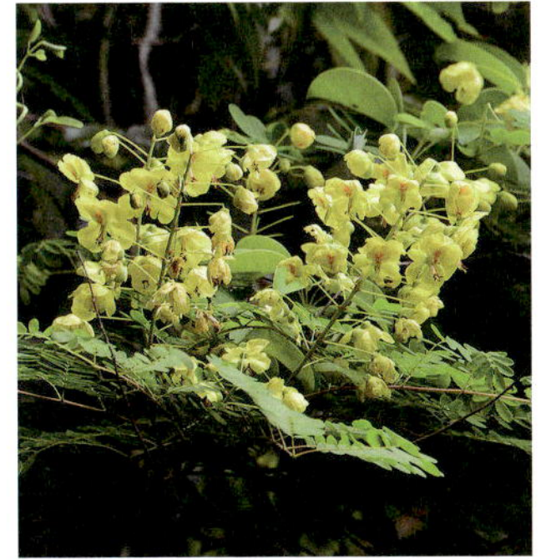
花は遠くからも目立つ（5.19 山口県 H）

ジャケツイバラ ［蛇結茨］

C. decapetala

落葉つる性木本（刺）**分**：本州〜九州、屋久、徳之、沖永。ごく稀。**葉**：2回偶数羽状複葉（羽片3–8対、小葉5–12対）／小葉長1–3㎝　**花**：黄／春　**実**：長楕円形／長7–10㎝　◆沿海地〜山地の林縁に生え、高さ2–10mになる。葉軸や枝に刺が多く、小葉は薄く軟らかく、ほぼ無毛。琉球では過去に徳之島と沖永良部で記録がある。

シロツブ ［白粒］

C. bonduc

常緑つる性木本（刺）**分**：沖縄島、浜比嘉、渡嘉敷、宮古、多良間、石垣、西表、与那国、小笠原。稀。**葉**：2回偶数羽状複葉（羽片6–10対、小葉6–12対）／互生／全縁／小葉長2.5–6㎝ **花**：黄／腋生の総状花序／秋〜春 **実**：褐・白（種子）／長楕円形／長5–7㎝／1–2種子

◆海岸近くに生え、刺の多い枝葉で他の植物を覆い、高さ3–10m、幅数m四方に広がる。葉は大きな2回羽状複葉で、羽片に普通8–10対の小葉がつく。葉軸の裏に対になった刺が多い。ハスノミカズラに似るが、小葉は小さく形が揃い、毛が多いことや、葉柄のつけ根に楯状の托葉が出ることが違い。豆果はハスノミカズラ同様に細長い針状の刺が多数ある。近年は沖縄島周辺でも自生状態で見つかっており、上記以外の島にも分布している可能性が高い。

花序と花（3.21 西表植栽 O）

複葉の全形（3.21 西表植栽 O）

樹形（4.28石垣 O）

特徴的な托葉がよく残る（4.28石垣 O）

葉先は鈍いかやや尖る

羽片 裏 ×0.5

葉裏 ×2
小葉基部に逆向きの刺が普通1対つく。葉裏主脈沿いや軸は黄色い軟毛が多い

羽片 ×0.5

葉は薄く光沢はあまりない。主脈沿いや縁は有毛

種子
上の白い2種子はシロツブ、下の黄色を帯びた3種子はハスノミカズラ。海流で散布される（H）

序と花（10.17西表 H）

複葉の全形（10.17西表 H）

ハスノミカズラ ［蓮実蔓］

C. major

常緑つる性木本（刺） **方**：アトモドレ、マヤヌプスカッツァ **分**：沖縄島、慶良間列島、宮古、石垣、西表、与那国、大東。やや稀。**葉**：2回偶数羽状複葉（羽片4–8対、小葉4–8対）／全縁／小葉長4–8㎝ **花**：黄／腋生の総状花序／秋 **実**：長楕円形／長10–15㎝／3–4種子 ◆沿海地の林縁に見られ、刺の多い枝葉で他の植物に登り、高さ2–5mになる。海岸に多いが、内陸の林道沿いに見られることもある。葉は大きな2回羽状複葉で、羽片に普通4–6対の小葉がつく。混同されることの多いシロツブに比べ、小葉は大きく光沢があり、形はやや不揃いで枚数が少なく、時にずれてつくことが違い。豆果の表面に針状の刺が多いが、シロツブに比べると刺がやや少なく、種子は黄色みを帯びることが違い。名は種子がハスの種子に似るため。

羽片 ×0.5

裏の毛はシロツブより少ない

裏

はやや突き
て尖る

羽軸や葉軸に刺があることが多い

葉はやや厚く光沢があり、表はほぼ無毛で、シロツブより色が濃い

葉裏 ×2
小葉基部に逆向きの刺が普通1対
つく。葉裏や軸は多少有毛

豆果（3.21西表 O）

托葉はない（3.21西表 O）

モダマ　［藻玉］

E. tonkinensis

常緑つる性木本（巻きひげ）**方**：ムダマ **分**：屋久、奄美、徳之?、沖永?。ごく稀。**葉**：2回偶数羽状複葉（羽片2対、小葉1–3対）／互生／全縁／小葉長4–10cm **花**：白・暗赤／長12–25cmの穂状花序／初夏 **実**：褐／長80–120cm 幅9–12cm／種子は径4.5–7.5cm／秋 ◆海岸近くや川沿いの林内、林縁に生える。幹は時に径30cmを超え、葉先の巻きひげで他の樹木などに絡み、高さ10–20m、幅数十mにも広がり林冠を覆う。小葉はゆがんだ倒卵形～楕円形で、ヒメモダマより幅広く、先は丸いか少し凹むことが多いが、葉だけでは区別しにくい。豆果や種子はより大型。種子は海流で散布され、巨大な豆果とともにアクセサリーやみやげ物に重宝される。台湾中部、中国南部、ベトナムにも分布。ヒメモダマの亜種 E. phaseoloides subsp. tonkinensis とする見解もある。

独特の旋回するつるが特徴。東仲間の自生地では斜面一面を覆う（3.18住用 C

若い豆果。9–13節ある（9.13住用 Y.S）

葉（8.26住用 O）

羽片 ×0.5

ヒメモダマより葉は濃い緑色で光沢が強い傾向がある

裏

枝葉とも全体無毛

葉先はしばしば巻きひげになる

先は丸いか凹むことが多い

穂状花序は細長い（6.17住用 C.H）

左がモダマ、右がヒメモダマの種子。モダマの方が明らかに大型で、やや黒っぽく、全体が厚く膨らむ（住用 O）

冠を覆う若葉（5.4 国頭 H）

は穂状につき目立たない（6.5 国頭 H）

種子はやや赤みを帯びた黒褐色。上は分離した節果（国頭 H）

細い小葉。小葉の形はかなり変異がある
羽片
裏 ×0.5

ばらけ始めた豆果。モダマよりやや短い（11.11 国頭 H）

ヒメモダマ ［姫藻玉］

E. phaseoloides

常緑つる性木本（巻きひげ）**別**：コウシュンモダマ　**方**：ウジルカンダ、スバガーニー　**分**：沖縄島（ごく稀）、石垣、小浜、西表、与那国。やや稀。**葉**：2回偶数羽状複葉（羽片2対、小葉1–4対）／互生／全縁／小葉長4–8㎝　**花**：白・暗赤／初夏　**実**：褐／長30–60㎝ 幅6–10㎝／種子は径3.3–5.5㎝／秋

◆かつてモダマと同種とも考えられていたが、豆果はやや短く、種子がやや小型で中央が盛り上がる。小葉は幅が狭く、色がやや薄く、先が短く尖る傾向がある。台湾南部～オーストラリアにかけて分布し、学名は E. koshunensis とされることもある。

第1羽片に普通3–4対の小葉がつき、モダマの2–3対より多い
先は尖るものが多いが、鈍いものもある

マメ科 Fabaceae ツルサイカチ属 Dalbergia

ヒルギカズラ ［漂木葛］

D. candenatensis

常緑つる性木本（3−5m）**分**：石垣、西表。稀。**葉**：羽状複葉（小葉2−4対）／互生／全縁／小葉長2−5㎝ **花**：白／腋生の総状花序／夏 **実**：扁平な半円形／長2−3㎝ ◆マングローブ林内やその後背湿地に生える。側小葉が互生し、頂小葉が曲がってつくことが多いので、偶数羽状複葉にも見える。熱帯アジアに分布。

枝は濃褐色で皮目がある（3.21西表 O）

小葉はやや厚く、光沢はない

×1

花（8.29西表 O）

裏は細脈までやや明瞭に見える。両面とも微細な伏毛があるか無毛

裏

小葉は互生することが多く、偶数のこともある

デリスの葉裏 ×2

裏は脈上などにさび色の毛が多い

ハイトバ属 Paraderris

デリス ［Derris］

P. elliptica

常緑つる性木本（Z巻）**別**：ハイトバ、ドクフジ **分**：フィリピン〜インド原産。南西諸島や小笠原で時に野生化。**葉**：羽状複葉（小葉3−6対）／互生／全縁／小葉長10−25㎝ **花**：桃／総状花序／初夏 **実**：長楕円形／長3−6㎝／両側に翼 ◆殺虫剤の原料としてかつて栽培され、林縁に野生化もしており、高さ3−10mになる。葉裏や小葉柄、葉軸などにさび色の毛が多い。

葉（11.11国頭 H）

表は主脈上にさび色の毛があり、側脈は弓状に曲がる

×0.35

小葉は長い倒卵形〜楕円形

裏

花（5.21西表 M.K）

裏は白みを帯び、葉脈が隆起し毛が多い

葉軸や若枝はさび色の毛が密生

葉先は急に狭まり、尾状に伸びて尖る

葉はやや硬い質感で色が濃い

小葉の形はシイの葉にやや似る

×0.6

枝葉とも無毛

小葉裏 ×1

シイノキカズラ ［椎木葛］

D. trifoliata

常緑つる性木本（Z巻）**別**：ギョトウ **方**：ダルス、キヤーン、ケーカザ **分**：奄美群島〜先島諸島。やや稀。**葉**：奇数羽状複葉（1–3対）／互生／全縁／小葉長4–9㎝ **花**：白／夏 **実**：広楕円形／通常1種子／秋 ◆沿海地やマングローブの林縁で見られ、奄美群島では少ないが八重山列島では道沿いや山地林縁にも比較的多い。小葉は光沢がある革質で、先が尾状に尖る。

花は総状〜円錐状につく（9.8西表O）

マメ科 Fabaceae シイノキカズラ属 Derris

フジ ［藤］

W. floribunda

落葉つる性木本（S巻）**別**：ノダフジ **分**：北海道〜九州。奄美群島などで野生化。稀。庭木、公園樹。**葉**：羽状複葉（小葉5–9対）／互生／全縁／小葉長4–10㎝ **花**：淡紫／初夏 **実**：長10–20㎝ ◆奄美大島に1株あり、徳之島では時に繁茂するが自生ではないと思われる。関東南部〜屋久島に分布するナツフジ W. japonica は喜界島と奄美大島で記録がある。

フジ属 Wisteria

葉は薄く光沢はない

葉裏の脈沿いや葉柄、葉軸は有毛

×0.35

小葉は長い卵形〜長い楕円形で、縁は波打つ

小葉裏 ×1

総状花序は垂れ下がる（4.9 伊仙O）

タイワンクズ　［台湾葛］

P. montana

常緑つる性木本〜草本（Z巻）**方**：マミハンジャ、マミカンダー、マーミヌク　**分**：トカラ（宝）、喜界、奄美?、沖永、沖縄諸島〜先島諸島。普通。**葉**：3出複葉／互生／全縁／頂小葉長10–18cm　**花**：淡紫〜青紫／穂状花序／秋　**実**：長2–4cm／剛毛密生／冬

◆主に沖永良部島以南の道沿いや空き地、林縁などに生え、高さ5–8mに達する。葉は大型の3出複葉で、裏面や葉柄、若枝に毛が多く、葉裏はしばしば銀灰色に見える点でイルカンダなどと区別できる。クズに似るが、小葉は切れ込まず、やや幅狭く先が尖り、葉柄が頂小葉の約半分の長さで短いことが違い。花は青紫色で淡く、花序がやや細長い点も異なる。

クズ　［葛］

P. lobata subsp. lobata

落葉つる性木本〜草本（Z巻）**分**：北海道〜トカラ、喜界、奄美、徳之。やや稀。沖永、沖縄島、石垣などで時に野生化。植栽。**葉**：3出複葉（小葉は1–3裂）／小葉長10–18cm　**花**：紅紫／初秋　◆道沿いや林縁に生える。タイワンクズに比べ、小葉が幅広く、しばしば湾入した切れ込みがあり、葉柄が長いことが違い。花色はより濃く、花序もやや太い。中国〜インド原産の亜種シナクズ（シナノクズ）subsp. thomsonii は沖縄島の一部で野生化があり、葉はほぼ同じだが、花が大きく、花序の柄が明らかに長い。

花は赤みが強い（9.20静岡県 H）

花序はクズより長い（10.29名護 H）

花はクズより淡い（10.12糸満 H）

先は次第に狭まり、やや突き出て尖る

×0.6

小葉は切れ込まない

線形の小托葉がある

表は伏毛があり、光沢は少ない

タイワンクズ

小葉 裏 ×0.5

葉裏 ×2

白みを帯び有毛なことは両種に共通

典型的なクズは小葉が切れ込む

クズ

×0.2

裏は銀灰色に見える

イルカンダ ［色葛］

M. macrocarpa

常緑つる性木本（Z巻） **別**：クズモダマ **方**：ウジルカンダ **分**：大分、馬毛、奄美群島〜沖縄諸島。やや普通。**葉**：3出複葉／互生／全縁／頂小葉長8–18㎝ **花**：暗紫・灰緑／長15–30㎝の総状花序／夏 **実**：黒褐／長20–60㎝／秋

◆低地〜山地の谷沿いの林縁やギャップなどに生え、つるで他の木に登り10m前後になる。葉はタイワンクズと異なり、ほぼ無毛で光沢があり、先端は短く尖り、小葉の基部に小托葉はない。沖縄島北部に多く、奇抜で大型の花や、くびれのある大きな豆果が特徴的。「カンダ」は琉球の方言でカズラ、「イル」は色を意味し、赤みを帯びる若葉を指した名と思われる。三線（さんしん）の太い絃（げん）を意味するウジルカンダ（雄絃葛）の名もよく使われる。

幹から花序を垂らす（4.2国頭 H）

豆果。種子は5–13個（11.5うるま H）

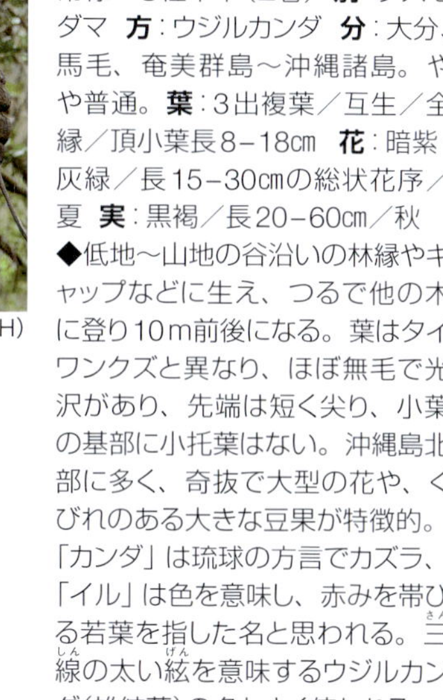

花。旗弁は灰緑色、翼弁は紫色（3.30今帰仁 H）

頂小葉は丸みの強い楕円形で、先は少し尖る

葉はやや厚く、光沢がある

×0.6

小葉柄は無毛か黄褐色の毛が残り、基部に小托葉は残らない

葉柄や葉裏の葉脈は赤みを帯びることも多い

側小葉は著しく左右非対称

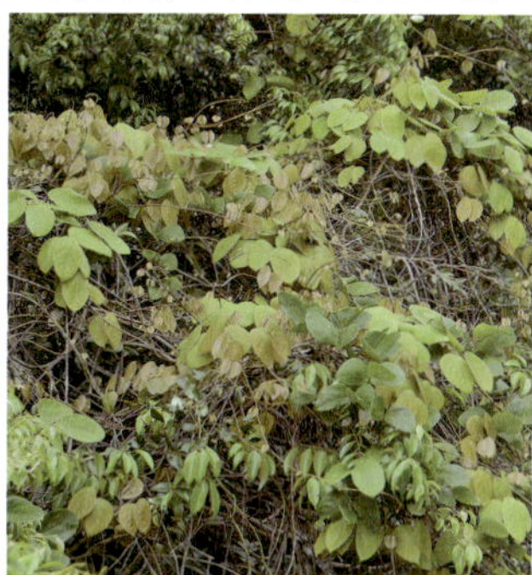

林冠を多う若葉（3.27国頭 H）

小葉裏

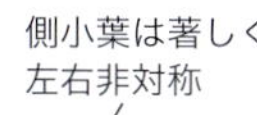

種子 ×1
黒褐色で扁平、径2–3㎝

はじめ両面や葉柄に黄褐色の伏毛があるが、後にほぼ無毛

カショウクズマメ ［火焼屑豆］

M. membranacea

常緑つる性木本（Z巻）**別**：ハネミノモダマ **方**：チコホーマメ **分**：石垣、小浜、西表、与那国。普通。**葉**：3出複葉／互生／全縁／小葉長10–15cm **花**：暗紫／長約10cmの総状花序／春 **実**：楕円形／長5–10cm／多毛／1–2種子／夏

◆低地〜山地の道端や林縁で、他の木や電柱によく巻きついている。若葉は多毛で後まで両面に残り、小葉柄に毛が多いことが、よく似たワニグチモダマやイルカンダとの違い。豆果はくびれず楕円形で扁平、表面に迷路のような多数の深い溝があり、褐色の剛毛が密生する。種子は径約2cmで海流で散布される。台湾にも分布し、和名は台湾南東沖にある緑島(りょくとう)の旧日本名「火焼島(かしょうとう)」にちなむ。

花は旗弁も紫色でよく目立つ（5.5石垣 O）

豆果は独特の隆起線がある（5.5石垣

葉。若葉は黄緑色（3.14石垣 H）

小葉柄 ×2.5
小葉柄の肥厚部に伏毛が多く生え、針状の小托葉がある

葉先は少しだけ尖る

表はやや光沢があり伏毛が残る

×0.6

裏面全体に伏毛が密生する

裏 ×0.6

小葉
裏 ×0.5

葉は両面とも無毛で光沢がある

小葉柄 ×2.5
無毛か時に微毛がある。針状の小托葉がある

×0.5

葉先はやや凹むか丸い

×0.5

小葉は広楕円形〜ほぼ円形

両面や小葉柄に白い伏毛がある

小葉 裏
×0.5

マメ科 Fabaceae トビカズラ属 Mucuna

ワニグチモダマ ［鰐口藻玉］

M. gigantea

常緑つる性木本（Z巻）**別**：ミドリモダマ **分**：奄美、徳之、沖永、沖縄島、石垣、西表、小笠原。稀。**葉**：3出複葉／互生／全縁／小葉長10–15㎝ **花**：淡黄緑／散房花序／秋〜冬 **実**：長4–14㎝／有毛〜無毛／1–5種子 ◆海岸の林縁に生える。カショウクズマメに似るが葉はほぼ無毛で、花は淡く、豆果は翼があり平滑。若葉は黄色い。

花（11.29沖永）豆果（2.1石垣 O）

ナタマメ属 Canavalia

ナガミハマナタマメ

C. rosea ［長実浜鉈豆］

常緑匍匐〜つる性草本（Z巻）**別**：ナンカイハマナタマメ **分**：沖縄島、宮古、水納、石垣、小浜、西表、波照間、与那国。稀。**葉**：3出複葉／互生／全縁／小葉長6–15㎝ **花**：濃桃／春 **実**：長8–15㎝／7–8種子 ◆海浜に生え、匍匐茎を長く伸ばす。豆果が同属2種に比べ明らかに細長く、花色が濃く、小葉の先はしばしば凹む。

豆果（4.6宮古 O）花（4.12H）

ハマナタマメ ［浜鉈豆］

C. lineata

常緑つる性草本（Z巻）**方**：ガヤブリヤマミ **分**：東北南部〜先島諸島、大東、小笠原。普通。**葉**：3出複葉／互生／全縁／小葉長5–12㎝ **花**：淡桃／夏 **実**：長5–12㎝／4–5種子 ◆沿海の砂地や隆起石灰岩、道端などに生え、高さ5m前後に達する。小葉は広卵形で先端は鈍いか丸く、鋭く尖らないことがタカナタマメとの違い。

豆果（4.9伊仙 O）花（8.6恩納 H）

タカナタマメ ［高鉈豆］

C. cathartica

常緑つる性草本（Z巻）**方**：パンパカ **分**：トカラ、奄美、沖永、与論、沖縄諸島〜先島諸島。やや普通。**葉**：3出複葉／互生／全縁／小葉長8–15㎝ **花**：桃／春 **実**：長楕円形／長7–9㎝／4–5種子 ◆海岸近くや内陸の林縁にも生え、5m前後登る。ハマナタマメと似るが、小葉がやや大きく先が急に尖り、花色はやや濃い傾向がある。

花と豆果（9.5西表 O）

×0.5

葉先は鈍いことが多い

葉はやや革質で少し厚い

小葉 裏 ×0.5

裏面脈上や葉柄などに伏毛が散生する

葉先は尖ることが多い

葉はハマナタマメより薄い

×0.5

裏面脈上や葉柄などに伏毛が散生する

小葉 裏 ×0.5

花（4.29石垣 O）

小葉は倒卵形で
先は凹むか丸い
裏
×1
両面有毛で
特に裏面に
伏毛が多い
縁は裏側に
やや巻き込む
葉は全体
的に丸い
×1
裏は絹毛が
密生し白い
裏
小葉は先
が幅広い
×1
茎は赤い
表は無毛
に近い
×0.6
裏は細毛
が密生
裏

草姿と花（4.26国頭 O）

ナハエボシグサ ［那覇烏帽子草］

Indigofera trifoliata

コマツナギ属の常緑匍匐性草本（0.1–0.4m） **別**：ミツバノコマツナギ **分**：奄美群島〜先島諸島。やや普通。**花**：濃紅 ◆海岸の砂地や岩場でよく見られる。全体に伏毛（丁字状毛）があり、茎は基部で多数分枝し横にはう。小葉は3枚で主脈に沿って表に折れ曲がり、裏面は毛が多く白色。

草姿（4.26国頭 O） 花（8.21恩納 H）

ハギカズラ ［萩葛］

Galactia tashiroi

ハギカズラ属の常緑匍匐性草本（0.1–0.5m） **方**：ビツカザ **分**：トカラ列島（宝）〜先島諸島、大東。やや普通。**花**：淡紅 ◆主に沖縄島以南の海岸岩場に生える。小葉は3枚で丸みがあり、葉裏は絹毛が密布し銀白色になる。表面に軟毛があるものを品種ヤエヤマハギカズラ f. yaeyamensis という。

草姿（2.19伊平屋） 花（4.27石垣 O）

シロバナミヤコグサ

Lotus taitungensis ［白花都草］

ミヤコグサ属の常緑匍匐性草本（0.1–0.2m） **別**：アマミエボシグサ **分**：トカラ（宝）〜先島諸島。やや普通。**花**：白／腋生の散形花序に4個 ◆海岸の砂地に生える。茎は赤く全体に白毛が多い。肉質の小葉は5枚で両面に毛が散生し、基部の1対は葉のつけ根につき托葉状になる。

節果（4.29西表） 花（4.26国頭 O）

タチシバハギ ［立柴萩］

Desmodium incanum

シバハギ属の常緑亜低木（0.2–0.5m） **分**：南アメリカ原産。沖縄諸島〜先島諸島に野生化。やや普通。**花**：淡紅 ◆海岸草地や道沿いなどで見られる帰化植物。東海〜先島諸島に自生するシバハギ（クサハギ）D. heterocarpon よりむしろ普通で、茎が立ち上がり葉が細長いことが違い。普通小葉に白斑が入る。節果は衣類にくっつく。

カンヒザクラ ［寒緋桜］

C. campanulata

落葉小高木（3–15ｍ）**別**：ヒカンザクラ、リュウキュウカンヒザクラ **方**：サクラ **分**：石垣島。奄美以南で時に野生化。公園樹、街路樹、庭木。**葉**：単葉／互生／鋸歯縁／長8–13㎝ **花**：桃／冬～早春 **実**：赤～黒紫／長1–1.5㎝／春

◆石垣島の荒川上流に自生状態で見られ、国の天然記念物に指定されている他、沖縄島の本部半島や名護岳をはじめ各地で鑑賞用に植栽され、林縁や山地林内に野生化したものも見られる。花は普通、モモの花に近いピンク色。台湾や中国南部原産ともいわれるが、琉球で見られる個体は台湾産や本土で植栽される個体に比べ、花が平開し色が淡い傾向があり、リュウキュウカンヒザクラとも呼ばれる。葉は倒卵形～楕円形で無毛、葉柄に1対の蜜腺がある。琉球ではソメイヨシノは寒さが足りないため開花せず、本種以外のサクラ類はほとんど植栽されていない。

自生個体の花（2.1 石垣 O）

普通は展葉前に咲くが、葉と同時に出る個体もある。花色、花弁の開き具合は変異がある（1.31 本部植栽 H）

右：沖縄植栽個体の花（2.19 読谷 H）
左：本土植栽個体の花（3.31 東京都 H）

よく結実し味は苦甘い（4.5 那覇植栽 H）

樹皮は横すじが入る（本部植栽 H）

×0.8

葉先はやや伸びて尖る

鋸歯は小型の重鋸歯か単鋸歯

基部は丸いかやや湾入する

裏

先寄りで幅が最大になる葉が多い

両面無毛で裏は少し青白く、葉脈が突出する

枝や冬芽も無毛

蜜腺 ×3

葉柄の上部に普通1対の蜜腺がある

バクチノキ ［博打木］

L. zippeliana

常緑高木（8–15ｍ）**別**：ビランジュ **方**：ファゴーギー **分**：関東南部〜奄美群島、沖縄諸島、宮古、石垣、西表、与那国、大東。やや稀。**葉**：単葉／互生／鋸歯縁／長9–18㎝ **花**：白／腋生の総状花序／秋 **実**：赤紫〜黒／長約1.5㎝／春 ◆山地林内に点在する。大型で蜜腺のある葉と、橙色を帯びるまだら模様の樹皮が特徴。

花は短い総状につく（11.11 国頭 H）

バクチノキの若い果実（2.16 那覇 H）

鋭い鋸歯が全体にある

表は無毛で強い光沢がある

×0.7

葉身は楕円形で先は細く尖る

裏

裏は無毛か時に軟毛がある

アオバノキなどに似るが蜜腺があるので区別できる

蜜腺 ×3

サクラ類と同様にイボ状の蜜腺が1対ある

老木ほど樹皮がよくはがれる（今帰仁 H）

リンボク ［橉木］

L. spinulosa

常緑高木（5–20ｍ）**別**：ヒイラギガシ **方**：ヤマザクラ **分**：関東〜九州、沖縄島、久米。ごく稀。**葉**：単葉／互生／鋸歯縁・全縁／長6–10㎝ **花**：白／穂状花序／秋 **実**：紫〜黒／長約1㎝／初夏 ◆山地の谷間などに生えるが、極めて少ない。幼木の葉は刺状の鋸歯があり、成木はほぼ全縁。樹皮は灰黒色で皮目が多い。

葉先は尾状に長く突き出る。縁は波打つ

成木の葉は全縁か先付近に小さな鋸歯がある

（大阪府産）×0.7

葉身基部に蜜腺が1対あるが目立たない

幼木の葉 裏 ×1

幼木は刺状の鋸歯がある

両面無毛で裏は葉脈の細かい網目が見える

シマカナメモチ ［島要黐］

P. wrightiana

常緑低木（3–5m）**分**：奄美?、徳之、沖永、沖縄諸島、石垣、西表、小笠原。やや稀。**葉**：単葉／互生／鈍鋸歯縁／長4–11㎝ **花**：白／春 **実**：赤／長6–8㎜ ◆山地の尾根などに点在。葉は細長く、ホソバシャリンバイに似るが、先が丸く、葉裏の網脈は目立たない。九州以北に産するカナメモチ P. glabra は鋭い細鋸歯があり葉先は尖る。

花（5.2読谷）果実（6.18伊是名 H）

幼木の葉 ×0.6

幼木の葉は細長く、刺状の鋸歯が出る

裏 ×0.8

基部は次第に狭まる。両面無毛

成木の鋸歯は鈍く、葉先は丸いことが多い

×0.8

葉裏 ×2

シマカナメモチの葉裏はホソバシャリンバイ類に比べ、葉脈の網目がやや大きくやや不鮮明

オオカナメモチ ［大要黐］

P. serratifolia

常緑高木（5–15m）**別**：テツリンジュ、オオバカナメモチ **分**：岡山（絶滅）、愛媛、奄美、徳之、沖永、西表?。稀。**葉**：単葉／互生／鋸歯縁／長10–20㎝ **花**：白／晩春 **実**：赤 ◆隔離分布する珍木で、石灰岩地や渓流の岩場に生え、徳之島では樹高10m以上の個体群もある。葉は大型で先は尖る。樹皮は暗褐色で網目状にひび割れる。

花序は大きく花は多数（4.15伊仙 C.H）

×0.7

裏

裏は葉脈の網目が見える。両面無毛

低い鈍鋸歯が全体にある

葉柄は長さ2–4㎝と長い

冬芽

冬芽はつやのある深紅色（O）

シャリンバイ ［車輪梅］

R. indica

常緑小高木（1–5 m）**方**：テーチギ、ティカチ、トゥカチキ **分**：本州〜先島諸島。やや普通。庭木、公園樹、街路樹、生垣。**葉**：単葉／互生／鈍鋸歯縁／長3–11㎝ **花**：白／頂生の円錐花序／春 **実**：黒／径約1㎝／秋〜冬 ◆葉は枝先に車輪状に集まり、裏の葉脈は明瞭。日本〜インドシナに分布する種としてのシャリンバイ（広義）は形態に変異が多く、分類にも諸説があり、どの種内分類群が琉球のどこに分布するかは十分解明されていない。変種**ホソバシャリンバイ**（オキナワシャリンバイ）var. liukiuensisは奄美群島以南の山地〜海岸に生え、葉は長楕円形〜狭い倒卵形。変種**シャリンバイ**（狭義）var. umbellateは本州〜南西諸島の沿岸部に多く、葉が楕円形〜倒卵形で幅広く、縁はやや反るが変異も多い。この他、奄美大島以北にシャリンバイ（狭義）、沖縄島の内陸部にあり樹冠が狭く葉柄が長いものをホソバシャリンバイ、沖永良部島以南から中国大陸に広く分布し変異の多いものを基準変種モッコクモドキ var. indicaとする見解もある。

ホソバシャリンバイの花（3.14 読谷 H）

シャリンバイの果実（11.6 那覇 H）

花序軸の毛は同一集団内でも多いものから無毛まで様々（8.19 大和 O）

葉先は尖るか
やや鈍い
裏
細かい網脈
まで明瞭に
見える
ホソバ
シャリンバイ
葉裏 ×2
葉先は丸いものから
尖るものまである
シャリンバイ
×0.9
葉はホソバシ
ャリンバイよ
りやや厚い
鋸歯は鈍く、シャ
リンバイより目立
つことが多い
×0.9

ほとんど鋸歯が
ない葉もある
裏

キイチゴ属の検索表

琉球に約9種が分布。茎は匍匐性か斜上またはつる性の低木で、刺がある。葉は単葉でやや浅裂するか、小葉1–3対の羽状複葉。花は5弁、液果は甘く食べられる。

A. 葉は単葉、3–5浅裂または不分裂。
  B. 葉の裏面は毛が密生。
    C. 葉は円形状で、茎はやや立ち上がる。
      D. 葉身は概ね15cm前後。花序は腋生で1–2花 ………… **ホウロクイチゴ** p.138
      D. 葉身は概ね10cm程度。花序は頂生の散房花序。沖縄島………… **ホザキイチゴ** p.139
    C. 葉は円形状で10cm以下で、茎は地をはう。奄美群島の高地や渓流 … **アマミフユイチゴ** p.140
    C. 葉は細い三角状で先が尖る。茎はしばしば木に高く登る。石垣島と沖縄諸島の山地 ………… **クワノハイチゴ** p.139
  B. 葉の裏面は無毛
    C. 茎はつる性。葉は薄く、鋭い重鋸歯がある ………… **クワノハイチゴ** p.139
    C. 茎は立性。葉はやや厚く、鈍い低鋸歯がある ………… **リュウキュウイチゴ** p.140
A. 葉は複葉。
  B. 多くは3出複葉で裏面に白毛が密生………… **ナワシロイチゴ** p.142
  B. 奇数羽状複葉で裏面は緑色。
    C. 小葉はほぼ無毛で細長い。各島 ………… **リュウキュウバライチゴ** p.141
    C. 小葉は有毛で幅広い。与那国島 ………… **アリサンバライチゴ** p.141

ホウロクイチゴ ［焙烙苺］

R. sieboldii

常緑半つる性低木（1–3m） **別**：タグリイチゴ **方**：ウフイチュビ **分**：関東南部〜沖縄諸島。普通。**葉**：単葉（1–5裂）／互生／粗鋸歯縁／長7–20cm **花**：白／腋生で1–2花／冬〜春 **実**：赤〜橙／集合果は径約2cm／初夏 ◆沿海〜山地の林縁に生える。全体が細かい毛に覆われ、茎は大きく立ちあがって弓状に垂れ、接地部から発根する。葉は厚く濃い緑色で、不規則に浅く切れ込み、裏は褐色の綿毛が多い。葉裏の脈上や葉柄、枝に刺がある。花も果実も大型。

花（3.30沖縄） 果実（5.2読谷 H）

葉は厚い ×0.4

若葉は表にも毛が多く、後に脈上に残る

不揃いの鋸歯があり、3–5浅裂した形になる

葉先は普通ほぼ丸い

裏は綿毛が密生し淡褐色。しばしば脈上にも刺がある

裏

網脈まで裏に隆起する

葉裏 ×1.5

クワノハイチゴ ［桑葉苺］

R. nesiotes

常緑半つる性低木（1–7m）**別**：シマウラジロイチゴ **分**：沖縄諸島、石垣。稀。**葉**：単葉（時に3裂）／互生／鋭鋸歯縁／長5–10㎝ **花**：白／頂生の散房花序／春 **実**：赤～黒紫／径1–1.5㎝／初夏

◆山地の林縁や林内に生える琉球の固有種。枝に刺が多く、つる状に伸びて他の植物に寄り掛かり、高く登る。葉は卵状三角形で、幼い枝ではしばしば狭長な三角形。葉先は尖り、裏は白い綿毛が密生するが、毛が少なく緑色の葉もある。石垣島のものは台湾、中国に分布するタイワンウラジロイチゴ R. swinhoei とする説もあるが、後者は花床筒や萼片に長毛があり、腺毛がない点で異なるという。

ホザキイチゴ ［穂咲苺］

R. ×utchinensis

常緑半つる性低木（0.5–3m）**別**：オキナワウラジロイチゴ **分**：沖縄島。稀。**葉**：単葉（1–3裂）／互生／鋸歯縁／長6–12㎝ **花**：白／頂生の散房花序／春

◆山地の林縁や尾根に見られる。ホウロクイチゴとクワノハイチゴの雑種と考えられ、両者の中間的な特徴が見られるが、種子繁殖している可能性も指摘されている。葉はホウロクイチゴに似て裏に白っぽい毛が密生するが、やや小型で薄く、花序はクワノハイチゴと同様に頂生の散房花序。

花は枝先に多数つく（4.25国頭 O）

…（3.25於茂登岳） 果実（5.1国頭 O）

クワノハイチゴ（石垣島産） ×0.6

托葉は沿着せず早落性

白褐色の綿毛が密生し、細脈は隆起しない

…葉はやや薄く、先は尖る

裏 ×0.6

クワノハイチゴ（沖縄島産）

鋭い重鋸歯がある

…しばしば葉裏の主脈沿いが赤紫色を帯びる

徒長枝の枝先の葉は細いことが多い

裏

時に基部で3浅裂する

×0.6

枝ははじめ軟毛があるが次第に減る

葉先はやや尖る

ホザキイチゴ

×0.6

葉はやや厚く、ほぼ不分裂か3浅裂状

枝は軟毛と刺が多い

裏は淡褐色の綿毛が密生し、細脈はやや隆起する

裏

アマミフユイチゴ ［奄美冬苺］

R. amamianus

常緑匍匐性低木（0.1–0.2ｍ）**分**：奄美、徳之。稀。**葉**：単葉／互生／鋸歯縁／長2–9㎝ **花**：白／総状花序に数個／初夏 **実**：赤／夏 ◆湯湾岳と井之川岳の高地林内に生える。葉は両面に刺があり、裏は毛が密生。葉が小さく小花柄が長いことがトカラ列島以北のフユイチゴ *R. buergeri* との違い。奄美大島に分布する変種コバノアマミフユイチゴ var. *minor* は、渓流型で葉が小さく花は通常1個。

湯湾岳頂上には多い（11.8湯湾岳 O）

リュウキュウイチゴ ［琉球苺］

R. grayanus

常緑低木（1–2ｍ）**別**：シマアワイチゴ **分**：種子、屋久、奄美群島～沖縄諸島、石垣、西表。普通。**葉**：単葉（時に3裂）／互生／鋸歯縁／長7–10㎝ **花**：白／単生／冬 **実**：黄橙／春 ◆琉球の山地で最も普通なキイチゴの一つで、林縁に生える。葉は厚くほぼ無毛で、裏は細かい葉脈まで見える。花は葉の下側に咲く。

花（2.15国頭 H）果実（4.8徳之島 O）

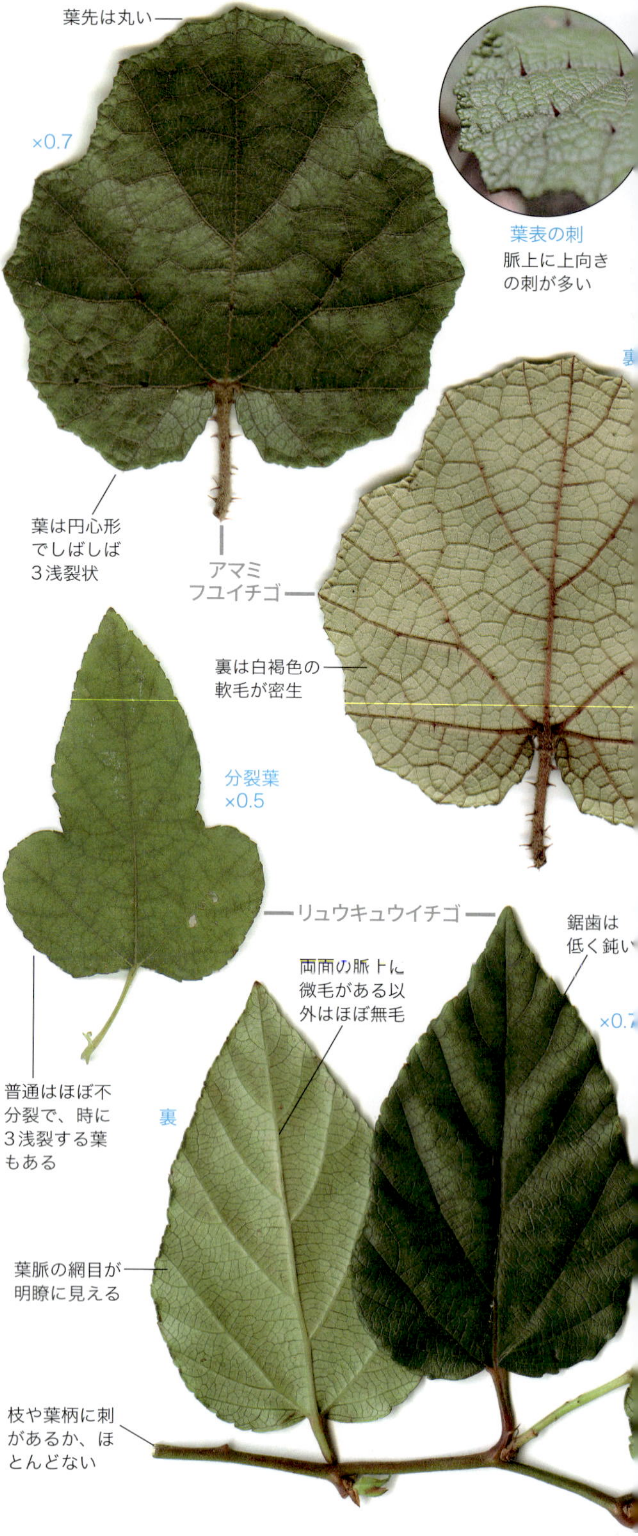

葉先は丸い

×0.7

葉表の刺
脈上に上向きの刺が多い

葉は円心形でしばしば3浅裂状

アマミフユイチゴ

裏

裏は白褐色の軟毛が密生

分裂葉
×0.5

リュウキュウイチゴ

普通はほぼ不分裂で、時に3浅裂する葉もある

両面の脈上に微毛がある以外はほぼ無毛

鋸歯は低く鈍い

×0.7

裏

葉脈の網目が明瞭に見える

枝や葉柄に刺があるか、ほとんどない

果実
（7.24 国頭 H）

裏は脈上に伏毛があるか、ほぼ無毛

小葉 裏
×0.6

表はほぼ無毛で、側脈が凹んで目立つ

×0.5

小葉は普通5–7個、花の下につく葉は1–3個のこともある

オバライチゴより鋸や葉先が尖り、小葉間隔が詰まって端正印象がある

若枝や葉柄は赤みを帯びる腺毛や刺が多少ある

リュウキュウバライチゴ

R. okinawensis ［琉球薔薇苺］

常緑低木（0.5–1m）**別**：オキナワバライチゴ **方**：インギイチブ **分**：九州南部〜沖縄諸島、石垣、西表、大東。やや普通。**葉**：羽状複葉（小葉1–4対）／互生／重鋸歯縁／小葉長2–7㎝ **花**：白／冬 **実**：赤〜暗赤／春 ◆沿海〜山地の林縁に生える。九州以北に分布するオオバライチゴ R. croceacanthus と同種とされることもあるが、本種は葉表に毛がなく、裏面脈上に刺がない点などで異なる。

花は葉の上側に咲く（2.11 大宜味 H）

これは比較的小葉が幅広い葉

×0.5

枝 ×3
腺毛が密生する

小葉 裏
×0.5

茎や葉軸に刺が多い

両面に毛が散生する

小葉はしばしば切れ込むが、切れ込まないものも多い

アリサンバライチゴ

R. cardotii ［阿里山薔薇苺］

常緑低木（0.5–1m）**別**：アリサンオオバライチゴ **分**：与那国。やや稀。**葉**：羽状複葉（小葉1–4対）／互生／重鋸歯縁／小葉長5–9㎝ **花**：白／春 **実**：赤 ◆全株に軟毛と腺毛が多い。小葉が幅広く、両面に毛が多いのでリュウキュウバライチゴと見分けられる。台湾にも分布し、和名は台湾の山名。

花と果実（4.7 与那国 O）

バラ科 Rosaceae キイチゴ属 Rubus

ナワシロイチゴ ［苗代苺］

R. parvifolius

落葉匍匐性低木（0.2–1m）**分**：北海道〜先島諸島。やや普通。**葉**：3出複葉、時に羽状複葉（小葉2対）／互生／鋸歯縁／小葉長3–6㎝ **花**：桃／花弁は開かない／頂生の散房花序／春 **実**：赤〜橙／初夏 ◆低地の林縁や道端に生え、群生もする。通常は3出複葉、徒長枝では羽状複葉も出る。葉裏は白毛が多く、枝や葉柄は刺が多い。

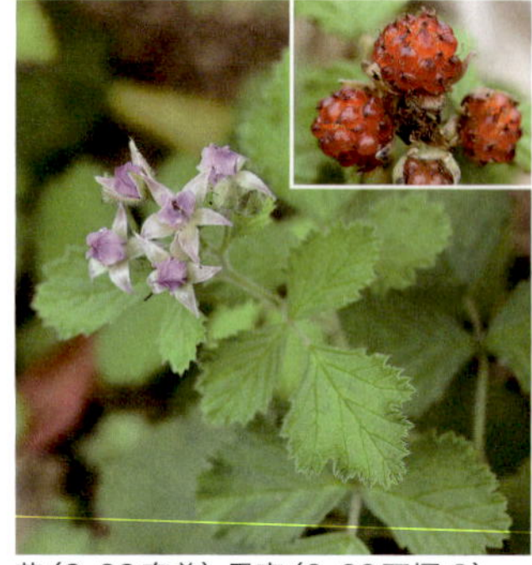

花（3.23奄美）果実（3.22石垣 O）

頂小葉はしばしば3裂する

小葉は丸みのある形で、不揃の鋸歯や欠刻がある

×0.7

葉柄や若枝は白い軟毛で覆われ刺が散生する

先は突き出ず丸い

裏は綿毛が密生し白い。裏が無毛で緑色のものを品種アオナワシロイチゴ f. concolor という

徒長枝の葉裏 ×0.7

托葉は線形

テンノウメ属 Osteomeles

テンノウメ ［天梅］

O. anthyllidifolia var. subrotunda

常緑矮性低木（0.1–0.5m）**別**：イソザンショウ **方**：テンバイ、イシマチ、イソボーギー **分**：屋久（絶滅）、トカラ列島（小宝・宝）〜先島諸島、大東。やや稀。庭木、盆栽。**葉**：羽状複葉（小葉5–8対）／互生／全縁／小葉長4–8㎜ **花**：白／径約1㎝／頂生の散房花序／春 **実**：赤／径約6㎜の球形／冬 ◆海岸の隆起石灰岩上に生え、時に群生する。葉は小さく、複葉全体で通常4㎝以下、葉軸に翼が出る。葉や花序軸、果実などに白い伏毛が多い。同じ環境に生えるミカン科のヒレザンショウによく似るが、本種の葉にはヒレザンショウのような腺点や香りはない。

花（3.23笠利）若い果実（5.5恩納 O）

花期（4.9徳之島 O）

小葉の表裏 ×2

葉軸に狭い翼がある。葉裏は側脈が濃く見え、脈上に白い伏毛が多い

小型の葉裏 ×1

小葉は楕円形で先は凹むか丸い

葉裏や若葉の表、葉柄、若枝も白い伏毛が多い

×1

裏

テリハノイバラ ［照葉野茨］

R. luciae

常緑匍匐性低木（0.1–3m）**別**：ハイイバラ　**方**：サラカチャー、ンヂィー　**分**：本州～沖縄諸島、与那国。やや普通。庭木。**葉**：羽状複葉（小葉3–4対）／互生／鋸歯縁／小葉長1–2.5㎝　**花**：白／径3–4㎝／散房花序に数個／春　**実**：赤／長約1㎝　◆海岸近くの砂地や隆起石灰岩、原野に生える。刺の多い枝を長く伸ばし地面を覆う。托葉は葉柄に沿着し幅広い。九州南部～琉球には花序や萼に腺の多い個体が多く、品種**リュウキュウテリハノイバラ** f. glandulifera と呼ぶ。

岩場をはう開花個体（2.27国頭 O）

果実 ×1.5
果実は無毛。果柄に腺毛が多いリュウキュウテリハノイバラの型

裏
裏は白みを帯びる

葉軸や葉裏主脈は腺毛が少しあるか無毛

×1
葉先は丸いか尖る

葉はやや厚く、表は無毛で光沢がある

托葉は面状になり、鋸歯があるがヤエヤマノイバラやノイバラのように深くは切れ込まない

ヤエヤマノイバラ

R. bracteata ［八重山野茨］

常緑低木（0.5–1m）**別**：カカヤンバラ　**分**:宮古、伊良部、石垣、黒、西表。庭木。やや稀。**葉**：羽状複葉（小葉 3–5 対）／互生／鋸歯縁／小葉長 1–3㎝　**花**:白／径 5–7㎝／枝先に単生／初夏　**実**:赤褐／径3–4㎝／冬　◆自生地は牧場内が多く、牛が刺を嫌って食べないので個体数は多い。テリハノイバラと異なり、茎は普通匍匐せず、葉軸や葉柄、小枝に白毛や腺毛が密生する。花や果実はより大きく、通常1個ずつつき、果実は褐色の毛に覆われる。国外では台湾、中国に分布。園芸バラの原種の一つで、江戸時代にフィリピンのカカヤンから持ち込まれたことが別名の由来で、琉球は野生化とする意見もある。

ヤエヤマノイバラの枝 ×2.5
白毛と腺毛が多い

先が腺になる鋸歯がある

裏は主脈上に毛があるかほぼ無毛

裏 ×1

×1
枝は白毛と腺毛が密生し、刺がある

先は鈍いかやや凹む

托葉は羽状に切れ込む

花（4.28）果実（3.26石垣 O）

バラ科 Rosaceae　バラ属 Rosa

ツルグミ ［蔓茱萸］

E. glabra

常緑つる性木本（刺）**方**：クービ **分**：東北南部～先島諸島、大東。普通。**葉**：単葉／互生／全縁／長4–9㎝ **花**：黄白／萼筒は長約15㎜ 幅約2.5㎜／秋～冬 **実**：橙～赤／楕円形／長1–2㎝／春 ◆低地～山地の林に点在。刺状の短い枝で他物に絡み、高さ3–10m前後登り、つるは径5㎝にも達する。葉は楕円形～卵形で、裏は鱗片で覆われ赤褐色が強い。果実はややえぐみもあるが甘く食べられる。

果実（3.12名護岳）花（12.19国頭H）

表ははじめ鱗片があるが後に無毛

裏は鱗片が密生し、光沢のある赤褐色～やや銀色。色の濃淡は個体差がある

×1

裏

枝や葉柄も赤褐色の鱗片で覆われる。稜は不明瞭

リュウキュウツルグミ

E. liukiuensis ［琉球蔓茱萸］

常緑半つる性低木（1–3m）**別**：オキナワグミ、ヒロハツルグミ **分**：奄美群島～先島諸島。やや普通。**葉**：単葉／互生／全縁／長5–15㎝ **花**：黄白／萼筒は長約5㎜ 幅約3㎜／秋 **実**：赤／楕円形／長約2㎝／春

◆低地～山地の林縁や林内に生える。ツルグミに似るが、葉は薄く大型で縁が波打ち、先が尾状に伸び、裏が銀白色でほとんど赤みを帯びず、小枝にやや稜が出ることがある。萼筒が太く短いことも違いとされるが、花実をつけない小型の個体が多く、定かではない。文献によっては、台湾に分布するタイワンアキグミ E. thunbergii とされることや、雑種とする説もあり、分類は再検討を要する。

先はやや尾状に伸びる

×1

裏は鱗片が密生し、やや赤褐色の交じる銀白色

裏

枝に鈍い稜角が出ることがある

オオバグミ ［大葉茱萸］

E. macrophylla

常緑低木（1–2m）**別**：マルバグミ **方**：クビ、クービ **分**：関東～九州、屋久～奄美、徳之、沖縄諸島、宮古列島、石垣、西表。やや稀。**葉**：単葉／互生／全縁／長5–10㎝ **花**：黄白／長4–5㎜／秋～冬 **実**：赤／楕円形／長1.5–2㎝／春 ◆海岸近くや石灰岩地の林縁で見られる。葉は広卵形～円形で本属で最も広く、裏は銀白色。

枝葉（4.13伊良部）花（12.19国頭 H）

厚い革質で、表は濃緑色ではじめ鱗片があるが、次第に落ちる

先は少し突き出る

裏は鱗片が密生し銀白色で、赤褐色の鱗片が少し交じる

×1

葉柄は長さ1–2.5㎝

裏

小枝は淡褐色の星状鱗片が多く、時に稜がある

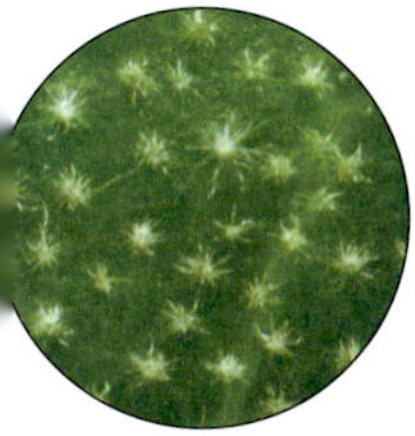

アキグミ ［秋茱萸］

E. umbellata

落葉低木（1–3m）**分**：東北南部～九州、種子、屋久、トカラ、徳之、粟国。ごく稀。**葉**：単葉／互生／全縁／長3–7㎝ **花**：白～淡黄／春 **実**：赤／球形／径約7㎜／秋 ◆徳之島と粟国島でそれぞれ1カ所の自生地が知られる。粟国島のものは変種**マルバアキグミ** var. rotundifolia で、葉が丸みを帯び、関東以南の沿岸部に分布する。

海岸風衝地の個体（4.21粟国島 O）

葉表 ×10

粟国島産のマルバアキグミの葉表は星状毛があり、後まで残る

裏は鱗片が密生して銀白色で、赤褐色の鱗片が少し交じる

裏

×1

若枝は銀白色の鱗片が多く、赤褐色の鱗片も交じる

裏

マルバアキグミ

リュウキュウクロウメモドキ

R. liukiuensis ［琉球黒梅擬］

落葉小高木（2–6m） **方**：カワザクラ、ヤマザクラ **分**：トカラ列島（悪石）〜沖縄諸島、石垣、西表、与那国。やや普通。**葉**：単葉／互生〜対生／鋸歯縁／長5–12㎝ **花**：淡緑／4弁／春 **実**：黒／球形／径約5㎝ ◆低地の石灰岩地に生える。近縁種と比べ、葉は比較的大きな楕円形で、枝先が刺にならず頂芽で終わることが特徴。

雄花（3.25読谷 H）（4.9伊仙 O）

樹皮は横すじがある（糸満 H）

先は急に狭まり尖る

×1

細かく鈍い鋸歯がある

側脈は4–5対で湾曲し、表で凹み裏に隆起する。枝葉は全体無毛

裏 ×1

リュウキュウクロウメモドキ

枝 ×0.25

※ヒメクロウメモドキとリュウキュウクロウメモドキの雑種をクニガミクロウメモドキ（R. × calcicola）と呼ぶ。

クロウメモドキ科の樹木は、葉が2枚ずつ互生するコクサギ型葉序になるものが多く、対生と互生が入り交じって見える

ヒメクロウメモドキ

R. kanagusukui ［姫黒梅擬］

落葉低木（0.3–3m） **分**：沖縄島。ごく稀。**葉**：単葉／対生〜互生／鈍鋸歯縁〜全縁／長1–4㎝ **花**：淡緑／春 **実**：暗赤／広卵形／長約3㎜ ◆海岸断崖1カ所でしか見つかっていない沖縄島の固有種で、現在はほぼ絶滅状態。葉は硬く小さく、側脈は2–3対で、長枝の先が刺になることがリュウキュウクロウメモドキとの違い。

花期。葉先は丸いか凹む（4.1恩納 M.Y）

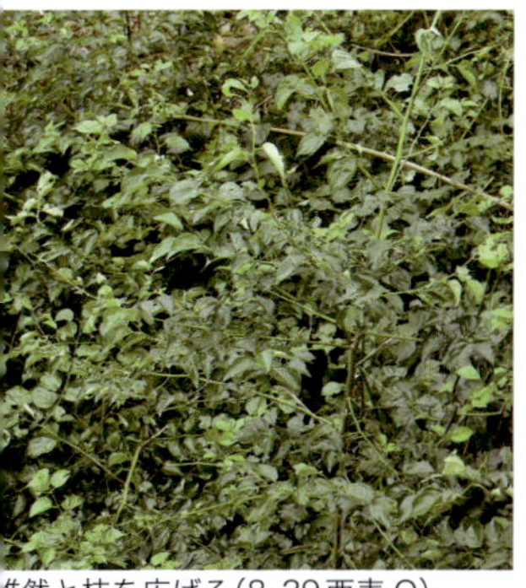

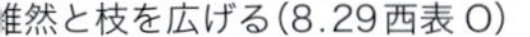

雑然と枝を広げる(8.29西表 O)

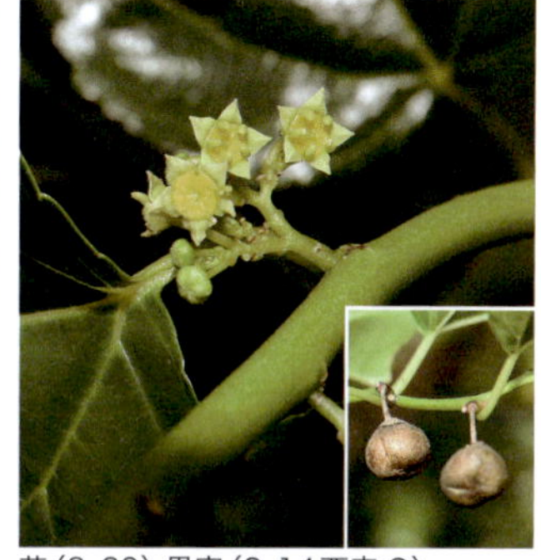

花(8.29) 果実(2.14西表 O)

ヤエヤマハマナツメ

C. asiatica ［八重山浜棗］

常緑半つる性低木（3–6m）**分**：沖永、宮古列島、石垣、竹富、小浜、黒、西表、小笠原(硫黄)。稀。**葉**：単葉／互生／鋸歯縁／長4–9㎝ 幅2–6㎝ **花**：黄緑／径約4㎜／腋生の集散花序／夏〜秋 **実**：褐／球形／径約8㎜

◆海岸に点在し、アダン林の後方などで四方に枝を広げて径5mほどのパッチ状の株となる。葉は丸みのある卵形で両面に強い光沢があり、しばしば2枚ずつ互生しコクサギ型葉序となる。側脈は少なく、基部の1対はやや3行脈状になる。生育環境や花はハマナツメに似るが、枝に刺がなく葉柄が長いことや、果実や樹形の違いなどで明瞭に区別できる。海流に乗って果実が運ばれ、国外では台湾〜アフリカ、オーストラリアにかけての熱帯に広く分布する。

ハマナツメ

［浜棗］

P. ramosissimus

落葉低木（1.5–5m）**分**：静岡(絶滅)〜紀伊半島、岡山、四国、九州、種子、屋久?、奄美?、沖縄島?、宮古?、石垣?、西表?。**葉**：単葉／互生／細鋸歯縁／長2–6㎝ **花**：黄緑／径約5㎜／夏 **実**：緑〜褐／半球状の円盤形で翼がある／径1–2㎝ ◆海岸の湿地などにやや匍匐して生える。琉球では記録はあるが確実な情報はなく、実在するのか不明。

細かく鈍い
鋸歯がある
側脈は少なく
2〜3対で弓
状に曲がる
先は短く
突き出る
裏 ×1
裏は無毛か
脈沿いに毛
が少しある
花
果実
×1
ヤエヤマハマナツメ
基部は切形
〜浅い心形

葉先は
鈍い
ハマナツメ
(三重県産)
×1
3行脈が
目立つ
裏 ×1
裏面脈上や
葉柄は有毛
葉の基部にしば
しば刺がある

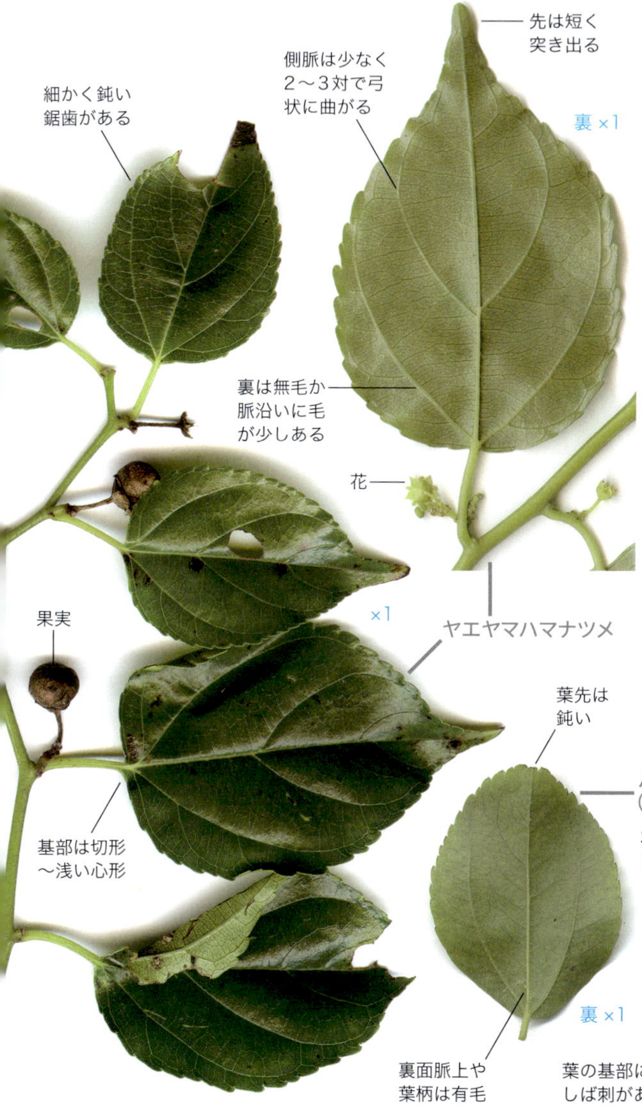

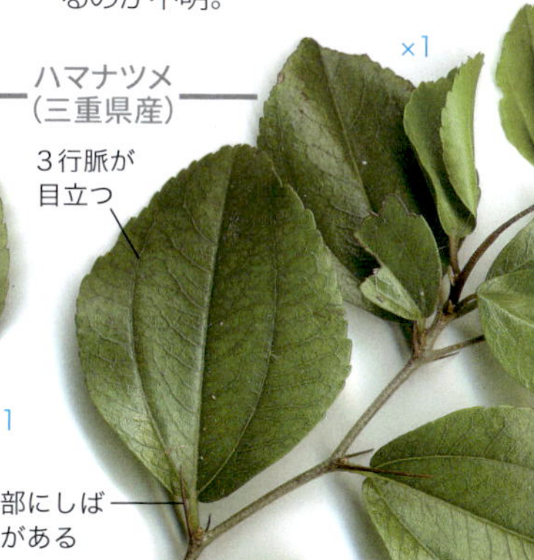

ヤエヤマネコノチチ

R. inaequilatera ［八重山猫乳］

落葉小高木（4–13m）**分**：奄美群島、沖縄島、宮古?、石垣、西表。やや稀。**葉**：単葉／互生／鋸歯縁／長7–11㎝ **花**：淡黄／初夏 **実**：黄〜赤〜黒／長5–8㎜／夏〜秋 ◆低地〜山地の主に石灰岩地に生える。葉はコクサギ型葉序で九州以北のネコノチチ R. franguloides より鋸歯が鈍く葉柄が長く、果実が短い。和名は果実の形に由来。

花は小型（6.7）果実（8.11 名護 H）

縁は波打ち、鋸歯の先はつぶれたように鈍い

先は尾状に伸びて尖る

×1

脈腋に多少毛がある以外は無毛

裏 ×1

基部は左右非対称になることが多い

側脈は縁に達せず、隣の側脈と繋がる

クロイゲ

［黒いげ］

S. thea

常緑半つる性低木（0.2–2m）**方**：クロニギ、クルンギ、ポー **分**：高知、長崎、熊本、奄美群島〜先島諸島。やや稀。**葉**：葉形／互生〜対生／細鋸歯縁／長1–4㎝ **花**：淡黄／秋 **実**：赤〜黒紫／径約5㎜／秋 ◆海岸近くに生え、枝は地をはうように伸び岩場を覆う。小枝は刺状になる。琉球産の個体は葉裏や若枝に毛が少ない。

樹形（4.21 粟国）果実（10.21 与那国 O）

葉先はやや尖るか丸く、時に凹む

ハリツルマサキに似るが葉が薄く、色は暗く、鋸歯が細かい

×1

※本土産のクロイゲは成葉も毛が多く、変種ケクロイゲ var. tomentosa に区別する見解もある

葉は光沢が強く、対生に近いコクサギ型葉序につく

小型の葉 ×1

裏

若葉の裏や若枝は多少毛があり、成葉は無毛に近くなる

枝先はしばしば刺状

表は無毛でやや光沢がある。葉の形状はクマヤナギとほぼ同じ
×1
葉先は丸いかやや尖る
裏
則脈は7–8対あり、平行に長く伸びる
葉裏はやや白みを帯び、ほぼ無毛
枝は黄緑色で無毛、光沢がある

枝葉（5.13名護H）

ナガミクマヤナギ ［長実熊柳］

B. racemosa var. stenosperma

落葉つる性木本（S巻）**分**：奄美、徳之、沖永、沖縄島、久米、石垣、西表。やや稀。**葉**：単葉／互生／全縁／長3–8㎝ **花**：緑白／夏 **実**：赤〜黒／長約5㎜／初夏 ◆山地の林縁に生える。つるは黄緑色で他の木に5m前後登る。北海道〜九州に分布する基準変種のクマヤナギに比べ、果実がやや細く短い円柱形で、花序は複円錐状で広い。

若い果実と果序（2.11伊平屋 M.Y）

ヒメクマヤナギ ［姫熊柳］

B. lineata

半常緑半つる性低木（0.2–2m）**方**：マッコン、フンギ、ビキンータギー **分**：奄美群島〜先島諸島。やや普通。**葉**：単葉／互生／全縁／長0.7–2.5㎝ **花**：白／春〜秋 **実**：赤〜黒紫／径約5㎜／夏〜冬 ◆海岸の岩場や原野に生える。枝は匍匐し岩などを覆う。葉は混み合ってつき、クロイゲやハリツルマサキと似るが鋸歯はない。

葉先は丸いかやや凹む
大型の葉
×1
裏
平行に並ぶ4–5対の側脈が目立つ
小型の葉
×1
両面無毛で、裏はやや白みを帯びる
裏

果実は可食（11.28読谷H）

花（11.28読谷H）

花は総状花序につく（6.7恩納H）

クワノハエノキ ［桑葉榎］

C. boninensis

落葉高木（5–15m）**別**：リュウキュウエノキ、ムニンエノキ **方**：ビンギ、ブンギ **分**：山口、九州西部～先島諸島、大東、小笠原。普通。時に庭木、御嶽植栽、公園樹。**葉**：単葉／互生／鋸歯縁／長5–11㎝ **花**：黄緑／春 **実**：橙～赤褐／径5–8㎜／夏

◆低地～山地の林縁や明るい林に生え、石灰岩地に多い。時に板根が発達し大木にもなる。葉はやや長い卵形でしばしば左右非対称で、3行脈がやや目立ち、枝葉は無毛に近い。よく似た本州～九州に分布するエノキ C. sinensis は、葉が楕円形で鋸歯は先半分のみで、若い枝葉の裏は褐色の毛が多い。北海道～九州に分布するエゾエノキ C. jessoensis は本種より葉が薄く鋸歯が鋭く、冷温帯に生育。

花は芽吹きの頃に咲く（3.30沖縄 H）

果実は可食（6.28那覇 H）

板根の発達した個体（9.15那覇 H）

樹皮は淡褐色でやや横すじが入る（H）

丸い葉
裏 ×0.5

幼木の葉
×0.5

葉の先2/3ぐらいに鋸歯がある

基部がゆがんだ葉形が多い

×1

葉先は次第に狭まり、やや伸びて尖る

裏 ×1

3行脈があるがエノキほど顕著でないことが多い

枝は無毛か多少毛がある

若葉の裏ははじめ有毛だが、後に脈腋以外はほぼ無毛

葉脈の網目はあまり目立たない

裏

葉柄は長さ4-12mmでコバノチョウセンエノキの2-7mmより長い

先は急に狭まり、尾状に長く伸びる

×1

表面は光沢があり、伏毛が多少ありざらつく

3行脈がやや目立つ

クワノハエノキより側脈が多い

裏

側脈は鋸歯に達し、鋸歯は角張る

両面に短毛があり、ざらつく

基部の側脈がさらに外側に分岐することが特徴

×1

雌花と雄花（4.6伊良部 O）

サキシマエノキ ［先島榎］

C. biondii var. insularis

落葉小高木（3–6m）**分**：宮古列島。稀。**葉**：単葉／互生／鋸歯縁／長3–7cm **花**：黄緑／春 **実**：黒／球形／径約6mm ◆石灰岩地の岩場や尾根に生える。近畿〜九州に産する別変種コバノチョウセンエノキ var. heterophylla と同一とされることもあるが、葉は卵形で表の毛が少なく、葉柄が長く、裏の細脈が目立たない点などで異なる。

樹形。樹皮は平滑（4.13伊良部 H）

サキシマエノキの若い果実（4.6宮古 O）

ムクノキ ［椋木］

A. aspera

落葉高木（10–25m）**方**：ウフバーブンキ **分**：本州〜屋久島、沖縄島。ごく稀。**葉**：単葉／互生／鋸歯縁／長5–11cm **花**：緑白／春 **実**：黒紫／径1cm前後／秋 ◆本土では普通種だが、琉球では自生地は数カ所に限られ、御嶽林に大木が見られる。葉は3行脈状で側脈が多い。樹皮は白っぽく縦すじが入り、老木は縦にはがれる。

ウラジロエノキ ［裏白榎木］

T. orientalis

常緑高木（5–20m）**方**：フンギ、ヤマフクギ、フクイギ **分**：種子〜奄美、徳之、沖永、沖縄島、久米、石垣、小浜、西表、与那国、大東。普通。**葉**：単葉／互生／細鋸歯縁／長6–15㎝ **花**：黄緑／集散花序／春〜初夏 **実**：黒／球形／径3–4㎜／夏〜秋

◆琉球を代表する先駆性樹木で、主に非石灰岩地の山地〜低地の肥沃な場所に生え、大木も多い。林縁や道端、切り開かれた場所などでは幼木が多数見られる。葉は卵状長楕円形で大きく、3脈が目立ち、枝に2列互生して平面的に並ぶ。葉裏は通常、絹毛で銀白色に見えるが、毛の量は変異が多く、緑色に近いものもある。樹皮は灰白色で平滑で、太い枝はよく湾曲して独特の樹形になる。

特徴的な樹形（8.5国頭 H）

花をつけた枝（5.7名護 H）

雄花（4.23国頭 O）

果実をつけた枝（7.12国頭 H）

葉は軟らかく、表は毛が散生しざらつく

×1

3行脈がある

幼木の葉 裏 ×1

幼木の葉はしばしば幅広く大型

裏

葉裏 ×3

脈上に開出毛が多く、裏面全体に白い絹毛が密生する。ただし毛の量は変異がある

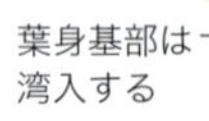

葉身基部は湾入する

裏は毛が密生して白っぽい

花は小型で地味（6.22石川岳 K.O）

果実をつけた枝（8.27瀬戸内 O）

果実（11.5石川岳 H）

キリエノキ ［桐榎木］

T. cannabina

常緑低木（1–2m）**別**：コバフンギ **方**：フンギ **分**：熊本、鹿児島、種子、屋久、奄美、沖縄島。稀。**葉**：単葉／互生／細鋸歯縁／長4–10㎝ 幅1.5–4㎝ **花**：黄緑／春～初夏 **実**：橙／径約3㎜／夏～秋

◆山地の林道沿いや法面などに生える珍しい木。ウラジロエノキと同属だが、葉は一回り小さく裏は無毛に近く緑色で、樹高はせいぜい1m前後と、様子はかなり異なる。若枝は赤褐色で皮目が目立つ。別名のコバフンギは、葉の小さなウラジロエノキ（フンギ）の意。

枝の樹皮（瀬戸内 O）

葉裏 ×3
両面ともほぼ無毛か、少し毛が散生する

クワ科 Moraceae　パンノキ属 Artocarpus

パンノキ　［麺麭木］

A. incisus

常緑高木（7–15ｍ） **分**：ニューギニア〜太平洋諸島原産。琉球で稀に野生化。公園樹、庭木、観葉植物。**葉**：単葉（羽状分裂、時に不分裂）／互生／全縁／長25–70㎝ **花**：黄白、黄緑／雄花はこん棒状、雌花は球形の花序／春〜夏 **実**：黄緑〜黄褐／ほぼ球形／長20–30㎝／夏〜冬

◆羽状に3–5対の切れ込みが入る巨大な葉が印象的で、シンボル的に植栽されている。不分裂の葉が多い個体もある。果実が有核と無核の2系統があり、太平洋諸島では無核果をイモやパンのように調理し食べるという。沖縄島や石垣島では野生化した個体も見られ、分布拡大が懸念される。同属でインド原産のパラミツ（ジャックフルーツ）A. heterophyllus は、葉は長さ10–20㎝の楕円形で不分裂、果実は長さ30–70㎝に達し、稀に植栽される。

ホテルの庭木（5.15 恩納植栽 H）

葉（1.2 南城植栽 H）

若い果実と雄花（5.15 恩納植栽 H）

パラミツの葉と果実（5.23 本部植栽 H）

小型の若葉 ×0.3

縁は時に波形の微鋸歯状になる

表は無毛か硬い毛が散生する

ほぼ不分裂の落ち葉 裏 ×0.3

裏 ×1

裏は硬い毛や長毛が多くざらつく

イチジク属の検索表

琉球に13種が自生し、7種余りの外国産種がよく植栽される。葉は単葉で互生し、普通は全縁。葉の基部の枝に、托葉が落ちた痕が輪状に残る。枝や幹から気根を垂らす種も多い。花序軸が袋状に肥大したイチジク状花序をつけ、花期は花嚢（かのう）、果期は果嚢（かのう）と呼ぶ。植物体を傷つけると白い乳液が出る。

【自生種の検索】

A. つる性の木本。
　B. 葉先は急に長く伸びる。幼い枝の葉は小型化しない。果嚢は長さ約1㎝ ……… **イタビカズラ** p.170
　B. 葉先は伸びない。幼い枝の葉は小型化する（幼形葉）。果嚢は長さ2–4㎝。
　　C. 葉はほぼ無毛で、成形葉は長さ4–10㎝、幼形葉はハート形で全縁 …………… **オオイタビ** p.169
　　C. 葉は裏面脈上に毛が多く、成形葉は長さ2–6㎝、幼形葉は鋸歯が出る ……… **ヒメイタビ** p.170
A. 直立する低木〜高木。
　B. 枝から下垂する気根を出す。
　　C. 葉は長さ3–10㎝で、側脈は基部の1対を除き不明瞭。果嚢は葉腋につく … **ガジュマル** p.159
　　C. 葉は長さ10㎝以上で、側脈は明瞭。
　　　D. 葉はややゆがんだ長卵形で、葉柄は1.5㎝以下。果嚢は葉腋につき赤色 … **ハマイヌビワ** p.164
　　　D. 葉は楕円形で、葉柄は4㎝以上。果嚢は太い枝や幹にもつく。
　　　　E. 葉の太い側脈は8本以下。果嚢は大きく径約1㎝で淡紅色に熟す …………… **アコウ** p.160
　　　　E. 葉の太い側脈は9–11本。果嚢は小さく径6–7㎜で普通白色に熟す **オオバアコウ** p.161
　B. 枝から気根は出さない。
　　C. 葉は落葉性で薄い。普通5m以下の低木。
　　　D. 全株無毛 …………………………………………………………………… **イヌビワ** p.168
　　　D. 小枝や葉、果嚢に毛が多い ………………………………………………… **ケイヌビワ** p.168
　　C. 葉は常緑性で厚い。普通5m以上になる小高木〜高木。
　　　D. 葉は表面に硬い毛が多くざらつく。果嚢は葉腋につく。
　　　　E. 葉は幅広く下膨れの卵形で、基部は著しくゆがむ。果嚢は径1–2㎝ … **ムクイヌビワ** p.163
　　　　E. 葉は長い楕円形で、基部は少しゆがむ。果嚢は径1㎝未満 ………**ホソバムクイヌビワ** p.162
　　　D. 葉の表面は無毛〜ほぼ無毛でざらつかない。
　　　　E. 若葉や葉柄は赤褐色を帯びる。果嚢は枝や幹にも直接つく。
　　　　　F. 葉柄は1–3㎝で有毛。葉はやや薄く中央〜先側で幅広く、羽状脈 … **アカメイヌビワ** p.166
　　　　　F. 葉柄は3–10㎝でほぼ無毛。葉は厚く、基部で幅広く、3行脈状 … **ギランイヌビワ** p.167
　　　　E. 若葉や葉柄は赤褐色を帯びない。果嚢は葉腋にのみつく。
　　　　　F. 葉は広い倒卵形で、少数の太い側脈が目立つ。果嚢は緑色 …… **オオバイヌビワ** p.165
　　　　　F. 葉は細長い卵形で徐々に狭まり、先は尖る。果嚢は赤色 ………… **ハマイヌビワ** p.164

【植栽種の検索】

A. 葉は長さ12㎝以下。
　B. 葉はやや薄くやや波打ち、先は突き出て尖る。枝は垂れ、気根は少ない …… **ベンジャミン** p.158
　B. 葉は厚く波打たず、先は普通鈍い。基部の3脈がやや明瞭。枝は垂れない。
　　C. 葉はやや厚くやや軟らかく、先は少し突き出る。気根は多い ………………… **ガジュマル** p.159
　　C. 葉は厚く硬く、先は少し突き出るか丸い。気根は少ない ………………… **フィカス‘ハワイ’** p.158
A. 葉は長さ12㎝以上。
　B. 葉は三角形状で、先は尾状に長く伸びる …………………………………… **インドボダイジュ** p.157
　B. 葉は三角形状ではなく、先は長くは伸びない。
　　C. 葉は中央付近（または先側）で幅広く、側脈はやや不明瞭。
　　　D. 葉は広い楕円形で大きく、先は短く尖る。頂芽は赤く長く大型 …………**インドゴムノキ** p.156
　　　D. 葉は狭い楕円形〜倒卵形で、先は少し尖るか丸い。基部の3脈が目立つ **フィカス‘ハワイ’** p.158
　　C. 葉は基部で幅広い卵形で、3行脈が目立つ。
　　　D. 葉の両面や葉柄に微毛が生える。葉先は鈍いか丸い …………**ベンガルボダイジュ** p.157
　　　D. 葉は全体無毛。先はやや尖るか鈍い。斑入り品が多い ……… **フィカス・アルティシマ** p.156

インドゴムノキ ［印度護謨木］

F. elastica

常緑高木（5–25ｍ） **別**：ゴムノキ **分**：インド～インドシナ原産。公園樹、庭木、観葉植物。**葉**：単葉／互生／全縁／長15–40㎝ **実**：黄橙／楕円形／長約1.5㎝

◆つややかで大きく分厚い葉と、細長く尖った赤い頂芽が特徴。本土では観葉植物としてよく知られるが、琉球では屋外で育ち、かなりの大木も見られる。幹は灰褐色で、アコウのように幹づたいに多数の気根を出す。果嚢は枝先近くにつくが、結実は稀のようである。鑑賞用の栽培品種が多い。同属で中国南部～東南アジア～インド原産の**フィカス・アルティシマ** F. altissima の斑入り品が観葉植物として近年増えており、葉は長さ10–25㎝でベンガルボダイジュに似るが無毛で、琉球では時に街路や公園に植栽されている。

樹形（10.11 那覇 H）

芽吹は赤い托葉が目立つ（6.26 那覇 H

樹皮は灰褐で気根がよく出る（那覇 H）

フィカス・アルティシマ（6.20 那覇 H

インドゴムノキ

×0.4

多数の側脈が平行に並び、縁近くで繋がる

葉は楕円形で、光沢が強く肉厚。両面無毛

葉先は短く伸びて尖る

裏

葉柄は太く、葉裏の主脈とともに赤みを帯びることもある

フィカス・アルティシマ（斑入り）

葉は卵形で先は尖るか丸い

両面無毛ですべすべした感触

基部で分岐する3行脈が目立つ

×0.4

葉先は尾状に長く伸びて尖る

縁は波状になる

×0.4

裏

両面無毛で表は光沢が強い

葉柄は長さ10cm以上にもなり長い

葉先は丸いか小さく突き出る

×0.4

葉は肉厚で硬い質感。表面は微毛があり、感触で分かる

裏

基部近くで分岐する3行脈が目立つ。裏は脈上などに微毛が生える

葉柄は太く丈夫で、微毛がある

インドボダイジュ

F. religiosa ［印度菩提樹］

常緑高木（7–25m） **別**：テンジクボダイジュ **分**：インド～東南アジア原産。公園樹、街路樹、庭木、観葉植物。**葉**：単葉／互生／全縁／長13–25cm **実**：赤～暗紫／球形／径1–1.5cm ◆葉は三角形状で、先が長く伸びて特徴的。樹皮はやや橙色を帯び、気根を出す。釈迦（しゃか）がこの木の下で悟りを開いたといわれる仏教の聖樹。

枝葉はやや垂れる（12.9今帰仁 H）

ベンガルボダイジュ

F. bengalensis ［Bengal菩提樹］

常緑高木（7–20m） **別**：バンヤンジュ **分**：インド～熱帯アジア原産。小笠原では野生化。公園樹、街路樹、庭木、観葉植物。**葉**：単葉／互生／全縁／長10–30cm **実**：赤／球形／径約1.5cm／初夏 ◆ガジュマルに似て多数気根を出し、大木にもなる。葉は広い卵形～楕円形で大きく、先が丸く両面有毛。果嚢も軟毛がある。

枝葉（9.15浦添） 果嚢（5.3うるま H）

ベンジャミン

F. benjamina [Benjamin]

常緑高木（5–15m）**別**：シロガジュマル、シダレガジュマル、ベンジャミンゴムノキ **分**：インド～東南アジア原産。公園樹、街路樹、観葉植物、庭木。**葉**：単葉／互生／全縁／長5–12cm **実**：赤／球形／径約2cm ◆本土では室内用だが琉球では屋外で育つ。ガジュマルに似るが、葉はやや波打ち先が尖り、枝は垂れる。気根を多少出す。

樹皮は白っぽく平滑（1.19那覇H）

フィカス'ハワイ'

F. cyathistipula 'Hawaii'

常緑高木（5–10m）**分**：アフリカ原産種の栽培品種ともいわれるが詳細不明。街路樹、公園樹、観葉植物。**葉**：単葉／互生／全縁／長8–20cm **実**：赤／球形／径1–2cm ◆都市部の街路樹などに多く植えられている。ガジュマルに似るが葉が2倍程度大きく、長い楕円形～倒卵形。樹皮は白っぽく、気根はガジュマルより少ない。

街路樹の樹形（5.27うるまH）

葉先は尾状に細く伸びて尖る

裏

葉はガジュマルより薄く、縁はゆるく波打つ

頂芽は細長く尖る

平行に並ぶ側脈が多数あり、3行脈はない。両面無毛。葉形の異なる栽培品種も多い

×1

葉先は短く突き出るか鈍い

葉は厚くやや硬い

×0.6

裏

平行に並ぶ側脈が見える。両面ほぼ無毛

基部に縁に沿う3行脈状の側脈がある

果嚢と枝葉

（11.17那覇H）

樹形（12.29 沖縄植栽 H）

熟した果嚢は可食（4.8 うるま H）

枝から垂れ下がった気根（1.18 国頭 H）

幹に絡みついた気根。樹皮は灰褐色で平滑（2.2 西表 H）

ガジュマル ［榕樹］

F. microcarpa

常緑高木（10–20m）**方**：ガジマル **分**：種子島～先島諸島、大東、小笠原（野生化）。普通。公園樹、街路樹、防風林、庭木、盆栽。**葉**：単葉／全縁／互生／長3–10㎝ **実**：赤～黒／径約1㎝／秋～春

◆琉球の石灰岩地の林を構成する主要種。沿海地を中心に海岸～山地まで自生し、岩壁や樹上に生えることもある。幹から多数の気根を出し、幹径2m以上の巨木にもなる。葉は本属の中ではやや小さめの倒卵形で、基部に1対の短い側脈が目立つ。沖縄で伝承されてきたキジムナーという木の精霊は、一般にガジュマルの古木に棲むといわれる。本属の樹木は、イチジク状果（花嚢（かのう）・果嚢（かのう））をつけ、花はその中に咲くので外からは見えない。受粉はイチジクコバチ類が花嚢の頂部から中に入って行い、そのまま花嚢内で産卵・成長する共生関係を築いている。

×1

先は短く突き出て鈍い

葉は厚く光沢があり、両面無毛

頂芽は細長く尖る

葉柄の基部の枝に托葉痕の線がある

裏 ×1

葉身基部に、縁に沿う3行脈状の側脈があることが特徴

アコウ ［赤榕］

F. subpisocarpa

常緑高木（10–15m）**方**：オーギ、ウスク、アホーギー　**分**：和歌山、山口、四国南部、九州南部〜先島諸島、大東。やや普通。公園樹、防風林。**葉**：単葉／互生／全縁／長8–15㎝ 幅4–8㎝　**実**：淡紅〜白／球形／径約1㎝／通年

◆海岸近くの主に石灰岩地に生える。幹から気根を出し、岩や崖に張りつくことが多い。葉は大きな楕円形で、先端は短く尖る。側脈は縁で曲がり、上下の側脈と結合する。ガジュマルと似るが、葉が縦横2倍程度大きく、果嚢が太い枝や幹にも直接つく（幹生果）ので区別できる。常緑樹だが、春先や台風の後などに一斉に落葉し、直後に新葉を展開させることも多く、落葉樹に見えることがある。

一斉落葉と新葉の展開（8.20龍郷 O）

果嚢をつけた枝（9.23恩納 H）

果嚢（1.28恩納）（1.23那覇 H）

岩壁から根を垂らすことも多い。樹皮は赤褐色〜灰褐色で平滑（南城 H）

×0.6

裏

光沢がありやや厚い

先は短く突き出て尖る

太い側脈は6–8対

両面無毛

葉身基部から縁に沿って分岐する3行脈状の側脈がある

果囊をつけた枝（10.24石垣 O）

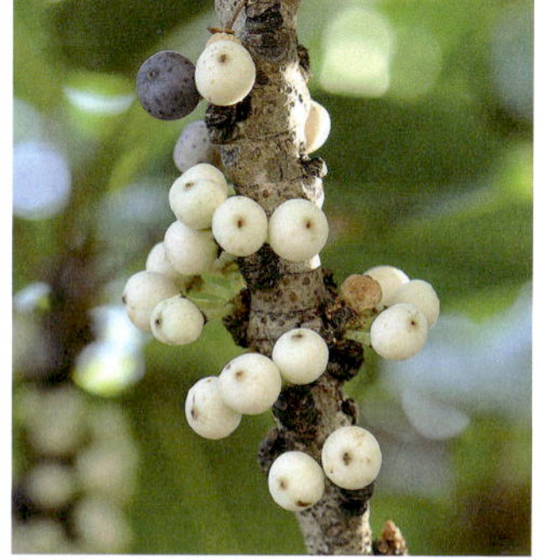

白く熟した果嚢（10.24石垣 O）

オオバアコウ　［大葉赤榕］

F. caulocarpa

常緑高木（10–15m）**分**：石垣、西表、波照間、与那国。やや稀。時に公園樹、街路樹。**葉**：単葉／互生／全縁／長10–23㎝ 幅5–10㎝ **実**：白／球形／径6–7㎜

◆八重山列島の沿岸部の石灰岩地などに自生し、国外では台湾〜スリランカにかけて分布する。自生を見る機会は少ないが、古くから名木として残っている大木が各地にあり、石垣島では植栽されているものが市街地でも見られる。アコウに比べ葉が長楕円形でやや大きく、側脈の数が多く広い角度に出る傾向があるが、葉だけでは両者は見分けにくい。顕著な違いは果嚢で、アコウに比べ一回り小さく数も多く、細い枝先までびっしりとつく。また熟すと白くなり、アコウのように赤みを帯びないことも違い。アコウと同様に年に1、2回、一斉落葉一斉展葉するという。

裏　×0.6

両面無毛

太い側脈は9–11対あり、アコウより多い

順次展葉することもある（3.23波照間 O）

白保小学校校庭の大木（12.8石垣 O）

ホソバムクイヌビワ

F. ampelas　　［細葉椋犬枇杷］

常緑小高木（3–15m）**別**：キングイヌビワ　**方**：ハチコーギー、ソロソロギー　**分**：奄美群島〜先島諸島。普通。**葉**：単葉／全縁／互生／長5–17㎝　**実**：球形／橙〜赤／径7–8㎜／ほぼ通年

◆琉球各島の低地〜山地に生え、谷沿いなど湿った場所に多く、しばしば板根が発達する。樹皮は黒褐色で、気根は出さない。混同されやすいムクイヌビワより葉が細いのでこの名があるが、それほど細くはなく、本種の方が個体数はずっと多い。葉は普通、楕円形で中央が最も幅広く、先端は急に尖り、表面はややざらつく。葉の大きさや形に変異が多く、幼木は時に羽状に切れ込んだり、極端に細長い線形の葉が見られることもある。

樹形（7.19本部 H）

大木の根は板根状（国頭 H）

果嚢は小さくやや多い（9.5石垣 O）

幼木の切れ込んだ葉（6.22名護岳 H）

葉先はやや尾状に伸びるか、ほとんど伸びない

小型の葉
×0.7

大型の葉
×0.7

葉はやや薄く、細点状の毛が両面にあり、普通ざらつく

裏

幼木の細長い葉
×0.4

基部の側脈は縁に沿って伸び、ほぼ分岐しない

果嚢は普通濃い赤色（2.3西表 O）

果嚢は枝先に少数つく（6.22大宜味H）

ムクイヌビワ ［椋犬枇杷］

F. irisana

常緑高木（5–15m）**分**：沖縄島、石垣、西表、与那国、大東。稀。**葉**：単葉／全縁／互生／長8–22㎝ **実**：黄～赤／球形／径1–2㎝／ほぼ通年

◆低地の隆起石灰岩地などの林内で稀に生え、時に大木になる。葉は基部近くが最も幅広く、顕著にゆがんで左右非対称になる。ホソバムクイヌビワの葉と似るが、全体的にぼってりとした下膨れの葉形で、基部の側脈がさらに外側に分岐することが違いで、雰囲気が異なる。果嚢はホソバムクイヌビワより明らかに大きい。

×0.7

硬い短毛が両面に多く生える

裏

長幕の森の古木（北大東 O）

表面は著しくざらつく

ホソバムクイヌビワより幅広く大きな卵形で、葉の最大幅は基部寄りにある

基部の側脈は縁から離れて伸び、外側に明瞭に分岐する

葉身基部は左右非対称

ハマイヌビワ ［浜犬枇杷］

F. virgata

常緑小高木（3–10m） **方**：ヒツキラギ、アチネーク、モイマキ **分**：トカラ列島～先島諸島、大東。普通。**葉**：単葉／全縁／楕円形／互生／長7–25cm **実**：赤／球形／径約1cm／春～初夏

◆石灰岩地に多く、沿岸部の低地林や海岸林で普通だが、渓流沿いに山中にまで入り込むことも多い。葉は光沢があり、普通は基部近くが最も幅広く、先に向かって徐々に細くなる。この細長い葉形が特徴だが、葉が短い個体はホソバムクイヌビワと間違えやすい。本種は全株無毛で、葉が厚くすべすべなので見分けられる。樹皮は白っぽく平滑で、根元近くから気根を出し、岩に張りつくことが多い。

アコウに似て岩上によく生える（3.10南城 H）

特徴的な長い葉形（3.14読谷 H）

小型の葉と果嚢（6.19嘉手納 H）

小型の葉
裏 ×0.7

×0.7

葉先は急に狭まり短く尖る

両面無毛で光沢が強く、全くざらつかない

基部近くが最も幅広い

葉と果嚢（6.20那覇 H）

樹形（6.12那覇植栽 H）

オオバイヌビワ ［大葉犬枇杷］

F. septica

常緑高木（5–15m） **方**：トートーギ、ウフバー、カブラ **分**：喜界、奄美、沖永、沖縄諸島～先島諸島、大東。やや普通。奄美群島は稀。公園樹、庭木、観葉植物。**葉**：単葉／互生／全縁／長10–25㎝ **実**：緑褐／扁球形／径1.5–2㎝／春～夏

◆沿海地の林縁や林内に点在する。葉は大きな倒卵形～楕円形で、白く太い葉脈が目立つ。よく似たアカメイヌビワやギランイヌビワと異なり、全株無毛。ヤエヤマアオキの葉にも似るが、本種は互生。果嚢は大型で主に枝につき、表面に多数の白い皮目が散在する。樹皮は灰白色で平滑、気根は出さない。

葉は厚く光沢がある

先は丸いか、少し突き出て鈍い

×0.7

裏

主脈が太く白く目立つ。側脈は少ない

両面無毛ですべすべした触感

頂芽は長く尖る

熟した果嚢（7.12久米 H）

アカメイヌビワ ［赤芽犬枇杷］

F. benguetensis

常緑小高木（5–10m）**別**：コウトウイヌビワ **方**：カーブイ、カーブンギー、アカカブリ **分**：奄美群島、沖縄島、渡嘉敷、久米、石垣、小浜、西表、与那国。やや普通。**葉**：単葉／全緑／互生／長15–25㎝ **実**：緑～赤橙／楕円形／径1.5–2㎝ ◆主に非石灰岩の山地に生え、谷沿いに多い。葉は大きな長楕円形～倒卵形で、オオバイヌビワやギランイヌビワに似るが、新葉が赤褐色を帯び、葉柄にさび色の毛が散在する点で見分けられる。果嚢は葉腋にもつくが、幹に密集してこぶ状につくことも多い。

赤い若葉が目立つ（3.16国頭H）

幹生果（8.2名護H）

果嚢
普通は緑色
（9.7西表O）

裏

先端は短く突き出て鈍い

表は粗毛が点在するか無毛、裏は脈上に粗毛が残る

×0.7

若葉の裏 ×2.5
脈上に粗い毛が散生し、脈腋はしばしば蜜腺状になる

若葉は赤みを帯び、葉脈のしわが目立つ

葉柄は1–3㎝でギランイヌビワより短く有毛

若枝や葉柄はさび色の粗い毛が生える

ギランイヌビワ ［宜蘭犬枇杷］

F. variegate

常緑高木（8–20m）**別**：コニシイヌビワ　**方**：アハカブリ　**分**：宮古、石垣、小浜、西表、与那国。やや普通。**葉**：単葉／全縁、時に鋸歯縁／長10–25㎝　**実**：緑～紅／扁球形／径1–2㎝／ほぼ通年

◆先島地方の河川に近い林内などに生え、時に大木になり板根がよく発達する。葉は卵形、側脈は4–8対で、基部から出る1対が3行脈状になる。普通全縁だが、若木は鋸歯が出ることも多い。アカメイヌビワに似るが、葉柄がより長く無毛で、葉の最大幅が基部寄りにある点でも見分けられる。果嚢は幹や枝の突起から数個ずつ出て、しばしば根元から上部までびっしりとつく。オオバイヌビワやアカメイヌビワとともに、ヤエヤマオオコウモリが好んでこの果実を食べる。台湾～インド、オーストラリアにも分布し、「ギラン」は台湾の地名。

裏

通常は全縁だが粗い鋸歯が出ることもある

先は突き出て尖る

アカメイヌビワより厚く、表は無毛で光沢が強い

×0.7

裏は脈上に微毛があるか、無毛

基部の側脈が長く伸びて目立つ

葉柄は赤褐色を帯びほぼ無毛。長さ3–10㎝と長い

葉。若葉は多少赤みを帯びる（10.14 石垣 H）

幹生果（9.3石垣 O）

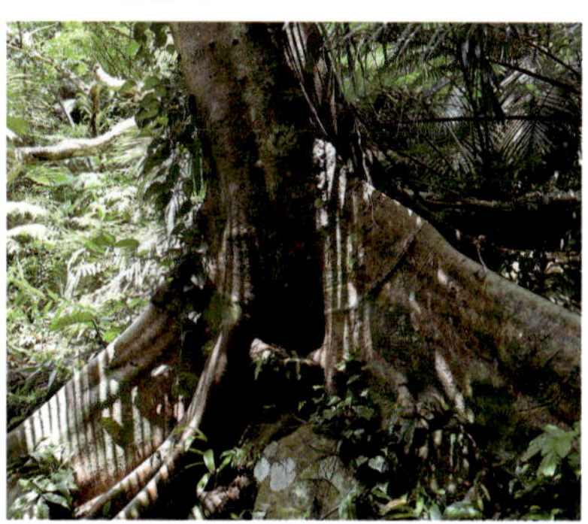

発達した板根（3.18西表 O）

イヌビワ ［犬枇杷］

F. erecta

落葉低木（2–5m）**別**：イタビ **方**：アンマーチーチー、イチャブ、スタビ **分**：関東地方～先島諸島。普通。**葉**：単葉／全縁／互生／長8–20㎝ **実**：赤～黒紫／球形～楕円形／径1–3㎝／秋

◆低地～山地の林縁などに広く生える。琉球産のイチジク属で唯一の落葉樹で、本土では果嚢は通常径1–2㎝だが、琉球ではハエが寄生し肥大したものも見られる。普通は全株無毛で、葉は独特の卵状楕円形。葉が細長いものは品種**ホソバイヌビワ** f. sieboldii と呼ばれ、混在して見られる。葉や若枝、果嚢などに軟毛が多いものは変種**ケイヌビワ** var. beecheyana と呼ばれ、淡路島、小豆島、鹿児島県三島、口之永良部島、トカラ列島～先島諸島、大東諸島に分布。沖縄島中南部ではむしろケイヌビワの方が多いが、毛の量は様々で、基準変種イヌビワと区別しないこともある。

秋～冬は黄葉する（1.31本部 H）

上：熟した雌果嚢（9.12沖縄）
下：大型化した雄果嚢（7.6名護 O）

ケイヌビワの花嚢
（11.27南城 H）

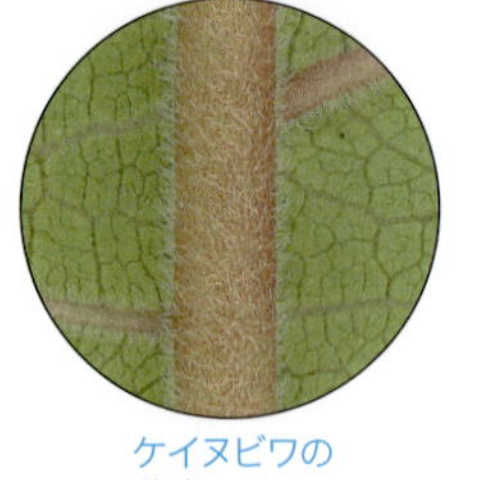

ケイヌビワの葉裏 ×3
特に裏面脈上に毛が多い

ホソバイヌビワ

ケイヌビワ

両面全体に軟毛があり、手触りで分かる

×0.6

イヌビワ

全体無毛。陽地では厚く光沢が出ることもある

×0.6

縁は波形になることもある

葉身基部は湾入する

葉柄や若枝にも毛が生える

枝葉をちぎると白い乳液が出る

裏
×0.6

果実をつけた枝(2.18読谷 H)

落ちた果嚢と断面(5.14那覇 H)

壁面をはう幼い枝葉(6.14読谷 H)

樹幹を覆う幼形葉(12.8石垣 O)

オオイタビ ［大薜荔］

F. pumila

常緑つる性木本(気根) **別**:フィカス・プミラ **方**:チタ、イシバーギー、ヒンスーカザ **分**:関東南部〜先島諸島、大東。普通。壁面緑化、観葉植物。**葉**:単葉/互生/全縁/長5–10㎝(幼形葉は1–3㎝) **実**:青紫〜藍/卵形/径3–4㎝/秋〜初夏

◆沿海地の岩上や林縁の樹幹、集落内の石垣、塀などによく見られ、茎から気根を出して一面を覆う。果嚢をつける枝の葉(成形葉)は、厚く丸みを帯びた三角形〜卵形で、イタビカズラやヒメイタビに比べて幅広く、先端は鈍頭。幼形葉は極端に小さく、密生して壁面や樹幹に張りつく。果嚢はかなり大きく、よく結実する。幹や果嚢を傷つけると白い乳液が出ることは本属共通の特徴。幼形葉を主体とした栽培品種が「プミラ」の名で園芸用に出回っている。

イタビカズラ ［薜茘葛］

F. sarmentosa subsp. nipponica

常緑つる性木本（気根） **分**：本州～奄美、沖縄島、石垣、西表。やや稀。**葉**：単葉／互生／全縁／長5–15㎝ **実**：緑／球形／長1㎝前後 ◆山地の樹上や岩上をよじ登り、最大でつるの直径5㎝、長さ20ｍにもなる。葉はオオイタビやヒメイタビに比べ、先端が狭まって長く伸びる。幼い枝の葉もほぼ同形で、ほとんど小型化しない。

果嚢をつけた枝（3.27 国頭 H）

表は緑色で
光沢があり、
無毛
葉先はやや
尾状に伸び
て尖る
×1
裏
若枝は褐色の
毛が生える
裏は帯白色でほぼ無
毛。オオイタビやヒ
メイタビに比べ網脈
は目立たない
側脈は60°
前後の角度
で出る

ヒメイタビ ［姫薜茘］

F. thunbergii

常緑つる性木本（気根）**方**：イシマチ **分**：関東～奄美、徳之、沖縄諸島、石垣、西表。やや稀。**葉**：単葉／互生／全縁（幼形葉は鈍鋸歯縁）／長2–6㎝ **実**：緑／球形／径2㎝前後 ◆山地の岩場や樹幹を覆って垂れる。オオイタビに似るが葉も果嚢も小さく、沿海地には少ない。葉裏や若枝に開出毛が多いことがよい区別点。

幼形葉は鈍い鋸歯が出る（11.11 国頭 H）

成形葉（12.14 大和 O）

葉先はやや
尖るか鈍い
葉裏 ×3
裏面脈上に開
出毛が多い
裏
×1
表は毛が散生
するか無毛

主茎から伸びた側枝（12.7西表 O）

若い果実（2.2西表 O）

カカツガユ ［和活柚］

M. cochinchinensis
var. gerontogea

常緑半つる性低木（2–10m）**別**：ヤマミカン **方**：ハビギ、カミノツマ、カビギ **分**：山口、四国南部、九州～先島諸島。やや稀。**葉**：単葉／全縁（幼木は鈍鋸歯縁）／互生／長3–8cm **花**：淡黄／球形の頭状花／雌雄異株／初夏 **実**：橙／径1.5–2cmの集合果／秋

◆海岸林や岩場などに生える低木状～つる性の常緑樹で、枝が変化した長さ1–2cmの鋭い刺がある。枝はよく分枝して他の木や岩に絡んで長く伸び、大きなものでは長さ20m、幹径10cm以上に達する。葉は丸みのある楕円形で無毛、目立たないが先端に短い針状突起がある。幼木の葉は小型でしばしば鋸歯があり、雰囲気が異なる。集合果は表面がごつごつしたミカン状で食べられる。

表面は光沢がある

×1

葉腋の刺
（6.5国頭 H）

幼木の葉
×1

裏

葉先は鈍く、先端に微突起がある

裏 ×1

幼木では数対の鈍鋸歯が出ることが多い

両面無毛で、裏は葉脈の網目が少し見える

シマグワ ［島桑］

M. australis

半落葉小高木（2–12m）**別**：ヤマグワ、クワ **方**：クワーギー、クワギ、コンギー **分**：北海道～先島諸島、大東。ごく普通。養蚕用にかつて栽培。**葉**：単葉（1–5裂）／互生／鋸歯縁／長6–15㎝ **花**：黄緑／雄花序は長2–3㎝／主に春・初夏 **実**：赤～黒紫／長2㎝前後の集合果／主に晩春・夏

◆主に低地の林縁や道端、原野などに生える。果実は食べられ、葉はヤギやカイコの餌に利用される。葉形に変異が多く、若木や徒長枝の葉は3–5つに中～深裂するが、成木の葉は大半が不分裂の広卵形。九州以北に産するヤマグワと同一とされるが、琉球産のものは一般にシマグワと呼ばれ、葉の毛が少なく、鋸歯は丸みが強く、裂片が細く先がより長く伸びるなどの違いがあり、別種とする見解もある。琉球では冬も葉を落とさない個体も多く、開花は年２回以上で、台風などで落葉する度に開花結実することが多い。中国原産のマグワ M. alba は稀に栽培される程度で見かけない。

雄花序と若葉（3.22奄美 O）

果実をつけた枝（7.1読谷 H）

果実の表面に花柱が残る。本土産のヤマグワより甘味が強い（8.13読谷 H）

樹皮は平滑で皮目が多く、古い木はひび割れる（H）

先は尾状に伸びて尖る

鋸歯の先はやや丸みがある

成木の葉 ×0.7

表面はざらつき、日なたの葉ほど光沢が強い

若枝は無毛

幼木の葉 ×0.3

複雑に裂ける葉もある

若木の葉 裏 ×0.7

脈沿いに開出毛が多少生えるか、ほぼ無毛

木の葉（10.12 糸満 H）

果実は大きい（6.25 国頭 H）

カジノキ ［梶木］

B. papyrifera

半落葉小高木（4–10m） **方**：カビギ、ハビギー、カビンギー **分**：関東〜先島諸島、大東。やや普通。和紙原料としてかつて栽培。国内のものは野生化ともいわれる。**葉**：単葉（1–5裂）／互生・対生／鋸歯縁／長10–20㎝ **花**：緑白（雄）、淡紅（雌）／春 **実**：橙／径約3㎝の集合果／初夏

◆低地の林縁や明るい林に生え、石灰岩地に多い。シマグワに似て葉形に変異が多く、幼い個体ほど葉に切れ込みが多く、成木の葉は大半が不分裂になる。葉や若枝に粗い毛が多いことや、質が厚く表面に細かいしわが多いこと、対生と互生が混在することでシマグワと区別できる。中国南部〜熱帯アジア、ポリネシアなどに広く分布し、樹皮から繊維をとるため古くから各地で栽培され、正確な原産地は不明。同属で和紙原料として栽培されるコウゾと、本州〜屋久島に自生するヒメコウゾが奄美大島から記録されているが、現状は不明で、どちらも一時的に野生化していたものと思われる。

雄花序
（3.31 西原 H）

樹皮は縦すじが入る（国頭 H）

若木の葉
×0.6

表は光沢はあまりなく、硬い短毛が散生しざらつく

成木の葉はやや左右非対称の卵形。裏面は毛が密生し白っぽい

成木の分裂葉
×0.15

葉裏と葉柄 ×2
葉裏脈上や葉柄に粗毛が多い

成木の葉
裏 ×0.6

イラクサ科 Urticaceae ハドノキ属 Oreocnide

ハドノキ

O. pedunculata

常緑小高木（2–8ｍ）**分**：伊豆諸島〜紀伊半島、四国南部、九州南部〜奄美群島、沖縄島、久米、石垣、西表。やや普通。**葉**：単葉／互生／鋸歯縁／長6–15㎝ **花**：赤紫・白／冬〜春 **実**：白／径約5㎜／春〜夏 ◆山地〜低地の谷沿いや林縁に多く生える。葉は長楕円形で、赤みを帯びる葉柄や3行脈が特徴。近縁で葉裏が白いイワガネ O. frutescens は種子島が南限。

果実は白色で可食（3.13嘉津宇岳 H）

先はやや尾状に伸びて尖る

表は伏毛が散生するかほぼ無毛

×0.7

3行脈が目立つ

裏 ×0.7

裏は淡緑色で脈上に少し伏毛があるか、ほぼ無毛

葉柄や葉裏の脈は普通赤みを帯びる

雄花
（3.23奄美 O）

ヌノマオ属 Pipturus

ヌノマオ　［布苧麻］

P. arborescens

常緑低木（2–5ｍ）**別**：オオイワガネ **方**：ヤモーキ **分**：沖縄島（稀）、八重山列島。やや普通。**葉**：単葉／互生／鋸歯縁／長7–20㎝ **花**：緑白／冬〜夏 **実**：白／径約1㎝の集合果／夏〜冬 ◆低地の林縁や道端などに群生する。葉裏は真っ白で草本のナンバンカラムシに似るが、葉は一回り大きく、しわが少なく、明瞭な木本になる。

葉は光沢がある（3.14石垣 H）

先は尾状に伸びて尖る

表は伏毛が散生しざらつく

×0.6

3行脈が目立つ

裏

裏は伏毛が密生し白い

葉柄が10㎝以上と長い葉も多い

雌花
（5.16うるま H）

裏

縁は目立たない細鋸歯がある

果実
(4.3国頭 H)

×0.8

3行脈がある

裏は白い綿毛が密生する

表面は伏毛が散生する

×0.8

対生する葉は大小異なることが多い

葉柄も伏毛が多い

長い3行脈があり、裏は脈上に伏毛が多い

裏

雄花
(3.22国頭 H)

崖に生えた個体(3.21本部 H)

ヤナギイチゴ ［柳苺］

D. orientalis

半落葉低木(1–3m) **方**:クワハチャグミ **分**:関東南部〜奄美群島、沖縄島、久米、石垣、西表。やや稀。**葉**:単葉/互生/鋸歯縁/長6–15cm **花**:白・紅/腋生の団集花序/春 **実**:橙/径約7mmの集合果/春 ◆山地の谷沿いや道端に生え、奄美大島では時に群生する。葉はヤナギのように細い。果実は花被が多肉化してキイチゴ状。

果期。果実は可食(4.3国頭 H)

ヤナギバモクマオ

B. densiflora ［柳葉木苧麻］

常緑低木(0.5–4m) **別**:ヤナギヤブマオ、モクマオ **分**:沖縄諸島。やや稀。**葉**:単葉/対生/鋸歯縁/長3–15cm **花**:黄白・紅/長5–25cmの穂状花序/春 **実**:赤/夏 ◆低地〜山地の岩場や崖に生え、時に群生する。葉は細長い卵形で、対生するので類似種と区別できる。花序は長く目立つ。台湾、中国南部、フィリピンに分布。

若い果序(4.3国頭 H)

オキナワジイ ［沖縄椎］

C. sieboldii subsp. lutchuensis

常緑高木（10–25m） **別**：イタジイ、シイ **方**：シィジャ、シイギ **分**：奄美群島～沖縄諸島、石垣、西表、与那国。ごく普通。**葉**：単葉／互生／全縁・鈍鋸歯縁／長5–11cm **花**：淡黄／腋生の穂状花序／春 **実**：褐／卵円形／長1.5–1.8cm／秋

◆琉球の非石灰岩の山地林を構成する最も主要な木で、大木は板根が発達する。鋸歯のある葉とない葉が混在し、裏は金色を帯びる。基準亜種で本州～トカラ列島に分布するスダジイと同一とされることもあるが、葉がやや薄く枝もやや細く、樹皮は浅裂し、堅果は丸いものから細長いものまであるなど、ツブラジイ（コジイ；東海～種子島に分布）C. cuspidataとの中間的な印象がある。スダジイは殻斗の鱗片状突起の先がやや反り、堅果の幅は通常1cm以下だが、本亜種は鱗片状突起が殻斗に合着し、堅果の幅はしばしば1cmを超す。

オキナワジイの林。台風の影響で枝先に葉が茂る樹形が多い（12.18国頭 H）

春はクリーム色の雄花序が樹冠を覆う（3.29国頭 H）

雄花（3.27国頭 H）

葉先は尾状に伸びて尖る

鈍い鋸歯のある葉と全縁の葉が混在する

×1

裏 ×1

裏

基部は葉柄に流れ、葉柄は概ね1cm以下

裏は光沢のある鱗毛が密生し、金色を帯びた灰褐色

堅果。殻斗は3裂する（10.16西表 H）

樹皮は淡褐色で縦に裂ける（大宜味 H）

雄花序は長さ5–12㎝（5.6金武H）

早くも熟し始めた堅果（9.12沖縄H）

マテバシイ ［馬手葉椎］

L. edulis

常緑高木（10–20m）**方**：クダン、クダンカシ、ドゥングリギー **分**：関東〜奄美（稀）、伊平屋、沖縄島、座間味、久米。やや稀。時に街路樹、公園樹。**葉**：単葉／互生／全縁／長8–22㎝ **花**：黄白／腋生の穂状花序／初夏 **実**：褐／堅果／長楕円形／長2–3㎝／秋

◆山地の尾根沿いにしばしば小規模な林をつくる他、土壌の薄い海岸近くにも生える。葉は厚く、やや長い倒卵形〜長い楕円形で、枝先に集まってつく。平行に並ぶ側脈が目立ち、葉身は基部で葉柄に流れる。本土では葉が倒卵形の個体が多いが、琉球では葉が細く楕円形状の個体も多い。樹皮は白っぽい灰褐色で縦すじが入る。ナラ類やクヌギが分布しない沖縄では、どんぐりの木としても馴染み深い。

×0.9

裏

葉先は丸いかやや突き出て鈍い

主脈から45–60°で出る7–12対の側脈が目立つ

若枝は浅い稜があり、頂芽は小型

裏はやや褐色を帯びた緑白色で、細かい鱗毛があるか無毛

台風で乱れた樹形が多い（5.13名護H）

葉は枝先に集まる（12.30恩納H）

オキナワウラジロガシ

Q. miyagii ［沖縄裏白樫］

常緑高木（10–30m）**別**：ヤエヤマガシ **方**：カシ、マガシ **分**：奄美、徳之、沖永、沖縄島、久米、石垣、西表。やや稀。八重山列島ではやや普通。**葉**：単葉／互生／鋸歯縁、時にほぼ全縁／長8–18㎝ **花**：淡褐／雄花序は長7–30㎝で下垂／冬〜春 **実**：褐／堅果／扁球形／長3㎝前後／秋

◆山地の主に谷沿いに生え、優占林をつくる。日本産ブナ科の中で最大のどんぐり（堅果）をつけ、特に八重山列島産は大きい。葉は長い楕円形でウラジロガシに似るが、一回り大きく、鋸歯が低く全縁に近い葉も多く、小枝はより濃い褐色。大木になると板根がよく発達する。アマミアラカシに比べると樹皮は白っぽく平滑で、幹の周りから萌芽枝はほとんど出さない。

樹形（10.14石垣 H）

発達した板根（12.15奄美 O）

葉は枝先にやや集まる（2.3西表 H）

長く垂れ下がった雄花序。若葉は鮮やかな黄緑色（3.2恩納 H）

葉先は次第に狭まり長く尖る

×1

鋸歯は低く、時にほぼ全縁。縁はやや波打つ

堅果
（10.16西表 H）

裏は普通白みが強いが、あまり白くないものもある

脈沿いに絹毛があるかほぼ無毛

裏 ×1

小枝は次第に暗褐色を帯びる。ウラジロガシは灰白色

花期。垂れ下がる雄花序が目立つ（3.30今帰仁 H）

落ちた堅果（11.17宜野座 H）

葉先はやや尾状に伸びて尖ることが多い

普通は先半分に鋭い鋸歯がある

×1

裏

葉形に変異が多く、鈍鋸歯の葉やかなり細い葉も見られる

裏 ×1

裏は淡緑色で多少白みを帯びることもあり、ほぼ無毛

個体や枝によって、葉身が葉柄に流れ、葉柄が短い葉もある

アマミアラカシ ［奄美粗樫］

Q. glauca var. amamiana

常緑高木（5–20m）**方**：カシギ、コーカー **分**：奄美、徳之、沖永、沖縄島、石垣?。やや稀。**葉**：単葉／互生／鋸歯縁／長8–18㎝ **花**：黄緑／雄花序は下垂し長4–10㎝／春 **実**：褐／堅果／楕円形／長1.5–3㎝／秋

◆石灰岩地の岩場に多く、奄美大島、徳之島ではやや普通だが、他は少なく、石垣島での採集記録は1件のみ。葉は長い楕円形〜狭い倒卵形で、先半分に鋸歯がある。時にオキナワウラジロガシと紛らわしいが、通常は葉がより広く、裏の白みは弱く、鋸歯は鋭く、樹皮は暗色で大木では幹の周りから萌芽枝が出ることが多い。本州〜屋久島に分布する基準変種のアラカシに比べると、葉が細長く裏はあまり白みを帯びず、堅果はより大型。

葉は枝先にやや集まる（1.5浦添 H）

樹皮は暗褐色でややざらつく（国頭 H）

ブナ科 Fagaceae コナラ属 Quercus

ウラジロガシ ［裏白樫］

Q. salicina

常緑高木（5–20m）**分**：本州〜屋久、奄美、徳之、沖縄島、与那国。奄美群島はやや普通、沖縄島は稀。**葉**：単葉／互生／鋭鋸歯縁／長7–15㎝ **花**：黄緑／冬〜春 **実**：堅果／長1.5–2㎝ ◆日本の暖温帯を代表するカシ類で、奄美群島や与那国島では比較的多いが、沖縄島では北部山地に稀で、石垣島や西表島には分布していない。

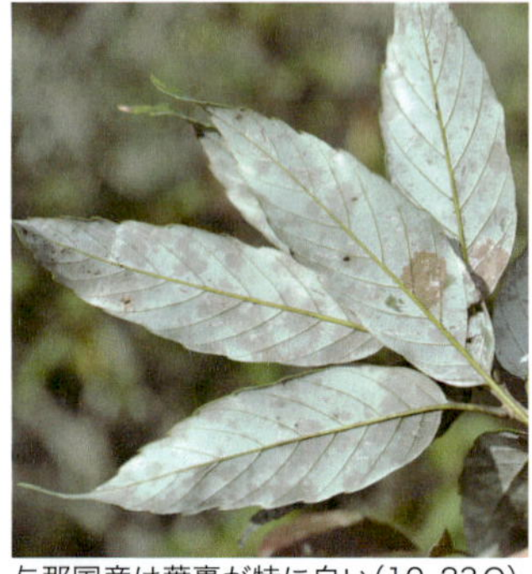
与那国産は葉裏が特に白い（10.23O）

鋸歯はオキナワウラジロガシより鋭い

×0.8

枝 ×1.3

小枝は灰白色でオキナワウラジロより色が淡い

縁は波打つ

裏は粉白色でほぼ無毛

裏 ×0.8

ウバメガシ ［姥目樫］

Q. phillyreoides

常緑高木（5–10m）**方**：フルフギー **分**：関東〜トカラ列島、伊平屋、伊是名、沖縄島。稀。庭木、生垣。**葉**：単葉／互生／鋸歯縁／長2–6㎝ **花**：淡黄／春 **実**：堅果／長2–2.5㎝ ◆伊平屋島と伊是名島では乾いた疎林に群生地があるが、沖縄島の自生個体は数本のみ。南西諸島では、葉裏に星状毛が宿存する品種ケウバメガシ f. wrightii と呼ばれる個体が多い。

樹皮は縦にひび割れる（O）

岩尾根の自生地（2.20伊平屋 O）

通常のウバメガシの成葉の裏は無毛で緑色

裏

葉は厚く先が丸く、縁がやや裏に巻き込む

ウバメガシ

×1

ケウバメガシは成葉でも褐色の星状毛が密生。葉の大小は変異がある

裏 ×1

ケウバメガシ

若枝や葉柄は褐色の星状毛が密生

果実は甘酸っぱい(5.5国頭H)

樹皮は白っぽく縦すじが入る(国頭H)

ヤマモモ ［山桃］

M. rubra

常緑高木(5–20m) **方**:ヤマムム、イシムム、ムンヌク **分**:関東～沖縄諸島、石垣、小浜、西表、与那国。やや普通。公園樹、庭木。**葉**:単葉/互生/全縁、時に鋸歯縁/長7–16cm **花**:赤～褐/長1–4cmの穂状花序/雌雄異株/冬～春 **実**:赤/径1–2cm/春～初夏

◆山地の尾根付近や乾いたやせ地によく生える。石灰岩地には生育せず、植栽も本土に比べると少ない。葉は細長いヘラ形でややしわが目立ち、枝先に集まる。成木の葉は普通全縁だが、若木や日陰の葉は鋸歯が出ることが多く、ホルトノキやヤマモガシの若木の葉と似ている。熟した果実は生食できる他、泡盛に漬けて果実酒にもされる。

雌花

(3.27国頭H)

若木や日陰の葉は低い鋸歯が疎らにある

日影の葉 裏 ×0.9

幼木の葉は鋭く粗い鋸歯がある

幼木の葉 ×0.9

葉先は鈍い～尖る

成木の日なたの葉は全縁

×1

両面無毛。裏は葉脈が多少隆起する

裏

葉脈がしわになることが多い

トクサバモクマオウ

C. equisetifolia　［木賊葉木麻黄］

常緑高木（7–25m）**別**：トキワギョリュウ、モクマオウ　**方**：メリケンマツ　**分**：オーストラリア～マレーシア原産。南西諸島や小笠原に野生化。普通。防風林、公園樹、街路樹。**葉**：鱗片葉／輪生／離生部は長約1mm　**花**：褐（雄）、赤（雌）／春　**実**：褐／球果状／長1–2.3cm／秋

◆戦後、防風・防潮林として多用され、やせ地や砂浜などに広く野生化している。マツの葉のように見えるのは細長い枝（葉状枝（ようじょうし））で、普通7（6–8）本の稜があり、トクサのような節に鱗片葉が稜の数だけ輪生する。よく似たオーストラリア原産の**カニンガムモクマオウ** C. cunninghamiana は稜や鱗片葉が8–10個あり、やや普通に植栽・野生化が見られる。他に、低木で球状の樹形になるタマモクマオウ C. nana などが植栽される。

台風の影響を受けた樹形。しばしば板根が発達する（1.16恩納 H）

樹皮は縦に細かくはがれる（石垣 H）

トクサバモクマオウの雄花（3.25石垣 O）
カニンガムモクマオウの雌花（4.11読谷 H）

球果状の集合果（8.14伊江島 H）

トクサバモクマオウ ×1

カニンガムモクマオウ ×1

枝と鱗片葉 ×5
正面から見ると普通3個の稜（線）と鱗片葉が見える

節間は普通4–7mm

節間は普通5–10mm

若枝は緑色で葉状に伸びる。はじめ毛が多く次第に減る

枝と鱗片葉 ×5
正面から普通4個の稜と鱗片葉が見える

雄花序は長く垂れる（12.5うるまH）

樹皮（国頭）果穂（7.8うるまH）

タイワンハンノキ ［台湾榛木］

A. japonica var. formosana

落葉高木（7–25m）**方**：ハンヌチ **分**：台湾原産。徳之、沖縄島、久米などで野生化。やや普通。**葉**：単葉／互生／鋸歯縁／長6–13㎝ **花**：黄緑～褐／秋～春 **実**：黒褐／果穂は長1–2㎝の球果状／秋（枝にほぼ通年残る）

◆明治時代に材木用に導入され、荒廃地や法面の緑化にも用いられた。現在は山地の谷沿いや林道沿いの斜面、開けた場所などに野生化し、大木も多い。北海道～九州に分布する基準変種のハンノキと区別しない見解もあるが、琉球で見られる個体は葉が広く丸み強い傾向があり、樹皮は平滑か浅く裂ける程度で、乾いた場所にも生える点などでかなり異なり、別種 A. formosana とする見解もある。

タイワンハンノキの樹形（9.3国頭H）

タイワンハンノキ

褐色の細点が葉裏全面や葉柄、枝などに散らばる

鋸歯は低く鈍い

×0.9

裏 ×0.9

基部は丸いか広い三角形

葉脈は突出し、脈腋に毛叢が少しある

鋭い重鋸歯がある

オオバヤシャブシ

×0.5

直線的な側脈が多数並び目立つ

オオバヤシャブシ

A. sieboldiana ［大葉夜叉五倍子］

落葉小高木（3–15m）**分**：関東～近畿、伊豆諸島、トカラ列島（諏訪之瀬）?に自生。本州～九州、屋久、奄美などで時に野生化。**葉**：単葉／互生／鋸歯縁／長6–15㎝ **花**：黄緑褐／雄花序は長約5㎝／春 **実**：黒褐／長2–3㎝の球果状／秋（枝にほぼ通年残る）◆林道の法面緑化などに導入され野生化。葉は広卵形で平行脈が目立ち、樹皮は不規則に割れる。

コクテンギ ［黒檀木］

E. carnosus

半常緑小高木（2–12m） **別**：クロトチュウ、バタカンマユミ **方**：ジュリグワーギー、フシマギ、ビーパーシガラ **分**：九州南部、トカラ列島〜先島諸島、大東。やや普通。**葉**：単葉／3輪生・対生（稀に互生）／鋸歯縁／長7–15㎝ **花**：緑白／4弁／腋生の集散花序／春〜初夏 **実**：淡黄〜橙／径約1.5㎝／4稜／秋

◆海岸や石灰岩地の林に点在する。マサキと本土産のマユミの中間的な雰囲気があり、葉は倒卵形状でやや細長く、枝先に集まって3輪生することが多いが、対生や互生のこともある。葉形に変異が多く、幼木の葉はかなり細長い楕円形になることが多い。常緑性だが、環境によっては秋〜冬に赤く紅葉し、かなり落葉することもある。低木状の個体から、樹高10m、幹径25㎝に達する高木状の個体まで見られる。

花はマサキより大型（2.10南城 H）

樹皮は淡褐色で縦すじが入る（名護 H）

葉（1.19那覇 H）

若い果実
（8.26西表 O）

枝先の葉は特に細長いことが多い

×1

先はやや伸びて尖る

広い葉裏 ×1

葉はやや薄く、明るい緑色

両面無毛で、葉脈はあまり見えない

枝は4稜があり、1・2年枝とも緑色

先はあまり伸びずに尖る

葉はやや硬い質感で、両面無毛

×1

鋸歯は低く鈍い

葉柄は短く、赤みを帯びる

裏

表はやや濃い緑色で側脈は不明瞭

裏は3–4対の弓状に曲がる側脈が少し見える

枝は4稜があり、若枝は赤みを帯び、2年枝は褐色

リュウキュウマユミ

E. lutchuensis ［琉球真弓］

常緑低木（1–4m） **方**：ギーファーギ **分**：九州南部、屋久、トカラ、奄美群島、沖縄島、久米、石垣、西表、与那国。やや普通。**葉**：単葉／対生／鋸歯縁／長3–7cm **花**：黄緑／春〜初夏 **実**：径約1cm／冬 ◆山地林内に点在し、枝や幹は細く貧弱な印象。細長い卵形の葉が特徴的だが、広い葉もある。集散花序の柄は長く垂れる。

花期（4.23） 果実（1.27国頭H）

ヤンバルマユミ ［山原真弓］

E. tashiroi

常緑低木（1–4m） **方**：フチマウトゥ **分**：沖縄島、石垣、西表。やや稀。**葉**：単葉／対生／鋸歯縁／長4–8cm **花**：淡黄／径約1.5cm／初夏 **実**：褐／4分果で1–3個のみ成熟 ◆山地の林内に生える。葉はリュウキュウマユミより幅広くやや厚く、菱形状で濃い緑色。赤みを帯びる葉柄や若葉も特徴。花序の柄は短い。

若葉（12.18国頭） 果実（10.14石垣H）

ヒゼンマユミ ［肥前真弓］

E. chibae

常緑小高木（5–10m） **方**：イジュミチ **分**：山口、徳島（絶滅）、九州、トカラ（悪石）、沖縄島。稀。**葉**：単葉／対生／全縁〜鈍鋸歯縁／長5–12cm **花**：黄緑／4弁／初夏 **実**：黄〜橙／径1.5–2.5cm／4裂／秋〜冬

◆沖縄島では主に古生層石灰岩地に分布し、山地〜低地の林内に点在する。葉は楕円形で普通は先半分に鈍鋸歯があるが、広狭や鋸歯の有無に変異があり、沖縄島の個体は九州産個体に比べると、ほぼ全縁で幅広い葉が多い印象がある。果実は本属の日本産種中で最大になり、ブドウの粒ほどの果実が多数ぶら下がる様子は見応えある。大きな個体は幹径40cmを超える。国外では朝鮮半島南部に分布。

花期（3.30大宜味H）

若い果実（6.5国頭H）

花と同時に結実した個体（3.30大宜味H）

果実は蒴果で、4裂し朱色の種子を出す（3.30大宜味H）

若木の葉（2.13嘉津宇岳H）

樹皮は淡褐色で細かく縦裂（H）

アバタマユミ ［痘痕真弓］

E. spraguei

常緑つる性木本（気根）**別**：トゲマユミ、アバタマサキ **分**：奄美群島、沖縄島、西表。稀。**葉**：単葉／対生／鋸歯縁／長1.5–7㎝ **花**：淡黄／腋生の集散花序／4弁／初夏 **実**：橙／扁球形／径約5㎜

◆山地の渓流沿いや石灰岩上に生え、岩や樹幹に登り高さ1–8mになる。葉は卵形〜菱形状でツルマサキに似るが、質がやや薄く、先がやや尖る。葉形に変異があり、地をはう枝の幼形葉は小さな楕円形で、一つの枝に幼形葉と成形葉が混在することもある。果実は軟刺があり、軟刺が落ちた痕がまだら模様になることが名の由来。従来学名はE. trichocarpusが当てられることが多かった。また、ニイタカマユミの和名があてられたこともあり、和名や学名は定まっていない。国外では台湾などに分布する。

葉（10.31大宜味H）

幼形葉（2.22国頭）（3.23名瀬O）

期（5.5本部H）

花（5.5本部H）

幼形葉 ×1

気根

地をはう枝の葉は小型で先が丸い

緑は低い鋸歯があり、よく波打つ

×1

両面無毛で、裏は葉脈が少し見える

裏

先はやや突き出て鈍い

×1

果実（8.11本部H）

裏

葉は紙質でやや薄い

小枝は緑色。弱い4稜がある点でツルマサキと異なる

マサキ ［正木］

E. japonicus

常緑低木（2–6m）**方**：トートーメーギ、ビビンギ　**分**：北海道～先島諸島。やや普通。生垣、庭木。**葉**：単葉／対生／鈍鋸歯縁／長4–10㎝　**花**：淡緑／4弁／初夏　**実**：紅～橙（種子）／径1㎝前後／冬 ◆海岸近くの林や岩場に生える。葉は楕円形～倒卵形、時にほぼ円形で厚く、本土産の個体に比べ幅広く大きい傾向がある。

花は集散花序につく（7.5黒島 O）

果実
4裂し種子が露出（1.10うるま植栽 H）

×1

先は鈍いかやや尖る

裏

両面無毛で裏は葉脈が少し見える

枝は白みを帯びた緑色で無毛、稜はない

リュウキュウツルマサキ

［琉球蔓正木］

E. fortunei var. austroliukiuensis

常緑つる性木本（気根）**分**：奄美、徳之、石垣、西表。稀。**葉**：単葉／対生／鋸歯縁／長2–6㎝　**花**：黄緑／夏　**実**：径5–6㎜ ◆琉球での分布は遺存的で、高地の山頂近くの岩場や樹幹をはう。幼形葉は楕円形で、表面の葉脈や裏面が白っぽい。北海道～九州に分布する基準変種ツルマサキに比べ、葉は小型でやや薄く、丸みが強い。

幼形葉（3.17湯湾岳 O）

若枝には稜がなく丸く、白いつぶ状突起が密にある

小型の葉
×1

両面無毛

葉（3.25於茂登岳 O）

葉裏と枝（3.29於茂登岳 O）

ハリツルマサキ ［針蔓正木］

G. diversifolia

常緑半つる性低木（0.3–2m）**別**：トゲマサキ **方**：マッコウ **分**：奄美群島～先島諸島。普通。庭木、盆栽、生垣。**葉**：単葉／互生／鈍鋸歯縁／長1–3㎝ **花**：白／葉腋に単～束生／夏～秋 **実**：赤／長約6㎜／夏～冬

◆海岸近くの石灰岩上に生える。幹や枝は匍匐し、岩場をはう個体が多いが、幹が立ち上がる個体もある。葉は倒卵形～円形に近い楕円形で、長枝に互生、短枝に束生し、葉腋や枝先に刺がある。同じ環境に生えるクロイゲと似るが、本種の方が葉が厚く丸く、色は明るく、鋸歯が明瞭。琉球では盆栽や庭木として古くから利用される一方で、軍配形の赤い果実がしばしばハート形になることから、近年は「ハートツリー」の名で鉢植え品が本土でも出回り始めている。

から枝を垂らした個体（5.3恩納 H）

（3.28屋我地島 H）

（8.21恩納 H）

果実（10.23与那国 O）

葉腋にしばしば長く鋭い刺がつく

枝は褐色の微毛が密生する

葉はやや硬い革質で光沢がある

葉先は丸いか凹む

×1

×1

裏は葉脈が少し見える。両面無毛

細い葉 裏 ×1

短枝では葉が束生する

古い幹の樹皮はコルク層が発達する（沖縄植栽 H）

モクレイシ ［木茘枝］

M. japonica

常緑低木（2–6m）**方**：ヤマジン、マラクスイク **分**：千葉、神奈川、伊豆諸島、伊豆半島、九州南部～沖縄諸島、石垣、西表、与那国。やや稀。**葉**：単葉／対生／全縁／長4–10㎝ **花**：緑白／腋生の集散花序／冬～春 **実**：緑・赤橙（種子）／楕円形／長1.5–2㎝／冬

◆低地～山地の林内に点在する。葉はスプーンのような丸みのある楕円形～倒卵形で、枝は紫色を帯びた濃い褐色で特徴的。モチノキ類の葉にも似るが、対生する点で明瞭に区別できる。雌雄異株で、果実は熟すと裂けて1個の赤い種子が露出する。関東南部に隔離分布することで知られ、国外では台湾に分布する。沖縄島などの山地では、葉が細く線形に近い個体が稀にあり、変種**ホソバモクレイシ** var. sakaguchiana に分ける見解もあるが、中間型もある。

雄花をつけた枝（2.11国頭H）

雄花（3.15笠利O）雌花（2.11国頭H

若木の枝葉（8.27伊平屋H）

裂開前の果実（2.11国頭H）

葉先は鈍いか丸い

表はのっぺりして光沢がある

×1

裏

両面無毛で側脈はやや不鮮明

枝は濃い紫褐色で、葉柄との境が明瞭

葉身基部は葉柄に流れる

種子

裂開した果実 ×1

ホソバモクレイシに近い個体

典型的なホソバモクレイシではこのような細長い葉が多い

×1

裏

ニシキギ科 Celastraceae **ツルウメモドキ属** Celastrus

は鈍いか
や尖る

脈は表面で凹み、裏面にやや隆起する

×0.8

裏

葉は楕円形〜
卵形で両面
無毛。表は光
沢がある

先が急に狭まり突き出る

果実
(10.17読谷H)

×0.8

歯は低
、鈍い

葉は丸みが強く、ほぼ円形〜楕円形で、弱い光沢がある

裏

葉柄は3cm
前後と長め

裏は葉脈が隆起し、全体無毛

果実
(12.19大宜味H)

枝は紫を帯びた濃い褐色で、白い皮目が目立つ

テリハツルウメモドキ

C. punctatus ［照葉蔓梅擬］

半常緑つる性木本（Z巻）**分**：山口、九州〜先島諸島。普通。**葉**：単葉／互生／鈍鋸歯縁／長3–8cm **花**：淡緑／5弁／春 **実**：黄・朱（種子）／径約8mm／秋〜冬 ◆沿海地の林縁や石灰岩地に生え、草木に登り高さ2–5mになる。リュウキュウツルウメモドキと似るが、葉はやや厚く小型で光沢が強く、花柄の関節は中央より上にある。

雄花（3.22恩納）

リュウキュウツルウメモドキ

C. kusanoi var. glaber ［琉球〜］

落葉つる性木本（Z巻）**別**：リュウキュウオオバツルウメモドキ **分**：トカラ、奄美、徳之、沖永、伊平屋、沖縄島、久米、石垣、西表。やや稀。**葉**：単葉／互生／鋸歯縁／長7–13cm **花**：淡緑／春 **実**：黄、赤／秋〜冬 ◆山地〜低地の林縁に点在。九州以北に産するオオツルウメモドキに似るが、枝葉は無毛。花柄の関節は中央より下にある。

高さ3–7mになる（7.10東H）

ホルトノキ科 Elaeocarpaceae ホルトノキ属 Elaeocarpus

ホルトノキ　［ほるとの木］

E. sylvestris var. ellipticus

常緑高木（5–20m）**別**：モガシ **方**：ツィンギ、ターラシ、タラサー **分**：関東南部～先島諸島。普通。街路樹、公園樹、庭木。**葉**：単葉／互生／鈍鋸歯縁／長5–14cm 幅1.5–3cm **花**：白／花弁は細裂／腋生の総状花序／初夏 **実**：青黒／楕円形／長1.5–2cm／秋

◆低地～山地の林に広く生え、大木では板根も発達する。葉は細長く、中央より先側で幅が最大になり、枝先に集まってつく。樹冠は葉がよく密生し、外観はヤマモモによく似るが、成木の葉も鋸歯があり、赤く紅葉した古い葉がちらほらと交じって一年中見られることが違い。幼木の葉はやや薄く長く、裏面の葉脈が赤みを帯び特徴的。果実はオリーブに似ており、オリーブを表していた「ポルトガルの木」が名の由来。

花（6.19嘉手納 H）

果実と紅葉した葉（11.4読谷 H）

新緑。紅葉した葉も多い（4.1恩納 H）

樹皮は多少橙色を帯び、平滑で縦すじが入る（大宜味 H）

樹下に紅葉した葉が落ちていることが多い

紅葉 ×1

若木の葉 裏 ×1

脈腋に膜状の付属物があり、ダニ室状になる

若い個体や日陰の葉は、葉脈がしばしば赤く色づく

低く鈍い鋸歯が全体にある。枝葉は無毛

×1

裏

花と若葉と紅葉（3.22 読谷 H）

枝葉を階層状に広げる（3.25 恩納 H）

コバンモチ ［小判黐］

E. japonicus

常緑高木（5−15m）**方**：チンギ、シラチグ、サーチグ **分**：紀伊半島、中国地方、四国、九州〜先島諸島。普通。**葉**：単葉／互生／鈍鋸歯縁／長5−12cm 幅3−6cm **花**：淡黄／腋生の総状花序／春 **実**：灰青／楕円形／長約1cm／秋

◆山地の林内に点在し、二次林にも多い。葉は小判のような楕円形で枝先に集まってつき、ホルトノキと同様に赤く紅葉した葉が一年を通じて少数交じる。葉柄や葉脈が赤みを帯びることが多く、葉柄の両端に膨らみがあることも特徴。果実は独特の碧色で美しい。樹皮は白っぽく平滑で、細かいしわが多い。

果実
（8.28 西表 O）

樹皮（名護 H）

裏

×1

葉裏の脈腋にしばしば膜がありダニ室状になる

葉先は尾状に伸びる

鋸歯は低く鈍い

葉柄の両端が少し膨らむ

両面ほぼ無毛

ナガバコバンモチ

E. multiflorus ［長葉小判黐］

常緑高木（2–15m）**別**：ナガバノコバンモチ **分**：石垣、西表。ごく稀。**葉**：単葉／互生／鈍鋸歯縁／長7–18㎝ 幅3–8㎝ **花**：白／5弁／総状花序／夏 **実**：灰青／楕円形／長約1.5㎝／秋〜春 ◆山地の林内に点在する。葉はコバンモチより大きく、葉柄の両端が関節状に膨らむことが特徴。台湾、フィリピン、インドネシアにも分布。

若葉（3.14西表 H）

先は鈍いか短く突き出る
低い鈍鋸歯がある
×0.5
裏
側脈は8–11対とコバンモチより多い。ほぼ無毛

幼木（2.18西表 C

ショウベンノキの単葉に似るが、互生なので見分けられる

葉柄の関節

葉柄は比較的短く両端が膨らむ

マングローブ樹木の検索表

琉球に自生する主要なマングローブ樹木は以下6種とニッパヤシ。海水に水没する塩性湿地に生育するため、葉は厚く、支柱根や呼吸根が発達するものが多い。

【樹形による検索】

A. 幹の途中からタコ足状の大きく湾曲した支柱根（支持根）を多数出す ………… **ヤエヤマヒルギ** p.195

A. 湾曲したタコ足状の支柱根は出さない。

 B. 幹周辺の地中から針状の呼吸根（筍根）を出す。

  C. 呼吸根は太くて長く、やや硬い。低木〜時に樹高10mにもなる高木 ……… **ハマザクロ** p.229

  C. 呼吸根は細くて短く、やや軟らかく、数が多い。樹高2m以下の低木 …… **ヒルギダマシ** p.414

 B. 針状の呼吸根は出さない。

  C. 幹の基部がやや板根状になる。膝根は出さない。樹高1–7mの小高木 ……… **メヒルギ** p.197

  C. 幹の基部に短い支柱根を出し、幹周辺の地中から屈曲した膝根を出す。樹高3–10m以上で高木にもなる ……………………………………………………………… **オヒルギ** p.196

  C. 気根や支柱根は出さず、根は地表をやや横にはう。樹高2–3mの低木 … **ヒルギモドキ** p.230

【葉による検索】

A. 葉は特に厚く、両面とも脈は見えず、先端はしばしば凹む。

 B. 葉はヘラ形で長さ3–7㎝、葉縁にやや凹んだ腺点がある。互生……………… **ヒルギモドキ** p.230

 B. 葉は広い卵形で長さ5–10㎝、葉縁は滑らか。対生 ……………………………… **ハマザクロ** p.229

A. 葉は厚いが、表面に薄く脈が見える。対生。

 B. 葉の先端は尖り、葉は10㎝前後かそれ以上で大型。

  C. 葉先に針状の突起があり、裏面に赤褐色の腺点が多い…………………… **ヤエヤマヒルギ** p.195

  C. 葉先に針状の突起はなく、裏面に腺点は通常ない……………………………… **オヒルギ** p.196

 B. 葉の先端は尖らず、葉は概ね10㎝以下で小型。

  C. 葉はやや波打ち、表面は平滑、裏面は淡緑色。枝の環状痕が顕著 …………… **メヒルギ** p.197

  C. 葉は波打たず、裏面は粒状毛が密生し灰白色、両面に微細な塩類腺がある **ヒルギダマシ** p.414

ヤエヤマヒルギ ［八重山蛭木］

R. stylosa

常緑高木（3–15ｍ） **別**：オオバヒルギ、シロバナヒルギ **方**：インギ、プシキ **分**：沖縄諸島、宮古、伊良部、石垣、小浜、西表。やや稀。 **葉**：単葉／対生／全縁／長10–20㎝ **花**：白／萼裂片は長1–2㎝の三角形で4個／夏 **実**：緑～褐／胎生／果実は長2–3㎝／胚軸はこん棒状で 長20–40㎝

◆汽水域のマングローブ林の最前線に生育し、弧を描いたタコ足状の支柱根を幹から多数出すので見分けやすい。葉は楕円形で大きく、先端から針状の突起が出ることが特徴。樹皮は縦横にひび割れる。北限の沖縄島では樹高5ｍ前後の個体が多いが、八重山諸島では10ｍ前後になり、個体数も多い。台湾～オーストラリアに広く分布し、熱帯では樹高30ｍにも達するという。ヒルギ類の果実は、樹上で発芽し胚軸を伸ばすことが特徴で、胎生種子と呼ばれる。

木。支柱根が特徴的（12.5西表 O）

ヤエヤマヒルギの群落（3.14石垣 H）

は腋生の集散花序（9.8西表 O）

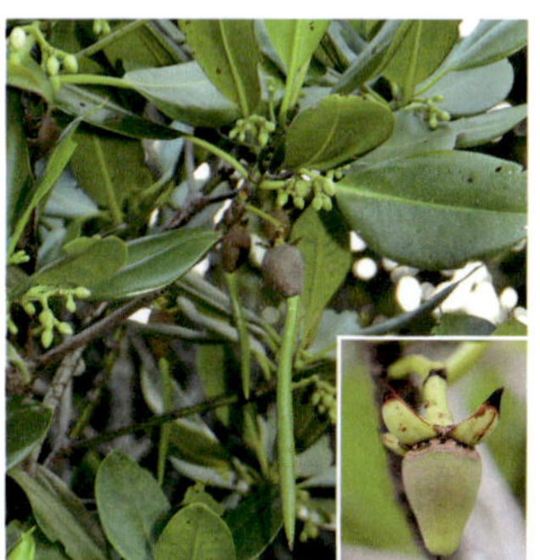

発芽し胚軸を出した果実（6.5東 H）
右下は発芽前の果実（12.12西表 O）

両面無毛で、裏は赤褐色の腺点が散らばる

葉先は5㎜前後の針状の突起があるので、オヒルギなどと区別できる

裏

×0.9

葉は厚く強い光沢がある。両面無毛

葉柄は太く頑丈

オヒルギ ［雄蛭木］

B. gymnorhiza

常緑高木（3–20m） **別**：アカバナヒルギ **方**：ウーピンギ、インギー、ピニキ **分**：奄美、沖縄諸島、先島諸島、大東。やや普通。**葉**：単葉／対生／全縁／長6–15cm **花**：赤（萼）／萼裂片は披針形で8–12個／春〜夏 **実**：緑〜赤紫／胎生／胚軸はこん棒状で長15–25cm

◆河口などのマングローブ林に生え、しばしば大きな群落をつくる。琉球では10m以下の個体が多いが、時に大木も見られる。幹の基部からやや板根状になった支柱根を出すが、ヤエヤマヒルギのように幹から離れて伸びることはなく、周囲の地中から屈折した呼吸根（膝根（しっこん））を出す。葉は卵状楕円形で厚く、先は尖るがヤエヤマヒルギのような突起はない。メヒルギに比べ、葉も樹高も大きい。

若木。周囲に膝根が出る（9.8西表 O）

胎生種子（3.14石垣 H）

花は葉腋に単生（2.3西表

オヒルギの群落（1.31金武 H）

屈曲膝根と支柱根（金武 H）

×0.9

葉は革質で厚く、強い光沢がある。両面無毛

10本前後の側脈が薄く見え、細脈は不明瞭

裏

葉先は次第に狭まって尖り、針状の突起はない

裏にヤエヤマヒルギのような腺点はない

樹皮は大きな皮目が多い（H

メヒルギの群落（7.6奄美 H）

花は腋生の集散花序につく（6.22東H）

板根状になった根（9.8西表 O）

胎生種子（2.17南城 H）

テーブル状に樹冠を広げた矮性低木状の個体群（7.10名護 H）

メヒルギ ［雌蛭木］

K. obovata

常緑小高木（0.5–7m）**別**：リュウキュウコウガイ **方**：インギー、ピニキ、プシキ **分**：鹿児島、種子、屋久、奄美、徳之、沖縄諸島、宮古、伊良部、石垣、小浜、西表。やや普通。**葉**：単葉／対生／全縁／長4–13㎝ **花**：白／萼裂片は緑色の線状で5個／夏 **実**：緑～赤褐／胎生／胚軸はこん棒状で長15–30㎝

◆ヒルギの仲間としては世界で最も北上しており、奄美群島以北のマングローブ林は本種を中心に構成される。地面付近の根が張り、板根状になるが、支柱根や気根は出さない。マングローブの最前線では、樹高1m以下の矮性低木状の個体もよく見られる。葉はやや薄い革質で倒卵形～楕円形、オヒルギより一回り小さく、先が丸い。ヒルギダマシやハマザクロの葉にも似るが、葉の基部の枝に托葉の痕がリング状に残ることが特徴。国外では台湾、中国南部に分布。

×0.9

裏

裏は淡緑色で葉脈はやや不明瞭。両面無毛

葉先は丸いかわずかに凹む

葉はやや薄く、縁はやや波打つ

枝を1周する托葉痕が目立つ

シマシラキ ［島白木］

E. agallocha

常緑小高木（3–10m） **別**：オキナワジンコウ **方**：イシフ **分**：トカラ列島（宝）〜先島諸島。やや普通。**葉**：単葉／互生／全縁〜低鋸歯縁／長5–10㎝ **花**：淡黄／腋生の穂状花序／春〜秋 **実**：褐／扁球形で熟すと3裂／径5–8㎜ ◆マングローブ林内や海岸、河口などで見られる。葉は楕円形〜卵形で先が短く尖り、古い葉は鮮やかな赤橙色に紅葉する。枝葉を切ると有毒の乳液が出る。雌雄異株で、雄花序は長さ7㎝前後。樹皮は縦すじがある。

河口に生えた個体（10.15石垣 H）

若葉と紅葉と若い果実（5.3恩納 H）

雄花序と枝の断面（5.4石垣 O）

×0.9

両面無毛で裏は葉脈の網目が見える

裏

葉は厚く光沢がある

ほぼ全縁だが、しばしば突起状の低い鋸歯が出る

セイシボク ［青紫木］

E. cochinchinensis

常緑低木（0.5–2m） **分**：ベトナム原産。時に庭木、観葉植物。**葉**：単葉／対生、稀に互生／鋸歯縁／長6–14㎝ **花**：淡黄／長2㎝以下の穂状花序／ほぼ通年 **実**：径約8㎜ ◆葉は長い楕円形で、裏が赤紫色になることが特徴。

葉裏の色ですぐ分かる（11.4読谷 H）

×0.7

低い鋸歯が並ぶ。両面無毛

葉柄は短い

裏は赤紫色で非常に鮮やか

雌花
（11.4読谷 H）

裏

花と果実をつけた枝（4.18北大東 O）

幼木（4.18北大東 O）

ダイトウセイシボク

［大東青紫木］

E. formosana var. daitoinsularis

常緑低木（1–2m）**方**：ハブギ、カブレギ **分**：北大東、南大東。稀。**葉**：単葉／互生、対生／鋸歯縁／長5–15㎝ **花**：淡黄／腋生の穂状花序／ほぼ通年 **実**：淡緑～褐／扁球形／径約1㎝

◆石灰岩地の林内で見られる南北大東島の固有変種。分布は限られるが個体数は多く、低木層で優占している場所もある。葉は先端近くが広く、基部で細くなり、チャノキに似ている。大部分は互生だが、花序枝では対生となる。花序は上部に雄花、下部に雌花がつく。樹液がつくとかぶれることが方言名の由来。基準変種 var. formosana は台湾、インドシナに分布する。

側脈はややび折れるように曲がる

×0.9

花序（4.18北大東 O）

裏

裏は淡緑色で全体無毛。セイシボクのように赤くはならない

果実（4.18北大東 O）

シラキ ［白木］

N. japonica

落葉小高木（4–10m）**分**：本州〜奄美、徳之、伊平屋、沖縄島、西表。奄美群島ではやや普通。他は稀。**葉**：単葉／互生／全縁／長5–15cm **花**：黄／頂生の穂状花序／初夏 **実**：緑〜黒褐／扁球形／径約1.5cm ◆山地の林内に点在する。葉は楕円形で薄い。奄美群島のものは幅広く丸みがあり、変種**オオバシラキ** var. ryukyuenseとして区別する見解もある。

果実（8.20湯湾岳 O）

奄美大島産
裏 ×0.35

オオバシラキの葉形

葉先はやや突き出て尖る

全縁だが、縁が細かく波打つ個体もある

沖縄島産
×0.6

蜜腺 ×2.5
葉身基部に突起状の蜜腺が1対あるが、目立たないことが多い

冬芽は淡褐色で尖り、小枝を切ると白い乳液が出ることが、葉が似るカキノキ類との違い

ナンキンハゼ ［南京櫨］

T. sebifera

落葉高木（5–15m）**方**：トーハジ **分**：中国原産。西日本で野生化。街路樹、公園樹、庭木。**葉**：単葉／互生／全縁／長4–9cm **花**：黄緑／長6–18cmの総状花序／初夏 **実**：褐・白（種子）／径約1.5cm／夏〜冬 ◆葉は独特の菱形〜広卵形。樹皮は縦に裂ける。琉球では野生化は見ないが、数少ない紅葉する木としてよく植えられている。

花序は毛虫のように長い（5.14那覇 H）

横広の葉形で、先はやや突き出て尖る

×0.6

裏

全体無毛で裏はやや白みを帯びる

葉柄上端に蜜腺が1対ある

紅葉
（1.19那覇 H）

枝葉をちぎると白い乳液が出る

ククイノキ [kukui]

A. moluccana

落葉高木（8–20m）**別**：ハワイアブラギリ **分**：東南アジア原産。公園樹。**葉**：単葉（1–7裂）／互生／全縁／長10–30cm **花**：白／集散花序／早春～秋 **実**：緑褐／径5cm前後 ◆ククイナッツと呼ばれる種子は油が採れ、ハワイ州の木として知られる。葉は長い三角形～3–5浅裂した形が多く、若葉は毛をかぶり銀白色に見えて目立つ。

花。後方は若葉（9.19北谷H）

×0.4

果実（6.28那覇H）

はじめ白～褐色の星状毛に覆われるが、成葉は無毛に近づく

―ククイノキ―

蜜腺 ×3

葉身基部にイボ状の蜜腺が1対ある

葉柄や若枝、芽は淡褐色の星状毛や鱗片に覆われる

裏 ×0.4

裏は脈沿いなどに星状毛が残る

ポインセチア [Poinsettia]

E. pulcherrima

常緑低木（1–3m）**別**：ショウジョウボク **方**：ジョーカイコー **分**：メキシコ原産。庭木、公園樹、観葉植物。**葉**：単葉（やや羽状裂）／互生／鋸歯縁～全縁／長10–20cm **花**：赤～黄、苞は赤（稀に白や桃）／秋～春 ◆花弁状の赤い苞が目立ち、クリスマスの鉢植えとして知られるが、琉球では屋外で育つ。葉はしばしば鋸歯状の突起がある。

樹形（5.21名護H）

×0.4

裏 ×0.4

―ポインセチア―

葉は薄く、表は無毛、裏は微毛があるかほぼ無毛

枝葉を切ると有毒の乳液が出る

花と苞

中央の豆粒ほどの花を大きな赤い苞が取り巻く（3.5那覇H）

2対の鋸歯状の突起がある葉が多いが、葉形は栽培品種によって異なる

トウダイグサ科 Euphorbiaceae エノキフジ属 Discocleidion

エノキフジ ［榎藤］

D. ulmifolium

常緑小高木（2–5m）**分**：奄美、徳之、伊平屋、伊是名、久米、宮古、石垣、西表。ごく稀。**葉**：単葉／互生／鋸歯縁／長6–20cm **花**：黄緑／頂生の円錐花序／雌雄異株／春〜秋 **実**：黒緑〜褐／扁球形／径1cm弱／夏〜秋

◆海岸近くの石灰岩地や林縁に生える珍しい樹木。先駆的な樹種で、造成地に群生していることもある。シマグワの不分裂葉によく似るが、葉表のつけ根に腺点のある突起が1対あり、葉柄が長いことが特徴。幹はまっすぐ伸び、斜上する枝を四方に出す。花は小さく目立たず、果実は熟すと3裂する。

雄花序と雄花（8.27伊平屋 H）

樹形（2.20 伊平屋 O）

果実（8.27伊平屋 H）

樹皮（伊平屋 O）

葉先は次第に狭まり、長く伸びて尖る

裏はほぼ無毛か脈上に疎らに毛がある

表は光沢があり、脈上などに毛があるかほぼ無毛

鋸歯は鈍い

×0.6

裏 ×0.6

3行脈が目立ち、基部の側脈はさらに外側によく分岐する

葉柄は長いもので10cm前後になる

托葉は線形

腺点
葉身基部に長さ1–3mmの突起があり蜜腺が並ぶ（2.20伊平屋 O）

樹形（10.19 読谷 H）

雄花はよく目立つ（4.10宮古 H）

オオバギ ［大葉木］

M. tanarius

常緑小高木（4–10m） **別**：オオバキ **方**：チビカタマヤーガサ、クンチャーユーナ、アカトゥリ **分**：奄美群島〜先島諸島。普通。時に公園樹。**葉**：単葉／互生／全縁〜微鋸歯縁／長10–30㎝ **花**：黄緑／腋生の円錐花序／春 **実**：淡緑〜褐／扁球形／径約1㎝／初夏

◆海岸〜山地の林縁や二次林、切り開かれた場所などによく生える先駆性樹木。葉は大型で、葉柄はハスの葉のように楯状につき、放射状に葉脈が出る様子が特徴的。ハスノハギリの葉も楯状につくが、本種の方が葉が一回り大きく、落葉樹のような薄い質感。幼木の葉はしばしば長さ30㎝を超え大型化する。雌雄異株で、果実には長い軟刺があり腺点が密生する。

トウダイグサ科 Euphorbiaceae オオバギ属 Macaranga

果実
裂開すると黒い種子を出す（4.29石垣 O）

縁は全縁か、突起状の腺が並び微鋸歯状になる
×0.5
葉柄の基部から葉脈が放射状に伸びる

葉先はやや長く伸びて尖る
裏
裏は緑白色で、脈沿いに毛が生える
葉柄は葉身の中ほどにつく（楯着）

葉裏 ×2
葉裏は腺点が密生し、葉脈の先は腺になる

樹皮（那覇 H）

アカメガシワ ［赤芽柏］

M. japonicus

半落葉小高木（2–15m）**方**：アータシ、ヤマユーナ、タヒ **分**：本州〜先島諸島、大東。普通。**葉**：単葉（しばしば3裂）／互生／全縁、時に鋸歯縁／長10–20cm **花**：淡黄（紅）／長7–20cmの円錐花序／春 **実**：緑〜褐／径約8mm／軟刺が密生／夏

◆低地〜山地の林縁や道端など、日当たりのよい場所に生える代表的な先駆性樹木。葉は三角〜五角形状で大きく、普通は全縁で不分裂か浅く3裂する。幼木では不揃いの鋸歯が出ることも多いが、ヤンバルアカメガシワほど顕著な鋸歯ではない。新芽は星状毛をかぶり赤いことが名の由来だが、琉球では淡褐色の個体も多い。樹皮は白っぽく縦すじがあり、老木は縦に裂ける。

果序。裂けて黒い種子が出始めている（5.21本部H）

成木の葉は全縁

×0.6

表は星状毛が薄く散らばる

基部で分岐する3行脈がある

蜜腺 ×1.2

葉身基部に平らな蜜腺が普通1対ある

若木は不明瞭な鋸歯がしばしば出る

若木の葉裏 ×0.6

葉柄は長く、星状毛が密生し、赤みを帯びることも多い

裏は淡い緑色で、淡褐色の星状毛が多く散らばる

若葉（3.28名護）（3.14読谷H）

雄花序（4.3国頭H）

ウラジロアカメガシワ

M. paniculatus ［裏白赤芽柏］

半落葉小高木（5–10m）**方**：カサイ、タピシチャ **分**：石垣、西表。普通。**葉**：単葉（しばしば3裂）／互生／鈍鋸歯縁〜ほぼ全縁／長8–22cm **花**：淡黄／長5–35cmの円錐花序／秋〜冬 **実**：褐／扁球形／径約1cm／軟刺が密生

◆石垣島、西表島での主要な先駆性樹木で、林縁やギャップ内で幼木を見ることが多い。アカメガシワに似るが、葉裏は軟毛が密生し純白色で、葉柄はわずかに葉身の内側に楯状につくことが違い。通常は三角形状の不分裂葉だが、基部の側脈の先端が突き出て3浅裂した葉も多い。国外では台湾〜オーストラリア、インドにかけて分布する。

をつけた花序（9.3石垣 O）

若葉は褐色（9.8 西表 O）

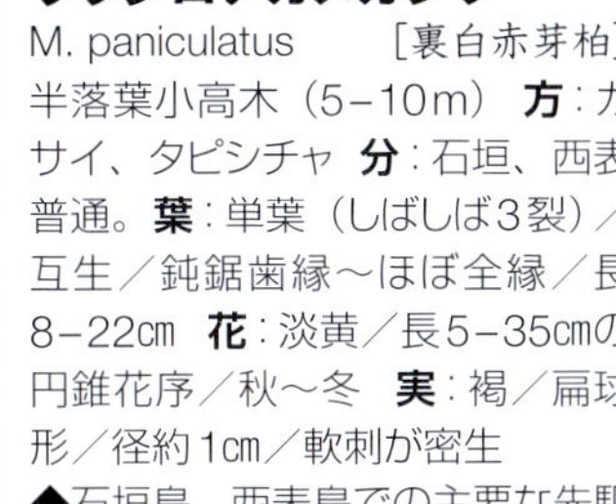

雌花

（10.16西表 H）

蜜腺 ×2.5

葉身基部に平らな蜜腺が1対ある。葉柄は楯着する

×0.5

縁は不揃いの鋸歯があるかほぼ全縁

3浅裂した葉はマンタ（オニイトマキエイ）のような葉形

×0.5

葉柄は長く、褐色の星状毛が密生する

裏

表は脈上に星状毛があるかほぼ無毛

裏面は軟らかな白い星状毛が密生し、脈上は褐色の星状毛が多い

クスノハガシワ ［樟葉柏］

M. philippensis

常緑小高木（4–10ｍ） **別**：クスノハアカメガシワ **方**：アカマミク、フィラジカ、スルスルバー **分**：トカラ列島（悪石・宝）〜先島諸島。やや普通。**葉**：単葉／互生／全縁、時に鋸歯縁／長7–16㎝ **花**：淡黄／長5–10㎝の総状花序／冬〜春 **実**：橙〜褐／扁球形／径6–8㎜／夏

◆主に石灰岩地の低地〜山地に生える。葉はクスノキに似て3行脈が目立ち、葉柄や若枝に褐色の毛が密生することが特徴。通常は全縁だが、幼木や徒長枝では鋸歯が出ることも多い。葉身基部にある蜜腺や花序の形はアカメガシワと似る。樹皮は暗い褐色で平滑。果実表面の橙色の粉は「カマラ」と呼ばれ、寄生虫駆除に使われた他、染料や薬用としての利用がある。

果期（5.29 糸満 H）

果実。種子は黒い（6.12 読谷 H）

表は濃い緑色で無毛。光沢は弱い

×0.8

葉柄は褐色の毛が密生する

基部から出る3本の脈が目立つ

雄花序（3.21 本部 H）

裏はやや灰色を帯び、毛と微細な褐色の腺点がある

裏 ×0.8

時にやや不規則な鋸歯がある

徒長枝の葉 ×0.6

蜜腺 ×3

葉表の葉身基部に1対の点状の蜜腺がある

果実（10.12南城 H）

蜜腺 ×3

葉身基部にこぶ状になった腺体の塊がある

×0.5

成木の葉も明瞭な鋸歯がある

若葉は表裏とも褐色の星状毛に覆われるが、成葉の表は脈上に残るかほぼ無毛

葉柄は長く、星状毛があり、赤みは帯びない

裏 ×0.5

不分裂葉は三角形〜ハート形

裏は淡緑色で、はじめ全面に褐色の星状毛があり、次第に減り脈上などに残る

ヤンバルアカメガシワ

M. multiglandulosa［山原赤芽柏］

落葉小高木（4–10m）**方**：タッピ、シルキ、ザブル　**分**：沖縄島、渡名喜、先島諸島、大東。やや稀。八重山列島では普通。**葉**：単葉（1–5裂）／互生／鋸歯縁／長10–25㎝　**花**：淡黄／腋生の総状花序／初夏　**実**：緑〜淡褐、橙（種子）／径約1㎝／秋

◆主に石灰岩地の低地の林縁や道端、明るい林などに生える。アカメガシワやウラジロアカメガシワに似るが、葉は明瞭に3–5裂するものが多く、鋸歯が顕著で、果実の表面に刺状の突起がないことが主な違い。葉裏や葉柄は星状毛が多く、若い個体ほど深く裂ける葉が多い。樹皮は平滑で白っぽい。熱帯アジアや太平洋諸島に分布。

若葉は淡褐色（11.27南城 H）

雄花序（5.4石垣 O）

樹皮は白褐色で縦すじが入る（国頭 H）

トウダイグサ科 Euphorbiaceae アミガサギリ属 Alchornea

アミガサギリ ［編笠桐］

A. liukiuensis

半常緑低木（1–3m）**方**：アカタッピ **分**：奄美、沖永、与論、沖縄諸島～先島諸島。やや稀。**葉**：単葉／互生／鋸歯縁／長6–18cm **花**：紅（雌）、淡黄（雄）／長10–15cmの総状花序／冬～夏 **実**：緑～褐／径1cm前後

◆主に石灰岩地の低地～山地の林縁などに生える琉球の固有種。幹は細く直立し、枝分かれが少ない特徴的な樹形。葉は丸みのある三角形～ハート形で大きく、葉柄や葉脈、若葉が赤みを帯びる。アカメガシワやイイギリの葉に似るが、本種はほぼ無毛で、鋸歯や葉身基部にある蜜腺の形が異なる。果実は3溝があり、熟すと3裂する。同属でよく似た中国原産のオオバベニガシワ A. davidii は、葉裏に開出毛が多く、若葉がより鮮やかな紅色で目立ち、日本各地で庭木に植栽される。

若葉は赤みを帯びる（4.17糸満 H）

若い果実 ×1（5.10南城 O）

雌花序（H）雌花（4.17糸満 O）

雄花序（4.17名護 H）

先が腺になる明瞭な鈍鋸歯がある
葉柄は無毛で長く、普通赤みを帯びる
×0.5
蜜腺 ×2
葉身基部の脈腋に普通4個の蜜腺があり、葉柄との境に突起状の付属体が1対ある

裏はほぼ無毛。葉脈が赤みを帯びることも多い
裏
葉身基部はやや湾入するかほぼ直線状

裏

裏は銀白色の鱗片が密生し、褐色の鱗片が点在する

×0.8

表は鱗片が散生する

葉柄や枝も鱗片が密生

縁はやや波打つことが多い

×0.7

ニシキアカリファ

フクリンアカリファ

裏

葉色や斑の有無は栽培品種によって多様

葉柄や若枝は伏毛が密生する

両面とも脈上などに多少毛がある

グミモドキ ［茱萸擬］

C. cascarilloides

常緑低木（0.5–3m）**方**：チャンカニー **分**：喜界、徳之、沖永、与論、沖縄諸島〜先島諸島、大東。やや普通。**葉**：単葉／互生／全縁／長6–12㎝ **花**：白／夏〜秋 **実**：黄褐／径約1㎝ ◆石灰岩地の林に生え、葉裏や枝に銀白色の鱗片を密生する様子がグミ類に非常によく似ている。枝先に葉を輪生状に出す樹形が独特。果実は3室からなる。

花（9.14宮城島）果実（3.10南城 H）

アカリファ ［Acalypha］

A. wilkesiana

常緑低木（1–3m）**分**：太平洋諸島原産。南西諸島や小笠原で時に野生化。生垣、公園樹、庭木。**葉**：単葉／互生／鋸歯縁／長8–25㎝ **花**：赤〜緑／穂状花序／春〜初夏 **実**：蒴果 ◆葉は普通卵形で枝先に集まる。赤葉や斑入り、細葉など多様な変異があり、ニシキアカリファ、フクリンアカリファ、ヘリトリアカリファなどの栽培品種がある。

赤葉品が多い。雌花（3.15恩納植栽 H）

トウダイグサ科 Euphorbiaceae　ナンヨウアブラギリ属 Jatropha

テイキンザクラ　［提琴桜］

J. integerrima

常緑低木（1–4ｍ）**別**：ナンヨウザクラ **分**：西インド諸島原産。庭木、公園樹。**葉**：単葉（時に3–5裂）／互生／全縁／長7–20㎝ **花**：赤、桃／径2–3㎝／ほぼ通年 **実**：径約1㎝／3裂 ◆葉が倒卵形の個体と、卵形でしばしば3浅裂し矛形になる個体がある。琉球では後者が多く植栽されており、ホコバテイキンザクラとも呼ばれる。

鮮やかな赤花を長期つける（5.29 糸満 H）

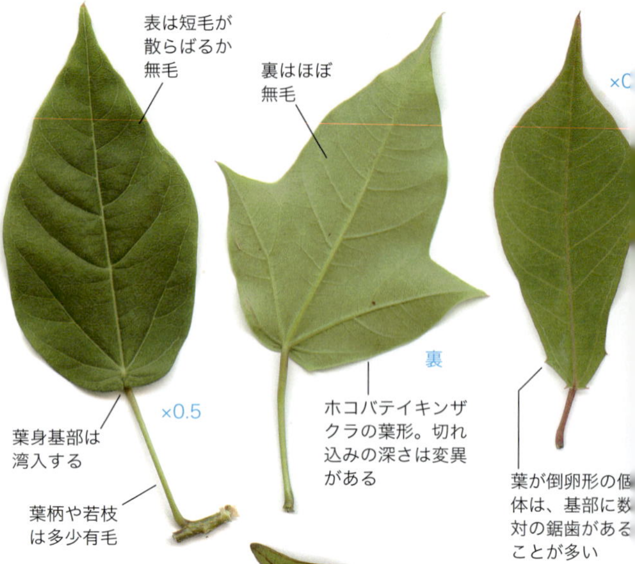

ヘンヨウボク属 Codiaeum

クロトン　［Croton］

C. variegatum

常緑低木（1–3ｍ）**別**：ヘンヨウボク、クロトンノキ **分**：インドネシア周辺原産。庭木、生垣、公園樹、墓地植栽、観葉植物。**葉**：単葉（稀に3裂）／互生／全縁／長9–40㎝ **花**：白／春–秋 **実**：白／径約8㎜ ◆琉球に多い庭木。葉の色形が多様で数百の栽培品種があり、広葉、長葉、細葉、らせん葉、有角葉、鉾葉、飛葉などの系統がある。

花は総状花序につく（7.28 南城 H）

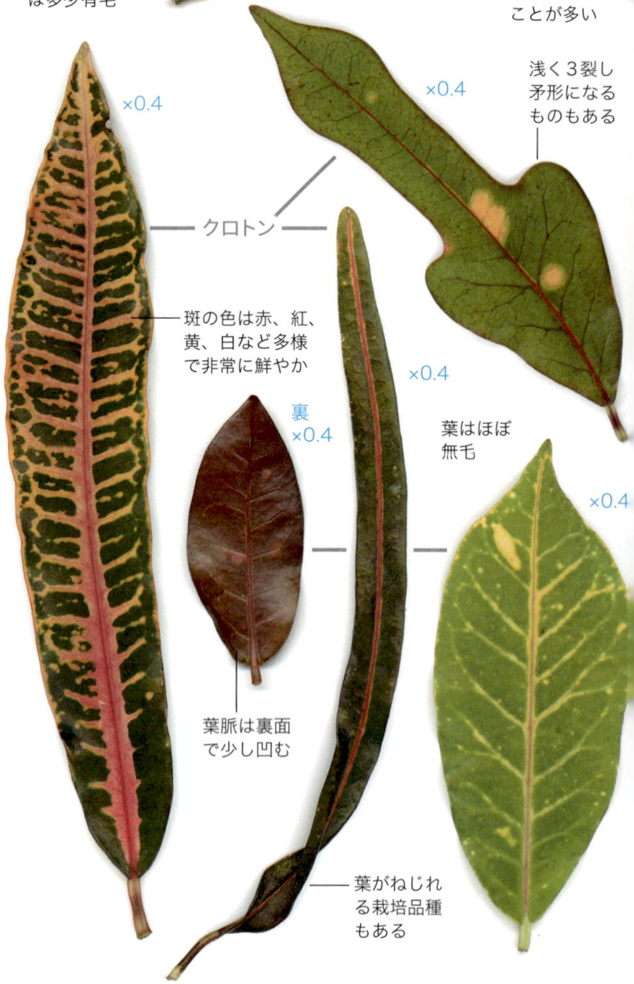

谷沿いに生えた巨木（3.20西表 O）

雄花は小型で多数つく。雌雄異株（3.19浦添植栽 H）

アカギ ［赤木］

B. javanica

常緑高木（5–25m）**方**：アカン、アハギ、アカツギ　**分**：沖縄諸島～先島諸島。奄美群島や大東、小笠原で野生化。普通。街路樹、公園樹、防風林、墓地植栽。**葉**：3出複葉／互生／鈍鋸歯縁／頂小葉長8–17㎝　**花**：黄緑／円錐または総状花序／春　**実**：褐／ほぼ球形／径1–1.5㎝／秋～冬

◆低地～山地の湿った場所に生え、石灰岩地に多い。成長が早く、赤褐色の太い幹が特徴的。琉球では最も大きくなる木の一つで、那覇市にある首里金城の大アカギ（幹周7.6m）をはじめ、西表島の奥地でも幹径1m級の巨木が見られ、御嶽林や墓地などにも大木が多い。ただ、各地で古くから植栽もされ、そこから逸出したものも多く、本来の自生かどうか紛らわしい場合が多い。小笠原では薪炭材として植栽されたものが広く野生化し、特に母島では優占林をつくって在来種を駆逐し問題になっている。葉はやや大型の3出複葉で、ショウベンノキに似るが、互生で小葉の丸みが強いことが違い。台湾、中国南部～インド、マレーシア、オーストラリア、ポリネシアなどにも分布する。

裏

×0.5

葉裏の脈腋にダニ室状の小さな穴がある

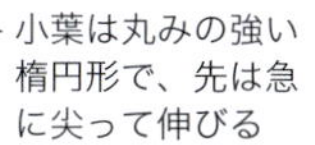
小葉は丸みの強い楕円形で、先は急に尖って伸びる

葉は光沢があり、両面無毛

葉柄や小葉柄は赤みを帯びることもある

果実は可食（9.15那覇 H）

樹皮は薄く鱗片状にはがれる（読谷 H）

アマミヒトツバハギ

F. trigonoclada　［奄美一葉萩］

半常緑低木（0.3–2m）**方**：イツニンキ、カナキ　**分**：甑島列島、種子、馬毛、トカラ列島〜先島諸島。やや普通。**葉**：単葉／互生／全縁／長2–7㎝　**花**：淡黄／葉腋に束生／夏　**実**：淡緑〜褐／扁球形／径約5㎜／夏〜秋

◆沿海の石灰岩地や林縁に生える。潮風の吹きつける海岸の岩上では矮性低木状だが、林内では幹が立ち上がる。葉は楕円形〜倒卵形で先が丸く、黄緑色で薄く落葉樹のような質感。小枝は緑色で分枝が多く、葉が枝にらせん状につき混み合う。花は小さく、葉腋に多数束生し、果実も多数つく。関東〜九州に分布するヒトツバハギ F. suffruticosa の変種とされることもあるが、ヒトツバハギは非海岸性の落葉樹で、葉先がやや尖り、枝に2列互生するなど、外見上もかなり異なる。

蕾を多数つけた枝（4.10 宮古 H）

隆起石灰岩上の個体（4.19伊江島 H）

雄花（5.4石垣 O）

果実（9.2黒島 O）

×1

葉先は丸いかわずかに凹む

蕾

表は葉脈が小じわとなり、光沢は普通ない。両面無毛

大型の葉 ×1

小型の若葉 ×1

裏

裏はやや白みを帯び葉脈が隆起する

裏 ×1

葉先はよく尖る

葉は薄く光沢は弱く、明るい緑色

×0.7

裏

裏は白みを帯び、平行に並ぶ側脈が緑色に見える。両面無毛

葉柄は3–5㎜で短い

薄い洋紙質で、葉脈は表面で少し凹む

裏

×0.7

裏はやや白みを帯び、両面無毛

托葉

葉柄の基部に早落生の茶色い針状托葉が1対ある(3.18西表 O)

コミカンソウ科 Phyllanthaceae

マルヤマカンコノキ属 Bridelia

マルヤマカンコノキ

B. balansae ［円山鍋餬木］

常緑小高木(5–10m) **方**:イギ **分**:先島諸島。やや普通。**葉**:単葉/互生/全縁/長6–17㎝ **花**:淡緑/葉腋に束生/春～初夏 **実**:赤褐～黒紫/卵形/径約1㎝/秋 ◆山地の渓流沿いや林縁に生える。葉はカシ類にやや似ており、整った楕円形で先が尖り、平行に並ぶ側脈がやや目立ち、裏は白っぽい。円山(圓山)は台北の地名。

花期(4.13宮古 H) 果実(9.8西表 O)

アカハダコバンノキ属 Margaritaria

アカハダコバンノキ

M. indica ［赤肌小判木］

落葉高木(5–15m) **分**:徳之、沖縄島、石垣、西表。ごく稀。**葉**:単葉/互生/全縁/長5–15㎝ 幅4–7㎝ **花**:黄緑/葉腋に束生/初夏 **実**:淡黄～褐/蒴果/扁球形/径0.8–1㎝/秋 ◆山地の谷沿いなどに生え小群落をつくる。徳之島や沖縄島では数カ所、西表島では1カ所で知られる。樹皮は灰褐色で、はがれた部分は赤橙色。

幹(7.26) 果実(10.29名護 H)

カキバカンコノキ

P. nitidus　［柿葉餲餬木］

常緑小高木（2–10m）**方**：フィジン、ビジナ、カーライゾ **分**：種子島～先島諸島。普通。**葉**：単葉／互生／全縁／長7–18㎝ **花**：淡黄／雄しべ5–6個／腋生の散形花序／春～夏 **実**：紅～褐・朱（種子）／扁球形／径1㎝弱／秋～春

◆低地～山地の林縁や林内、湿地周辺などに生える。葉は広い楕円形で大きく、カキノキ類に似るが、長く伸びた枝に羽状複葉のように葉が並んでつき、葉柄が短いので区別できる。キールンカンコノキと異なり、葉は先の方まで幅広く、先は急に短く突き出るか丸い。葉身基部も幅広く、全体的にぼってりとした印象。樹皮は明るい褐色で、網目状に浅く裂けてはがれ、これもカキノキの樹皮に似ている。葉はキールンカンコノキとの中間型がしばしば見られるが、カンコノキ類は種ごとに特異的な送粉昆虫（ハナホソガ）がおり、花の匂いなども異なるという。

若葉は赤みを帯びる（3.15沖縄 H）

果実（3.26うるま）裂開後（4.23国頭 H

花序は腋生の短枝につく（7.24恩納 H）

樹皮ははがれる（沖縄 H）

葉先はほとんど伸びず、先端は鈍いか丸いか尖る

両面無毛で表は光沢がある

×0.8

裏

裏は葉脈が隆起して、細脈の網目が見える

基部は切形～円形で、キールンカンコノキより幅広い

枝も無毛

裏 ×0.8

葉の両面、特に裏面に毛が多く、手触りで分かる

葉形はカキバカンコノキと似る

葉柄 ×2
枝や葉柄も軟毛が密生する

ケカンコノキ ［毛鵠鵤木］

P. hirsutus

常緑小高木（2–10m） **別**：オオバケカンコノキ **分**：奄美、伊是名、沖縄島、渡嘉敷、先島諸島。やや稀。◆カキバカンコノキと似ており、変種とする見解もあるが、葉の両面や小枝、子房、果実に軟毛が密生することが明瞭な違い。

葉の光沢はやや弱い（6.18伊是名 H）

葉先は漸次狭まり、尾状に伸びて先端は尖るか鈍い

葉はカキバカンコノキより細長い卵形で、葉脈は白く目立つ傾向がある

×0.8

裏

枝葉とも無毛

花序がついていた短枝

基部は左右非対称の三角形

キールンカンコノキ ［基隆～］

P. keelungensis

常緑小高木（2–10m） **方**：カーライジョ **分**：奄美群島～沖縄諸島、宮古、石垣、西表、与那国。やや普通。**葉**：単葉／互生／全縁／長5–16㎝ **花**：淡黄／雄しべ4個／春～夏 **実**：紅～褐／径7–9㎜ ◆カキバカンコノキに似るが、葉はより端正な印象で全体的に小さく、先が次第に狭まり長く伸びることや、雄しべの数が異なる。カキバカンコノキの変種とする説もある。台湾、フィリピンに分布し、キールンは台湾の地名。

果実（12.7西表 O） 雄花（8.29那覇 H）

カンコノキ ［饂飩木］

P. sieboldianus

半落葉小高木（1–8m）**方**：エーモリ、フィジン、ピージナ　**分**：近畿～中国地方、四国、九州～沖縄諸島。やや稀。**葉**：単葉／互生／全縁／長2–6㎝ 幅1–3㎝　**花**：淡黄／葉腋に束生／春～秋　**実**：褐・朱（種子）／扁球形／径0.5–1㎝／夏～冬

◆低地～山地の乾いた林縁ややせ地などに生え、海岸風衝地に低木状に生えることもある。葉は先が幅広く、基部が次第に狭くなる独特のヘラ形をしたものが目につくが、同一個体でも葉形の変異が多く、葉先が尖るものから丸いもの、凹むものもある。しばしば小枝の先が尖り刺となる。果実は裂開して赤い種子をのぞかせる。カンコノキ類は従来はカンコノキ属（Glochidion）に分類されていた。

樹形（11.6 那覇 H）

蕾をつけた枝（4.7 徳之島 O）

花と若い果実（8.5 大宜味 H）
雄花（4.7 徳之島 O）

若葉（8.5 大宜味 H）

樹皮（大宜味 H）

特徴的なヘラ形の葉形

葉先は普通やや鈍い

×1

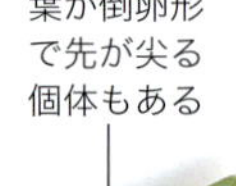
葉が倒卵形で先が尖る個体もある

裏はやや白みを帯びる。両面無毛

裏 ×1

幼木の葉 ×1

しばしば小さなハート形になり特徴的

×1

先は尖る

葉は光沢があり、カンコノキよりやや厚く幅広い

カンコノキと異なり裏は白みを帯びない。両面無毛

裏 ×1

ヒラミカンコノキの果実
(10.23与那国 O)

×1

表は主脈上に軟毛が生える

葉身は長楕円形で左右非対称で、鎌形に曲がることもある

裏は普通白みが強く、全体に細かい軟毛がある

裏 ×1

雄花。葉腋に束生する

ヒラミカンコノキ

P. ruber ［平実餲餬木］

常緑小高木（3–5m） **別**：マルミカンコノキ **方**：ヌケンコ **分**：種子島、先島諸島。やや稀。**葉**：単葉／互生／全縁／長4–11㎝ **花**：緑白／葉腋に束生／春〜秋 **実**：褐・赤（種子）／扁球形／径0.5–1㎝ ◆低地の林に生える。カンコノキに似るが、葉はやや大きな楕円形〜倒卵形で、先が短く尖り、枝に刺が出ない。葉形の変異も少ない。

葉（10.23与那国）雄花（9.3波照間 O）

ウラジロカンコノキ

P. triandrus ［裏白餲餬木］

常緑小高木（3–6m） **方**：ビジン、フィナ **分**：奄美、徳之、沖永、沖縄島、石垣?、西表?。奄美、徳之島は普通、他はやや稀。**葉**：単葉／互生／全縁／長4–12㎝ **花**：淡黄／初夏 **実**：褐・朱（種子）／扁球形／径5–7㎜ ◆主に山地の林縁や林道沿いに生える。葉はやや鎌形で、2列にきれいに並ぶので複葉に見える。葉裏は白みを帯びる。

長い枝に葉が並ぶ（7.12国頭 H）

オオシマコバンノキ

P. vitis-idaea ［大島小判木］

常緑低木（1–7m） **別**：タカサゴコバンノキ、タイワンヒメコバンノキ **方**：ジングヮギー、ベーベーギー、ニンニンバー **分**：トカラ列島（宝）～先島諸島。普通。**葉**：単葉／互生／全縁／長2–5cm 幅1.5–3cm **花**：黄緑～淡黄／葉腋に束生／ほぼ通年 **実**：赤～黒／球形／径約5mm／上向き／ほぼ通年

◆海岸～低地の林縁や道沿い、石灰岩地などによく生え、通常は樹高1–2m程度だが、時に樹高5m以上、幹径10cm以上に達する。葉は黄緑色の小判形～ほぼ円形で、複葉のように2列に並んでつく。果実は葉腋から上向きに普通1つずつ並んでつく。早落性の托葉は膜状で三角形。葉が小型で枝が太く、果実の柄が長いものをタイワンヒメコバンノキとして別種に区別されたこともあるが、近年は同一とみなされている。

雌花（4.18うるま） 雄花（8.22沖縄H）

赤い果実が目立つ（6.11国頭H）

樹形（8.14伊江島H）

径約10cmの幹の樹皮（糸満H）

葉は膜質で色が明るく、落葉樹のような質感

托葉 ×3

托葉は三角形。枝は稜が多少ある

裏

×1

裏は緑白色で両面無毛

葉先は丸い

×1

い枝は褐色（10.23与那国 O）

花は数個束生する（10.23与那国 O）

い果実（4.7与那国 O）

ドナンコバンノキ

P. oligospermus
subsp. donanensis［渡難小判木］
常緑低木（1–2m）**分**：与那国島。ごく稀。**葉**：単葉／互生／全縁／長1–3.5㎝ **花**：淡黄／葉腋に束生 **実**：黒／径7–8㎜／下向き
◆ドナンは「与那国」を意味する方言で、台湾に分布するコカバコバンノキの亜種として2001年に記載された。山麓の林縁の攪乱された場所など数カ所に自生する。オオシマコバンノキとよく似ているが、花数が多く、果実が黒熟し、短い柄で下向きに垂れ下がることが違い。また、葉はやや色が濃く、幅があまり広くならず、脈が比較的はっきりしており、托葉が細い線形となることでも見分けられる。

葉は長楕円形で
あまり幅広くな
らない
ドナン
コバンノキ
裏 ×1
側脈は普通
5本以上
×1
両面無毛
で裏は淡
い緑色

ドナンコバンノキの托葉と花 ×3
托葉は細長い。枝の稜は明瞭

シマコバンノキ。枝に6–8対の葉がつく（2.14宮古 M.Y）

シマコバンノキ ［島小判木］

P. reticulatus
常緑低木（2–4m）**別**：タイワンコバンノキ **方**：タリカスギー **分**：熱帯アジア～アフリカ原産。宮古、石垣、西表、波照間、大東で稀に野生化。生垣。**葉**：単葉／互生／全縁／長1.5–3.5㎝ **花**：緑白～紅／葉腋に束生／春～夏 **実**：赤～黒／径4–6㎜ ◆畑の生垣などから逸出があるという。葉は無毛。雄しべは5個で3本の花糸は合着。

ハナコミカンボク

P. liukiuensis ［花小蜜柑木］

常緑低木（0.2–0.5m）**分**：沖縄島。ごく稀。**葉**：単葉／互生／全縁／長0.7–1.3cm **花**：淡紅／葉腋に束生／ほぼ通年 **実**：褐／扁球形／約4mm ◆恩納村の万座毛周辺に自生する沖縄島の固有種で、海岸近くの隆起石灰岩の隙間などに生える。草本状だが基部は木化し、枝を放射状に広げる。花や果実は長い柄があり垂れ下がる。

樹形。花と若い果実（7.5恩納 O）

花と若い果実（7.5恩納 O）

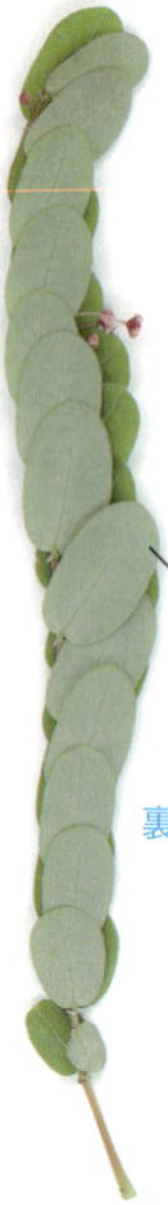

葉は就眠運動で閉じる

裏 ×1

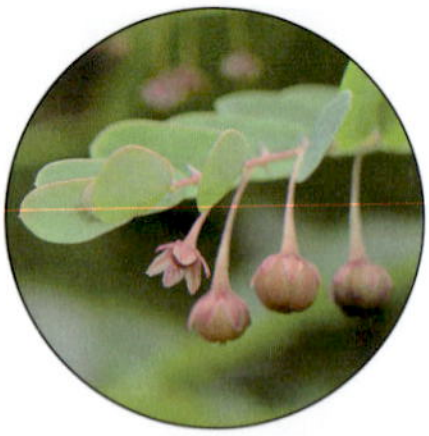

枝に葉が2列に並び、羽状複葉に見える

葉は膜質で薄く、卵状楕円形

×1

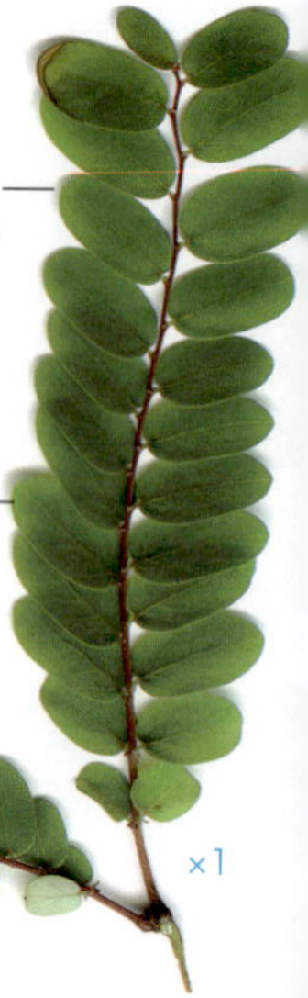

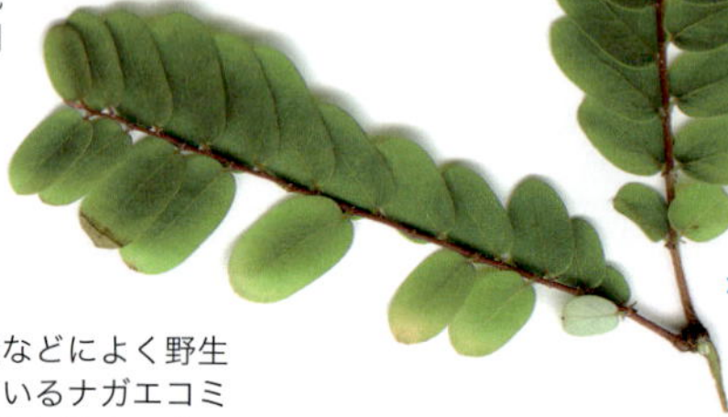

※道端などによく野生化しているナガエコミカンソウ P. tenellus は、アフリカ東部原産の亜低木〜草本で、ハナコミカンボクに似るが、葉は0.8–2.5cm、樹高0.3–1mと大きく、花は黄緑色。

ヤマヒハツ

A. japonicum ［山蓽撥］

常緑低木（1–3m）**別**：ヤマハズ **方**：クサスビ、ミルクギーマ、ヤマヒッパーツ **分**：紀伊半島、四国、九州〜沖縄諸島、石垣、西表、与那国。普通。**葉**：単葉／互生／全縁／長6–10cm **花**：淡黄／雌雄異株／初夏 **実**：紅〜黒／径3–6mm／秋〜冬 ◆主に非石灰岩の山地林内に生え、ブラシ状の花序をつける。葉は細く両端が尖り、渓流沿いではかなり細い葉もある。

雄花の総状花序（5.13名護 H）

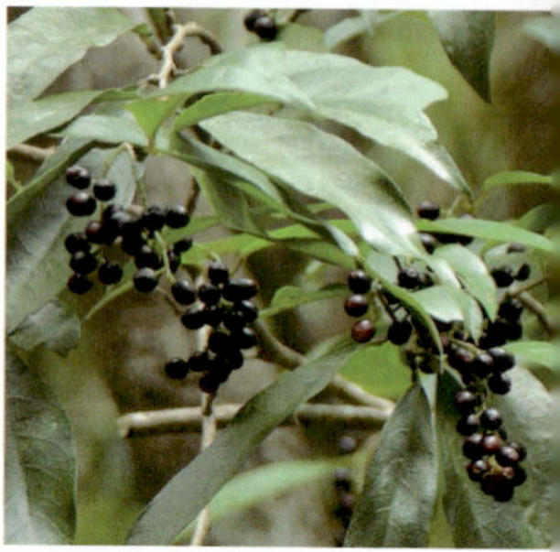

ヤマヒハツの果実。光沢がある黒色（9.30東 H）

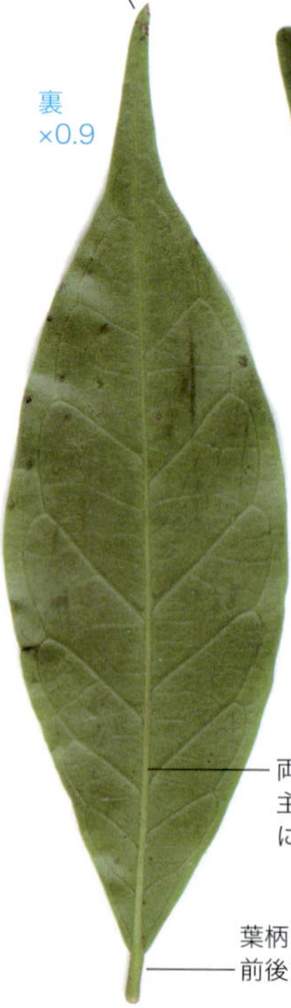

葉先は細長く伸び、尖るか鈍い

裏 ×0.9

×0.9

両面無毛か、主脈上や葉柄に短毛がある

葉は薄い革質で、鈍い光沢がある

葉柄は5mm前後で短い

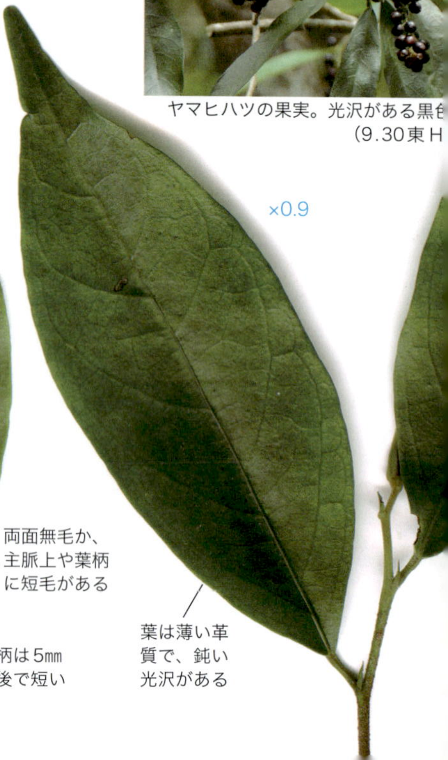

実つきはよい(3.31 読谷植栽 H)

果実(4.11 宮古 H)

仕立てられた庭木(11.27 南城植栽 H)

雄花(8.5 沖縄植栽)
右上は雌花(11.27 南城植栽 H)

コウトウヤマヒハツ

A. pentandrum　［紅頭山篳撥］

常緑低木(1.5–5m) **別**:シマヤマヒハツ **方**:アワグミ、ウメーシダキナ、ヤマママミ **分**:与論、沖縄諸島〜先島諸島。やや普通。庭木、生垣、公園樹。**葉**:単葉/互生/全縁/長5–11㎝ 幅2–5㎝ **花**:淡黄/春〜夏 **実**:赤〜黒/径5㎜前後/秋〜春

◆主に石灰岩地の低地の林内に生え、集落周りに植えられることもある。葉はヤマヒハツより広い楕円形で、表面の葉脈が凹み、凹凸が目立つことが特徴。雌雄異株で雄花序は穂状、雌花序は総状。果実はやや密につき、緑、赤、紫、黒と変色し、しばしば様々な成熟段階の果実が混在して鮮やかで、酸味が強く果実酒に使われる。台湾、フィリピンにも分布。和名のコウトウ(紅頭)は、台湾の南東約60㎞に浮かぶ小島・蘭嶼(らんしょ)の旧名「紅頭嶼(こうとうしょ)」による。

裏

葉はほぼ無毛か、裏面の脈沿いに短毛がある

葉先は少し突き出て鈍いか尖る

×0.9

葉脈は表でよく凹み、裏に隆起する

葉柄は4–10㎜で短い

コウシュンカズラ ［恒春葛］

T. australasiae

常緑つる性木本（Z巻）**別**：ビヨウカズラ **分**：沖縄島（ごく稀）、宮古、伊良部、石垣、西表、与那国。稀。生垣、庭木。**葉**：単葉／対生／全縁／長4–14㎝ **花**：黄／夏～秋 **実**：黄緑～褐／径1㎝強の星形／6–7個の翼／冬 ◆マングローブ林内や海岸で見られ、高さ2–10mになる。葉は卵形～楕円形で先が尖り、葉身基部に蜜腺がある。

花。頂生の総状花序（8.5沖縄植栽 H）

×0.9

葉先は次第に狭まり尖る

裏

やや薄い革質で光沢がある

枝は褐色でほぼ無毛、イボ状の皮目がある

裏は葉脈がやや隆起。両面無毛

コウシュンカズラの蜜腺 ×2.5

葉柄の上部や葉身基部に1–2対の突起状の蜜腺がある

ササキカズラ ［佐々木葛］

R. timoriensis

常緑つる性木本（Z巻）**分**：沖縄島?、宮古?、石垣、西表、波照間、与那国。ごく稀。**葉**：単葉／対生／全縁／長10–15㎝ **花**：黄／径1–2㎝／3出の散房花序／夏 **実**：カエデに似た翼果／長約3㎝ ◆マングローブ林内や海岸近くの林縁などに生え、高さ2–8mになる。葉は円形～ハート形で基部は湾入し、葉裏の主脈基部に蜜腺がある。

葉（2.6O）花（7.12石垣 T.H）

葉の両面、葉柄、若枝にはじめ白い絹毛があり、次第に減る

×0.6

主脈と葉柄の境に円盤状の蜜腺が1対ある

裏

葉柄のつけ根に普通大きな葉状托葉がある

■先は丸いか
ゝし尖る

×1

表は無毛か軟毛が散生し、光沢が強い

枝は白い点状の皮目が目立つ

裏

裏は伏した軟毛があるか無毛

葉先は短く突き出て尖るか鈍い

×1

鋸歯は普通鈍いが、幼木では時に鋭い

裏

葉身基部は左右不揃いになることが多い

表は濃い緑色で鈍い光沢がある

■は細かい葉■の網目がや■目立つ。両■無毛

雄花（4.6伊良部 O）

果実（8.3恩納 H）

アセロラ ［acerola］

M. emarginata

常緑低木（2–4m）**別**：アセローラ、バルバドスチェリー **分**：西インド諸島〜熱帯アメリカ原産。果樹、庭木、生垣。 **葉**：単葉／対生／全縁／長3–7㎝ **花**：桃／夏〜秋 **実**：赤／径2–3㎝／夏〜秋 ◆葉は楕円形でイボタノキ類やザクロに似た雰囲気で、光沢が強く、枝の皮目が目立つ。よく似たM. glabraもアセロラとして栽培されるという。

花と果実（7.21読谷 H）

ツゲモドキ ［黄楊擬］

P. matsumurae

常緑小高木（3–15m）**別**：モチツゲ **方**：タヤラチラギー、アモキ **分**：屋久島〜先島諸島。やや普通。**葉**：単葉／互生／鋸歯縁／長6–9㎝ **花**：黄緑／春 **実**：緑白〜白／長1–2㎝／夏 ◆海岸や石灰岩地の林内に点在し、時に大木になる。葉はオオシイバモチなどに似るが、左右非対称の歪んだ楕円形状。ナミエシロチョウの食草。

葉は色濃く密につく（4.13伊計島 H）

トケイソウ科 Passifloraceae トケイソウ属 Passiflora

パッションフルーツ

P. edulis [passion fruit]

常緑つる性木本〜草本（巻きひげ） **別**：クダモノトケイソウ **分**：ブラジル原産。南西諸島や小笠原で野生化。やや稀。果樹、庭木、生垣。**葉**：単葉（3裂）／互生／鋸歯縁／長10–20cm **花**：紫・白／径6–8cm／初夏〜秋 **実**：緑〜赤紫、黄／長5–10cm／夏〜冬 ◆逸出して林縁などを覆うことがある。葉は3深裂し、光沢と蜜腺がある。

花（5.5名護） 果実（1.2沖縄植栽 H）

トゥルネラ属 Turnera

キバナツルネラ

T. ulmifolia [黄花Turnera]

常緑亜低木（0.5–1.5m） **別**：ツルネラ、イエロークィーン、ターネラ・ウルミフォリア **分**：熱帯アメリカ原産。南西諸島などで野生化。庭木、公園樹。**葉**：単葉／互生／鋸歯縁／長3–8cm **花**：黄／径5cm前後／通年 **実**：蒴果／3裂 ◆道端などの陽地に時に逸出し、枝先に集まる葉と黄花がよく目につく。細い幹を多数伸ばす。

道端に逸出した個体（10.11うるま H）

×0.7

表は光沢がある

鋸歯は低く、先は腺になる

葉柄上部にイボ状の蜜腺が1対ある

葉の基部から巻きひげを出す

パッションフルーツ

裏

両面無毛

×1

表は全体に短毛があり、側脈が凹んで目立つ

キバナツルネラ

葉は卵形で先は尖る

裏

葉柄や枝も短毛が生える

葉身基部にイボ状の蜜腺が1対ある

裏はやや白っぽく、脈上に毛が多い

花（8.4うるま H）

×0.7

鋸歯は低く不明瞭で全縁のこともある

表は濃緑色で光沢があり、裏は葉脈の網目が見える。両面無毛

裏

×0.7

小枝は多数の皮目が出て凸凹になる

トゲイヌツゲ ［刺犬黄楊］

S. oldhamii

常緑小高木（2−10m）**分**：沖縄島、慶良間列島、石垣、西表、大東。ごく稀。**葉**：単葉／互生／鈍鋸歯縁〜全縁／長3−8㎝ **花**：淡黄／総状花序／夏 **実**：赤〜黒紫／球形／径約8㎜／秋〜冬 ◆海岸に近い砂地の林内や岩場などに生え、枝が長く伸び藪状になる。枝や幹に硬く鋭い刺が多い。葉はイヌツゲにはあまり似ていない。

幹の刺（8.26西表 O）

ヤナギ科 Salicaceae トゲイヌツゲ属 Scolopia

イイギリ ［飯桐］

I. polycarpa

落葉高木（7−15m）**別**：ナンテンギリ **方**：チリギ **分**：本州〜奄美群島、伊平屋、沖縄島、久米、伊良部、石垣、西表。やや普通。**葉**：単葉／互生／鋸歯縁／長15−25㎝ **花**：黄緑／円錐花序／春 **実**：赤／径7−8㎜／秋〜冬 ◆山地に点在する。葉はハート形状で枝先に集まり、長い葉柄が目立つ。幹から枝を車輪状に出す樹形が特徴。

イイギリ属 Idesia

蜜腺 ×2

葉身基部に1対の蜜腺がある

葉はアカメガシワに似るが明瞭な鋸歯がある

裏は白みを帯び、脈腋に毛が生える

葉柄はしばしば赤みを帯び、基部近くにも1対の蜜腺がある

花（4.16大宜味 H）

果実を多数ぶら下げる（12.30恩納 H）

テリハボク　［照葉木］

C. inophyllum

常緑高木（7–20m）**別**：タマナ **方**：ヤラボ、ヤラブ **分**：沖縄諸島（やや稀）～先島諸島、小笠原に自生または野生化。やや普通。防風林、御嶽植栽、街路樹、公園樹。**葉**：単葉／対生／全縁／長9–18cm **花**：白／径約2cm／腋生の総状花序／初夏 **実**：淡褐～淡紫／球形／径2.5–4cm／秋～春

◆屋敷などの防風林に昔から広く植栽される他、海岸林に点在し、大木になる。これを自生とする説と逸出とする説がある。葉は楕円形で厚く光沢が強く、フクギに似るが、直線的な側脈が多数並び、樹皮に縦横の裂け目が目立つ点で区別できる。材は工芸品として利用される。果実は海流で散布され、太平洋諸島～熱帯アジア～アフリカなどに広く自生状に見られる。

自生状の個体（1.10藪地島 H）

果実（11.20読谷植栽 H）

果実と核（12.17恩納植栽 H）

清楚な花が多数咲く（6.29恩納植栽H）

裂け目はしばしば黒い（浜比嘉島 H）

×0.8

先は丸いか少し凹む

裏

光沢が強く、すべすべした革質。両面無毛で枝も無毛

側脈は主脈からほぼ直角に出て平行に多数並ぶ

主脈は裏に隆起する

花は密集してつく(6.5読谷植栽 H)

果実はカキの実に似る(9.7本部植栽 H)

フクギ ［福木］

G. subelliptica

常緑高木(7–17m) **方**:カジキ、フクジ、プクギィ **分**:奄美群島〜先島諸島に野生化。石垣、西表、与那国では自生状。やや普通。防風林、御嶽植栽、庭木、街路樹、公園樹。**葉**:単葉/対生/全縁/長8–15cm **花**:淡黄/枝に束生/初夏 **実**:黄/扁球形/径3–6cm/夏〜秋

◆幹が直立し葉が密集するので、昔から屋敷などの防風、防潮、防火用に多く植栽され、古い集落ではフクギに囲まれた民家や御嶽がよく見られる。周辺の林内に逸出した幼木が見られる他、八重山地方の山地や海岸風衝林では自生状に見られる。葉は厚い楕円形でテリハボクに似るが、側脈が不鮮明で、樹皮は裂けない。国外では台湾(蘭嶼、緑島)、フィリピンなどに分布。本種は従来、オトギリソウ科またはテリハボク科に含められていた。

×0.8

葉は分厚く硬く、先は丸いか少し凹む

裏

裏は淡緑色でのっぺりして葉脈は不明瞭。両面無毛

側脈はテリハボクより少なく不明瞭で、主脈から斜めに出る

枝は微毛がある

狭三角形状の樹形(6.5読谷植栽 H)

樹皮は平滑でやや鱗片状にはがれる(H)

モモタマナ ［桃玉菜］

T. catappa

半落葉高木（7–20m） **別**：コバテイシ **方**：クヮディーサー、クファァギ、クバディサー **分**：奄美（ごく稀）、沖縄諸島～先島諸島、小笠原。やや普通。公園樹、街路樹、墓地植栽。 **葉**：単葉／互生／全緑／長20–35cm **花**：白／長10cm弱の穂状花序／春～夏 **実**：黄緑～淡橙／楕円形／長3–6cm／秋

◆海岸林に点在する。枝を横に広げ面状に階層をつくる樹形が特徴的で、緑陰樹として広場や駐車場によく植栽されている。葉は大きな倒卵形で、枝先に集まる。秋～冬に紅葉し、完全に落葉する個体や葉が残る個体がある。果実は両側に翼状の突起があり、海流で散布される。同属でフィリピンに産するテリハモモタマナ T. nitens は、葉が10–15cmと小さく、基部は急に狭まり、葉柄は無毛で、かつて西表島の白浜に自生していたが、ここ半世紀以上確認されていない。

花（9.22読谷植栽H）

果実はオオコウモリがよく食べに来る（11.17糸満植栽H）

海岸林の自生個体（4.11宮古H）

紅葉（12.30恩納植栽H）

×0.5

表はほぼ無毛で光沢がある

先は丸い

裏

裏は脈上などに褐色の伏毛があるか、ほぼ無毛

葉身基部は耳形

葉柄は有毛で、上部にしばしば蜜腺がある

樹皮は縦に浅く裂ける（H）

裏は脈腋にダニ室状の穴がある

先は丸い

裏

×0.8

色は明るく
沢がある

若枝や葉柄は短毛が多少ある

枝先に葉が集まる

シクンシの花 ×0.8

葉先は少し突き出て尖るか鈍い

葉は薄く、表は葉脈が多少しわになることが多く、脈上に短毛があるかほぼ無毛

裏

×0.8

裏は短毛が散生し、脈腋や脈沿いにやや多い

柄や若枝は
毛が密生する

葉は対生だが少しずれることもある

シクンシ科 Combretaceae モモタマナ属 Terminalia

コバノコバテイシ

T. mantaly　　　　[小葉枯葉手樹]

半常緑高木（7–20m）**分**：マダガスカル原産。街路樹、公園樹。**葉**：単葉／互生／全縁／長3–7cm **花**：黄緑／花序は長5cm前後 **実**：長約1.5cm ◆枝を横に広げ階層をつくる樹形や、ヘラ形の葉形はモモタマナに似るが、葉はずっと小さく、樹皮はほぼ平滑で縦すじがある。枝葉が繊細で樹形が整い、近年植栽が増えている。

街路樹（1.19那覇 H）

シクンシ属 Quisqualis

シクンシ

［使君子］

Q. indica

落葉つる性木本（3–10m）**別**：インドシクンシ **方**：ハマカニキ **分**：東南アジア〜インド原産。石垣、西表で野生化。稀。庭木。**葉**：単葉／ほぼ対生／全縁／長7–15cm **花**：白→紅／夏〜秋 **実**：5翼のある楕円形 ◆かつて駆虫薬用などに栽培され、主に道沿いで逸出している。花は約5cmの長い萼筒があり、穂状花序に多数つき華やか。

花（6.20那覇植栽 H）果実（2.12西表 O）

シクンシ科 Combretaceae ヒルギモドキ属 Lumnitzera

ヒルギモドキ ［蛭木擬］

L. racemosa

常緑小高木（2–10m）**方**：ハマカニーキ、マツァープシ **分**：沖縄島、久米、宮古、石垣、小浜、西表、与那国。沖縄諸島ではごく稀。他はやや稀。**葉**：単葉／互生／全縁～波状鋸歯縁／長2.5–7cm **花**：白／腋生の総状花序／春～秋 **実**：緑～淡黄／楕円形／長約1.5cm／夏～冬

◆マングローブ林のやや陸寄りに生え、普通樹高は3–4mで気根や呼吸根は出さず、幹の根元から横に根をはわせる。葉は肉質のヘラ形で、枝先に集まってつき、葉裏も緑色で葉脈がほとんど見えず、先は丸いか凹むことが特徴。沖縄島での自生は数個体といわれるが、うるま市州崎などではマングローブの再生活動で植樹もされている。国外では台湾、中国南部～熱帯アジア、太平洋諸島、オーストラリア、アフリカ北部などに分布する。

樹形（12.5西表 O）

開花期は長い（12.5西表 O）

葉は上向きにつく（1.31金武 H）

根と地をはう幹（金武 H）

裏

表面は光沢があり、主脈以外は不明瞭

×1

裏も緑色で表裏の区別がつきにくい。両面無毛

先は凹頭～円頭

縁はほぼ全縁だが、凹んだ腺点が並び、低い波状鋸歯になることも多い

裏

葉身基部は葉柄に流れる

果実
（7.1うるま植栽 H）

ハマザクロ ［浜石榴］

S. alba

常緑小高木（2–8m） **方**：マヤプシキ、マヤプシギ **分**：石垣、小浜、西表。稀。**葉**：単葉／対生／全縁／長5–10cm **花**：白／ほぼ通年 **実**：緑／扁球形／径約3cm

◆マングローブ林の海側の最前線に生える。幹の周囲からやや太い針状の呼吸根（筍根(じゅんこん)）を多数出すことが特徴で、よく似たヒルギダマシの呼吸根より太く長い。葉は卵形〜ほぼ円形で、肉質で側脈はほとんど見えず、裏はヒルギダマシと異なり緑色。花は花弁がほとんどなく、多数の雄しべがあり夜に咲く。方言名のマヤプシキが使われることも多く、「マヤ」は猫、「プシキ」はヒルギを指し、一説には果実を猫のへそに見立てたといわれる。中国南部〜熱帯アジア、オーストラリア、太平洋諸島、東アフリカに分布し、熱帯では樹高15mになるが、北限にあたる八重山列島では普通8m以下。

枝は横に広がり、周囲から多数の呼吸根を出す（12.7西表 O）

太い呼吸根（西表 O）

果実は堅い萼片と針状の花柱が残る（2.3西表 O）

葉先は丸いもの、凹むもの、尖るものがある

開花前の花（9.8西表 O）

×1

蕾

葉は肉厚で両面ともやや淡い緑色で無毛。主脈以外は不明瞭

×1

裏

ミソハギ科 Lythraceae ミズガンピ属 Pemphis

ミズガンピ ［水雁皮］

P. acidula

常緑低木（0.3–3m）**方**：ハマシタン **分**：喜界、徳之、沖永、与論、沖縄諸島～先島諸島。やや稀。盆栽、生垣。**葉**：単葉／対生／全緑／長1.5–2.5㎝ **花**：白／通年 **実**：褐／長約6㎜ ◆海岸の隆起石灰岩上に群生する。葉は肉質の長楕円形で絹毛が多く、やや青白く見える。普通樹高1m以下だが、幹が立ち4mに達することもある。

海岸の岩場を覆う群落（3.23波照間 O）

樹形。幹は白っぽい（7.13久米 H）

花と果実。花弁は6個（10.23与那国 O）

両面に白く短い伏毛が密生し、しばしば青白く見える

サルスベリ属 Lagerstroemia

サルスベリ ［百日紅］

L. indica

落葉小高木（2–7m）**別**：ヒャクジツコウ **方**：アンバーギィ **分**：中国原産。公園樹、庭木、街路樹。**葉**：単葉／対生～互生／全緑／長3–6㎝ **花**：紅紫、桃、白／径3–4㎝／夏～秋 **実**：褐／球形／径約7㎜／秋～冬 ◆葉は楕円形～倒卵形で、葉柄がほぼなく、コクサギ型葉序につく。秋の紅葉は鮮やか。樹皮は薄くはがれすべすべになる。

枝葉とも無毛
×1
葉柄はごく短い。枝は翼状の4稜がある
先は丸いかやや尖るか、時に凹む
裏

花（9.16 読谷）蒴果（1.19那覇 H）

樹皮は橙色を帯びる（那覇 H）

木の幹 (4.11 瀬戸内 O)

果は楕円形 (5.27 高知県植栽 H)

花序 (8.19 大和 O)

花弁基部は細い糸状で、舷部にしわがある。雄しべは黄色 (8.19 大和 O)

シマサルスベリ ［島百日紅］

L. subcostata var. subcostata

落葉高木（10–20m）**方**：アハブラギ、シルハゴーギー　**分**：喜界、奄美、徳之、沖永？。やや普通。公園樹、庭木、街路樹。**葉**：単葉／対生〜互生／全縁／長5–10㎝　**花**：白／径約1.5㎝／頂生の円錐花序／夏〜秋　**実**：褐／楕円形／長0.7–1㎝／秋〜冬

◆奄美大島では低地の林縁から山地の渓流部まで比較的普通に生える。サルスベリに似るが、葉がやや大きく先が尖り、明瞭な葉柄があり、葉裏や枝、花序に毛がある。高木になり、樹皮は白みが強いこともサルスベリとの違いで、時に幹径1mを超す大木になる。沖縄諸島〜先島諸島には分布せず、台湾と中国、フィリピンに隔離分布する。屋久島、種子島に分布する変種の**ヤクシマサルスベリ** var. fauriei は、葉先がより尾状に伸びる傾向があり、枝や花序はほぼ無毛だが、変異は連続的という。

葉先はサルスベリより長く伸びて尖る

シマサルスベリ

×1

裏

シマサルスベリより側脈が多い傾向がある

ヤクシマサルスベリ

枝は4稜があるか丸く、若枝は開出毛がある

主脈沿いに開出毛が多少ある

サルスベリより葉柄が長い

裏 ×1

オオバナサルスベリ

L. speciosa ［大花百日紅］

落葉高木（5–20m）**別**：ジャワザクラ **分**：インド～東南アジア～オーストラリア原産。街路樹、公園樹、庭木。**葉**：単葉／互生～対生／全縁／長10–25cm **花**：紅紫～ピンク／径5–8cm／夏～秋 **実**：褐／径約2.5cm／秋～冬

◆街路樹によく見られる。葉も花もサルスベリの数倍大きく、一見カキノキの葉と見間違うほどだが、花も果実もサルスベリと構造は同じで、葉は少しずれて互生か対生し、コクサギ型葉序になることも同じ。秋は橙色に紅葉して美しい。樹皮はやや粗くはがれ、サルスベリのようにすべすべにはならず、灰色を帯びた褐色。

高い樹冠に花をつける（9.15那覇 H）

小型の街路樹（8.29那覇 H）

花弁は6個で波打つ（11.17那覇 H）

樹皮（那覇 H）

蒴果（11.17那覇 H）

葉先は短く突き出る
裏
×0.7
表はシマサルスベリより光沢が強く、側脈が目立つ
葉は卵形～楕円形～倒卵形
葉柄は短く、葉はコクサギ型葉序（2枚ずつが互生する）につく
両面無毛で裏はやや白みを帯びる

花
植栽個体
×1
葉は薄く、表は無毛で光沢がある。葉の広狭は変異がある
裏
野生化個体
×1
若枝は粗い毛が多い
裏は軟毛が散生する
裏 ×1

テンニンカの果実
甘く食べられる(8.28読谷H)
先は丸い
裏
裏は軟毛が密生して白い
若枝も軟毛が密生する
若い果実
×1
表はほぼ無毛で、つや消しの質感
縁に沿って伸びる3行脈がやや目立つ

ミソハギ科 Lythraceae ハナヤナギ属 Cuphea

メキシコハナヤナギ

C. hyssopifolia ［墨西哥花柳］

常緑低木（0.2–0.6m）**別**：クフェア **分**：メキシコ～グアテマラ原産。公園樹、街路樹、庭木。沖縄島で稀に野生化。**葉**：単葉／対生／全縁／長2–3.5㎝ **花**：紫～ピンク、白／花弁6個／ほぼ通年 **実**：蒴果 ◆花壇などによく植えられる。沖縄島の比謝川では、川岸の岩場に野生化し群生している所もある。葉は草質で細長い。

野生化個体と花（5.29嘉手納H）

フトモモ科 Myrtaceae テンニンカ属 Rhodomyrtus

テンニンカ

［天人花］

R. tomentosa

常緑低木（1–3m）**方**：ウェンチノミ **分**：沖縄諸島、石垣。やや稀。庭木。**葉**：単葉／対生／全縁／長4–7㎝ **花**：桃→白／初夏 **実**：紫～黒／長約1.2㎝／夏～秋 ◆非石灰岩地の山地林縁や、乾いた低木林などに生える。葉は楕円形で3行脈が目立ち、裏は毛が密生しビロード状になる。台湾、中国～東南アジアにも分布する。

花色は次第に淡くなる（5.21恩納H）

バンジロウ ［蕃石榴］

P. guajava

常緑小高木（2–8m）**別**：グァバ、バンザクロ **方**：バンシルー **分**：熱帯アメリカ原産。南西諸島や小笠原で野生化。やや普通。果樹、庭木。**葉**：単葉／対生／全縁／長5–15cm **花**：白／径約3cm／初夏 **実**：緑～黄／長5–12cm／夏 ◆道端や人里近い林縁に逸出している。葉はしわが目立ち葉柄が短く、裏は多毛。樹皮はサルスベリに似る。

花（5.7沖縄植栽）果実（9.14恩納 H）

テリハバンジロウ

P. cattleyanum ［照葉蕃石榴］

常緑小高木（2–5m）**別**：ストロベリーグァバ **分**：南アメリカ原産。果樹、庭木、観葉植物。**葉**：単葉／対生／全縁／長5–10cm **花**：白／春 **実**：赤、黄／径2–4cm／夏 ◆葉はモチノキなどに似るが対生する。樹皮はサルスベリ似。果実が黄色い品種**キミノバンジロウ**（キバンジロウ：下写真）f. lucidum がよく栽培され、小笠原では野生化。

花（4.9うるま）果実（8.18読谷 H）

葉は長楕円形で先は尖るかやや鈍い

表は微毛が全面にあり、光沢は弱い

裏

×0.9

裏は全体に短毛があり、葉脈が隆起する

葉柄はごく短い

枝は4稜があり、短毛が生える

葉は倒卵形～楕円形で、やや厚く光沢がある

葉先はやや突き出て鈍い

裏

側脈は多数が平行に並び、縁で結合する

×0.9

両面無毛で、微細な腺点が散らばる

樹皮

赤橙色を帯び、まだらにはがれる（H）

フトモモ科 Myrtaceae ユーゲニア属 Eugenia

ピタンガ [Pitanga]

E. uniflora

常緑低木（2–5ｍ）**別**：タチバナアデク、カボチャアデク **分**：ブラジル原産。果樹、庭木。**葉**：単葉／対生／全縁／長3–6㎝ **花**：白／春 **実**：赤～橙／径2–3㎝／夏 ◆アセロラに似た果実をつける果樹で、名は原産地で「赤い実」の意味。葉は丸みのある三角形状で光沢が強く、アデクに似るが無柄。国外では野生化もしている。

若葉は赤い(9.7北中城) 花(3.1本部H)

果実
味はややヤニ臭いが生食できる(5.1糸満H)

両面とも無毛で微細な腺点が散らばる

裏 ×0.9

葉柄はほとんどない

表は光沢が強く、全体がやや波打つ

葉先は鈍い

×0.8

フトモモ属 Syzygium

アデク

S. buxifolium

常緑小高木（3–15ｍ）**分**：九州南部、種子、屋久、奄美群島～沖縄諸島、八重山列島。普通。時に庭木。**葉**：単葉／対生／全縁／長1.5–5㎝ **花**：白／初夏 **実**：黒／径1㎝弱／秋～冬 ◆山地のやや乾いた林によく生え、普通は樹高5ｍ前後。葉は小型でギーマに似るが全縁で対生。ツゲ類にも似るが、側脈や枝で見分けられる。

花は小型(7.3読谷H)

アデクの果実
味は薄いが食べられる(11.14恩納H)

樹皮は薄くはがれて橙色を帯び特徴的(うるまH)

側脈はやや不明瞭だが並行に多数並び、縁に達せず繋がる

先はやや鈍いか丸い。両面無毛

×1

裏 ×1

枝は赤褐色で4稜がある

フトモモ ［蒲桃］

S. jambos

常緑高木（7–12m） **別**：ホトウ **方**：ホート、フートー、フード **分**：東南アジア〜インド原産。南西諸島や小笠原に野生化。やや普通。果樹、防風林。**葉**：単葉／対生／全縁／長10–25cm **花**：白／春〜初夏 **実**：緑白〜淡黄／長3–6cm／夏 ◆フトモモ科は熱帯生の果樹が多く、琉球でも様々な種が植栽されている。本種は現在ほとんど栽培されないが、各島の渓流沿いに広く野生化しており、在来種のごとく生えている。葉は本科の中でも特に細長く大型で、先が長く尖ることが特徴。花は大型で目を引く。果実は甘みが少なく、加工用にされるという。和名は琉球の方言名「フートー」に由来しており、中国名の蒲桃（プータオ）から転じたものといわれる。

花弁4個で雄しべは長い（5.19うるまH）

若い果実をつけた枝（6.7名護H）

果実はよい香りがある（7.19本部H）

若葉は赤みを帯びる（6.28那覇H）

樹皮はやや裂けて荒れる（那覇H）

先は次第に狭まって尖る
×0.7
表は厚く光沢があり、両面無毛
裏
×0.7
側脈は並行に並び、縁に沿って繋がる
葉柄は1cm前後で短め

ンブの果実（7.1 うるま H）

レンブの花は大型（5.21 名護 H）

ャンボランの果実（8.23 うるま H）

ジャンボランの花は小型（7.3 うるま H）

レンブ ［蓮霧］

S. samarangense

常緑小高木（4–12 m） **別**：オオフトモモ、ジャワフトモモ **分**：マレーシア原産。公園樹、庭木、果樹。**葉**：単葉／対生／全縁／長 15–25 cm **花**：白／初夏 **実**：白～桃、赤／洋梨形／長 4–7 cm／夏 ◆果樹として知られるが、果実は淡泊で流通は少ない。葉は本属中で特に大きな長楕円形で、葉柄はごく短い。

ジャンボラン ［Jambolan］

S. cumini

常緑小高木（4–12 m） **別**：ユーカリフトモモ、ムラサキフトモモ **分**：インド原産。公園樹、庭木、果樹。**葉**：単葉／対生／全縁／長 7–15 cm **花**：淡黄／初夏 **実**：赤紫～黒／楕円形／長 2–3 cm／秋 ◆葉は細長い卵形～楕円形でレンブに似るが、一回り小さく、明瞭な葉柄がある。果実は生食できるが渋みがある。時に逸出した若木を見る。

×0.4

レンブ

裏

葉は薄く、明るい緑色

側脈は裏でやや隆起し、縁に沿って繋がる。両面無毛

葉柄は約 2–3 mm で短い

葉先は次第に狭まりやや尖る

ジャンボラン

×0.5

裏

裏は淡緑色で両面無毛

側脈が多数平行に並び、ユーカリ類の葉に似た雰囲気

長さ 1–2 cm の明瞭な葉柄がある

ノボタン科の検索表

木本は琉球に5種が分布し、数種の園芸種が植栽される。常緑低木で葉は対生し3–7脈が目立つ。鋸歯や毛の形状などが同定ポイント。花は桃〜白色で美しい。

A. 葉は薄く、しわ状の横脈が目立つ。葉裏や枝に鱗片がある。花は小型で腋生 ………… **ミヤマハシカンボク** p.243

A. 葉は厚く、横脈はあまり目立たないかほとんどない。花序は頂生。
- B. 葉は無毛かほぼ無毛で、光沢が強い。小枝に稜はない。
  - C. 葉は長さ4–9cmで小型。沖縄島に分布 ………… **コバノミヤマノボタン** p.241
  - C. 葉は長さ5–20cmで大型。八重山列島に分布 ………… **ヤエヤマノボタン** p.242
- B. 葉は両面とも明らかに有毛。
  - C. 小枝は伏毛があり、4稜がある(ノボタンは不明瞭)。葉は全縁。
    - D. 葉は長さ20cm前後で、両面に白い軟毛が密生する。植栽 …… **オオバシコンノボタン** p.242
    - D. 葉は長さ10cm前後で、両面に粗い伏毛がある。
      - E. 葉はやや大きく広く、光沢はない。花はピンク色 ………… **ノボタン** p.240
      - E. 葉はやや小さく細く、光沢がある。花は紫色。植栽 ………… 'コート・ダジュール' p.240
  - C. 小枝や葉裏は開出毛があり、枝に稜はない。葉は鋸歯縁状 ………… **ハシカンボク** p.241

ノボタン ［野牡丹］

M. candidum var. candidum

常緑低木（0.5–2m） **方**：ハンケータブ、ミーハンチャ、ハンコーギー **分**：屋久、奄美群島〜先島諸島。やや普通。**葉**：単葉／対生／全縁／長6–12cm **花**：桃〜紅紫、稀に白／5弁／径6–8cm／頂生の集散花序か単生／春〜夏 **実**：褐／洋梨形／径1–1.5cm／冬

◆山地〜低地の林縁や草地に生える。花は本科自生種の中で最大で、果実は他種と異なり液果状。葉は広い卵形〜楕円形で、3–5本の葉脈が目立ち、枝葉に伏毛が多い。よく似たハシカンボクは鋸歯縁で毛は開出する。園芸で「ノボタン」と呼ばれるものは、中南米原産のシコンノボタンや栽培品種'コート・ダジュール'である場合が多い。

花は梅雨の頃に咲く(6.7恩納 H)

裏 ×0.9

両面に伏した剛毛が密生しざらつく

鋸歯はない

×1

3–5行脈が目立つ

果実 熟すと裂けて食べられる(1.16恩納 H)

枝 ×2.5 枝や葉柄に伏した剛毛や細長い鱗片がある

コバノミヤマノボタン

B. okinawensis　［小葉深山～］

常緑低木（0.3–1m）**分**：沖縄島。稀。**葉**：単葉／対生、3輪生／鋸歯縁～全縁／長4–9㎝ **花**：桃、時に白／4弁／径3–4㎝／頂生の集散花序／夏 **実**：褐／長5–8㎜ ◆沖縄島の固有種で山地上部の林内や渓流域に生える。葉は細く小型で光沢がある。ヤエヤマノボタンに似るが、葉はかなり小さく花数が少なく、花は少し大きい。

花（7.4大宜味）蒴果（3.29国頭 H）

両面無毛で光沢があり、すべすべした質感

細かい鋸歯があるか、ほぼ全縁

裏

枝 ×2

枝や葉柄は微毛がある

3行脈が目立つ

×1

裏はやや白みを帯び、葉脈はしばしば赤紫色

葉柄や枝は赤紫色を帯びる

ハシカンボク

B. hirsuta　［波志干木］

常緑低木（0.3–1m）**別**：ハシカン **方**：ハウレンファー **分**：屋久、種子、奄美、徳之、沖縄島、渡嘉敷、石垣、西表、与那国。やや普通。庭木。**葉**：単葉／対生／鋸歯縁／長4–12㎝ **花**：桃、稀に白／4弁／径1.5–2㎝／頂生の散形花序／夏～秋 **実**：蒴果／長約7㎜ ◆山地の林縁や谷沿いに生える。葉はノボタンに似るが毛が開出する。

花期。よく群生する（5.23国頭 H）

硬い毛で終わる微鋸歯がある

両面に開出毛があり、ざらつく

×1

裏

5–7行脈が目立つ

裏は白みを帯びる

基部はやや湾入する

枝 ×2

枝や葉柄に開出する硬い白毛と微毛がある

ノボタン科 Melastomataceae ハシカンノボク属 Bredia

ヤエヤマノボタン

B. yaeyamensis ［八重山～］

常緑低木（1–2m）**分**：石垣、西表。やや稀。**葉**：単葉／対生／全縁～鋸歯縁／長5–20㎝ 幅2–8㎝ **花**：紅、時に白／4弁／径約3㎝／頂生の集散花序／夏 **実**：洋梨形／径約0.5㎝ ◆山地の渓流沿いに生える八重山の固有種。分布域は限られるが浦内川上流などでは普通に見られる。ハシカンボクに似るが、全株無毛。

果実（10.19 O）花（5.22 西表 M.K）

×0.7

鋸歯が明瞭な葉から、全縁の葉まである

裏

5行脈の両端2本は葉縁に沿って目立たず、3行脈状

裏は白みを帯びる。枝葉とも無毛

基部は丸いかやや湾入する

シコンノボタン属 Tibouchina

オオバシコンノボタン

T. grandifolia ［大葉紫紺～］

常緑低木（1–3m）**別**：オオバノボタン、アツバノボタン **分**：南アメリカ原産。庭木。**葉**：単葉／対生／全縁／長10–25㎝ **花**：紫／径2–3㎝／頂生の円錐花序／夏 **実**：蒴果 ◆琉球で植栽されるノボタン類では最も普通。葉は大型で、軟毛に覆われ銀白色に見える。大型の花序も特徴。上記2つの別名は別種を指すこともあるので注意。

葉に比して花は小型（7.2 西原 H）

×0.7

葉裏 ×1

裏は特に毛が多く緑白色

両面に白い伏毛が密生する

裏

枝は4稜が顕著

葉は薄く、表は無毛。横向きの葉脈が目立つ

×0.7

5行脈があるが両端の2本は葉縁に沿って細く目立たず、3行脈状

枝 ×3

若枝や葉裏には黄褐色の微細な円形鱗片が密生

花（8.20湯湾岳 O）

花（8.18湯湾岳 O）

裏 ×0.7

裏は葉脈が隆起して目立ち、全面に微細な鱗片がある

ミヤマハシカンボク

［深山波志干木］

B. cochinchinensis

常緑低木（1–3m） **別**：シマハシカンボク **分**：屋久、種子、奄美、沖縄島?。稀。**葉**：単葉／全縁／対生／長5–20㎝ 幅2–7㎝ **花**：白〜桃／径約1㎝／束生／夏 **実**：褐／径約5㎜

◆山地の林内に生え、奄美大島の自生地では林床を埋めるほど優占している所もあるが、沖縄島に現存するかは不明。花が小さく、葉腋に1–3個束生することが他のノボタン類と大きく異なる。花弁は白色で、曲がった角状の葯が桃色になり目立つ。葉は3–5行脈があり、縦の主脈を直角につなぐ横しわ状の細脈が目立つ。対につく2枚の葉は大きさが異なることが多い。台湾、中国南部〜インドまで分布する。

しばしば群生する（4.13瀬戸内 O）

蒴果（4.14瀬戸内 O）

ショウベンノキ ［小便木］

T. ternata

常緑小高木（4–15m） **別**：ヤマデキ、ツルピニア・テルナタ **方**：ジーブター、ミィフックワ **分**：四国南部、九州南部〜先島諸島。普通。時に観葉植物。**葉**：3出複葉（稀に小葉5枚の掌状複葉。幼木は単葉）／対生／鋸歯縁／小葉長7–20㎝ **花**：白／春 **実**：黄〜赤／径約1㎝／秋

◆低地〜山地の林に生え、石灰岩地に多い。大型の3出複葉で、小葉は長い楕円形。よく似たアカギの葉は、互生で小葉は丸みが強いことが違い。樹高5–7m前後の個体が多いが、時に10m以上にもなる。和名は枝を切ると樹液がしたたることによる。

花は円錐花序につく（3.28南城 H）

果実（11.3宜野湾 H）

花（4.7宮古 O）

樹皮は暗色で縦すじが入る（名護 H）

幼い個体では小葉1枚のことが多い

幼木の葉裏 ×0.6

裏は葉脈の網目が少し見える

両面無毛で表は光沢がある

頂小葉は側小葉よりやや長い

明瞭な鈍い鋸歯がある

小葉柄の両端は少し膨らんで関節となる

×0.7

細かい鋸歯が並び、鋸歯の先は明色

小葉は広卵形で表は光沢があり、濃い緑色

×0.5

側脈は弓状に曲がる

裏

裏は脈沿いに開出毛があるかほぼ無毛

先が長く伸びる

両面とも光沢がある。表は無毛

裏

×0.5

裏は脈腋に毛があるか、ほぼ無毛

葉身基部は丸いか浅く湾入する

果実
(8.18大和O)

ゴンズイ ［権卒］

E. japonica

落葉小高木（3–8m） **方**：イリキケ、ミィハンチャー、ミィパガキ **分**：関東～沖縄諸島、八重山列島。やや普通。**葉**：羽状複葉（小葉3–5対）／対生／鋸歯縁／小葉長4–10㎝ **花**：黄緑／春 **実**：赤・黒（種子）／夏～秋 ◆低地～山地の林縁やマツ林に点在する。葉は対生することが特徴。樹皮は魚のゴンズイに似て、黒褐色に白い縦すじが入る。

花（4.3国頭） 袋果（6.22名護 H）

ナンバンキブシ ［南蛮木五倍子］

S. praecox var. lancifolius

落葉低木（2–5m） **方**：トロフキ **分**：本州西部、四国南部、九州～トカラ、奄美、徳之。普通。**葉**：単葉／互生／微鋸歯縁／長10–20㎝ **花**：淡黄／春 **実**：緑～褐／径1–2㎝ ◆林縁などに生え、数珠状に連なって垂れた果実が目立つ。九州以北に産するキブシの変種で、葉は長い三角状卵形で、葉や果実が一回り大きい。

雌花序と若葉（3.17湯湾岳 O）

ハゼノキ ［黄櫨木］

T. succedaneum

落葉小高木（4–10m）**別**：リュウキュウハゼ、ロウノキ **方**：ハジ、ハジキ、ハジャー **分**：関東〜先島諸島。普通。**葉**：羽状複葉（小葉4–8対）／互生／全縁（若木は時に鋸歯縁）／小葉長6–12cm **花**：黄緑／腋生の円錐花序／春 **実**：褐／扁球形／長1cm前後／秋〜冬

◆低地〜山地の林縁や明るい林によく生える。琉球で数少ない紅葉が美しい木で、ピークの1–2月は赤く染まった姿が山野で目立つ。紅葉が残るうちに若葉が芽吹くことも多い。葉は枝先に集まり、無毛で鋸歯は普通ない。枝葉をちぎると乳液が出て、肌につくとかぶれるので要注意。よく似たハマセンダンは複葉が対生し、樹皮は裂けないことが違い。琉球〜東南アジア・インドにかけて分布し、かつて種子からロウを採るため各地で栽培され、九州以北の個体はそれが野生化したものといわれる。

花。台風の影響で秋に咲いた個体（11.27南城 H）

紅葉は赤〜橙色（2.4本部 H）

芽吹きと果実（5.29那覇 H）

樹皮は淡褐色で縦に裂ける（読谷 H）

小葉は先が長く伸びる

葉はやや革質で光沢が少しある

×0.5

裏

小葉 裏 ×0.8

若い個体では少数の鋸歯が出ることも多い

全体無毛で裏は白みを帯びる。よく似た有毛のヤマハゼ T. sylvestre は九州以北に分布

枝葉をちぎると白い汁が出て、触れるとかぶれる

×0.5

縁は明瞭な鈍鋸歯が多数並ぶ

小葉は楕円形〜卵形で、表は脈上を除き無毛

葉軸に翼がある

裏

裏は軟毛が密生し白みを帯びる

ウルシ科 Anacardiaceae ヌルデ属 Rhus

ヌルデ ［白膠木］

R. javanica var. chinensis

落葉小高木（2–8m）**別**：フシノキ **分**：北海道〜九州、屋久、奄美、徳之、沖縄島、久米、石垣。奄美はやや普通、徳之島以南はごく稀。**葉**：羽状複葉（小葉4–6対）／鋸歯縁／小葉長6–15㎝ **花**：乳白／頂生の広い円錐花序／夏 **実**：橙〜褐／径5–6㎜／秋〜冬

◆本土では林縁などにごく普通に生える先駆性樹木で、奄美大島でも林道沿いなどに点在しているが、徳之島以南ではほとんど見ない。葉や果実は多毛で、葉軸に目立つ翼が出ることが特徴。基準変種で台湾や中国南部などに分布するタイワンフシノキ var. javanica は、葉軸に翼がほとんど発達せず、石垣島と西表島で過去に採取記録があるが現状は不明。

蕾をつけたヌルデの花序（8.19奄美O）

小葉は楕円形で薄く、ちぎると香りがある

×0.5

縁は全縁か低い鋸歯がある

葉軸に狭い翼が出る

裏

葉柄や若枝に短軟毛が多少ある

葉は両面ほぼ無毛

サンショウモドキの果実（11.6ハワイH）

小葉 ×0.8

裏

コショウボク属 Schinus

サンショウモドキ ［山椒擬］

S. terebinthifolia

常緑低木（1–5m）**別**：アカツユ、クリスマスベリー **分**：南アメリカ原産。南西諸島や小笠原で稀に野生化。庭木。**葉**：羽状複葉（小葉2–6対）／互生／全縁〜鋸歯縁／頂小葉長4–10㎝ **花**：白／円錐花序／初夏 **実**：赤／径約5㎜／秋〜冬 ◆小型の羽状複葉で葉軸に翼があり、果実はクリスマスなどの飾りに使われる。ハワイなどで野生化し、世界の侵略的外来種ワースト100指定。沖縄島でも野生化らしき個体が少数見られる。

マンゴー [Mango]

M. indica

常緑高木（5–20m）**分**：インド～マレーシア原産。果樹、庭木、公園樹。**葉**：単葉／互生／全縁／長15–40㎝　**花**：淡黄～赤／長20–60㎝の円錐花序／春　**実**：緑～黄～赤／楕円形／長5–25㎝／夏

◆大木にもなる熱帯果樹だが、琉球では花期に雨が多く結実しにくいため、商業的には低木に仕立ててハウス栽培されている。民家の庭先では露地栽培の木も見られるが、葉がよく似たカニステルも多く、間違えやすい。葉は細長く、側脈が平行に並び、枝先に集まってつく。果実は甘く美味だが、ウルシ科なのでかぶれる人もいる。琉球で栽培されるのは、果実が赤く色づく栽培品種‘アーウィン’が大半で、果実が緑色で大きな‘キーツ’も稀に栽培され、葉はやや幅広い。

庭木の古木（10.12糸満H）

樹皮は細かく裂けてはがれる（那覇H）

花（4.13恩納H）

裏
×0.6

葉先は細く尖る

葉の幅は中央～基部側で最大になる。カニステルは葉先側で最大

両面無毛で表は光沢がある

直角に近い角度で出る多数の側脈が平行に並び目立つ

×0.6

葉身基部は三角形状

葉柄は長さ5㎝前後

若い果実（5.23本部H）

錐花序は大型（9.15浦添 H）

果実は袋状（11.17那覇 H）

花と実をつけた街路樹（10.12浦添 H）

逸出した幼木の葉（3.30沖縄 H）

タイワンモクゲンジ

K. henryi ［台湾木槵子］

落葉高木（7–15m） **別**：タイワンセンダンボダイジュ **分**：台湾、中国原産。街路樹、公園樹。南西諸島や小笠原で時に野生化。**葉**：2回偶数（時に奇数）羽状複葉（羽片3–5対）／互生／鋸歯縁／小葉長5–8cm **花**：黄／頂生の円錐花序／晩夏〜秋 **実**：桃〜褐／長約4cmの袋状／秋〜冬

◆都市部の街路樹に多く、外観は本土産のケヤキに似た雰囲気がある。9–10月頃に小さな黄花を多数つけ、すぐにピンク色の袋状の蒴果が実り目立つ。植栽地周辺では林縁などに逸出した個体がしばしば見られる。成木の葉はほぼ単鋸歯だが、幼木の葉は欠刻状の重鋸歯がある。本土に自生・植栽されるモクゲンジ K. paniculata の成木は、1回奇数羽状複葉で欠刻状の重鋸歯がある。

普通は頂羽片や頂小葉がない

頂小葉がある羽片も見られる

×0.25

やや粗い鋸歯がある。幼木の鋸歯はより深い

小葉 裏 ×1

脈沿いに毛がある

小葉はやや左右非対称

樹皮は縦に裂けてはがれる（浦添 H）

ムクロジ科 Sapindaceae　ムクロジ属 Sapindus

ムクロジ　［無患子］

S. mukorossi

常緑高木（5–20m）**方**：モッコロ、ムックジ　**分**：本州〜トカラ、奄美、沖縄島、石垣、西表、小笠原。稀。本土では社寺や庭に植栽。**葉**：偶数羽状複葉（小葉4–6対）／互生／全縁／小葉長7–15cm　**花**：淡黄／頂生の円錐花序／初夏　**実**：黄／径約2cm／秋

◆主に石灰岩地に生え、奄美大島では山地の岩が多い谷間などに見られ、沖縄島では本部半島の川沿いなどに見られる。葉はハゼノキに似るが、より大型で頂小葉がない。果実はサポニンを含み、果皮を水とともにこすると泡立つので石鹸の代用にされた。

黄葉（12.9今帰仁）果実（3.6広島県H）

咲き終わりの花（6.8今帰仁 H）

樹皮ははじめ平滑で、老木ではやや粗くはがれる（今帰仁 H）

×0.35

通常は頂小葉がない

小葉は長い卵状楕円形。紙質で光沢ない

小葉の先はよく尖る

枝は白み帯びた褐色でやや稜があり、白い皮目が多い

小葉裏 ×1

葉脈は葉裏にやや隆起する。両面無毛

果実をつけたレイシ(6.14読谷 H)

果実をつけたリュウガン(8.6恩納 H)

レイシ　［茘枝］

L. chinensis

常緑小高木（3–10m）**別**：ライチ、ライチー　**分**：中国南部原産といわれる。果樹、庭木。**葉**：偶数羽状複葉（小葉2–4対）／互生、稀に対生／全縁／小葉長5–16cm　**花**：黄緑／円錐花序／早春　**実**：緑褐～赤褐／径3–4cm／初夏　◆ライチの果物名で知られるが、琉球では実つきがあまりよくない。小葉は普通3対で、よく似たリュウガンと比べ、小葉の先が細く尖り、側脈が不明瞭で、樹皮は平滑。

リュウガン　［竜眼］

D. longan

常緑小高木（5–15m）**別**：ロンガン　**分**：インド～中国南部原産といわれる。果樹、庭木　**葉**：偶数羽状複葉（小葉2–5対）／互生／全縁／小葉長6–16cm　**花**：淡黄／春　**実**：黄緑～褐／径1.5–3cm／夏　◆レイシに似るが果実は褐色で小さく、小葉は丸みがあり、樹皮は縦～網目状に裂ける。

―― レイシ ――

×0.35

小葉の先はやや伸びて尖る

小葉はやや互生する傾向がある

葉柄や葉軸は褐色で、枝のようにも見える

葉はムクロジより厚く、表は平滑で光沢がある

小葉 裏 ×1

裏は白みを帯び、側脈は不明瞭。両面無毛

―― リュウガン ――

×0.35

側脈がレイシより目立ち、縁は裏側にやや巻く

小葉は普通対生する

小葉の先は鈍い

小葉 裏 ×1

若枝や葉裏脈上、葉柄に褐色の微毛があり、成葉では減る

クスノハカエデ ［樟葉楓］

A. itoanum

常緑小高木（5–15m） **方**：マミク、ブクブクギー **分**：喜界、沖永、与論、伊平屋、伊是名、沖縄島、粟国、渡名喜、久米。やや稀。**葉**：単葉（時に3裂）／対生／全縁／長4–10㎝ 幅2–5㎝ **花**：黄緑／頂生の集散花序／春 **実**：赤〜褐／翼果／長1.5–2㎝／夏

◆低地の石灰岩地などに生える、日本産唯一の常緑カエデ類。しばしば群落をつくり、沖永良部島や与論島では林縁で比較的普通に見られる。葉は光沢があり、切れ込みのない卵形で、クスノキに似て3行脈が目立ち、裏面はやや白い。本土で植栽される中国原産のトウカエデ A. buergerianum と近縁で、若木などでは浅く3裂した葉も見られる。樹皮は淡褐色で平滑だが、年数を経ると不規則に割れて、鱗片状にはがれる。台湾にも分布する。

石灰岩上に生えた個体（4.8うるま H）

翼果は完熟すると褐色（5.29嘉手納H

両性花と若葉（3.13嘉津宇岳 H）

樹皮は不規則にはがれる（国頭 H）

×1

先はやや長く突き出て尖るか鈍い

基部で分岐する3脈が目立つ

裏

縁は波打つ

裏は粉白色を帯び、少し軟毛があるか両面無毛

幼木の葉 ×1

幼木は3浅裂した葉も多く、トウカエデの葉形に似る

翼果（6.5 国頭 H）

翼果は70–80°の広い角度でつく(4.12大和 O)

樹皮は緑色で縦すじが入る(O)

葉は狭い五角形～卵形で、基部の切れ込みは小さい

裏 ×0.5

不分裂の葉も交じる

×0.5

裏の脈腋や脈沿いに褐色の縮毛があるか、ほぼ無毛

葉柄は通常5㎝前後あり長い

不揃いな鋸歯が出ることが多い

×0.4

裂片の先は尾状に伸びる

葉裏 ×2
裏面の脈上と基部にのみ疎らに毛がある

雄花(3.19瀬戸内 O)

シマウリカエデ ［島瓜楓］

A. insulare

落葉小高木(5–10m) **別**:オナガカエデ **方**:オーヤギ **分**:奄美(普通)、徳之(稀)。**葉**:単葉(1–5裂)／対生／細鋸歯縁／長7–12㎝ **花**:黄緑／頂生の総状花序／春 **実**:翼果／長約1.5㎝ ◆山地の林縁や道沿いに生え、冬は黄葉する。本州～九州に分布するウリカエデ A. crataegifolium より葉が大きく普通は5浅裂し、葉柄も長い。

雄花(3.22大和 O)

アマミカジカエデ ［奄美梶楓］

A. amamiense

落葉高木(5–15m) **分**:奄美大島。ごく稀。**葉**:単葉(5–7裂)／対生／全縁～鋸歯縁／長10–20㎝ **花**:黄緑／雌雄異株／春 **実**:褐／翼果 ◆奄美大島の1カ所に20本ほどしか自生していない非常に珍しい木。熊本県以北に分布するカジカエデ A. diabolicum に比べ、葉裏や翼果に毛が少なく、翼果はより広い角度で開く。

葉や翼果はほぼ無毛(12.15大和 O)

ムクロジ科 Sapindaceae アカギモドキ属 Allophylus

アカギモドキ ［赤木擬］

A. timoriensis

常緑低木（2–4m） **方**：アトラ、コキーナマ **分**：先島諸島。やや稀。**葉**：3出複葉／互生／鈍鋸歯縁／小葉長4–12㎝ **花**：白／細い円錐花序／春〜夏 **実**：赤／径6–8㎜／夏〜秋 ◆砂地の海岸林内によく生え、葉はアカギに似る。花序は枝分かれした細い複総状で葉より短く、多くの花をつける。

葉（2.1石垣）花序（10.15西表 H）

アカギより鋸歯は不明瞭で少なく、頂小葉の柄が短い

表は濃緑色で無毛

×0.4

アカギモドキ

葉裏 ×2

葉裏の脈腋に毛の束が少しある

裏 ×0.5

ハウチワノキ属 Dodonaea

ハウチワノキ ［葉団扇木］

D. viscosa

常緑低木（2–4m） **方**：ヌカニキー、プニキヤマー **分**：種子（絶滅）、トカラ（宝）、奄美、請、徳之、沖縄諸島、宮古、石垣、西表、小笠原。やや稀。**葉**：単葉／互生／全縁／長5–10㎝ **花**：淡黄／春 **実**：淡紅〜褐／軍配形／翼がある ◆海岸近くの石灰岩地や林縁、原野に生え、枝葉は斜上する。葉幅が概ね1㎝以下のものを変種**ハウチワノキ**（狭義） var. angustifolia、1–3㎝のものを基準変種**ヒロハハウチワノキ** var. viscosaとする見解もある。沖縄諸島以北産はヒロハハウチワノキにあたり、果実の中央がより膨れる傾向がある。

葉は薄く細長いヘラ形で、先は尖るか丸い

ハウチワノキ（狭義）

裏 ×1

葉の両面や小枝は腺点が密生し粘る。無毛

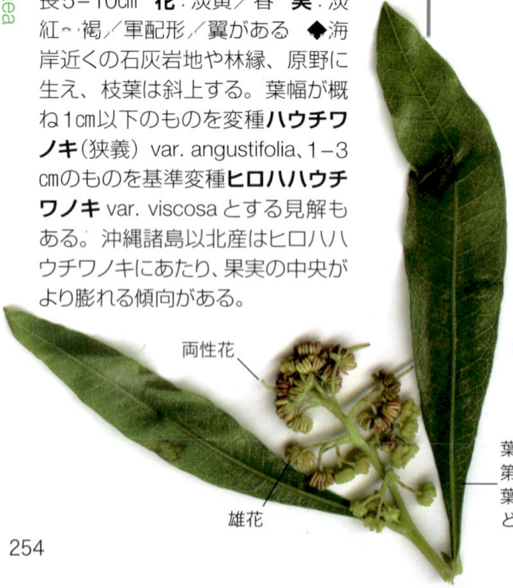

×1

両性花

雄花

葉身基部は次第に狭まり、葉柄はほとんどない

ヒロハハウチワノキの葉と若い果実（11.8座間味 M.Y）右下はハウチワノキの果実（12.5 西表 O）

アワダン

M. triphylla

常緑小高木（3–5m）**方**：アワラン　**分**：喜界、沖永、与論、沖縄諸島〜先島諸島。やや稀。先島諸島ではやや普通。**葉**：3出複葉／対生／全縁／小葉長8–15cm　**花**：白／夏　**実**：円形／径約5mm／2–4個の分果／秋〜春　◆低地〜山地の林縁に生え、石灰岩地に比較的多い。全縁の3出複葉が対生することが特徴。

葉腋に円錐花序を出す（9.21 大宜味H）

小葉は長い倒卵形〜楕円形

果実

裂開すると黒い種子を出す（3.19西表O）

×0.6

葉はやや薄く、表は光沢がある。全体無毛

裏

サルカケミカン　［猿掛蜜柑］

T. asiatica

常緑つる性木本（刺）**分**：喜界、沖永、与論、沖縄諸島〜先島諸島。やや普通。**葉**：3出複葉／互生／低鋸歯縁／小葉長2–5cm　**花**：淡黄／冬〜早春　**実**：赤／径6–8mm／初夏　◆海岸に近い石灰岩地に多く、枝に多数つく鋭い刺で木や岩に絡み、高さ1–5mになる。古い幹にはこぶ状の刺痕が残り特徴的。葉は油点が目立つ。

腋生の円錐花序（2.13名護H）

樹皮。肥厚した刺痕が多数残る（本部O）

両面無毛で、点状の油点が見える

裏

縁は油点が並び、鈍い鋸歯縁状になる。葉や果実をつぶすと香りがある

×1

下向きに湾曲した鋭い刺があり、衣服にも絡みやすく厄介

果実

（6.8恩納H）

ハナシンボウギ

G. parviflora

常緑低木（1–5m）**分**：沖縄島、宮古、伊良部、多良間、石垣、黒島、西表、波照間。稀。**葉**：羽状複葉（小葉1–5枚）／互生／全縁／小葉長5–16㎝ **花**：白／径約5㎜／ほぼ通年 **実**：半透明淡紅／径約1㎝ ◆低地の石灰岩地に生え、石垣島ではまとまった自生地もある。小葉は3枚が基本だが変異が多く、側小葉はずれてつくことも多い。

花期（10.14 H）果実（3.21 石垣 O）

小葉は細長い楕円形

3出複葉 ×0.6

単葉 裏 ×0.6

両面無毛で微細な腺点が散らばる

小葉基部に関節がある

ツルザンショウ ［蔓山椒］

Z. scandens

常緑つる性木本（刺）**分**：トカラ（宝）、喜界、沖永、与論、沖縄島、石垣、西表。稀。**葉**：羽状複葉（小葉4–12対）／互生／全縁～微鋸歯縁／小葉長3–6㎝ **花**：黄緑／春 **実**：赤～褐／秋～冬 ◆石灰岩地や山地の谷沿いに生える。葉軸などの刺で木などに絡み10m近く登るが、小さな幼木を見る機会が多い。花や果実はサンショウに似る。

長く垂れた枝（2.22 国頭 O）

縁は油点が並び微鋸歯状

小葉は菱形状～狭い卵形で無毛。通常10対以下だが幼木では15対以上にもなる

小葉 裏 ×1

葉軸や葉柄に下向きの鋭い刺がある

×0.6

葉をちぎる 山椒の香り 少しある

雄花（4.17 本部 H）

×0.7

葉軸の上面に溝がある

小葉は菱形状で幅広い。もむと香りがある

葉軸はしばしば赤みを帯びる

裏

枝には対生以外の刺も多い（4.10龍郷O）

葉裏の油点 ×5

葉縁や葉身に油点があり目立つ

アマミザンショウ ［奄美山椒］

Z. amamiense

落葉低木（2–4m）**分**：喜界、奄美、徳之、沖永。やや稀。**葉**：羽状複葉（小葉5–9対）／互生／微鋸歯縁～全縁／小葉長0.5–3㎝ **花**：黄緑／春 **実**：径3–4㎜ ◆海岸近くの林縁に生える奄美群島の固有種。屋久島以北に分布するサンショウに似るが、葉柄基部の対生する刺以外にも枝に刺が多く、小葉は色が濃く菱形で形が揃う。

果序は頂生しやや小さい（6.23龍郷O）

×0.7

小葉は狭い。もむと香りがある

裏

裏はやや白みを帯び、細かい油点が散らばる。両面無毛

基部の小葉は小さくなる

幹の基部に刺が残る（O）

シマイヌザンショウ ［島犬～］

Z. schinifolium var. okinawense

常緑低木（2–5m）**分**：奄美、徳之、沖縄島。ごく稀。**葉**：羽状複葉（小葉6–12対）／互生／微鋸歯縁／小葉長0.5–3㎝ **花**：淡黄／夏 **実**：径約5㎜ ◆海岸～山地の林縁や低木林内に生える。葉は弱々しく淡い緑色。刺はアマミザンショウに比べて少なく、小さな突起状で全て互生する。トカラ列島以北に分布する基準変種のイヌザンショウに比べ、小葉が細く油点が多い。

花序は頂生しやや大きい（8.20龍郷O）

テリバザンショウ ［照葉山椒］

Z. nitidum

常緑つる性木本（刺）**分**：久米、石垣、小浜、西表、与那国。やや稀。**葉**：羽状複葉（小葉2–3対）／互生／鈍鋸歯縁／小葉長5–10㎝ **花**：淡黄／春 **実**：褐／径約5㎜／秋〜冬 ◆低地〜山地の林に生え、つるは長さ5mに達する。葉は光沢が強く、葉軸の裏や枝に下向きの鋭い刺が多い。幼木では葉表の主脈上にも直立した長い刺が出る。

幼木の葉と葉表の刺（3.16西表 H, O）

ヒレザンショウ ［鰭山椒］

Z. beecheyanum var. alatum

常緑矮性低木（0.3–1.5m）**方**：サンス **分**：沖縄諸島〜先島諸島、大東。やや稀。庭木、盆栽。**葉**：羽状複葉（小葉3–7対）／互生／全縁〜微鋸歯縁／小葉長0.5–1.5㎝ **花**：淡黄、赤／春 **実**：赤／秋〜冬 ◆海岸の岩場に生え、葉や果実は山椒の代用にされる。枝に対生する刺があり、葉は無毛で葉軸にひれ状の翼がある。よく似たバラ科のテンノウメは、無刺で葉は有毛。小笠原に分布する基準変種のイワザンショウに比べ、小葉がやや大きく、翼が目立つことなどが違いとされるが、大東諸島のものはイワザンショウとする見解や、両者を区別しない見解もある。

雌花（4.8与那国 O）

実（12.17読谷植栽 H）

枝葉（2.6石垣 O）

テリバザンショウ

※頂小葉がなく、刺のある葉軸が伸びることもある

不明瞭な低い鋸歯がある。両面無毛

葉をもむと山椒に似た香りが少しある

×0.6

側小葉はほぼ無柄

小葉 裏 ×0.8

裏面主脈上や葉軸に刺があることが多い

テリバザンショウの雄花
（4.11西表 O）

ヒレザンショウ

両面無毛でもむと山椒に似た香りがある

裏は白みを帯び、油点が目立つ

裏 ×1

基部の小葉ほど大きい

×1

翼

小葉はしばしば隙間があく

花序をつけた枝（8.20西表 O）

果実（12.7西表 O）

カラスザンショウ ［烏山椒］

Z. ailanthoides

落葉高木（7–15m） **方**：アンギ、アンジギー、ヤマズク **分**：本州～先島諸島。やや普通。沖縄島ではやや稀。**葉**：羽状複葉（小葉5–15対）／互生／全縁～微鋸歯縁／小葉長7–15cm **花**：黄白／頂生の散房花序／夏 **実**：赤～褐／冬

◆低地～山地の林縁に生える先駆性樹木で、枝を大きく広げ逆三角形の樹冠をつくる。葉は大型で羽状複葉の長さは50cm以上にも達し、小葉は油点が多い。枝や若い幹、幼木の葉軸には鋭い刺が多く、太い幹には刺の痕がこぶ状に残る。同じ環境に生えるハマセンダンと似るが、本種は互生で刺がある点で異なる。モンキアゲハなどアゲハチョウ類の食草として知られる。本属の樹木はいずれも雌雄異株で、葉や果実に山椒に似た臭気がある。

油点
葉を透かすと油点が多数見える（9.8西表 O）

幼木の葉
×0.4

先は細く伸びる

葉をもむと強い匂いがある

両面無毛で裏は白みを帯びる

小葉 裏
×0.7

縁に油点が並び、低い鋸歯状になる

枝の刺
（6.5国頭 H）

樹形（2.15国頭 H）

樹皮。刺の痕が残る（国頭 H）

ミカン科 Rutaceae ゴシュユ属 Tetradium

ハマセンダン ［浜栴檀］

T. glabrifolium var. glaucum

落葉高木（7–15m） **別**：シマクロキ **方**：クロキ、ヤマクルチ、フンキ **分**：紀伊半島、山口、四国、九州～先島諸島。普通。**葉**：羽状複葉（小葉7–15枚）／対生／全縁～微鋸歯縁／小葉長3–10㎝ **花**：淡黄／頂生の集散花序／夏 **実**：赤～褐／扁球形で4–5裂／径0.7–1㎝／秋

◆低地～山地の林縁に生え、谷沿いの斜面など肥沃地に多い。小葉は左右非対称で、先端は細く尖る。ハゼノキやカラスザンショウによく似るが、羽状複葉は対生し、幹が黒っぽく平滑なので見分けられる。真夏に咲く花にはチョウなどの虫がよく集まり、葉はアゲハチョウ類の食草として知られる。秋～冬には黄～赤色に紅葉する。

花序は大きく多数つく（8.19大和 O）

雄花（8.20宇検 O）
果実（9.30国頭 H）

先は細く尖る。葉をもむと少し匂いがある

縁に油点が並び、わずかに鋸歯状になる

×0.5

裏

裏は粉白色で両面ほぼ無毛

小葉基部は左右非対称

冬芽

冬芽は裸芽で毛が密に生える（12.5大和 O）

紅葉（1.18国頭 H）

樹皮は黒褐色で白い皮目がある（国頭H）

葉軸 ×2

葉柄や葉軸に粒状の突起が多く、ごつごつしている

×0.5

植物体に強い臭気があり、小葉はハマセンダンより明らかに細く柄が短い

裏

裏は白みを帯びる。両面の脈沿いや葉軸に軟毛が多少ある

ホソバハマセンダン ［細葉～］

T. glabrifolium var. glabrifolium

落葉高木（5–10m）**分**：奄美大島。稀。**葉**：羽状複葉（小葉7–17対）／対生／全縁／小葉長7–15㎝ **花**：淡黄／初夏 ◆成木は少ないが林道沿いに幼木が多い。ハマセンダンより壮大で、小葉が細長く数が多く、臭気が強いなど、明らかに異なるが、同一扱いされることも多く、学名は検討を要す。かつてオオバゲッキツとされたものは本種。

若木。先駆的に生える（8.26住用 O）

ゲッキツ ［月橘］

M. paniculata

常緑小高木（2–6m）**方**：ギギチ、ギキジャー **分**：奄美群島～先島諸島。普通。庭木、生垣、観葉植物。**葉**：羽状複葉（小葉1–4対）／互生／全縁～微鋸歯縁／小葉長2–5㎝ **花**：白／腋生の散房花序／夏 **実**：赤／長1–1.2㎝／春 ◆石灰岩地の林縁に多い。小葉は丸みのある菱形状でずれてつき、普通奇数だがしばしば偶数になる。

×0.6

表は濃い緑色で光沢がある

小葉は普通2–3対で互生する

両面無毛で裏は油点が散らばる

裏 ×1

先はわずかに凹む

花
（6.1南城 H）

特に実つきがよい個体（4.26国頭 O）

シークヮーサー

C. depressa

常緑小高木（3–6m）**別**：ヒラミレモン　**方**：シイクワシャー、シーカーシャー　**分**：トカラ列島〜先島諸島。やや普通。果樹、庭木。**葉**：単葉／互生／全縁〜微鋸歯縁／長5–10㎝　**花**：白／花弁平開／春　**実**：黄橙／扁球形／径3–5㎝／7–10室／秋〜冬

◆沖縄を代表する柑橘類で、主に石灰岩地の低地〜山地の林内に自生する他、各地で栽培され、果汁は飲料や料理、菓子類などに広く利用される。葉は葉柄にごく狭い翼があり、時に葉腋に刺が出る。タチバナによく似るが、葉柄がやや長い傾向があり、果実はやや大きく扁平。この他、琉球ではタンカンやウンシュウミカンなどの柑橘類も多く栽培されるが、カンキツグリーニング病菌やミカンキジラミの拡大防止のため、柑橘類、ゲッキツ、サルカケミカンなどの苗木や枝葉は、植物検疫法で持ち出しが禁止されている。

花弁は幅広く平開する（3.28名護 H）

果実は熟すと甘い（11.30沖永良部 O

本部半島にはシークヮーサーをはじめ柑橘類の畑が多い（2.13名護 H）

樹皮は暗褐色で縦すじが入る（名護 H）

葉先の裏 ×3
縁に油点が並び、葉先は凹む

裏 ×1

裏は葉脈や油点が多少見える。両面無毛

葉は卵状楕円形で、ちぎると果実と同じ香りがある

縁は油点が並び、しばしば鈍い鋸歯状になる

×1

刺と葉柄の翼 ×1.5
葉腋に長さ1㎝前後の刺が出ることがある

葉柄は長さ0.
-1.3㎝で、ご
狭い翼か稜が
る。ウンシュ
ミカンより翼
狭い傾向があ

葉先は鈍く、
わずかに凹む

宮崎県産
×1

※大東島産の個体も葉が小型で刺がほとんどないものがあり、タチバナとは別分類群である可能性がある。

葉身は卵状長楕円形。縁は油点が並び、しばしば鈍い鋸歯状

裏は油点が散らばる。両面無毛

裏

時に葉腋に大小の刺が出る

葉柄は1cm以下で稜があるが翼はほとんどない

×0.7

葉身は倒卵状長楕円形。ちぎると芳香がある

裏

両面とも側脈は見えず、無毛。全体に油点が散らばる

果実
(1.27東H)

ミカン科 Rutaceae ミカン属 Citrus

タチバナ ［橘］

C. tachibana

常緑小高木（2–6m）**分**：東海〜屋久、トカラ、喜界?、奄美?、沖縄島?、石垣?、西表?、大東。稀?。**葉**：単葉／互生／全縁〜鋸歯縁／長5–12cm **花**：白／花弁半開／春〜初夏 **実**:黄橙／扁球形／径2–3cm／6–8室 ◆シークヮーサーに似るが葉柄がやや短く、果実は小型で渋い。大東島以外の琉球産はシークヮーサーではとの指摘もある。

若い果実（12.22南大東 M.Y）

ミヤマシキミ属 Skimmia

リュウキュウミヤマシキミ ［琉球深山樒］

S. japonica var. lutchuensis

常緑低木（1–3m）**分**：トカラ、奄美、徳之、沖縄島、石垣、西表。やや稀。**葉**：単葉／互生／全縁〜微鋸歯縁／長7–20cm **花**：白／頂生の円錐花序／早春 **実**：赤／径1–1.3cm／冬 ◆高地の林内に点在。屋久島以北に分布する基準変種ミヤマシキミに比べ、樹高、葉、花、果実とも全体的に大きい。

散房状の円錐花序（3.17湯湾岳 O）

ニガキ ［苦木］

P. quassioides

落葉小高木（3–15m） **方**：ニジャク、ンジャギ、ンガキ **分**：北海道～沖縄諸島、宮古、石垣、西表。やや稀。**葉**：羽状複葉（小葉4–8対）／互生／鋸歯縁／小葉長4–9㎝ **花**：黄緑／径1㎝前後／腋生の集散花序／雌雄異株／早春 **実**：赤～黒～藍／楕円形の分果／長約6㎜／夏

◆低地～山地の林縁や林内に点在し、石灰岩地に多い。北海道から琉球まで普遍的に分布する数少ない樹木である。花や果実は地味で目立たないが、枝葉をかむと著しく苦いことが特徴で、木部は苦木（くぼく）の生薬名で健胃薬に利用されている。葉は羽状複葉でやや粗い鋸歯があり、琉球産個体は本土産個体に比べ小葉が1–2対多い傾向がある。枝は褐色で白い皮目が点在し、冬芽は金色の毛をかぶる。樹皮は黒っぽい褐色で平滑、老木は浅く縦裂する。

若い果実をつけた枝（3.10南城 H）

果実（6.11国頭 H）

咲き始めの雄花（2.10南城 H）

樹皮は皮目が散らばる（国頭 H）

×0.6

小葉 裏 ×1

鋸歯は鈍いが粗く、やや不ぞろい

両面の脈上や葉軸にはじめ軟毛があり、後にほぼ無毛

小葉はややゆがんだ楕円形で、先はわずかに凹むか尖る

葉をかむと非常に苦い

葉はゴンズイにも似るが本種は羽状複葉が互生する点で異なる

。合着した花糸が紫色（3.18西表 O）

枝を大きく広げる樹形（8.5大宜味 H）

樹皮は縦に裂け特徴的（国頭 H）

センダン ［栴檀］

M. azedarach

落葉高木（10–20m）**別**：アウチ **方**：シンダン、シンダンギー **分**：関東〜先島諸島、小笠原（本来の自生は四国・九州以南といわれる）。やや普通。時に公園樹、街路樹、庭木。**葉**：2回羽状複葉（羽片3–6対）／互生／鋸歯縁／小葉長3–7㎝ **花**：白・紫／径約2㎝／春 **実**：黄／楕円形／長1.5–2㎝／秋〜冬

◆海岸〜山地の林に生え、特に八重山列島では二次林に多い。琉球産落葉樹としては屈指の大木になり、傘形の広い樹冠をつくり、幹径1m以上にもなる。葉は大きな2回羽状複葉だが、小葉は小さいので繊細な印象がある。タイワンモクゲンジに似るが、葉表は無毛で光沢が強いことが違い。花は集散花序に多数つき、3–4月は樹冠に霞がかかったように白く染まり美しい。

表は無毛で光沢がある

×0.3

果実（10.17西表 H）

小葉 裏 ×1

若い個体は鋸歯が粗く、小葉が3全裂することも多い

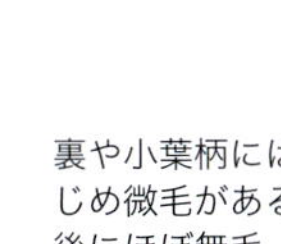

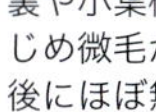

裏や小葉柄にははじめ微毛があるが、後にほぼ無毛

アオギリ ［青桐］

F. simplex

落葉高木（4–15ｍ） **方**：カジキ、カツキ **分**：伊豆半島、紀伊半島、四国南部、九州南部、屋久、トカラ、奄美群島、沖縄島、渡名喜、久米、宮古、石垣、西表。やや稀。公園樹。**葉**：単葉（3–5裂）／互生／全縁／長15–35㎝ **花**：黄白→淡紅／頂生の円錐花序／初夏 **実**：赤〜褐／袋果／長5–10㎝／夏

◆主に石灰岩地の海岸〜山地の林や崖に生え、強風が吹き常緑樹林が発達しにくい場所でよく見られる。キリのように大きな葉をもち、若い幹が緑色であることが名の由来だが、成木の幹は灰褐色。葉は普通5裂、小型の葉は3裂する。袋果は裂けて舟形になり、葉状の心皮の縁に径約5㎜の種子がつき、回転して風に舞う。国外では台湾、中国に分布する。従来はアオギリ科に分類されていた。

花。花弁はなく、5枚の萼片が目立つ（6.22名護Ｈ）

果実（8.19奄美Ｏ）

海岸林に生えた個体（4.9恩納Ｈ）

成木の樹皮。縦すじが入る（国頭Ｈ）

小型の葉 ×0.5

縁に鋸歯はない

中ほどまで5つか3つに裂ける

葉身基部は深く湾入する

葉柄は長い

小型の葉 裏 ×0.5

若葉は両面に褐色の星状毛が多く、成葉は無毛か多少残る

※日本産個体の成葉裏面は普通ほぼ無毛で、中国産の基準種に対しケナシアオギリと呼ぶこともある

サキシマスオウノキ

H. littoralis　［先島蘇芳木］

常緑高木（5–15m）**方**：ハマグルミ、シーワーギー、ウマヌタニー　**分**：奄美、沖縄島、宮古、石垣、西表、波照間。やや稀。公園樹、庭木、街路樹。**葉**：単葉／互生／全縁／長10–22㎝　**花**：淡黄緑／腋生の円錐花序／春～夏　**実**：褐／楕円形／長3–6㎝／秋～冬

◆マングローブ林の後背湿地林に生え、大きなカーテン状の板根が発達する木として有名で、西表島の仲間川沿いでは巨木が見られる。葉は楕円状卵形で、裏面はグミ類のような銀灰色の鱗片が密生することが特徴。果実は堅く光沢があり、縫合線が翼状になり、海流で散布される。台湾～熱帯アジア、東アフリカ、ポリネシアまで広く分布する。

花期（4.11 宮古 H）

果実をつけた枝（10.11 那覇植栽 H）

花。無花弁で萼は5裂し、内面は赤い（8.26 西表 O）

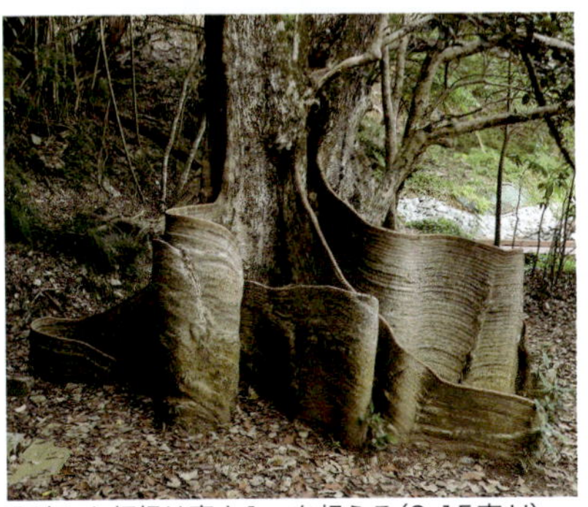

発達した板根は高さ1mを超える（2.15 東 H）

漂着した果実
ウルトラマンの顔のようにも見える（7.9 奄美 H）

時に尖る葉もある

×0.8

表は濃い緑色で無毛

葉先は普通丸い

裏

裏はグミ類に似て白っぽく見える

葉裏 ×2
銀灰色の鱗片が密生し、赤褐色の鱗片が交じる

アオイ科 Malvaceae サキシマハマボウ属 Thespesia

サキシマハマボウ ［先島浜朴］

T. populnea

常緑小高木（5–10m）**方**：シマユーナ、トウユウナ、ウーハ **分**：奄美、徳之、沖永、沖縄諸島〜先島諸島。やや稀。奄美群島はごく稀。公園樹、防風林、街路樹。**葉**：単葉（稀に3裂）／互生／全縁／長8–25㎝ **花**：淡黄→桃／葉腋に単生／夏 **実**：黒褐／径3–4㎝ ◆海岸の林縁に点在し、葉はオオハマボウより長いハート形で、裏は緑色。

花はしぼむと桃色（8.19読谷植栽 H）

×0.5

先は長く伸びることが多い

オオハマボウより葉が厚く、光沢も強い

基部は心形になる

葉脈は表面で太く白く目立つ

蒴果

裂開せず落下する（2.12西表 O）

分裂葉
裏 ×0.5

両面脈上や葉柄、小枝には褐色の小鱗片がある

フヨウ属 Hibiscus

ハマボウ ［浜朴］

H. hamabo

常緑小高木（1–3m）**方**：ユーナギィ **分**：関東南部〜九州、種子、屋久、奄美。やや稀。**葉**：単葉／互生／細鋸歯縁／長3–7㎝ **花**：黄／葉腋に単生／夏 **実**：褐／径約3㎝ ◆河口付近の泥湿地やマングローブ林に生える。葉はオオハマボウに似るが一回り小さく、細かい鋸歯が多いことで区別できる。花の中心部はやや淡い赤色を帯びる。

姿（6.22薩摩半島 H）花（愛知県植栽 O）

×0.5

細鋸歯が並ぶ

葉先は短く突き出る

裏

基部は心形になるがオオハマボウよりい浅い

裏面は星状毛が密生して白い

花時は淡黄色（5.4石垣 O）

落下する前の花（4.8うるま H）

開した蒴果（3.14石垣 H）

海岸林で幹が地をはった樹形（3.28屋我地島 H）

オオハマボウ ［大浜朴］

H. tiliaceus

常緑小高木（4–10m）**別**：ヤマアサ、ハマイチビ、シマハマボウ **方**：ユウナ、カーサギー、ユナギー **分**：種子島〜先島諸島、小笠原。普通。防風林、街路樹、公園樹、庭木。**葉**：単葉／互生／全縁〜微鋸歯縁／長8–17㎝ **花**：黄→橙／葉腋に単生／春〜夏 **実**：褐／径約2㎝／5裂／秋〜春

◆海岸や川岸、マングローブ林の後方などに生えて群落をつくり、世界の熱帯に分布する。屋敷林や街路樹、海岸の防風・防潮林としてもよく植えられている。葉は卵円形で基部が深く湾入し、裏は毛が密生して白っぽいことが特徴。ハマボウに比べ、丈も葉も大きく、鋸歯は不明瞭で、花の中心部が暗紫色を帯びることが違い。花は半開き状で黄色く、翌日には橙色に染まって花ごと落下する。砂泥地では幹が地際をはい、いびつな樹形になることが多い。

縁は全縁か、不明瞭な鈍い鋸歯がある

裏は星状毛が密生して灰白色

裏 ×0.5

葉先は短く突き出る

表は濃緑色でやや光沢がある

基部は深く湾入する

×0.5

幼い個体では、稀に歯牙のある葉や、葉裏の毛が少なく淡緑色の葉も見られる

幼木の葉
裏 ×0.5

アオイ科 Malvaceae フヨウ属 Hibiscus

サキシマフヨウ ［先島芙蓉］

H. makinoi

半常緑低木（2–6m）**方**：カジキ、フユー、ヤマユーナ **分**：五島列島、甑島列島、種子島～先島諸島、大東。普通。庭木、公園樹。**葉**：単葉（3–5裂）／互生／鋸歯縁／長7–15㎝ **花**：白～淡桃／径10㎝前後／秋～冬 **実**：褐／蒴果／径約2㎝／冬～春

◆海岸～山地の林縁や原野、道端などに生え、晩秋に咲く大きな花がよく目立つ。葉は普通、浅く裂けた五角形状で、角は鈍い。植栽されるフヨウと似るが、葉や果実が小型で、植物体に腺毛がなく、ほぼ常緑性であることなどから、日本の固有種として区別される。樹高は本種の方が高く、5m前後の小高木状の個体も多い。フヨウと雑種ができるため、中間的な個体が屋久島などで見られ、本種をフヨウの変種とする説もある。

花は淡く、よく開く（12.4西表 O）

フヨウより切れ込みが浅く、裂片の先は普通鈍い

鈍い鋸歯がある

×0.6

表は星状毛がある

裂開した蒴果（3.10南城 H）

裏 ×0.6

葉裏 ×2

葉裏脈上、葉柄などに星状毛が多く、腺毛はない

フヨウ ［芙蓉］

H. mutabilis

落葉低木（1–3m）**分**：中国原産。本州～九州の暖地で時に野生化。庭木、公園樹。**葉**：単葉（3–5裂）／互生／鈍鋸歯縁／長10–20㎝ **花**：桃～白／夏～秋 **実**：褐／径約2.5㎝／秋～冬 ◆サキシマフヨウより葉が大きく、裂片の先が尖り、各部に腺毛が多い。花は全体がピンク色のものが多いが、多様な栽培品種がある。琉球では植栽されるが野生化は見かけない。

表は星状毛と腺毛がある

裂片の先は尖る

×0.5

葉裏 ×2

脈上、葉柄に星状毛と腺毛が多く、やや粘る

花（9.11山口県 H）

アオイ科 Malvaceae フヨウ属 Hibiscus

ブッソウゲの花(6.25読谷H)

ブッソウゲの生垣(6.23恩納H)

フウリンブッソウゲ(12.12南城H)

ウナズキヒメフヨウ(2.20本部H)

ブッソウゲ ［仏桑花］

H. rosa-sinensis

常緑低木(1–4m) **別**:ハイビスカス **方**:アカバナー、グソウバナ **分**:中国またはインド洋諸島原産といわれる。庭木、生垣、公園樹、街路樹、防風林。**葉**:単葉／互生／鋸歯縁／長6–12㎝ **花**:普通は赤／径9–15㎝／通年 **実**:長約2㎝／結実は稀 ◆琉球を代表する花木で古くから植栽される。花弁は赤く縁が波状に切れ込み、葉は卵形で先が尖る。本種の仲間は多くの栽培品種や雑種があり、花色は桃、橙、黄、白など多様で、総称でハイビスカスと呼ばれる。近縁種に花が風鈴状で枝とともに垂れる**フウリンブッソウゲ** H. schizopetalus(東アフリカ原産)や、花が下向きでほとんど開かず、葉は有毛で時に3浅裂する**ウナズキヒメフヨウ**(タイリンヒメフヨウ)H. penduliflorus(中南米原産)がある。ハワイ産種を中心に交配された多様な栽培品種群はハワイアン・ハイビスカスと呼ばれ、葉は先が鈍いものや3裂するものもある。

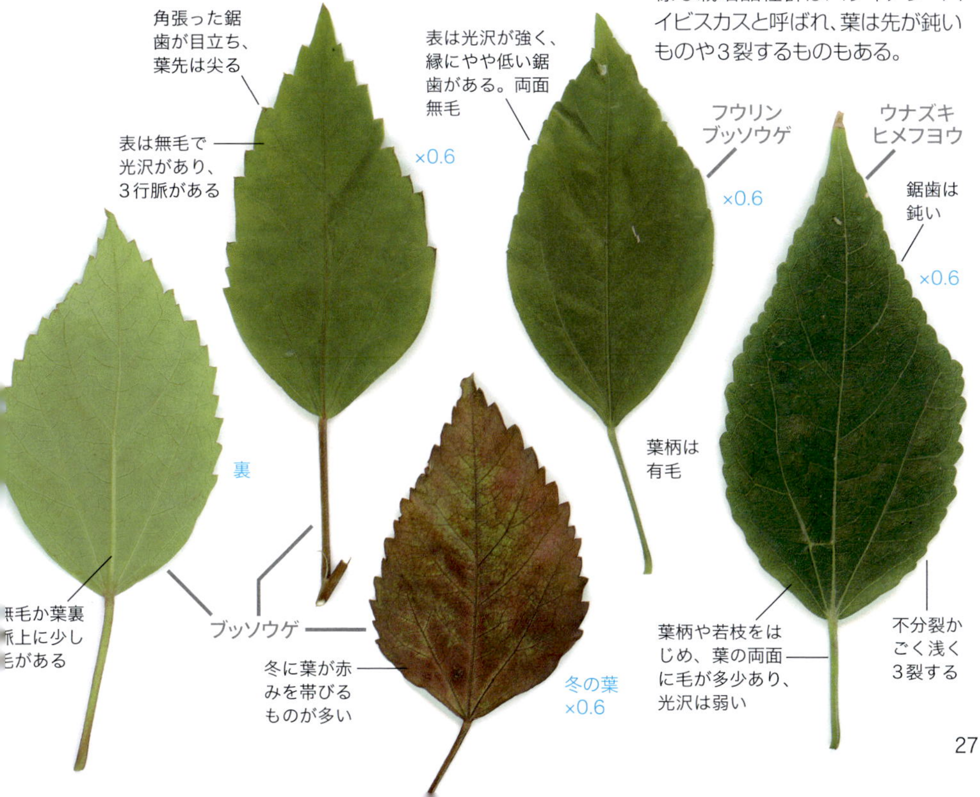

角張った鋸歯が目立ち、葉先は尖る

表は無毛で光沢があり、3行脈がある

×0.6

裏

無毛か葉裏脈上に少し毛がある

ブッソウゲ

冬に葉が赤みを帯びるものが多い

冬の葉 ×0.6

表は光沢が強く、縁にやや低い鋸歯がある。両面無毛

フウリンブッソウゲ

×0.6

葉柄は有毛

ウナズキヒメフヨウ

鋸歯は鈍い

×0.6

葉柄や若枝をはじめ、葉の両面に毛が多少あり、光沢は弱い

不分裂かごく浅く3裂する

タカサゴイチビ ［高砂莔麻］

A. indicum subsp. indicum

常緑亜低木（0.5–2.5m）**別**：シマイチビ **方**：ツザカギー、ジンガサ、ペーサリヤ **分**：台湾〜インド原産。沖縄諸島〜先島諸島、大東に野生化。やや稀。**葉**：単葉／互生／鋸歯縁／長5–12㎝ **花**：黄／径2–2.5㎝ **実**：扁球形／径約2㎝／分果15–20個 ◆休耕畑や原野に生える帰化植物。タイワンイチビに似るが葉表にしわがなく、葉先が急尖頭で、萼裂片が3–4㎜と短く果時に平開することが違い。葉裏は細かい星状毛が密生しビロード状。先島諸島からは、葉が似るが萼裂片が5–10㎜と長い亜種サキシマイチビ subsp. albescens の報告もある。従来タカサゴイチビとされてきた先島諸島のものも、実際は萼裂片の長いものが多いように思われる。さらに近年は、葉が幅13–25㎝と大きく表にしわがあり、分果が10–13個と少ない南米原産のオオバイチビ A. grandifolium が沖縄島から報告されている。琉球のイチビ属に関してはさらに詳しい調査が必要と思われる。

タイワンイチビ ［台湾莔麻］

A. indicum subsp. guineense

常緑亜低木（1–2m）**別**：ヒメイチビ **分**：台湾〜インド原産。喜界、沖永、与論、沖縄諸島〜先島諸島、大東に野生化。やや稀。**葉**：単葉／互生／鋸歯縁／長3–10㎝ **花**：黄／春 **実**：径約5㎝／分果約20個 ◆タカサゴイチビの亜種で、葉表にしわがあり、萼裂片が5–10㎜と長く、平開しない。萼裂片の特徴はサキシマイチビと共通する。

タカサゴイチビ？の花（9.2 波照間 O）

タカサゴイチビ？の蒴果（9.2 波照間 O）

タカサゴイチビ？（3.23 波照間 O）

タイワンイチビの花と蒴果（3.23 波照間 O）

5枚の花弁と萼片がある（4.6宮古O）

果実は鉤のある刺で覆われる（3.23波照間O）

×1

鈍い鋸歯があり、裂片の先も鈍い

表は葉脈のしわが目立ち、星状毛が散生しざらつく

3–5脈が目立つ

ハテルマカズラ

裏は葉脈が隆起し、星状毛が密生する

裏 ×1

3浅裂する葉も多い

×1

カジノハラセンソウ

裏

葉の両面や枝に白毛が多い

ハテルマカズラ ［波照間葛］

T. procumbens var. procumbens

常緑匍匐性低木（0.1–0.3m） **分**：慶良間列島、先島諸島。稀。**葉**：単葉（1–5裂）／互生／鋸歯縁／長2–5㎝ **花**：黄／散房花序／夏 **実**：黒紫／径約1.2㎝／冬 ◆海岸の砂地をはい、葉は普通3浅裂し表面にしわが多い。葉裏や果実の毛が少ない変種ケナシハテルマカズラ var. repens が伊良部島と多良間島に分布し、これを小笠原（硫黄島）産のコンペイトウグサと同一とする見解や別種とする見解がある。

時に砂浜一面に広がる（4.12宮古H）

カジノハラセンソウ

T. rhomboidea ［梶葉羅氈草］

半常緑亜低木（0.5–1.5m） **分**：台湾、中国南部～熱帯アジア～アフリカ原産。奄美群島～先島諸島、大東、小笠原（硫黄）に稀に野生化。**葉**：単葉（しばしば3裂）／互生／細鋸歯縁／長2–7㎝ **花**：黄／秋～冬 **実**：径約5㎜ ◆畑地や牧場、道端に生える。葉は両面有毛で、普通は3浅裂するが、大きさ形とも変異が多い。花はハテルマカズラと似て、果実の表面は鉤のある長い刺で密に覆われる。

閉じた花と果実（3.22石垣O）

アオイ科 Malvaceae エノキアオイ属 Malvastrum

エノキアオイ ［榎葵］

M. coromandelianum

常緑亜低木（0.2–1m）**別**：アオイモドキ　**分**：熱帯アメリカ原産。南西諸島や小笠原などに野生化。普通。**葉**：単葉／互生／粗鋸歯縁／長3–6㎝　**花**：淡黄／夏～冬　**実**：蒴果　◆道端や耕作地に生え、よく似たキンゴジカ属植物より普通に見られる。葉は鋸歯が鋭く、側脈がはっきりとした溝になり、疎らに長毛があることが特徴。

花（9.28読谷 H）果実（3.23波照間 O）

粗い鋸歯が多い

×1

裏 ×1

葉の広狭は変異がある

托葉は線状で縁に長毛がある

枝や裏面脈上には毛が多い

ウオトリギ属 Grewia

ヒシバウオトリギ ［菱葉魚捕木］

G. rhombifolia

常緑匍匐性低木（0.1–0.5m）**分**：石垣島。ごく稀。**葉**：単葉／互生／鋸歯縁／長2–5.5㎝　**花**：白／散形花序／初夏　**実**：赤紫／径約0.5㎝／秋　◆海岸に近い岩場の風衝地に生え、枝は地面を覆うように横にはって1mほど広がる。葉はやや菱形状で、両面に星状毛が散生。花弁は小さく、萼片が白い花弁状になる。台湾にも分布。

3行脈がやや目立つ

×1

枝や葉柄には星状毛が多い

はじめ両面に星状毛が多いが、成葉は無毛に近い葉もある

裏 ×1

裏面はやや白っぽい

広がった枝（3.25）果実（8.25石垣 O）

雄花（5.2石垣 O）

ヤンバルゴマ ［山原胡麻］

H. angustifolia

常緑亜低木（0.2–1m）**別**：ニンドウモドキ **分**：奄美群島～沖縄諸島、宮古、石垣、西表、与那国。やや稀。**葉**：単葉／互生／全縁／長4–12cm **花**：淡紫紅～白／夏 **実**：褐／円柱形／長約2cm ◆乾燥した原野に生え、イネ科草本に埋もれるように生えることが多い。全体に白い星状毛が多い。台湾や熱帯アジアに分布する。

表は脈上を除き無毛
×1
葉柄や枝も白い星状毛が密生
裏
裏は星状毛が密生して白っぽく、葉脈が隆起して３行脈が目立つ

果実 熟すと裂開する（8.27 伊平屋 H）

花（6.18 伊是名 H）

樹形（6.18伊是名 H）

琉球のキンゴジカ属・ボンテンカ属植物

農耕地や牧場、道沿い、海に近い原野などで、オオハマボウやハイビスカスを小さくしたような花をつけた、背の低い植物をしばしば見ることがある。図鑑によっては「低木」とされることもあるが、「草本状の亜低木」といった表現が当てはまるようなアオイ科の帰化植物である。淡い黄色の花をつけ、葉が楕円形～長楕円形で、普通裏面に毛が密生し白くなるのがキンゴジカ属の植物で、琉球からは今のところ３種２亜種が知られている。このうち、茎が直立し、葉が菱形で基部に鋸歯が出ないキンゴジカ Sida rhombifolia subsp. rhombifolia と、その亜種で枝が横に広がり地面をはうハイキンゴジカ subsp. insularis がよく見られ、前者は農耕地や道端、後者は牧場や原野に多い。もう一つの亜種で、葉先が凹むか切形になるヤハズキンゴジカ subsp. retusa はかなり少ないようだ。葉の基部が心形になるアメリカキンゴジカ S. spinosa や、葉裏に毛がほとんどないホソバキンゴジカ S. acuta も少ない。一方、葉が幅広い分裂葉で裏面に毛が多く、ハイビスカスに似た淡いピンクの花をつけるのがボンテンカ属の植物で、葉が五角形になるオオバボンテンカ Urena lobata subsp. lobata と、その亜種で葉に湾入した切れ込みが入り、独特の紋様が出るボンテンカ subsp. sinuata が分布している。ともに農耕地や道端でやや稀に見られる。（大川智史）

キンゴジカ（3.19西表）

ハイキンゴジカ（3.23波照間）

ボンテンカ（4.11西表）

オオバボンテンカ（3.18西表）

トックリキワタ ［徳利木綿］

C. speciosa

落葉高木（7–20m） **別**：トックリノキ、ヨッパライノキ、パラボラッチョ **分**：南アメリカ原産。街路樹、公園樹、庭木。**葉**：掌状複葉（小葉5–9枚）／互生／鋸歯縁、時に全縁／小葉長6–15cm **花**：桃・黄・白／径12–15cm／秋〜冬 **実**：緑〜褐／卵形／長10–15cm／春

◆バオバブに近縁の熱帯花木で、トックリ形に膨らむ幹が特徴的。広場などに大きな木が見られ、浦添バイパスや沖縄自動車道には立派な街路樹がある。開花結実する個体はやや少ないが、秋に鮮やかなピンク色の花をつけ、果実は裂けて綿に包まれた種子を多数飛ばす。葉は普通、小葉7枚で低い鋸歯があり、互生する点でイペー類と異なる。若い幹は緑色で普通は刺があり、次第に灰褐色になり刺は目立たなくなる。葉、幹、花色や花期などに変異が多く、複数系統が植栽されていると思われる。

満開の街路樹（11.17浦添 H）

花は落葉する頃に咲く（1.2南城 H）

白花
（11.17那覇 H）

鋸歯は低く目立たず、時にほぼ全縁

小葉は長い楕円形で、先は細くなり尖る

×0.6

小葉の基部は小葉柄に流れ、小葉柄は不明瞭

小葉 裏
×0.8

葉はキワタノキより薄い

裏はやや白みを帯び、両面無毛

幹の刺（那覇 H）

幹の基部がやや膨らむ（6.23那覇 H）

右は裂開した果実（3.28名護 H）

花は重量感がある(3.17沖縄 H)

街路樹のやや若い葉(8.5沖縄 H)

花期の樹形(4.6那覇 H)

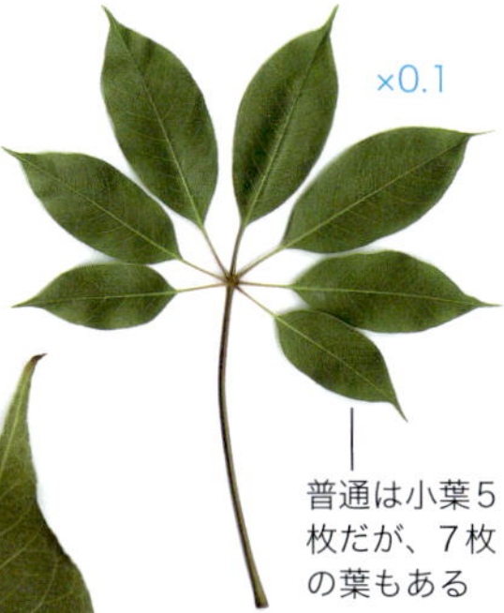

キワタノキ ［木綿木］

B. ceiba

落葉高木(7–20m) **別**:インドワタノキ、ワタノキ **分**:インド〜東南アジア、オーストラリア原産。街路樹、公園樹。**葉**:掌状複葉(小葉5–7枚)/互生/全縁/長10–20cm **花**:橙、稀に黄/径8–10cm前後/春 **実**:長約15cm/夏

◆トックリキワタに似て、綿に包まれた種子を飛ばし、幹に刺がある個体も多いが、幹がトックリ形にならないことや、葉がやや大型で鋸歯がなく、小葉柄が明瞭な点で異なる。花は鮮やかだが、高い枝に上向きに咲くのであまり目立たない。直立する幹から枝を輪生状に出す樹形が特徴的。観葉植物として知られる近縁のカイエンナット(パキラ)Pachira aquatica も時に庭や公園に植栽され、小葉5–7枚の掌状複葉で全縁、小葉柄はなく、花は乳白色。キワタノキ、トックリキワタ、カイエンナットは従来パンヤ科に分類されていた。

×0.1

普通は小葉5枚だが、7枚の葉もある

×0.4

鋸歯はない

小葉は細長い楕円形で、先は細くなり尖る

葉はトックリキワタより厚く光沢が強い

長く明瞭な小葉柄がある

裏

裏はやや白みを帯び、両面無毛

幹に刺の多い個体(石垣 H)

成木では刺がなく、コルク層が発達し樹皮がはがれる個体も多い(与那原 H)

アオイ科 Malvaceae　ドンベヤ属 Dombeya

ドンベヤ　［Dombeya］

D. wallichii

常緑低木（2–6ｍ）**別**：ピンクボール　**分**：東アフリカ、マダガスカル原産。庭木、公園樹。**葉**：単葉（時に3浅裂）／互生／鋸歯縁／長15–25㎝　**花**：桃、時に白／花は径約3㎝／花序は径10–20㎝／冬～春　**実**：褐／蒴果　◆花序は大きな半球形でぶら下がり、葉はハート形～五角形状。全株に毛が多い。近縁種との交配種も多いという。

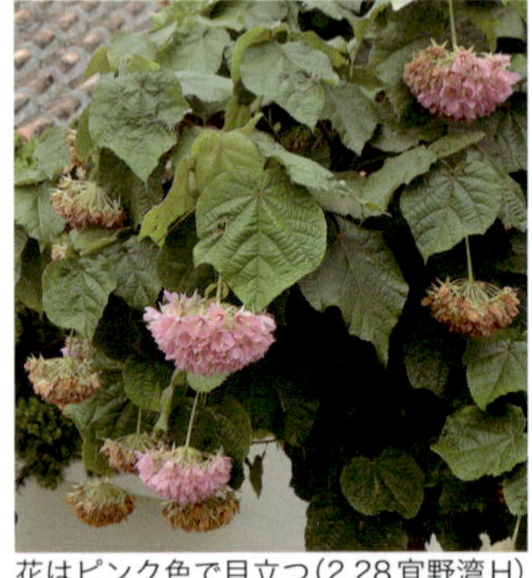

花はピンク色で目立つ（2.28宜野湾H）

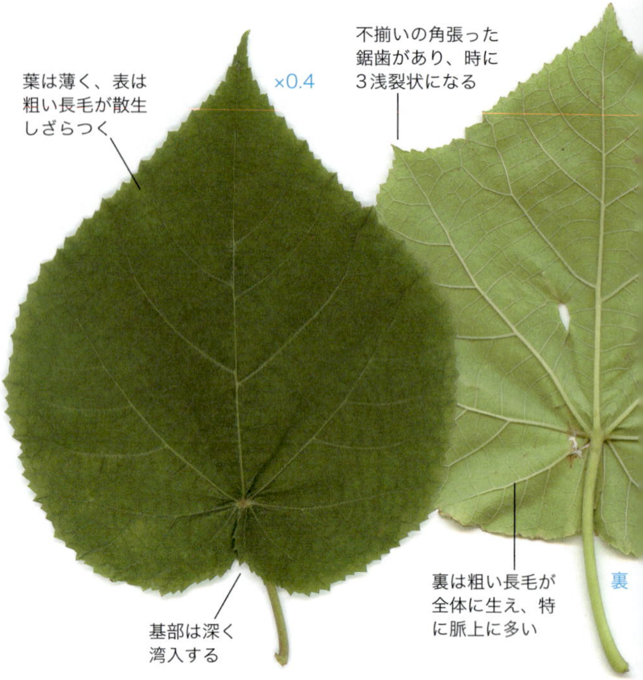

葉は薄く、表は粗い長毛が散生しざらつく
×0.4
不揃いの角張った鋸歯があり、時に3浅裂状になる
基部は深く湾入する
裏は粗い長毛が全体に生え、特に脈上に多い
裏

ジンチョウゲ科 Thymelaeaceae　アオガンピ属 Wikstroemia

アオガンピ　［青雁皮］

W. retusa

常緑低木（1–2ｍ）**別**：オキナワガンピ　**方**：イシクルチヤ、パフゥギー、カミキ　**分**：沖縄諸島～先島諸島。やや普通。**葉**：単葉／対生／全縁／長2–6㎝　**花**：黄～黄緑／頂生／夏～秋　**実**：赤／球形／径6㎜　◆海岸の岩場や原野、石灰岩地などに生える。葉は倒卵形～楕円形で対生し、混み合ってつく。樹皮は和紙の材料。

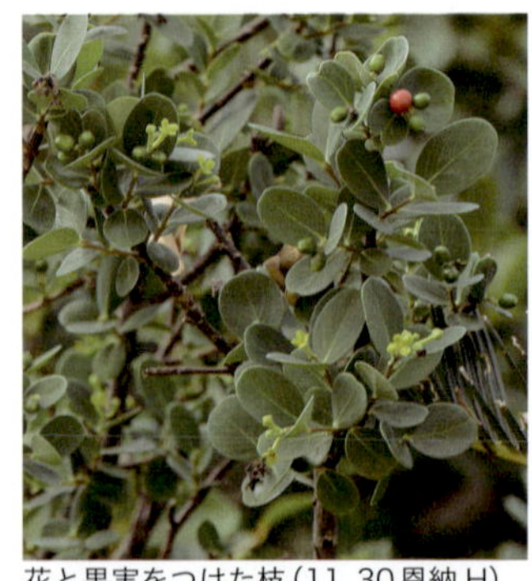

花と果実をつけた枝（11.30恩納H）

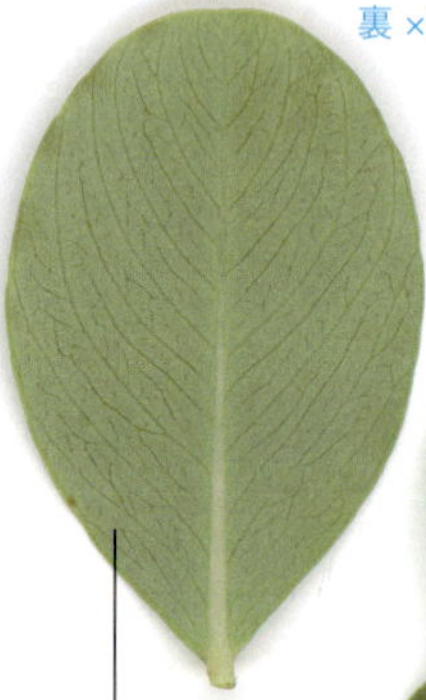

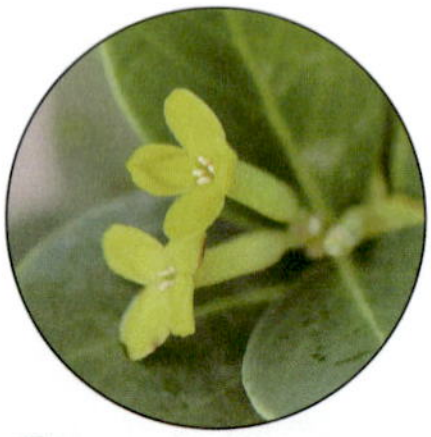

円頭か凹頭
裏 ×0.8
裏はやや白っぽい。両面ほぼ無毛

花（12.7西表O）

葉はやや厚くやや青白みを帯びた緑色
×0.8
枝ははじめ短毛が多いが、次第に無毛で紫褐色になる。繊維は丈夫

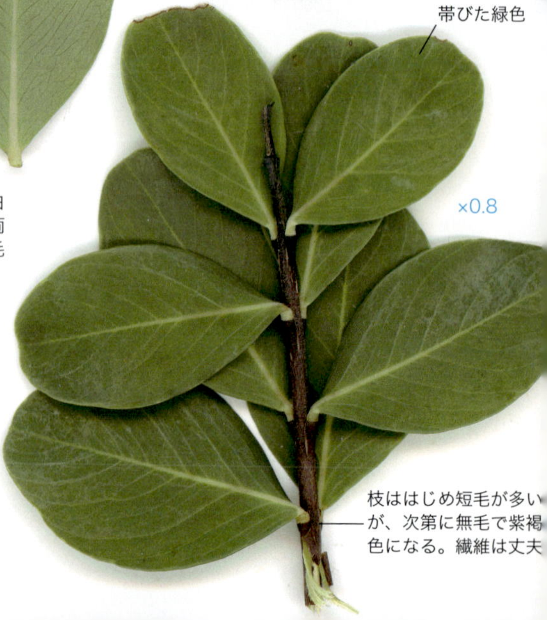

表ははじめ有毛で主脈沿いに残る

年枝は緑色で白い伏毛を密生し、2年枝以降は褐色を帯びる

×0.7

花
(8.19瀬戸内O)

裏 ×0.7

葉は卵形〜長楕円形

裏は伏毛があり脈上に多い

オオシマガンピ ［大島雁皮］

D. phymatoglossa

落葉低木（0.5–1.5m）**方**：カビギ **分**：奄美、加計呂麻、請、徳之。ごく稀。**葉**：単葉／互生／全縁／長2–6cm **花**：黄白／夏〜秋 **実**：卵形 ◆低地の林縁や法面、山頂近くの低木林内などに生える。株立ち樹形で、太くなった幹は光沢があり皮目が目立つ。葉が枝にらせん状につくことが、本土産の近縁種サクラガンピなどとの違い。

若葉と樹皮（4.7井之川岳 O）

主脈は表面で凹む。葉先は尖る

裏は葉脈が不明瞭。枝葉とも無毛

裏

×0.7

葉の幅は中央〜先寄りで最大

コショウノキ ［胡椒木］

D. kiusiana

常緑低木（1–2m）**分**：関東南部〜トカラ、奄美、徳之、伊平屋、魚釣。稀。**葉**：単葉／互生／全縁／長6–13cm **花**：白／長約1cm／冬〜早春 **実**：橙／楕円形／長約1cm／初夏 ◆山地の常緑樹林内に点在する。葉は枝先に輪生状につき、先端に10個前後の白い筒状の花を頭状につける。液果はかむと苦く、有毒といわれる。

果実（4.7 井之川岳 O）

パパイヤ [papaya]

C. papaya

常緑小高木（2–10m） **別**：パパイア、チチウリ、モッカ **方**：パパヤ、マンジュマイ、マンジューギ **分**：熱帯アメリカ原産。南西諸島や小笠原に野生化。やや普通。庭木、果樹。**葉**：単葉（7–11裂）／互生／全縁／長40–70cm **花**：白／春～秋 **実**：黄～橙／洋梨形～楕円形／長15–40cm／春～秋

◆琉球では古くから民家の庭先などで栽培され、未熟果は野菜、完熟果は果物として食べられる。鳥やオオコウモリも果実をよく食べ、集落周辺の林縁によく野生化している。幹は直立してほとんど分枝せず、先端にヤツデに似た大きな葉を放射状につける。葉、幹ともやや草質で、台風の被害を受けやすい。雌雄異株または同株で、雄花序は長い総状で垂れ下がり、雌花は葉腋に単～束生する。

雄花（6.19嘉手納）
右上は雌花（9.22読谷 H）

果実と鳥の食痕（6.18 読谷植栽 H）

幹と特徴的な葉痕（今帰仁 H）

逸出した若い雄株（9.3国頭 H）

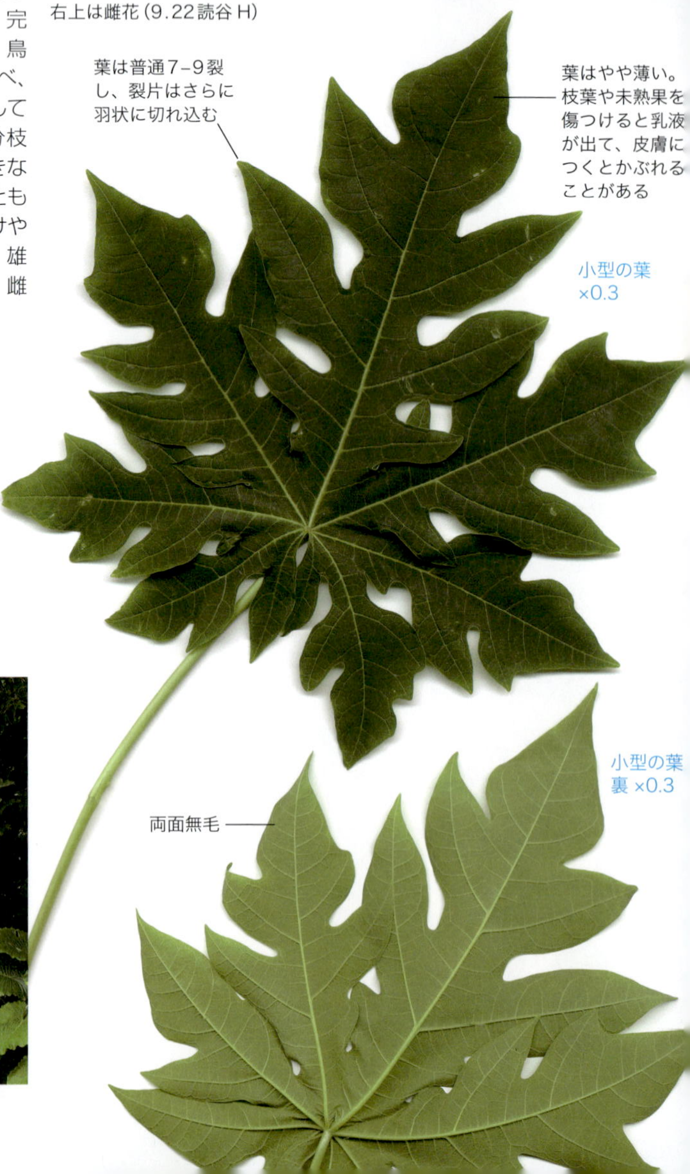

葉は普通7–9裂し、裂片はさらに羽状に切れ込む

葉はやや薄い。枝葉や未熟果を傷つけると乳液が出て、皮膚につくとかぶれることがある

小型の葉
×0.3

両面無毛

小型の葉
裏 ×0.3

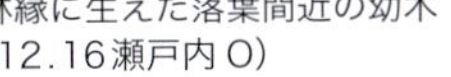
林縁に生えた落葉間近の幼木（12.16瀬戸内 O）

果実（10.1 嘉津宇岳 H）

ギョボク ［魚木］

C. formosensis

落葉小高木（3–12m）**方**：アマキ、アマギ　**分**：宮崎、鹿児島、種子島～先島諸島。やや稀。庭木、公園樹。**葉**：3出複葉／互生／全縁／小葉長7–16cm　**花**：白→淡黄／初夏　**実**：黄～橙／液果／卵円形／長5cm前後／秋～冬

◆低地～山地のやや湿った林内や林縁に点在し、石灰岩地に多い。ツマベニチョウの食草として学校や公園に植栽されていることも多い。樹高5m以下の個体をよく見るが、時に樹高10m、幹径30cmにも達する。葉は3出複葉で薄く、葉柄や葉脈が紫色を帯びることが多い。花はフウチョウソウ類に似て雄しべが長く、花弁は4個で、従来はフウチョウソウ科に分類されていた。材を魚釣りの疑似餌に利用したことが名の由来。

樹皮
平滑で裂けない（名護 H）

葉は薄く、弱い光沢がある

×0.5

若木の葉は、葉脈や葉柄が紫色を帯びることが多い

小葉柄はごく短い

側小葉は左右非対称で、基部側が広い

葉先は尖る

裏 ×0.5

裏はやや灰白色を帯び、両面無毛

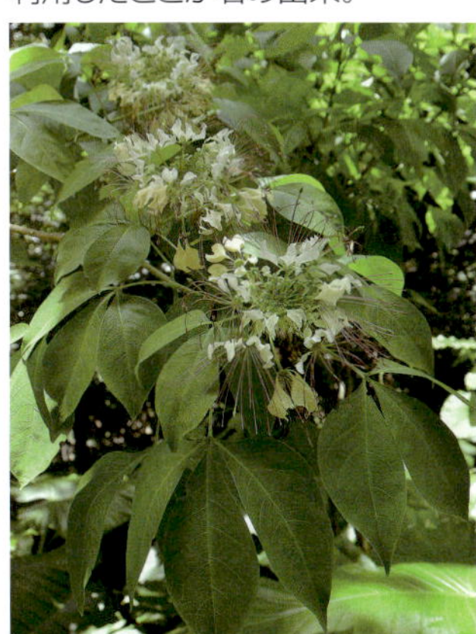
花弁は白から黄に変わる（6.25国頭 H）

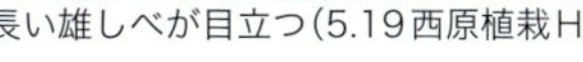
長い雄しべが目立つ（5.19西原植栽 H）

ヒノキバヤドリギ ［檜葉宿木］

K. japonica

常緑低木（0.1–0.2ｍ）**分**：関東～沖縄諸島、石垣、西表、与那国、小笠原。やや稀。**葉**：鱗片状／対生／長1㎜以下 **花**：黄緑／径約1㎜ **実**：黄～橙／長約3㎜ ◆ヒサカキ類、クチナシ、リュウキュウモクセイ、コバンモチなど、様々な常緑樹上に寄生する。葉は突起状に退化し、枝は多肉質で扁平。

果実をつけた個体（2.11大宜味 H）

オオバヤドリギ ［大葉寄木］

T. yadoriki

常緑低木（0.5–2ｍ）**分**：関東南部～トカラ、奄美、徳之、沖縄島、久米。稀。**葉**：単葉／対生／全縁／長3–7㎝ **花**：緑・赤・褐／萼筒は長2–3㎝／秋 **実**：黄緑～黄褐／楕円形／長約8㎜／春 ◆常緑広葉樹上に寄生。枝はやや長く伸びる。葉は卵円形で裏や柄、枝に赤褐色の星状毛が密生。石垣・西表島に稀産する**ニンドウバノヤドリギ** T. nigrans は、葉裏がやや灰白色を帯び、毛は鱗状毛が主体で、萼筒が1.5–2㎝と短い。

樹形（11.8住用 O）果実（4.3住用 H）

枝は平たく節があり、緑色でしばしば黄色を帯びる

×1

節にあるのは若い果実

枝は対生する

葉先は普通丸い

×1

成葉の表は無毛

オオバヤドリギの花
（11.8宇検 O）

オオバヤドリギ

裏

毛は赤褐色の星状毛主体で、やや毛羽立つ印象

毛色の濃淡や葉の広狭は、両種とも変異がある

ニンドウバノヤドリギ

毛は鱗状毛主体で、普通は灰褐色を帯びる

裏

×1

葉先はやや
突き出て尖る

花
(3.15
笠利 O)

×0.9

葉は主脈に
沿って谷折
り状になる
ことが多い

裏

側脈は湾曲
して伸びる。
両面無毛

果実
(2.22 西表 O)

×0.9

裏

葉は両面無
毛でやや光
沢がある

葉身の基部は
葉柄に流れる

ボロボロノキ

S. jasminodora

落葉小高木(3–10m) **方**:ザアル、シルキー **分**:九州、種子、屋久、奄美、徳之、沖縄島、阿嘉、粟国、渡名喜、久米、石垣、西表、与那国。やや稀。**葉**:単葉/互生/全縁/長4–10cm **花**:黄白/早春 **実**:赤〜黒/長約1.5cm/春 ◆山地林に点在。葉は明るい色で丸っこい。名は枝が折れやすいためで、節が肥大し、白い皮目がある。

若葉と果実(3.22 恩納 H)

インドヒモカズラ [印度紐葛]

D. polysperma

常緑半つる性亜低木(1–5m) **別**:ケヒモカズラ **分**:宮古列島、石垣、西表、波照間。ごく稀。**葉**:単葉/互生/全縁/長5–13cm **花**:緑白/穂状花序は腋生で長約15cm/秋〜春 **実**:白/球形/径約5mm ◆低地の石灰岩地の岩の隙間などに生え、茎は伸びて垂れ下がり、普通長さ1–2mになる。葉は大きさ形ともに変異が多い。

花序をつけた枝(2.22 西表 O)

イソマツ ［磯松］

L. wrightii var. arbusculum

常緑矮性低木（0.1–0.3m）**別**：ムラサキイソマツ **方**：シバナクラギー、ガラスヌパン **分**：伊豆諸島、草垣群島、種子島〜奄美群島、久米、先島諸島、小笠原。やや稀。盆栽。**葉**：単葉／束生／全縁／長1–7㎝ **花**：桃〜淡紅紫／夏〜冬 **実**：褐／痩果／紡錘形

◆波をかぶるような海岸最前線の隆起石灰岩上に生え、しばしば群生する。草本状だが古株では木質化した幹が目立つ。葉は細長いヘラ形で、茎の先にロゼット状に束生する。花はピンク色で、黄花の基準変種ウコンイソマツと分布域がほとんど重ならず、すみわけている。また、粟国島、与那国島には花が白い品種シロバナイソマツ f. albescens が分布し、大東諸島には花が淡黄色の品種ウスジロイソマツ f. albolutescens のみが分布する。

イソマツの花（10.24与那国 O）

イソマツの群生地（10.24与那国 O）

花と果実をつけたウコンイソマツ（10.27恩納 H）

ウコンイソマツの幹（1.30今帰仁 H）

ウコンイソマツ ［鬱金磯松］

L. wrightii var. wrightii

常緑矮性低木（0.1–0.3m）**別**：キバナイソマツ **方**：ウミマーチ、クルマーチ **分**：請、沖永、与論、沖縄諸島。やや普通。**花**：黄／夏〜冬 ◆イソマツの基準変種で、花は黄色い。イソマツも分布する沖永良部島では、島内分布域が異なる。台湾にも分布する。

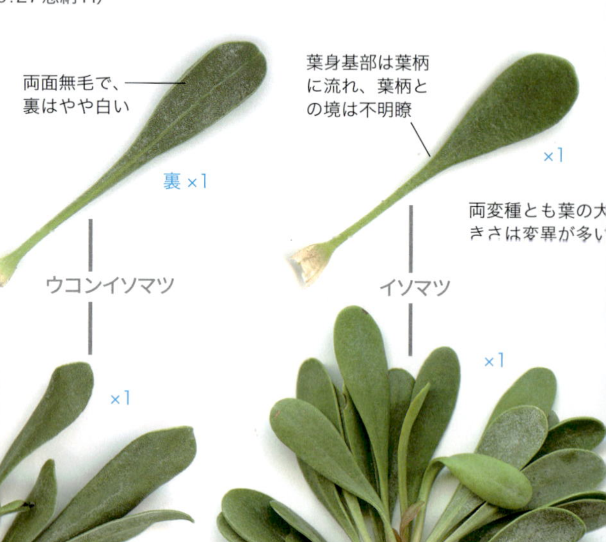
両面無毛で、
裏はやや白い
裏 ×1
葉身基部は葉柄
に流れ、葉柄と
の境は不明瞭
×1
ウコンイソマツ
イソマツ
×1
×1
葉柄の基部は広
がり、茎を抱く
裏

緑はよく
波打つ

葉は薄く明るい
色で、葉脈がし
わになり目立つ

×0.7

枝は稜
がある

葉柄や茎は紅
紫色を帯びる

葉と対生し
て巻きひげ
を出す

葉先は扁平で
時にやや凹む

×0.6

基部は湾入し、
葉柄は1–2㎝
前後で短い

主脈基部は赤
色を帯びるこ
とも多い

葉は厚く
硬く光沢
がある

葉裏 ×1
裏は脈腋に毛の
束が少しある

ニトベカズラ属 Antigonon

ニトベカズラ ［新渡戸葛］

A. leptopus

常緑つる性木本〜草本（巻きひげ） **別**：アサヒカズラ **分**：メキシコ〜南アメリカ原産。南西諸島で稀に野生化。庭木、生垣、壁面緑化。**葉**：単葉／互生／波状縁／長7–15㎝ **花**：桃、白／腋生の総状花序／夏〜秋 **実**：痩果／3稜 ◆つるは長さ3–15mになり、地中に芋をつくる。葉は基部が心形で食用になる。ピンク色に見えるのは萼片。

花と若い果実（11.20, 6.2読谷植栽H）

ハマベブドウ属 Coccoloba

ハマベブドウ ［浜辺葡萄］

C. uvifera

常緑小高木（1.5–6m） **別**：ウミブドウ、シーグレープ **分**：フロリダ、西インド諸島、南アメリカ原産。公園樹、庭木、観葉植物。**葉**：単葉／互生／全縁／長8–23㎝ **花**：白／長20㎝前後の総状花序／春〜夏 **実**：赤紫／径2㎝前後／秋 ◆横長の丸い葉が独特で、冬は紅葉する。果実はブドウに似る。枝は湾曲して傘状の樹形になる。

花はごく小さい（5.21名護H）

トゲカズラ ［刺葛］

P. aculeata

常緑つる性木本（刺）**分**：与論、沖縄諸島～先島諸島、大東。やや稀。**葉**：単葉／対生または互生／全縁／長5–12㎝　**花**：淡黄／雌雄異株／集散花序／春～夏　**実**：褐／こん棒形／粘質／長1–2㎝／夏～秋

◆石灰岩地の岩場や林縁に生え、御嶽などでよく見られる。葉柄のつけ根に太い刺があり、他の樹木や岩に登り、高さ4–10mになる。古い枝では刺がない場合も多い。葉は楕円形～卵形でほぼ対生するが、時にややずれて互生になり、大きさ形とも変異が多い。樹形や葉、刺の様子は、同科のブーゲンビレアにやや似ているが、ブーゲンビレアの葉は互生。粘着性の果実を鳥が運び、熱帯に広く分布する。

枝は四方に広がる（5.4南城 O）

花序は頂生および腋生（4.21粟国 O）

雄しべは長く突き出る（4.21粟国 O）

果実は腺状突起が多数ある（7.7糸満 H

×0.7

葉は質が厚く、表面は無毛

小枝には褐色の毛が密生する

裏 ×0.8

裏面脈沿いにやや縮れた淡褐色の開出毛が生える

葉腋の刺 ×1.5

枝が変化し下向きに曲がった刺がつく

オオクサボク ［大草木］

P. umbellifera

常緑高木（3–15m）**別**：ウドノキ **方**：ヤファラ **分**：トカラ列島（悪石）～先島諸島、大東、小笠原。やや稀。**葉**：単葉／対生（時に3輪生）／全縁／長10–35㎝ **花**：黄緑／集散花序／雌雄異株／春～初夏 **実**：緑～褐／こん棒形／長2–3.5㎝／粘質／夏～秋

◆石灰岩地の林内に生え、特に御嶽でよく見られる。樹高は普通数mだが、時に10m以上になり、小笠原では幹径1m近い大木にもなる。枝が軟らかく折れやすいことが和名の由来。葉は対生だが3枚輪生することもあり、葉の形、大きさともに変異が多い。アカネ科のヤエヤマアオキやボチョウジ類に似ているが、托葉痕がないので見分けられる。

若い果実をつけた枝（3.26石垣 O）

若木の葉（10.15石垣 H）

開花中の雄花（3.26石垣 O）

果実は粘液に覆われた花被に包まれる（3.30今帰仁 H）

×0.6

葉先は鈍いか尖る

表は光沢が強く、側脈がややしわになる

裏

裏

葉はやや菱形状の楕円形で、細い葉や倒卵形の葉もある

若枝は褐色の微毛があるがすぐ無毛になる

両面無毛で裏は葉脈が見える

樹皮は暗褐色で平滑（H）

オシロイバナ科 Nyctaginaceae イカダカズラ属 Bougainvillea

ブーゲンビレア

Bougainvillea spp.

常緑つる性木本（刺） **別**：ブーゲンビリア、イカダカズラ、ココノエカズラ **分**：南アメリカ原産。庭木、生垣、公園樹。**葉**：単葉／互生／全縁／長4–13㎝ **花**：白。苞は紅紫、桃、赤、橙、白／ほぼ通年 **実**：褐／長1–2㎝／結実は稀

◆主にピンク～紅紫に色づく苞が美しく、琉球では至る所に植栽される。枝はつる状に伸び、花柄が変化した刺でフェンスなどに絡み、高さ2–10mになる。主に3種の原種があり、ブラジル原産の**テリハイカダカズラ** B. glabra は、葉が小型の楕円形で毛は少なく光沢が強く、苞はやや細く先が尖る。ブラジル原産の**イカダカズラ** B. spectabilis は葉も苞も卵形で広く、先は尖り、枝葉は軟毛が多い。ペルー原産のペルーイカダカズラ B. peruviana は、葉が卵形で毛は少なく、苞は小型で先が丸い。後二者の雑種 B. × buttiana をはじめ、多くの栽培品種や交配種があり、厳密な区別は難しい。

フェンスにはわせた樹形（1.5恩納 H）

イカダカズラ系の紅白の花（10.12糸満 H

テリハイカダカズラ系。3枚の苞が色づき、その内側に小さな白い花がつく（11.27南城 H）

そう果と種子×1（8.19沖縄） 樹皮（H

‘レインボー’の葉裏や枝。褐色の細毛が多く、刺の先は小さく曲がる（×2）

苞

枯れた花

‘サンデリアナ’
テリハイカダカズラの栽培品種。古くから琉球で植栽され「在来種」とも呼ばれる。葉も苞もやや小型で苞は紅紫色

葉脈は濃色で明瞭

裏 ×0.7

×0.7

表は光沢があり、両面や枝に細毛が少しある

両面有毛で特に裏面脈上に多い

裏

枝葉に細毛がある

×0.7

‘ミセス・バット’
B. × buttiana の栽培品種で、多くの栽培品種の元になっている。苞は小型で赤く、先はやや丸い

‘レインボー’
イカダカズラの代表的な栽培品種。苞は大型で濃いピンク色、葉も大きく広い

×0.7

光沢は弱い

葉腋に刺が出る

裏 ×0.8
葉は多肉質で軟らかく、両面とも無毛で光沢がある
×0.8
葉柄は短く、基部に短い刺が1–3個がつく
枝の刺

果実は刺がある(5.1糸満H)

太い枝には長く直線的な刺が多い(恩納H)

モクキリン ［杢麒麟］

P. aculeata

常緑つる性木本(刺) **別**:ハキリン、ツルキリン **分**:南アメリカ原産。庭木。沖縄諸島や小笠原で野生化。やや稀。庭木、台木。**葉**:単葉/互生/全縁/長5–11㎝ **花**:白/径2–5㎝/秋 **実**:橙/径約2㎝/初夏 ◆海岸林や低地の林縁などに時に野生化している。葉の基部や枝の刺で他の植物を覆うように絡み、高さ3–10m前後になる。葉はブーゲンビレアに似るが、多肉質で葉脈は不明瞭。

枝は垂れるように伸びる(3.25読谷H)

サボテンの果実・ドラゴンフルーツ

マンゴーやパパイヤと並ぶ、沖縄の夏を代表する熱帯果実といえば、ドラゴンフルーツがある。ひだのあるショッキングピンクの果皮を、竜のウロコに見立てたのだろう。原産地の南米ではピタヤ(pitaya)と呼ばれ、日本ではサンカクサボテン(三角覇王樹)などの和名もあるが、中国名の「火龍果」を英訳したドラゴンフルーツという商品名が定着したようだ。

この果物、和名の通りサボテンの果実。沖縄の集落を歩いていると、断面が三角形状の垂れ下がったサボテンの枝に、赤いドラゴンフルーツが実った姿を目にできるから納得。高さ数mになるサボテン科ヒモサボテン属の多肉植物で、栽培もしやすいという。長さ10㎝ほどの果実を半分に切ると、中は白いものと濃いピンク色のものがあり、ファーマーズマーケットや道の駅でも白・赤と区別されて売っている。いずれもあっさりした甘味だが、たいてい赤の方が甘みが強く、多く出回っている。ただし、口も真っ赤にになるので要注意。4歳の我が息子は、ほっぺまで真っ赤にしてよくかぶりついている。白が本来のピタヤ Hylocereus undatus で、赤はレッドピタヤ H. costaricensis という別種に分類されている。(林将之)

ドラゴンフルーツ(11.10読谷H)

ピタヤとレッドピタヤの断面

ミズキ科 Cornaceae　ウリノキ属 Alangium

シマウリノキ ［島瓜木］

A. premnifolium

落葉小高木（2–15m）**別**：オキナワウリノキ　**方**：オーヤギ　**分**：鹿児島、黒、種子、屋久、トカラ(宝)、奄美、徳之、沖縄島、石垣、西表。やや稀。**葉**：単葉（時に3–5裂）／互生／全縁、時に疎鋸歯縁／長7–20㎝　**花**：白／腋生の集散花序／初夏　**実**：黒／楕円形／長約1㎝

◆低地～山地の林内や林縁に点在し、樹高2–4mの個体がよく見られるが、高木にもなる。葉は普通ややゆがんだ卵円形で、形や大きさに変異が多く、欠刻状に浅く3–5裂することも多い。秋～冬は黄葉する。九州以北に分布するウリノキ A. platanifolium は、葉がより幅広くて3裂し、裏面に軟毛が多く、花弁や葯が長い点で異なる。

若い葉（4.3国頭 H）

花は7個の花弁が巻く（5.9うるま H）

黄葉は比較的鮮やか（1.18国頭 H）

樹皮は浅く縦にすじが入る（うるま H）

葉先は短く尖る

×0.5

表は脈上に毛が多少生える

しばしば基部がせり出し、左右非対称になる

枝は細かい毛があるかほぼ無毛

側脈の先端が所々鋸歯状に突き出る葉もある

裏 ×0.5

裏面の脈腋や脈沿いに毛が多少あるか、ほぼ無毛

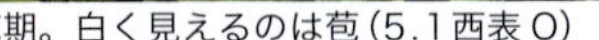

花期。白く見えるのは苞（5.1 西表 O）

花（5.1 西表 O）

黄葉し始め。面状に枝を広げる樹形が特徴（10.14 於茂登岳 H）

樹皮は鱗状にはがれ、ややまだら模様になることが特徴（H）

ヤエヤマヤマボウシ

［八重山山帽子］

C. kousa subsp. chinensis

落葉小高木（5–10m）**別**：シナヤマボウシ **分**：石垣、西表。稀。**葉**：単葉／対生／全縁／長5–14㎝ **花**：白（苞）・黄緑（花）／頂生の頭状花序／径約1㎝／初夏 **実**：赤橙／集合果／夏

◆低地〜山地の林内や林縁に点在するが少ない。4枚の白い花弁のように見えるのは苞で、長さ3–6㎝ほどのヘラ形。本来の花は苞の中心に数十個が密集し、花弁は黄緑色で小さい。葉は楕円形〜卵円形で、長く湾曲する側脈が特徴。台湾、中国にも分布し、本土でよく庭木にされる栽培品種‘ミルキー・ウェイ’は本亜種から作出されたもの。本州〜屋久島に分布する基準亜種のヤマボウシとは、葉が厚く、萼片内側に毛があることで区別される。

側脈は湾曲して
葉先に向かい、
長く伸びる
×0.8
両面に細かい
伏毛が生え、
ざらつく
縁はしば
しば細か
く波打つ
葉柄や若枝は細
かい伏毛が多い
葉先はやや
伸びて尖る
裏 ×1
葉裏 ×2.5
脈腋に褐色の毛が
かたまって生える

トカラアジサイ［吐噶喇紫陽花］

H. kawagoeana var. kawagoeana

落葉低木（1–2m）**方**：イビキ **分**：黒、口永、トカラ、奄美?、徳之、沖永、伊平屋。やや普通。**葉**：単葉／対生／鋭鋸歯縁／長8–15㎝ 幅4–8㎝ **花**：白／頂生の散房花序／装飾花あり／春～夏 **実**：褐／蒴果／径2–3㎜／秋～冬

◆山地の渓流沿いから尾根まで生える南西諸島の固有種で、場所によっては群生する。葉は普通草質で粗い鋸歯があるが、やや厚くて色が濃く鋸歯が低いものもある。装飾花は大きく目立ち、普通全縁だが鋸歯が出ることも多い。葉の形や大きさは九州以北に分布するヤマアジサイに似るが、枝が紫褐色を帯びる点や花の形状は、同じく九州以北産のガクウツギに近縁である。屋久島には変種のヤクシマアジサイ var. grosseserrata が分布し、鋸歯がやや高く、葉柄も少し長い。いずれも染色体数は2n=36。

全縁の装飾花と鋸歯が低い葉（8.28 天城岳 O）

鋸歯のある装飾花（4.7井之川岳 O）

株立ち状の樹形（8.27伊平屋 H）

枝と細い幹（伊平屋 H）

粗く鋭い鋸歯のある葉

裏 ×0.7

×0.7

裏は脈腋に毛のかたまりがある他、脈沿いに毛があるか無毛

若い果実

表は無毛か剛毛が散生する

枝は紫褐色を帯び、はじめ有毛

葉形は細い楕円形からやや広い倒卵形まで変異がある

花

裏 ×1

×1

裏は白みを帯び、脈腋や脈沿いなどに毛がある

枝は紫褐色をおびる

葉の先3分の2以上に尖る鋸歯がある。葉表は毛が散生

花
普通は花弁4–5個、花柱は3個（7.4大宜味 O）

裏 ×0.7

裏は脈腋に毛叢があり、葉脈が紫色を帯びることもある

鋸歯の高低は変異がある

鋸歯が高い葉（10.18西表 O）

×0.7

表は脈上に毛がある以外はほぼ無毛

枝は伏毛があり、赤褐～紫褐色を帯びる

装飾花は普通全縁（3.18 西表 O）

リュウキュウコンテリギ

H. liukiuensis ［琉球紺照木］

常緑低木（0.5–1.5m） **分**：沖縄島。やや普通。**葉**：単葉／対生／粗鋸歯縁／長1.5–5cm **花**：白／散房花序／装飾花なし／春～夏 **実**：楕円形／径約3mm ◆山地の林内に生える沖縄島の固有種。葉は小さく光沢がある。九州以北に分布するコガクウツギに似るが、普通花序に装飾花がなく、葉先が広く丸みを帯びる。染色体数は2n=36。

花（5.27石川岳）若い果実（9.30 東H）

ヤエヤマコンテリギ

［八重山紺照木］

H. chinensis var. yaeyamensis

常緑低木（1–2m） **別**：シマコンテリギ **分**：石垣、西表。やや普通。**葉**：単葉／対生／鋸歯縁／長5–15cm 幅2–5cm **花**：白／散房花序／装飾花あり／春 **実**：楕円形／長3–5mm

◆山地の渓流域などに生え、花期は装飾花が目立つ。葉は普通革質で低い鋸歯があるが、花序枝ではトカラアジサイに似てやや薄くて幅広く鋸歯が高い葉もある。台湾、中国産のカラコンテリギの変種で、葉の鋸歯が顕著で、果実がやや大きく花柱が太い点で区別される。染色体数も異なり、カラコンテリギを含む本属の多くは2n=36の2倍体なのに対し、ヤエヤマコンテリギからは2n=144の8倍体（西表島）と、2n=180の10倍体（石垣島）のみが報告されている。

オオシマウツギ ［大島空木］

D. naseana var. naseana

落葉低木（1–2m）**方**：アブラギィ **分**：喜界、奄美、加計呂麻、徳之。普通。**葉**：単葉／対生／鋸歯縁／長3–9㎝ **花**：白／5弁／円錐花序／春 **実**：径3–4㎜ ◆低地〜山地の林縁や道端にえる。本土産のマルバウツギ（花序下の葉は無柄。染色体数2n=130）に似るが、2n=52の4倍体。徳之島にある花が大きく葉が丸いものを変種オオバナオオシマウツギ var. macrantha（写真右下の右）とすることもある。

花（4.13瀬戸内）（4.7井之川岳 O）

オキナワヒメウツギ

［沖縄姫空木］

D. naseana var. amanoi

落葉低木（0.5–2m）**分**：沖縄島。ごく稀。**葉**：単葉／対生／細鋸歯縁／長1.5–4㎝ **花**：白／径約1.5㎝／春 ◆オオシマウツギの変種で南城市に自生し、断崖絶壁の岩場にタマシダなどと一緒に生える。葉は卵円形でオオシマウツギより小さく、花も果実も小さい。染色体数は2n=52の4倍体。

清楚な白花をつける（4.6 南城 H）

枝と葉裏 ×2.5

若枝、葉柄、葉裏脈上などに星状毛が多い

×1

マルバウツギと異なり、花序の下の葉も葉柄がある

星状毛が散生し、ざらつく

裏

オオシマウツギ

葉脈は表で凹み、裏に突出する

鋸歯は低く、ほとんど目立たないこともある

裏

若い蒴果

（7.1 南城 O）

葉裏の星状毛 ×3

両面に星状毛が散生しざらつく

オキナワヒメウツギ

小型の葉 ×1

×1

縁に細かく鋭い鋸歯が多い
裏
先は普通やや伸びる
表は星状毛が散生
×1
裏は脈上に星状毛が少しあるのみ
小枝はやや紫色を帯び、花序柄とともに星状毛がやや多い
基部は切形～心形

ヤエヤマヒメウツギ

D. yaeyamensis ［八重山姫空木］

落葉低木（0.5–1m）**別**：ヤエヤマウツギ **分**：西表島。ごく稀。**葉**：単葉／対生／鋸歯縁／長5–13㎝ **花**：白／春 **実**：径3–4㎜ ◆山地の渓流の水しぶきがかかるような岩場や、滝の絶壁に生える西表島の固有種で、自生地は数カ所。葉は卵形～長楕円形でやや薄く光沢があり、毛は少ない。花は大きい。染色体数2n=26の2倍体。

花序柄が短く花は詰まる（2.20西表 O）

地をはう枝（10.19西表 O）
葉は長楕円形で、成形葉は全縁かやや波状
葉裏の脈腋に穴がありダニ室状になる
×0.9
裏は白みが強く、両面無毛
幼形葉
×1

シマユキカズラ

P. viburnoides ［島雪蔓］

常緑つる性木本（気根）**分**：奄美、徳之、沖縄島、久米、石垣、西表。やや普通。**葉**：単葉／対生／全縁・鋸歯縁／長8–15㎝ **花**：白／頂生の円錐花序／夏 **実**：蒴果／楕円形／径2–3㎜ ◆山地の樹上や斜面を10m前後よじ登る。若枝が岩上をはって覆う姿がよく見られる。幼形葉は粗い欠刻状の鋸歯があり、成形葉は大きく全縁となる。

花（8.5 国頭 H）

サガリバナ科 Lecythidaceae　サガリバナ属 Barringtonia

サガリバナ ［下花］

B. racemosa

常緑小高木（3–10m）**別**：サワフジ **方**：クダリバナ、キーフジ、ジルガキ **分**：奄美、徳之、沖縄島、渡嘉敷、久米、宮古、石垣、西表、与那国。やや稀。公園樹、街路樹、庭木。**葉**：単葉／互生／鋸歯縁／長10–40cm **花**：白～桃／長30–60cmの総状花序／夏 **実**：緑～紫褐／4稜／卵円形／長5–6cm／秋

◆マングローブ後背湿地や川沿いに群生し、植栽も多い。葉は長い倒卵形で大きく、やや硬く、葉柄は短い。古い葉は赤～黄色に紅葉する。花は主に7月前後の夜に咲き、ピンクの長い雄しべが多数突き出て、長く垂れた花序に密生して美しい。翌朝に落下した花が川面を埋め尽くすこともある。花期以外も長い花序や果序が目立つ。

湿地に落ちた花（7.22読谷 H）

花は甘い香りを放つ（6.28那覇植栽 H）

葉先は細く尖る

低く鈍い細鋸歯が並ぶ

×0.6

葉柄は短く、赤みを帯びることが多い

葉は枝先に集まる（8.20那覇植栽 H）

両面無毛でやや硬い革質

裏

裏は葉脈が隆起する

葉身基部はやや耳状に丸くなる

果実。水に浮いて散布される（8.6恩納植栽 H）

葉先は鈍い
かやや凹む

×0.5

両面無毛で表は
光沢が強く、全
体がやや波打つ

基部寄りの
側脈はほぼ
直角に出る

葉身基部は三角形
になり、葉柄がほと
んどないことがモ
モタマナと異なる

葉脈は
裏に隆
起する

裏

ゴバンノアシ ［碁盤脚］

B. asiatica

常緑高木（6–15m）**分**：石垣、黒、新城、西表、波照間。ごく稀。**葉**：単葉／互生／全縁／長20–40cm **花**：白～桃／夏～秋 **実**：緑～褐／四角形／長8–14cm／秋～冬

◆和名の通り碁盤の脚に似た大きな果実をつけ、海流に運ばれ分布を広げる。海岸の砂地に稀産し、八重山列島では時に公園や民家にも植えられている。葉はモモタマナに似た大きな倒卵形で、強い光沢があり、枝先に集まる。モモタマナより葉が一回り大きく、葉柄がないことが違い。花はネムノキに似て大きく、夜に上向きに咲き美しい。幼木は与那国島や水納島でも確認されている他、果実は沖縄諸島や遠く東北地方にも漂着し、発芽しやすいというが、越冬し定着することはないらしい。国外では台湾～マレーシア、太平洋諸島、オーストラリアなどに分布する。

樹形（3.16西表 H）

落下した果実（3.16西表 H）

夕方に咲き始めた花（10.16西表 H）

ヒサカキ・サカキ類の検索表 モッコクを除く本科は琉球に9種分布。花は小型で普通白く、果実は液果で黒い。

A. 葉は全縁（時に鋸歯縁）。側脈は不明瞭で枝葉は無毛。頂芽は弓形で長い …………… **サカキ** p.303
A. 葉は鋸歯縁。
　B. 葉裏全体に毛が多い。鋸歯は低くやや不明瞭で、葉先は尖る。花柄は長い。
　　C. 葉は細く長い楕円形。沖縄島に分布 ………………………… **リュウキュウナガエサカキ** p.302
　　C. 葉は楕円形〜倒卵形で縁がやや裏に反る。八重山に分布………………… **ケナガエサカキ** p.303
　B. 葉裏は無毛か、毛があっても脈上のみ。葉先はわずかに凹む。花柄は短い。
　　C. 小枝はジグザグに折れ曲がり、しばしば目立つ翼がある。
　　　D. 葉はやや小さく、裏面葉脈は不明瞭。沖縄島に分布………………… **クニガミヒサカキ** p.300
　　　D. 葉はやや大きく、裏面葉脈は見える。八重山に分布 ………………… **ヤエヤマヒサカキ** p.301
　　C. 小枝のジグザクは顕著ではなく、翼もない。
　　　D. 小枝は無毛。葉は倒卵形状だが、変異が多い ……………………………… **ヒサカキ** p.298
　　　D. 小枝は有毛。
　　　　E. 葉は長楕円形で長さは普通6–11cmと長く、裏面は網脈が顕著 …… **アマミヒサカキ** p.302
　　　　E. 葉は倒卵形〜楕円形で長さは普通7cm以下、裏面の網脈は顕著でない。
　　　　　F. 葉は長さ4–8cmで鋸歯は顕著。若枝に開出毛がある。八重山に分布 **サキシマヒサカキ** p.300
　　　　　F. 葉は長さ3–6cmで葉形に変異が多い。若枝に伏毛がある…………… **ハマヒサカキ** p.299
　　　　　F. 葉は長さ1–3cm。若枝に伏毛がある。奄美大島〜沖縄島に分布 … **マメヒサカキ** p.299

ヒサカキ ［姫榊］

E. japonica

常緑小高木（2–10m）**方**：イヌクワギマ、ガラサギーマ **分**：本州〜先島諸島、大東。やや普通。庭木。**葉**：単葉／互生／鋸歯縁／長3–8cm 幅1–4cm **花**：白／葉腋に束生／早春 **実**：黒／径約5mm／秋 ◆山地〜低地の林縁や林内に生える。葉は倒卵形で先端がわずかに凹む。琉球産個体は葉の形状など変異に富み、ハマヒサカキとの中間型や鋸歯がほとんどない葉も時に見られる。芽や若枝、葉裏の主脈基部に毛が多少ある変種**ケヒサカキ**（ヤクシマヒサカキ）var. *australis* も時にある。

若実(7.21恩納 H) 雌花(2.19伊平屋 O)

ケヒサカキの枝裏 ×2
通常のヒサカキは無毛だが、ケヒサカキはやや有毛

表は光沢が強いもの、やや弱いものがある

頂芽は弓状に曲がる

葉先は微凹

細い葉 ×1

広い葉 裏 ×1

裏

枝は普通無毛でやや稜がある

裏は普通葉脈の網目が見える。両面無毛

ハマヒサカキ ［浜姫榊］

E. emarginata

常緑低木（1–4m）**方**：イソツギ、カラスギマ、ガラサギーマ **分**：関東〜先島諸島。普通。庭木、生垣。**葉**：単葉／互生／細鋸歯縁／長1–6㎝ **花**：白／葉腋に束生／冬〜早春 **実**：赤紫〜黒／径約5㎜／秋〜冬

◆海岸〜山地の渓流沿いや岩場まで広く分布する。ヒサカキに似るが小枝に毛が多く、葉はやや小さく先があまり突き出ない。しかし琉球産個体は変異が多く、多様な葉形が見られる。基準変種の**ハマヒサカキ**（狭義）var. emarginataは、沿岸部に広く生え、葉は長さ3–6㎝の倒卵形状で普通は丸みがある。変種の**マメヒサカキ** var. minutissimaは奄美大島、徳之島、沖縄島の山地の岩場や山頂部などに点在し、葉の長さが普通1–3㎝と極端に小さいもの。変種ケナシハマヒサカキ var. glaberrimaは毛がほとんどないもので、沖縄島北部に稀にある。変種**テリバヒサカキ** var. ryukyuensisは石垣島と西表島の山地の渓流沿いに生える葉がやや細くなったもの。ただしこれらの変種は葉形以外の違いがはっきりせず、区別しないことも多い。

ハマヒサカキ海岸樹形（8.26伊平屋H）

ハマヒサカキの果実（9.30国頭H）

マメヒサカキの花（12.15湯湾岳O）

マメヒサカキ
葉は楕円形で先は丸く、裏は伏毛が散生することが多い
×1

枝裏 ×3
枝は普通伏した軟毛が密生する

典型的な葉は倒卵形で先が丸い
×1

葉先は全変種ともわずかに凹む

ハマヒサカキ

大型の葉 ×1

細い葉 裏 ×1

裏

裏は側脈がやや隆起して見える。両面無毛

海岸風衝地の個体は葉が厚く硬く、縁がしばしば裏に反る

サキシマヒサカキ ［先島姫榊］

E. sakishimensis

常緑小高木（3–5m）**分**：石垣、西表。やや稀。**葉**：単葉／互生／鋸歯縁／長4–8㎝ **花**：白／葉腋に束生／春 **実**：黒／径約3㎜ ◆山地林内に生える八重山の固有種。葉は細い菱形状～楕円形でヒサカキに似るが、若枝にやや開出する毛が多いことが違い。雄花の雄しべは5個（他の琉球産ヒサカキ類は10個以上）と少ないことも特徴。

若い果実（4.12） 雄花（3.25 西表 O）

裏

表は普通ほぼ無毛

鋸歯はヒサカキより粗い印象

×1

裏は主脈沿いに毛があるか、ほぼ無毛

枝 ×3

若枝にやや開出する白～淡褐色の毛がある。稜はない

クニガミヒサカキ ［国頭姫榊］

E. zigzag

常緑低木（1–4m）**分**：沖縄島。ごく稀。**葉**：単葉／互生／鋸歯縁／長4–8㎝ **花**：白～淡桃／葉腋に単～束生／春 **実**：黒／長6–8㎜ ◆沖縄島北部の固有種で、山地の渓流域の岩場や山頂近くにも生える。ヒサカキに似るが葉は長い楕円形で、学名の種小名が表すように小枝が著しくジグザグに曲がり、稜が出ることが特徴。

若葉と若い果実（4.15 大宜味 H）

鋸歯は明瞭で鈍い

×1

葉先は鈍く、わずかに凹む

裏 ×1

頂芽は長さ約1㎝

葉脈は不明瞭。両面無毛

枝が節ごとにジグザグに曲がる

葉柄は普通赤みを帯びる

枝の稜はやや翼状にもなる

樹形(3.18西表 O)

枝葉(10.14於茂登岳 H)

ヤエヤマヒサカキ

E. yaeyamensis　［八重山姫榊］

常緑低木(2–6m) **分**:石垣、西表。やや稀。**葉**:単葉/互生/細鋸歯縁/長7–12㎝　**花**:白/葉腋に束生/冬〜春　**実**:黒/長6–7㎜

◆八重山地方の固有種で、渓流域に点在し、岩場に生えて川に枝を垂らした樹形が多い。時に尾根の風衝低木林などにも生える。葉は長い楕円形か時に卵形で厚く硬く、細かい鋸歯が多く、幅広い葉はむしろヤブツバキに似ている。沖縄島のクニガミヒサカキと同様に、枝はジグザグに曲がり、明瞭な稜が出ることが特徴。クニガミヒサカキと同一種とされたこともあるが、葉、頂芽、樹高などが全体的に一回り大きく、葉形や葉脈の見え方なども明らかに異なる。本科は従来ツバキ科に含められていた。

鋸歯は低く目立たないことが多い

葉先は多少伸びてやや尖る

×1

葉柄はしばしば黒紫色を帯びる

葉脈の網目がやや見える。両面無毛

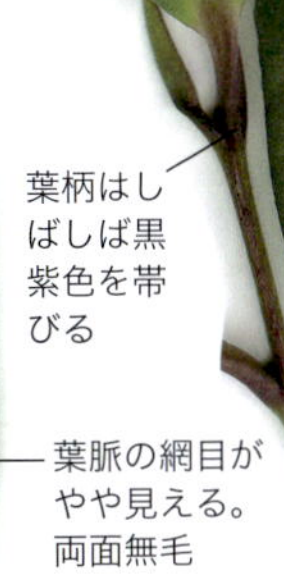
頂芽は約1.5㎝と長い

翼

裏 ×1

枝はジグザグになり、稜や翼が出る。若枝より古い枝で顕著

側脈がやや凹み、葉の縁は裏側へやや反ることが多い

花(12.15 西表 O)

若い果実(9.6西表 O)

枝の翼(3.1西表 O)

サカキ(モッコク)科 Pentaphylacaceae ヒサカキ属 Eurya

アマミヒサカキ ［奄美姫榊］

E. osimensis

常緑小高木（2–7m）**別**：オオシマヒサカキ **分**：奄美、徳之、沖縄島、石垣、西表。やや稀。**葉**：単葉／互生／鋸歯縁／長4–11㎝ **花**：白／冬～春 **実**：黒／径約4㎜ ◆山地林内や渓流沿いに生える琉球の固有種。枝に毛が密生し、葉裏は細脈まで顕著。沖縄島以南の渓流に生育する葉が細く果実に毛が多いものを変種オキナワヒサカキ var. kanehirae とする説もある。

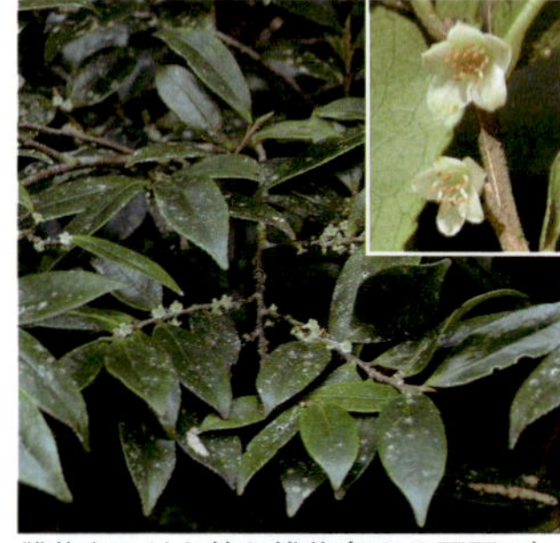

雌花をつけた枝と雄花（12.9国頭 H）

裏 ×0.9

リュウキュウナガエサカキに似るが、裏は葉脈の網目が明瞭で、主脈のみ有毛

葉は長い楕円形で、細かい鈍鋸歯が並ぶ

×0.9

表は無毛で光沢がある

枝 ×3

若枝は褐色の伏毛が密生する

頂芽は褐色の毛が多い

ナガエサカキ属 Adinandra

リュウキュウナガエサカキ

A. ryukyuensis ［琉球長柄榊］

常緑小高木（2–10m）**別**：シマサカキ **方**：ワケィシ **分**：沖縄島。やや普通。**葉**：単葉／互生／微鋸歯縁、時にほぼ全縁／長5–12㎝ **花**：白／径1㎝前後／夏 **実**：黒／径約8㎜／夏～秋 ◆山地の谷沿いや林縁によく生える沖縄島の固有種。葉はアマミヒサカキに似るが、裏面全体に毛があり、鋸歯や葉脈の網目が目立たない。若葉は赤みを帯びて目立つ。

若葉（6.13）果実（9.13国頭 H）

裏 ×0.9

花

長い柄がある（7.19本部 H）

表は無毛だが光沢は弱く、つや消しの質感

×0.9

裏は伏毛が全体にある。葉脈の網目はやや見える

枝 ×3

若枝は灰褐色の伏毛が密生する

冬芽は伏毛が密生

葉柄は短い

ケナガエサカキ ［毛長柄榊］

A. yaeyamensis

常緑小高木（3–7m）**分**：石垣、西表。やや普通。**葉**：単葉／互生／微鋸歯縁〜ほぼ全縁／長5–11㎝ **花**：白〜淡紅／春 **実**：黒／径約7㎜ ◆山地林内に生える八重山の固有種。枝や葉裏に伏毛が多い点はリュウキュウナガエサカキと同じだが、葉はやや広く縁が裏へ反り、若葉は赤くならない。花はよく開かず、萼片は短く丸い。

蕾（3.14 H）果実（8.28 西表 O）

葉の幅も変異があり、これはやや幅広いもの

×1

やや粗い鋸歯が出る個体もある

鋸歯縁の葉 裏 ×1

弓状に曲がる頂芽が特徴

裏面の葉脈は不鮮明。枝葉とも無毛

サカキ ［榊］

C. japonica

常緑小高木（3–10m）**方**：ウフワケィシ、フサリャマイゾ **分**：関東〜奄美、徳之、沖縄島、石垣、西表。やや稀。庭木。**葉**：単葉／互生／全縁、時に鋸歯縁／長6–10㎝ **花**：白／初夏 **実**：黒／冬 ◆山地林内に点在。本土産の成木は全縁だが、琉球では粗い鋸歯が出る個体も多い。石垣島、西表島のものは葉が広く、変種マルバサカキ var. morii に分けることもある。

蕾をつけた枝（5.5国頭 H）

サカキ（モッコク）科 Pentaphylacaceae モッコク属 Ternstroemia

モッコク ［木斛］

T. gymnanthera

常緑小高木（3–15m） **方**：アーモモ、イーク **分**：関東南部〜沖縄諸島、石垣、西表、与那国。やや普通。庭木。**葉**：単葉／互生／全縁／長5–9㎝ **花**：白／径約2.5㎝／初夏 **実**：赤〜褐／径約1㎝ ◆山地に点在し、乾いた尾根にも多い。葉はヘラ形で枝先に集まり、多少とも赤みを帯びる葉柄が特徴。若葉は赤い。樹高は稀に20mを超える。

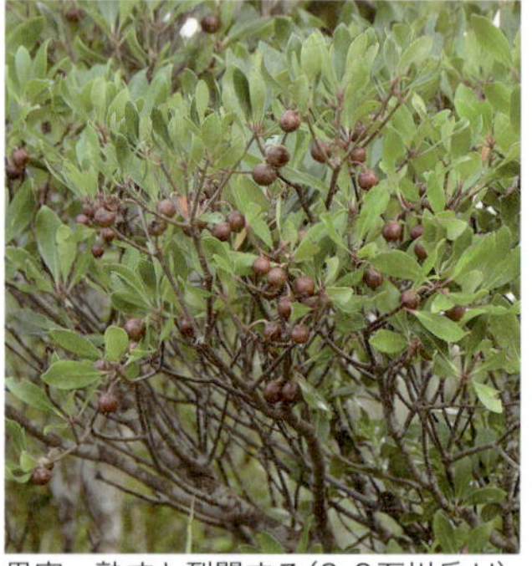

果実。熟すと裂開する（8.2石川岳 H）

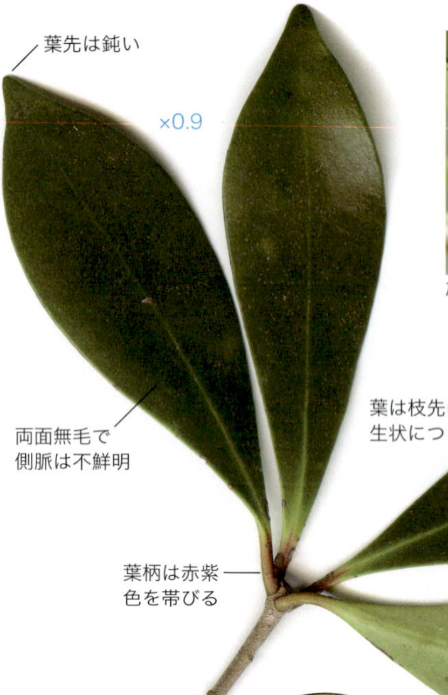

葉先は鈍い
×0.9
両面無毛で
側脈は不鮮明
葉は枝先に輪
生状につく
葉柄は赤紫
色を帯びる
裏

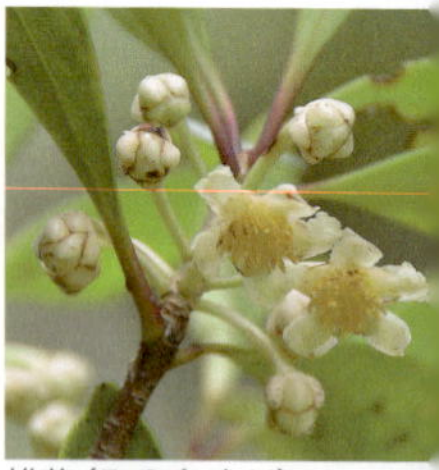

雄花（5.6金武 H）

アカテツ科 Sapotaceae オオバアカテツ属 Palaquium

オオバアカテツ ［大葉赤鉄］

P. formosanum

常緑高木（5–10m） **分**：台湾、フィリピン原産。街路樹、公園樹、防風林。**葉**：単葉／互生／全縁／長10–17㎝ **花**：淡黄／秋〜冬 **実**：緑〜褐／楕円形／長5㎝前後／夏〜秋 ◆街路樹に多く、葉は広い倒卵形〜楕円形で、枝先に密集する。アカテツと葉の大きさは大差ないが、より厚く、基部が丸い。花は独特の匂いがある。

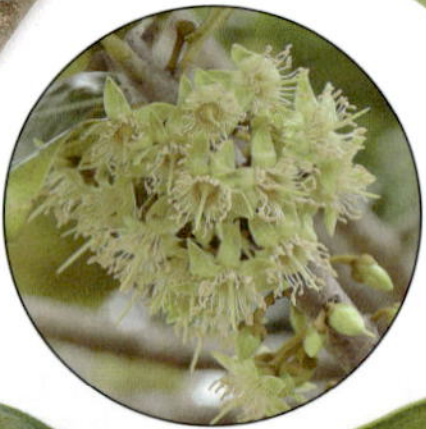

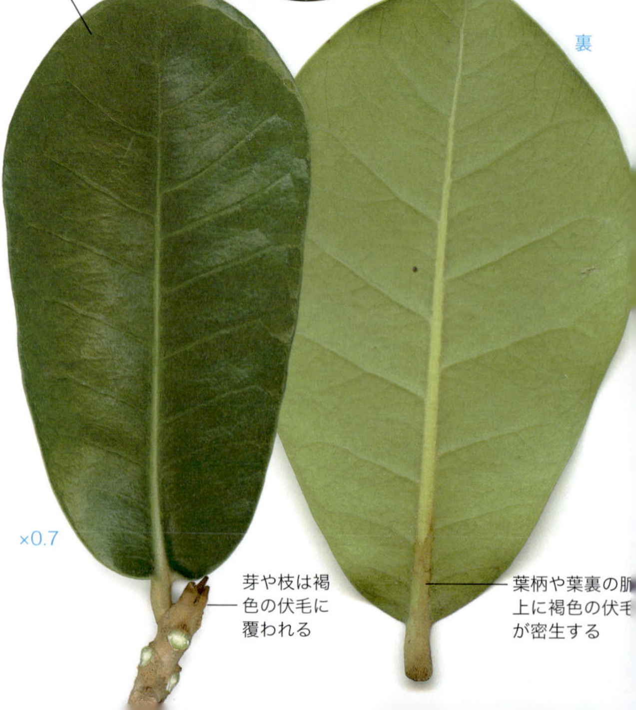

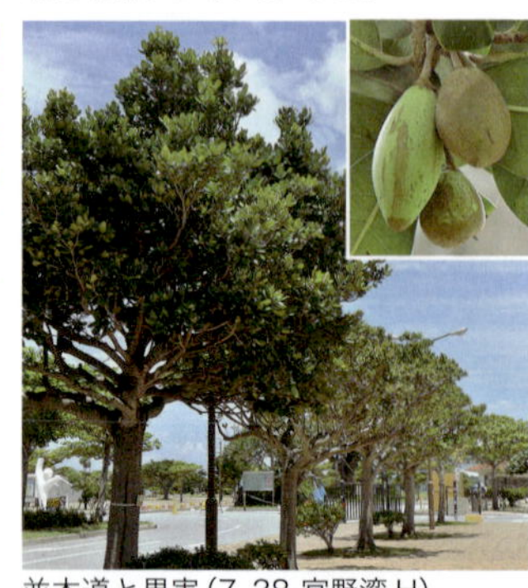

オオバアカテツの花
（12.17うるま H）

表はほぼ
無毛
葉先は丸いか
時に凹む
裏
×0.7
芽や枝は褐
色の伏毛に
覆われる
葉柄や葉裏の脈
上に褐色の伏毛
が密生する

並木道と果実（7.28 宜野湾 H）

樹形（5.3恩納 H）

葉裏の色が特徴（5.3恩納 H）

若い果実（7.10名護） 樹皮（今帰仁 H）

両性花。完全に開かないことも多い（5.3恩納 H）

アカテツ ［赤鉄］

P. obovata

常緑小高木（3–13ｍ） **別**：クロテツ **方**：チーギ、アンマンギ、トゥノキ **分**：トカラ列島（宝）〜先島諸島、大東、小笠原。普通。防風林、公園樹。**葉**：単葉／互生／全縁／長5–15㎝ **花**：淡黄／径5–10㎜／春 **実**：黒／長約1.2㎝／夏〜秋

◆海岸〜山地の隆起石灰岩地に生える。葉は倒卵形〜楕円形で枝先に集まり、若葉の裏や小枝は褐色の絹毛が多いが、葉形や毛の濃淡は変異が多い。よく似たハマビワに比べ、葉裏は葉脈が突出せず、毛が薄く成葉では脱落しやすいことが違い。低木状の個体が多いが、時に幹径1ｍの大木にもなる。変種コバノアカテツ var. dubia は、大東諸島と小笠原の乾燥した乾性低木林内に生え、樹高3–5ｍ、葉は普通長さ5㎝以下、幅3㎝以下で先が丸い。ただしアカテツとの差は連続的で区別しないことも多い。

細長い葉 ×0.7

成葉の表は無毛で濃緑色、光沢がある

枝や芽も毛が密生

若葉 裏 ×0.7

若葉は赤褐色になることも

毛が少ない 葉 裏 ×0.7

毛がほぼ脱落し緑色になることもある

葉裏の毛 ×2

成葉は裏に薄く褐色の伏毛をしくものが多い

葉先は丸いかやや尖る

裏 ×0.7

アカテツ科 Sapotaceae ポウテリア属 Pouteria

カニステル ［canistel］

P. campechiana

常緑小高木（4–8ｍ）**別**：クダモノタマゴ　**分**：熱帯アメリカ、西インド諸島原産。庭木、果樹。**葉**：単葉／互生／全縁／長15–25㎝　**花**：淡緑／初夏～秋　**実**：黄／長10㎝前後／秋～春 ◆葉は細長く、枝先に集まる。マンゴーの葉に似るが、葉の中央より先側で幅が広く、しわが目立つことが違い。果実はカボチャのような食感。

果実はキツネの顔の形（4.17読谷 H）

×0.5

裏

裏も緑色で葉脈が隆起する。両面無毛

側脈に沿って葉面がやや波打つ

マンゴーと異なり、葉身基部は葉柄に流れる

若枝や冬芽は褐色の微毛がある

カキノキ科 Ebenaceae カキノキ属 Diospyros

トキワガキ ［常盤柿］

D. morrisiana

常緑小高木（4–10ｍ）**別**：トキワマメガキ　**方**：ガガ、ガーガー　**分**：東海～奄美群島、伊平屋、沖縄島、石垣、西表、与那国。やや普通。**葉**：単葉／互生／全縁／長5–14㎝　**花**：白～黄／初夏　**実**：黄緑～黒／径1.5–2㎝／秋～冬 ◆山地の林内に点在する。本科中では葉が細く、楕円形～倒卵形。果実は小型で可食。樹皮は黒っぽい。

雄花（5.16恩納）果実（11.5うるま H）

×0.8

先は突き出て鈍い

葉は常緑樹の割に薄く、鈍い光沢がある

裏

裏は葉脈の網目が少し見える。両面無毛

若枝は伏毛があるが後に無毛

樹皮

網目状に裂けてはがれる（沖縄 H）

街路樹の樹形（7.28宜野湾植栽 H）

果実はカラフル（8.18読谷植栽 H）

樹高15m近い古木（12.9今帰仁 H）

雌花（5.12恩納植栽 H）雄花（4.29石垣 O）

樹皮（伊是名植栽 H）

リュウキュウコクタン

D. egbert-walkeri ［琉球黒檀］

常緑小高木（3–12m） **別**：ヤエヤマコクタン **方**：クロキ、クルチ、キダキ **分**：沖縄島、宮古、八重山列島。やや稀。庭木、街路樹、公園樹、生垣。**葉**：単葉／互生／全縁／長3–7cm **花**：淡黄／花冠3裂／葉腋に1–3個／春 **実**：黄～橙～赤／長1–2cm／夏～秋

◆琉球を代表する木の一つで、一般にはクロキと呼ばれ、心材は黒く重厚で最高級の三線の棹材に使われる。低地～山地の林内に生えるが、乱伐により大木はほとんど残っていない。琉球では庭木や街路樹としてよく植えられており、植栽から野生化した個体も多く、本来の自生と区別しにくいことも多い。葉は倒卵形～ヘラ形で、イスノキに似るがより小型で先は丸い。葉が密生して暗い樹冠をつくる。樹皮は黒褐色で、次第に不規則に縦横に割れてはがれる。雌雄異株で果実は可食。

×1

キジラミ類の虫こぶがついた葉

葉先は丸い

冬芽は褐色の毛に覆われる

枝は灰褐色で絹毛が少しあるか無毛

縁は裏側にやや反ることが多い

裏 ×1

裏は葉脈の網目がやや見える。両面無毛

リュウキュウガキ ［琉球柿］

D. maritima

常緑小高木（4–10m） **別**：クサノガキ **方**：クロボウ、クルボー、ガガ **分**：徳之、沖永、与論、沖縄諸島～先島諸島。やや普通。奄美群島では稀。**葉**：単葉／互生／全縁／長5–17cm **花**：白～黄橙／花冠4裂／初夏 **実**：黄橙～黒／径2–4cm／秋～初夏

◆海岸～山地の石灰岩地の林内に生え、御嶽林などでよく見かける。濃緑色の大きな楕円形の葉が密生し、暗い樹冠をつくる。葉は丸みが強く、他のカキノキ類に比べて厚く色濃く、光沢が強いことが特徴。雌雄異株で、果実は長期間見られるが有毒で、かつては魚毒として使われた。

多くの果実をつけた枝（4.3西表 O）

雄花と蕾（6.19伊是名 H）

果実は食べられない（1.10伊計島 H）

樹皮は黒っぽく平滑（うるま H）

×0.8

葉先は丸いか少し突き出て鈍い

裏

葉は厚く、濃い緑色で光沢が強い

裏は淡い緑色で、葉脈が見える。両面無毛

枝ははじめ微毛があり次第に無毛になる。芽は有毛

若木の樹形（6.5国頭 H）

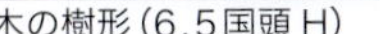

花期（5.3読谷 H）

完熟の果実は可食（11.4 読谷 H）

樹皮は黒褐色で裂ける（読谷 H）

リュウキュウマメガキ

D. japonica　　　　　［琉球豆柿］

落葉高木（8–20m）**別**：シナノガキ　**方**：シブガキ、シブガガ、シブー　**分**：関東〜沖縄諸島、石垣、西表、与那国。やや稀。**葉**：単葉／互生／全縁／長6–18cm　**花**：淡黄〜白／花冠4裂／初夏　**実**：黄橙〜黒／径2cm前後／秋

◆低地〜山地の林内や林縁に点在する。幹は比較的直立しやすく、大木にもなる。リュウキュウガキやトキワガキと異なり落葉樹で、葉は楕円形で薄く、縁は波打つことが多い。中国原産のカキノキ D. kaki やマメガキ D. lotus に似るが、葉裏はほぼ無毛で、葉柄が長く、樹皮はやや黒みを帯びることなどが違い。カキノキは琉球でも果樹として植えられるが、野生化は見られない。マメガキは本土で植栽・野生化があるが、琉球では見られない。

×0.8　　裏

葉先はやや伸びて尖る

葉は薄く、縁は波打つ

葉柄は普通長さ2–3cmで無毛。カキノキは1cm前後で有毛

両面ともほぼ無毛。カキノキやマメガキは葉裏脈上に毛が多い

裏は白みを帯びる

カキノキ科 Ebenaceae　カキノキ属 Diospyros

オルドガキ　[old 柿]

D. oldhamii

落葉小高木（3–8m）**方**：ガーキ　**分**：石垣、西表。稀。**葉**：単葉／互生／全縁／長7–13cm　**花**：淡紅／数個が腋生／春　**実**：橙／扁球形／径2–4cm／秋〜冬　◆山地林内に生え、葉は楕円形で先端が長く尖る。若枝や若葉に細く白い毛が疎らに生える。花は4枚の萼が平開し、赤みのある花冠が目立つ。台湾にも分布する。

雌花（3.19）果実（12.3西表 O）

裏　×0.8

側脈は主脈から鋭角に出て先端に伸びる

表は無毛か白毛が散生する

裏は淡緑色で脈腋や脈沿いに白毛が多少ある

縁は波打つことが多い

葉柄は白毛があるか無毛

ヤワラケガキ　[柔毛柿]

D. eriantha

常緑小高木（3–5m）**方**：ダマキダ　**分**：西表（ごく稀）、与那国（やや普通）。**葉**：単葉／互生／全縁／長7–15cm　**花**：淡黄／葉腋に単生／夏　**実**：黒／卵状楕円形／長1.5–2cm／冬　◆山地の林縁に生える。葉は長楕円形で、先は尖る。葉や枝などに褐色の毛があり、特に葉柄や葉裏の脈上、果実の表面に多い。台湾〜インドネシアに分布。

葉は2列互生する（10.23与那国 O）

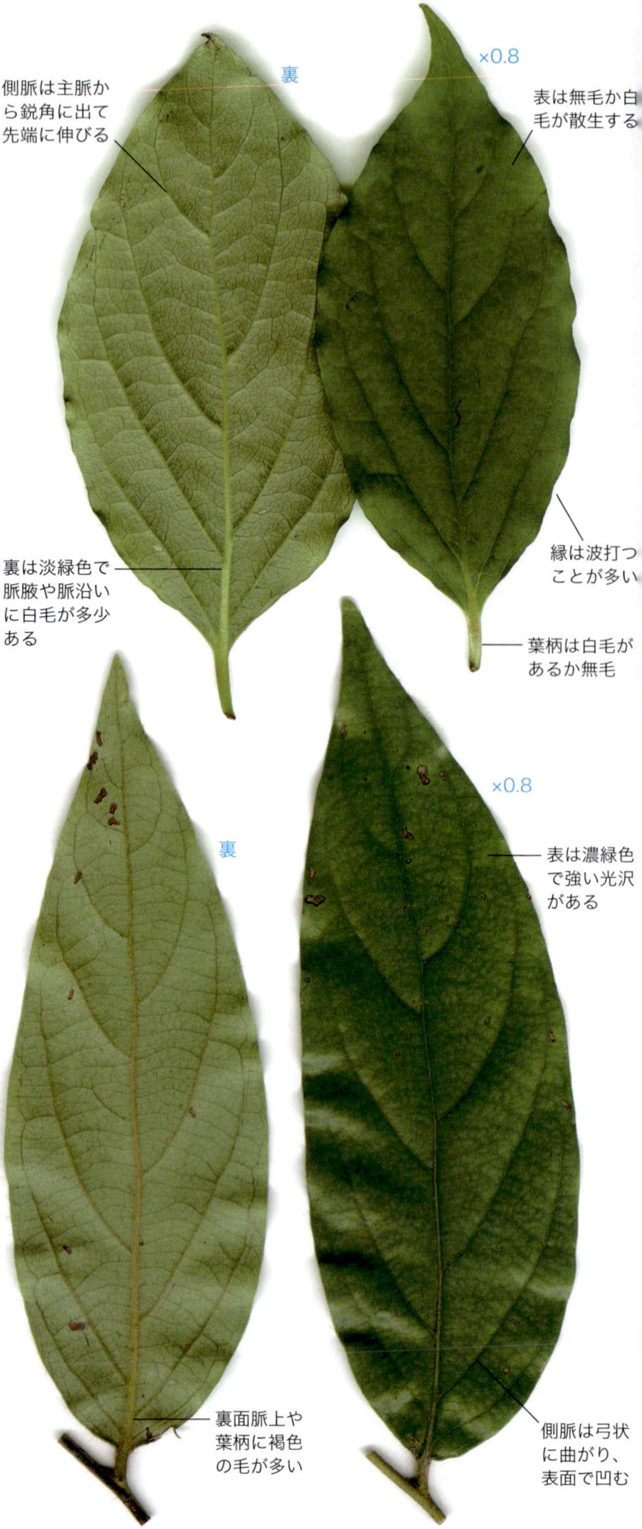

裏　×0.8

表は濃緑色で強い光沢がある

裏面脈上や葉柄に褐色の毛が多い

側脈は弓状に曲がり、表面で凹む

花
(6.25国頭 H)

裏

×0.8

葉先が細長く伸びて尖るものが多い

両面無毛。葉裏主脈上に黒い線状の模様がある

鋸歯は波状で、凹んだ部分に葉粒と呼ばれる粒がある

葉裏 ×3
葉の縁や裏面に褐色の細点が散らばる

葉柄や枝葉は赤紫色を帯びることが多い

×0.8

裏

両面無毛。マンリョウのような細点はほとんど見えない

葉先寄りで幅が最大になる

葉柄は紅色を帯びる

マンリョウ ［万両］

A. crenata

常緑低木(0.5–2m) **方**:ンジュン、ヤーモー **分**:関東〜沖縄諸島、石垣、西表、与那国。普通。庭木。**葉**:単葉/互生/鈍鋸歯縁〜全縁/長7–18cm **花**:白〜淡桃/初夏 **実**:赤/径6–10mm/冬 ◆山地の林内に点在する。葉は長楕円形で枝先に集まり、独特の波状の鋸歯がある。琉球では樹高2m近くになる個体もある。

果実と樹形(12.18与那覇岳 H)

セイロンマンリョウ

A. elliptica ［Ceylon万両］

常緑低木(1–4m) **別**:コウトウタチバナ、ウミベマンリョウ **分**:スリランカ、東南アジア原産。庭木、公園樹、生垣。**葉**:単葉/互生/全縁/長5–12cm **花**:淡桃/夏 **実**:桃〜赤〜黒/径約1cm/秋〜春 ◆モクタチバナの葉を小ぶりにした印象で、葉柄や枝の赤みが目立つ。国外では野生化しており、要注意外来生物に指定されている。

果実は多色が交じる(11.27南城 H)

モクタチバナ ［木橘］

A. sieboldii

常緑小高木（3–10ｍ） **方**：アクチ、フェーギー、アフツ **分**：四国南部、九州南西部〜先島諸島、大東、小笠原。普通。防風林、庭木。**葉**：単葉／互生／全縁／長6–18㎝ **花**：白／散形花序／初夏 **実**：赤〜黒／ほぼ球形／径7–10㎜／冬〜春

◆海岸近くから山地の林内まで広く生え、亜高木層以下で優占することも多い。葉は長い倒卵形で、枝先にらせん状に集まってつく。シシアクチによく似るが、葉はより大型で幅広く、先に近い部分で幅が最大になる傾向が強い。果実は光沢が弱く、普通赤〜黒紫色に熟すが、黒く熟す個体もある。幹はしばしば径10㎝を超え、見上げるほどの大木もあるが、シシアクチは細い低木状であることも違い。

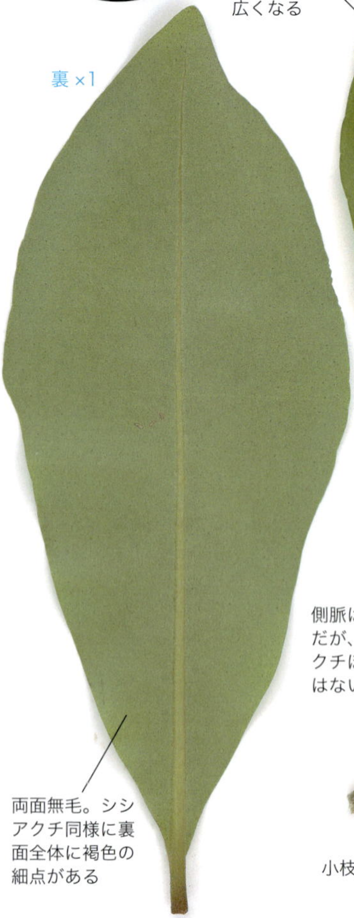

花期はよく目立つ（6.22大宜味 H）

径約15㎝の幹（国頭 H）

花序に花が密につく（6.11国頭 H）

黒みの強い果実（1.14宮崎県 A.S）
赤みを帯びた果実（12.5宮古 F.H）

花
（8.29西表 O）

×1

葉の幅は中央より先寄りで広くなる

裏 ×1

側脈は不明瞭だが、シシアクチほど密にはない

両面無毛。シシアクチ同様に裏面全体に褐色の細点がある

小枝は茶褐色

黒熟した果実（12.5読谷 H）

赤く色づいた果実（12.13宇検 O）

シシアクチ

A. quinquegona

常緑低木（2–5m）**別**：ミヤマアクチノキ　**方**：アクチ、アクチャー、フェーギ　**分**：宮崎、種子島〜沖縄諸島、石垣、西表。普通。**葉**：単葉／互生／全縁／長5–14㎝　**花**：白〜淡桃／初夏　**実**：赤〜黒／扁球形／径5–8㎜／冬〜春

◆山地の林内や谷沿いに生え、主に非石灰岩地に見られる。モクタチバナに似るが、葉はやや細く小型で、やや暗緑色を帯び、枝先に平面的に並んでつく傾向が強い。モクタチバナの果実は球形だが、本種はやや平たい扁球形で、黒熟することが多く光沢が強い。幹は通常径5㎝以下で、モクタチバナほど大きくならない。小さな個体はマンリョウにも似るが、本種はマンリョウのような波状鋸歯はなく、側脈の数が多く不鮮明。「アクチ」は藍染めに使う灰の木の意味といわれる。

葉裏 ×3
両面無毛だが、裏面全体に褐色の細点がある

葉の幅は中央〜やや先寄りで最大になる

×1

裏

側脈は不明瞭だがモクタチバナより密にある

小枝は緑〜灰褐色

縁は時に波打つ

冬芽 ×1.5
冬芽は褐色の鱗片に覆われ、普通はモクタチバナより細長い

花序に花が疎らにつく（5.23名護 H）

花（5.27石川岳 H）

カラタチバナ ［唐橘］

A. crispa

常緑低木（0.2−1ｍ）**別**：ヒャクリョウ **分**：東北南部〜トカラ、沖縄島、石垣。ごく稀。庭木。**葉**：単葉／互生〜輪生状／全縁〜波状鋸歯縁／長7−20㎝ **花**：白／径約7㎜／夏 **実**：赤／径6−7㎜／冬 ◆山地上部の谷沿いやリュウキュウチク林内に生える。茎は直立し、分枝はごく少ない。葉の縁に粒状の葉粒が並び、やや波状になる。

樹形（3.25石垣 O）果実（12.31山口県 H）

葉縁 ×3

縁に葉粒が並び、葉粒菌が共生し窒素固定を行っているといわれる。本属の多くに葉粒が見られる

×0.7

裏

裏は淡緑色で葉脈がやや隆起する。両面ほぼ無毛

側脈の先が葉粒となる

シナヤブコウジ ［支那藪柑子］

A. cymosa

常緑匍匐性低木（0.2−0.5ｍ）**別**：シナマンリョウ、シナタチバナ **分**：徳之、西表。ごく稀。**葉**：単葉／互生／鈍鋸歯縁／長3−10㎝ **花**：白／初夏 **実**：赤〜黒／径約5㎜ ◆高地の尾根の林床に生え、徳之島では群生地もある。茎は地をはいカーペット状に広がり、先は通常30㎝ほど立ち上がる。台湾、中国、インドシナにも分布する。

樹形（8.28）果実（11.28天城岳 O）

葉は楕円形〜倒卵形で、先半分に鈍い鋸歯がある

葉裏や若枝に細かい褐色の鱗片が多い

裏

若い果実

×1

表は無毛

葉は楕円形～卵形で、鋭く粗い鋸歯がある

両面全体に粗い長毛が多く、ざらつく

裏 ×1

×1

葉は膜質で薄く、葉脈のしわが目立つ

茎に白い長毛が密生する

リュウキュウツルコウジ

［琉球蔓柑子］

A. pusilla var. liukiuensis

常緑匍匐性低木（0.1–0.3m）**分**：九州南部～沖縄諸島、石垣、西表。普通。**葉**：単葉／輪生状～対生／鋸歯縁／長3–8㎝ **花**：白／夏 **実**：赤／径5–6㎜ ◆山地林内に生え、匍匐茎にも葉をつけ、地をはって広がる。葉や茎に長毛が多い。関東南部～九州に分布するツルコウジの変種で、葉や樹高など全体的にやや大きいが、分けない見解もある。

樹形（7.4国頭）果実（3.13名護 H）

葉はやや革質で光沢があり、表は突起状の毛が多いが長毛はほぼない

×1

裏 ×1

裏は脈上に長毛が生える

茎は粒状毛が多く、長毛も多少生える

オオツルコウジ

［大蔓柑子］

A. walkeri

常緑匍匐性低木（0.2–0.5m）**分**：関東南部～中国地方、九州、黒、口之永良部、奄美、徳之。ごく稀。**葉**：単葉／輪生状／低鋸歯縁／長4–9㎝ **花**：白桃／夏 **実**：赤／径5–7㎜ ◆主に島嶼部に隔離分布。リュウキュウツルコウジに似るが葉がやや厚く、葉表や茎の長毛は少ない。ツルコウジ類は2n＝42の2倍体だが本種は4倍体。

樹形（3.17湯湾岳 O）

ヤブコウジ ［藪柑子］

A. japonica

常緑低木（0.1–0.3m）**分**：北海道南部〜屋久、トカラ、魚釣。ごく稀。**葉**：単葉／輪生状／粗鋸歯縁／長4–13㎝ **花**：白／夏 **実**：赤／径約6㎜／秋〜冬 ◆九州以北では普通種だが、琉球では尖閣諸島の魚釣島の高地でのみ確認されている。葉は革質で、茎にツルコウジ、オオツルコウジのような長毛はなく、粒状毛のみ生える。

ツルマンリョウ ［蔓万両］

M. stolonifera

常緑匍匐性低木（0.3–1m）**別**：ツルアカミノキ **分**：奈良、広島、山口、屋久、沖縄島? **葉**：単葉／互生／全縁、時に鋸歯縁／長4–9㎝ **花**：白／夏 **実**：赤／球形／径約5㎜／秋〜冬 ◆山地林内に生え、茎は地をはい面状に広がり、先は立ち上がる。琉球では与那覇岳で1983年に記録されているが、実在するかは不明。

タイミンタチバナ ［大明橘］

M. seguinii

常緑小高木（2–10m）**方**：ヒジギ、イラハジャ、ヒチキ **分**：関東南部〜沖縄諸島、石垣、西表、与那国。やや普通。**葉**：単葉／互生／全縁／長5–15㎝ **花**：黄白〜淡紫／径4–5㎜／早春 **実**：紫〜黒／長5–7㎜／秋〜冬 ◆山地の林内や尾根に生える。葉は細長く、枝先に集まり、主脈以外の葉脈は不明瞭。葉の大小は変異が多い。

雄花と若葉（3.12名護 H）

果期のヤブコウジ（11.20山口県 H）

ツルマンリョウ（8.18山口県 H）

ヤブコウジ（神奈川県産）

裏 ×0.7

×0.7

葉は両面ほぼ無毛。葉柄や枝に粒状毛がある

裏

基部の側脈が長く伸び、3行脈状

ツルマンリョウ（山口県産）

枝葉は無毛

雄花（3.15笠利 O）

タイミンタチバナ

表は鈍い光沢がある

裏

×0.8

裏は主脈が隆起し、側脈は不明瞭。両面無毛

頂芽は細く尖り、微毛があるかほぼ無毛

果実（7.3大宜味 H）

シマイズセンリョウ(3.16国頭 H)

シマイズセンリョウ花(3.16国頭 H,O)

シマイズセンリョウ果実(3.16国頭 H)

イズセンリョウの花(2.21国頭 O) 果実(1.12鹿児島 H)

シマイズセンリョウ

［島伊豆千両］

M. perlarius var. formosana

常緑低木(1–4m) **方**:ミラシンクワ、アマコッカ **分**:九州南部〜先島諸島、小笠原(南硫黄)。普通。**葉**:単葉/互生/鋸歯縁/長6–20㎝ **花**:白/早春 **実**:白褐/径約4㎜/冬 ◆低地〜山地のやや湿った林内に多い。イズセンリョウと異なり、幹は立ち上がり高くなり、葉は鋸歯が粗く、花冠は筒部が発達せず、裂片はやや反り返って開く。

イズセンリョウ

［伊豆千両］

M. japonica

常緑低木(1–2m) **分**:関東〜トカラ、伊平屋、沖縄島。ごく稀。**葉**:単葉/互生/鋸歯縁/長5–17㎝ **花**:白/春 **実**:白/径約5㎜/冬 ◆琉球での自生はごく一部に限られる。シマイズセンリョウに似るが、葉は鋸歯が少なく、花冠の筒部が明らかに長く、幹は細く斜めに出る。

シマイズセンリョウ

裏 ×0.6

×0.7

鋸歯はイズセンリョウより多く、外を向く

イズセンリョウ

裏

×0.7

鋸歯は低く少なく、先を向く

両種とも裏はやや白みを帯び、側脈が隆起し目立つ

葉はイズセンリョウより幅広く大型

両種とも枝葉は無毛

枝は白い皮目が目立つ

イジュ ［伊集］

S. wallichii subsp. noronhae

常緑高木（7–20m） **分**：奄美、徳之、沖永、沖縄諸島、宮古（植林）、石垣、西表、与那国。普通。公園樹、用材林。**葉**：単葉／互生／鈍鋸歯縁、稀に全縁／長8–16cm **花**：白／初夏 **実**：暗褐／径1–2cm／秋～冬

◆主に非石灰岩の山地に生える琉球の代表的樹木。二次林に多く、リュウキュウマツなどと混生し林をつくり、ゴールデンウィーク前後に白い花を多数つけよく目立つ。奄美群島では自生は少ないが、植林された優占林がある。葉は長い楕円形で枝先に集まり、普通は低い鋸歯があるが、葉形に変異が多く、時に全縁の葉もあるなど、カシ類やタブ類などと間違えやすい。小笠原に分布する別亜種のヒメツバキ subsp. mertensiana は、同種とされたこともあったが、葉に普通は鋸歯がないことなどが違いで、別種とする見解もある。

花期の樹形（5.12恩納 H）

枝先に大きな花をつける（5.21恩納 H）

樹皮は縦～網目状に浅く裂ける（沖縄 H）

若葉は赤みを帯びる（3.28嘉津宇岳 H）

小型の葉 ×0.7

両面無毛で表は光沢がある

葉先は細く伸びて尖る

頂芽や若枝は白い伏毛に覆われ、枝は後に無毛

蒴果（3.13恩納 H）

裏 ×0.7

普通は低く鈍い鋸歯がある

裏はやや白みを帯びるか淡緑色で、葉脈の網目が見える

全縁の葉 裏 ×0.7

ほぼ全縁の葉もある

葉の長短は変異が大きく、乾いた陽地や樹冠ではかなり短い葉が、日影ではかなり長い葉が見られる

ヤブツバキ ［藪椿］

C. japonica

常緑小高木（3–10m） **別**：ツバキ、ヤマツバキ **方**：カタシ、チバチ **分**：本州〜先島諸島。やや普通。庭木、公園樹。**葉**：単葉／互生／鋸歯縁／長5–12㎝ **花**：赤／径3–7㎝／冬〜春 **実**：赤〜褐／径2–7㎝／3–4裂／秋

◆低地〜山地の林に点在するが、本土ほど個体数は多くない。葉は楕円形〜卵形で、厚くて光沢が強く、サザンカと異なり枝葉は無毛。花や果実、葉の形状に変異が多い。花が小型であまり開かないものを変種ホウザンツバキ（タイワンヤマツバキ）var. hozanensisに区別する見解もあり、奄美大島以南はこのタイプが多く、葉は本土産のヤブツバキよりやや細い傾向を感じる。果実が大きく径5–10㎝にもなる変種**リンゴツバキ**（ヤクシマツバキ）var. macrocarpaは、九州南部や屋久島に分布する。沖縄島にも果実がやや大きいものがあるが、中間型もある。

花弁が開かず筒状の花（2.11大宜味）
色が濃い花（2.13名護H）

裂開前の果実（8.5大宜味H）

琉球産個体の花は小ぶりで、本土産とやや印象が異なる（2.15西銘岳H）

沖縄島では鋸歯が粗い個体が比較的多い

沖縄島産 裏 ×0.8

葉は厚く硬く、両面無毛

葉先はやや突き出て尖る

西表島産 ×0.8

枝は無毛で褐色〜濃い紫褐色

伊平屋島産 ×0.8

樹皮は白く平滑。模様は地衣類（H）

リンゴツバキの果実（7.15屋久島H）

サザンカ ［山茶花］

C. sasanqua

常緑小高木（2–8m）**方**：ヤマカタシ、シロツバキ、ヤマラックワン **分**：山口、四国、九州、種子、屋久、奄美、徳之、沖縄島、石垣、西表。やや普通。庭木、公園樹。**葉**：単葉／互生／鈍鋸歯縁／長4–7cm **花**：白／径3.5–5cm／秋〜冬 **実**：褐／径1–2cm／3裂／秋

◆山地の林内に点在し、花が少ない初冬に白花をつけ、暗い林を彩る。葉はヒサカキなどに似るが、枝が濃い褐色で、葉柄や葉脈上ともに毛があることが特徴。葉の広狭や毛の濃淡は変異がある。本土に自生する一般的なサザンカの葉は、ほぼ楕円形で光沢が強いのに対し、琉球産個体は葉が倒卵形状でやや大きく、光沢が弱く、花がやや小型なものが多く、これを別種**オキナワサザンカ** C. miyagii に区別する見解もある。ただし、琉球でも本土産サザンカと同じに見える個体もあり、両者の境は定かではない。同属で中国原産の**チャノキ** C. sinensis は、琉球では国頭村など一部で栽培され、稀に逸出した個体もある。

花をつけた枝（12.19読谷 H）

花は平開する（12.7名護 H）

果実は熟すと裂ける（10.31大宜味 H）

逸出したチャノキ（12.9与那覇岳 H）

本土産サザンカに近い個体

両者とも葉先はわずかに凹むか鈍い

×1

表面はほぼ平滑で光沢が強い

裏 ×1

裏は無毛か主脈上に毛が多少ある

乾くと裏に微細なイボ状突起が密に浮き出る

オキナワサザンカ

×1

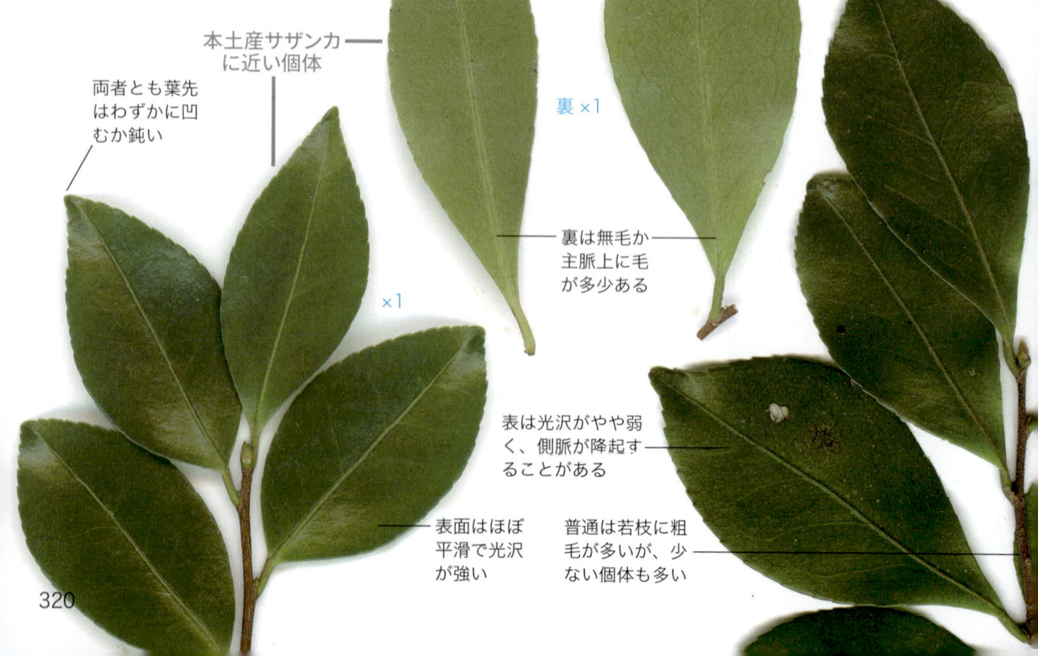

表は光沢がやや弱く、側脈が隆起することがある

普通は若枝に粗毛が多いが、少ない個体も多い

枝 ×2
枝は長い開出毛が多いことが大きな特徴

表は主脈上に短毛がある

先はわずかに凹むか鈍い

×1

裏 ×1

裏は主脈沿いに開出毛があるか、ほぼ無毛

花
下向きに咲く（2.15西銘岳 H）

ヒメサザンカ ［姫山茶花］

C. lutchuensis

常緑小高木（3–10m）**別**：リュウキュウツバキ **方**：ウーヤマダックワン、ミーアヂク **分**：徳之、沖永、沖縄島、久米、石垣、西表。やや稀。庭木、公園樹。**葉**：単葉／互生／鈍鋸歯縁／長2–4cm **花**：白／径3cm弱／秋〜早春 **実**：径約1cm ◆山地の尾根などに生える琉球の固有種。葉は小さくヒサカキ類に似るが、枝に開出毛が多い。

若葉は赤く色づく（4.23西銘岳 H）

両面無毛。裏は葉脈の網目が少し見える

葉先はわずかに凹むか鈍い

×1

ヒサカキより厚く硬い質感

裏 ×1

粗い鈍鋸歯が目立つ

頂芽は水滴形で、褐色の毛が密生する

枝は先端が緑色で途中から褐色。無毛か少し有毛

ヒサカキサザンカ ［姫榊山茶花］

P. virgata

常緑高木（5–15m）**方**：カーライーク、ミキヂョ **分**：沖永、沖縄島、久米、石垣、西表。やや稀。**葉**：単葉／互生／鈍鋸歯縁／長4–8cm **花**：白／径約3cm／枝上部に単生／初夏 **実**：淡緑〜褐／倒卵形／長2cm前後／秋 ◆山地の林内に点在する琉球の固有種。葉はヒサカキに似るが、より厚く濃い緑色で枝先に集まってつく。

花（6.7）若い果実（7.8うるまH）

ハイノキ科の検索表

ハイノキ属のみからなり、琉球に約11種2変種が分布。常緑樹で葉は互生で鋸歯縁。

A. 葉は普通長さ12cm以上で大型。
- B. 葉は楕円形～長い倒卵形で幅広く、細かい鋸歯が多い……………… **アオバノキ** p.327
- B. 葉は長楕円形でやや細長く、両縁はほぼ平行で、低い鋸歯があるか全縁。
  - C. 若枝は赤褐色の短毛が密生。葉は普通低い鋸歯がある …………… **ヤンバルミミズバイ** p.328
  - C. 若枝はほぼ無毛。
    - D. 葉は全縁か、鋸歯があっても先の方に疎ら ……………… **ミミズバイ** p.329
    - D. 葉の半分より上に鈍い鋸歯がある ……………… **コニシハイノキ** p.329

A. 葉は普通長さ10cm以下で中～小型。
- B. 若枝は明らかに有毛で褐色。
  - C. 若枝に褐色の短毛が密生。
    - D. 葉は概ね3cm程度で、粗い少数の鋸歯が目立つ。かむと甘い ……………… **アマシバ** p.322
    - D. 葉は概ね5cm前後で、鋭く尖る低い鋸歯がある ……………… **リュウキュウハイノキ** p.323
  - C. 若枝に白い長毛がある。葉はアオバナハイノキに似る ……………… **ヤエヤマクロバイ** p.327
- B. 若枝は無毛か、わずかに毛がある。
  - C. 若枝に稜があり、小枝は緑色。
    - D. 葉はやや薄く小ぶりで、表は葉脈がくぼみ目立つ。枝は細い ………… **ナカハラクロキ** p.324
    - D. 葉はやや厚くやや大きく、表は平滑で葉脈は目立たない。枝はやや太い ……… **クロキ** p.324
  - C. 若枝に稜はない。
    - D. 葉は強い光沢がある。若枝や頂芽、葉柄はしばしば赤紫色を帯びる。
      - E. 葉は長さ4−8cm ……………… **クロバイ** p.325
      - E. 葉は長さ7−13cm ……………… **ナガバクロバイ** p.325
    - D. 葉の光沢はやや弱く、若枝や頂芽は赤紫色を帯びない。
      - E. 若枝は緑色で無毛。花は紫～青色を帯びる。
        - F. 葉は長さ4−8cm。沖永良部島、沖縄島に分布 ……………… **アオバナハイノキ** p.326
        - F. 葉は長さ7−12cm。西表島に分布 ……………… **イリオモテハイノキ** p.326
      - E. 若枝は褐色で無毛かわずかに毛がある。花は白色。
        - F. 葉は楕円形、裏に光沢はない。石垣島と西表島に分布 ………… **ヤエヤマクロバイ** p.327
        - F. 葉は主に倒卵形で、裏はやや光沢がある。奄美～沖縄島に分布 … **ミヤマシロバイ** p.323

アマシバ ［甘柴］

S. formosana

常緑低木（2–5m）**方**：カンザー **分**：奄美、徳之、沖永、沖縄島、久米。やや普通。**葉**：単葉／互生／鋸歯縁／長2–6cm **花**：白／腋生の総状花序／春 **実**：緑／卵形／長約4mm ◆山地林内や谷に生え、花期は目立つ。葉は本属最小級。

枝先に虫こぶがよくつく（12.9与那覇岳H）

裏

花 (9.30大宜味H)

先は鋭く尖る

鋭い鋸歯があるが、小さく目立たない

×1

裏はやや暗い色で無毛

1年枝に褐色の毛が密生し、2年枝は無毛

若い果実

表は光沢があり、主脈上に毛がある

リュウキュウハイノキ

S. okinawensis ［琉球灰木］

常緑小高木（2–5m）**分**：沖縄島。やや稀。**葉**：単葉／互生／微鋸歯縁／長4–6cm **花**：白／5裂／腋生の総状花序／秋〜冬 **実**：緑／長約1cm／春 ◆沖縄島の固有種。葉は小型で狭卵形〜楕円形、濃い緑色で小さく、先は尖る。花序の軸は長さ1cmほどで短く、葉の下側に咲く。台湾、中国、東南アジアに分布するニイタカハイノキ *S. anomala* と同種とする見解もある。

蕾をつけた枝（9.3国頭H）

表の光沢は弱い

鋸歯は粗いか低く鈍い

先は尖るか鈍い

裏 ×1

×1

枝はほとんど無毛

花 花弁は半透明（8.20湯湾岳O）

裏は葉脈が濃色に見え、やや光沢がある。両面無毛

ミヤマシロバイ ［深山白灰］

S. sonoharae

常緑高木（5–15m）**方**：ユワンギ、ルスン **分**：奄美、徳之、沖縄島。稀。**葉**：単葉／互生／鋸歯縁／長6–11cm **花**：白／5裂／腋生の集散花序／早春・夏 **実**：黒／楕円形／長約1cm ◆山地林内に点在し大木にもなる。葉は倒卵形〜楕円形。花弁の半分が合着し、花糸が先まで扁平で筒状に配置するなど、本科の中では原始的な形質を残す。

葉（2.11国頭H）

ナカハラクロキ　［中原黒木］

S. nakaharae

常緑小高木（5–10m）**別**：リュウキュウクロキ　**方**：クロンボ、カジクルー、カジクルボー　**分**：奄美群島～沖縄諸島、石垣、西表、与那国。普通。**葉**：単葉／互生／鋸歯縁／長4–8㎝　**花**：白／葉腋に束生／冬～早春　**実**：黒／楕円形／長6–10㎜／秋

◆低地～山地の林内に生える琉球の固有種。二次林にも多く、本属では最も普通に見られる種の一つ。枝葉は無毛で、小枝に稜があり角ばることや、頂芽が尖ることが特徴。西日本に分布する**クロキ** S. kuroki に似るが、葉がやや薄く小さく、花や果実も小さいことで区別される。ただし、時に区別しにくい個体もあり、本種をクロキの変種にする見解もある。

花（2.19 伊平屋 O）

果実をつけた枝（10.16 読谷 H）

樹皮は黒褐色で縦すじが入る（読谷 H）

クロキより葉が薄く、葉脈が凹んでやや目立つ

葉先は少し突き出て鈍い

×1

ナカハラクロキ

裏

葉柄や芽は時に紫色を帯びる

両面無毛で裏は葉脈が少し見える

枝は緑色で稜があり、クロキより細い

葉は厚く、時に全縁の葉もある

両種とも疎らに鋸歯があり、鋸歯の大小は変異がある

×1

裏

クロキに似た個体（沖縄島産）

×1

クロキ（山口県産）

裏

枝も頂芽もナカハラクロキより太い

琉球北部や海岸では葉が厚く枝が太い個体もある

花期後半の樹形（3.27 国頭 H）

樹皮。暗褐色でイボ状の皮目が多い（国頭 H）

ナガバクロバイの花（3.14 西表 H）

クロバイ ［黒灰］

S. prunifolia var. prunifolia

常緑高木（5–15m）**別**：ソメシバ、トチシバ　**方**：クルボー、ミジクルボー、チャーギクルボー　**分**：関東南部～奄美群島、沖縄島。やや稀。**葉**：単葉／互生／鈍鋸歯縁／長4–10㎝　**花**：白／腋生の穂状花序／早春　**実**：緑／細い壷形／長約7㎜／冬

◆山地～低地の林内に点在し、花期は白い花を多数つけ、遠くからも目立つ。総状花序は10–30個の花がつく。葉は濃い緑色で光沢が強く、通常は長楕円形で、本土産の個体より長い傾向がある。葉柄や若枝はしばしば赤紫色を帯び、枝は次第に灰色を帯びる。頂芽は水滴形で目立つ。**ナガバクロバイ** var. tawadae は石垣島と西表島にやや普通に生える固有変種で、葉が8–13㎝とさらに長く、側脈が9–12対と多いことで分けられる。

×1
ナガバ
クロバイ
裏
典型的なものはクロバイより明らかに葉が長く大きい
側脈は9–12対と多い
先が急に狭まり短く伸びる
葉は革質でやや硬く、光沢が強い
×1
クロバイ
側脈は7–10対あり、両面無毛
裏 ×1
枝は普通灰褐色で、稜はない

アオバナハイノキ ［青花灰木］

S. liukiuensis var. liukiuensis

常緑小高木（3–10m）**別**：エラブハイノキ **方**：クルボー **分**：沖永、沖縄島。やや稀。**葉**：単葉／互生／鈍鋸歯縁／長4–8㎝ **花**：淡青紫／腋生の総状花序／早春 **実**：黒／壷形／長約7㎜／秋 ◆やや乾いた山地に生える琉球の固有種。2–3月に紫～青色を帯びた清楚な花をつける。葉は革質だが光沢は弱く、先が短く伸びる。

花期は樹冠が青く染まる（3.16東 H）

アオバナハイノキの花（2.26大宜味 O）

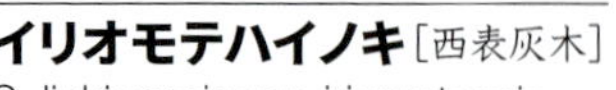

イリオモテハイノキ［西表灰木］

S. liukiuensis var. iriomotensis

常緑小高木（3–10m）**分**：西表。稀。**葉**：単葉／互生／鈍鋸歯縁／長7–12㎝ **花**：淡青紫／早春 ◆山地の林内に点在する西表島の固有変種。アオバナハイノキと同一とされてきたが、葉は薄い革質で一回り大きく、側脈が多いことから変種に区別される。ヤエヤマクロバイに似るが若枝が緑色で無毛なことが違い。

イリオモテハイノキの若葉（3.14H）
花（2.3西表 O）

×1
両変種とも表の光沢は弱く、つや消しの質感
側脈は6–7対
イリオモテハイノキ
裏 ×1
両変種とも裏はやや白みを帯び、のっぺりして葉脈は不鮮明。両面無毛

葉先は短く尾状に伸びてやや鈍い
×1
果実
(7.13
大宜味 H)
アオバナハイノキ
側脈は4–6対
葉をかむと少し甘い
枝は無毛
裏 ×1

葉はイリオモテハイノキよりやや硬く光沢が強い

裏

×1

枝は褐色で長毛が散生するか、ほぼ無毛

両面無毛で裏は葉脈が少し見える

先は急に尾状に伸びる

成木の葉の鋸歯は低いが、幼い個体ではやや粗い

×0.5

幼木の葉 裏 ×0.5

表は無毛で光沢がある

裏は葉脈が強く隆起し、脈沿いや全体に毛が多少あるか、ほぼ無毛

バクチノキの葉に似るが、葉柄に蜜腺はない

ヤエヤマクロバイ

S. caudata ［八重山黒灰］

常緑小高木（5–15m）**別**：ソウザンハイノキ **分**：石垣、西表。稀。**葉**：単葉／互生／鈍鋸歯縁／長4–10㎝ **花**：白／冬 **実**：緑／長約6㎜ ◆イリオモテハイノキに似て紛らわしいが、葉はやや硬くて光沢が強く、若枝は褐色で普通白い長毛がある。ただし形状に変異がある。クロバイに比べると、総状花序の花数が約3–10個と少ない。

若い果実（3.14 西表 H）

アオバノキ

［青葉木］

S. cochinchinensis

常緑高木（5–15m）**方**：オーヤンギ、トゥリキ **分**：種子島～奄美群島、沖縄島、久米、宮古、石垣、西表、与那国、大東。やや稀。**葉**：単葉／互生／鋸歯縁／長15–30㎝ **花**：白／腋生の穂状花序／夏 **実**：黒／壷形／径約5㎜ ◆琉球の山地性樹木では最大級の単葉で、渓流域などに生える。東海～九州産のカンザブロウノキと近縁で、葉裏の脈がより強く隆起する。

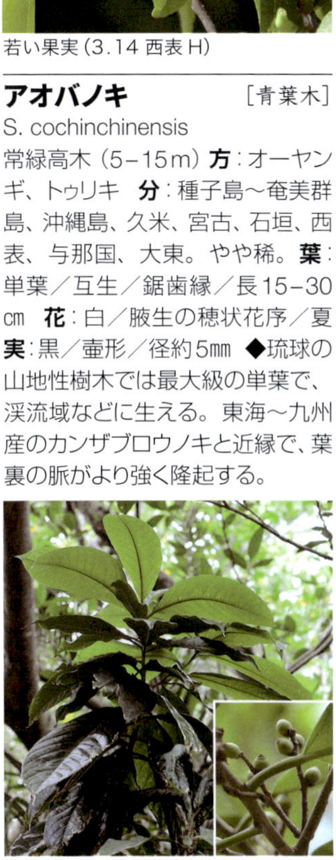

葉(4.19北大東O) 果実(10.16西表H)

ヤンバルミミズバイ

S. stellaris ［山原蚯蚓灰］

常緑小高木（2–5m） **別**：ヒロハミミズバイ、ビワバハイノキ **方**：トゥーユムナ **分**：沖縄島。やや稀。
葉：単葉／互生／細鋸歯縁、時にほぼ全縁／長8–20㎝ 幅3–6㎝
花：白／葉腋に団塊状／春 **実**：黒紫／壺形／長7–10㎜／夏

◆山地の林内に点在する。琉球では沖縄島北部のやんばる地域でのみ見られ、台湾と中国にも分布する。若枝に赤褐色の綿毛が密生することが大きな特徴。葉はミミズバイに似て大きな長楕円形だが、より厚く光沢が強く、縁はやや裏側に巻き込み、裏面の側脈ははっきりしない。花は古い枝の葉痕の腋に束生状につき、無柄なので団塊状に見える。果実の形をミミズの頭に見立てたことが名の由来。本科樹木はアルミニウムを多く含み、落ち葉は黄色くなり、灰汁は媒染剤として染色に利用される。

花をつけた枝（4.23国頭 O）

花。花弁は5枚（4.26国頭 O）

果実（6.5西銘岳 H）

若葉。枝の毛が目立つ（4.23西銘岳 H）

先が腺になった細かい鋸歯が普通ある

葉先は短く突き出て尖る

裏はやや白色を帯び、側脈はミミズバイに比べ不鮮明

×0.7

裏

葉は革質で光沢が強い。表は無毛

はじめ葉裏脈上や葉柄に褐色の毛があるが、後にほぼ無毛

枝と頂芽

若枝や芽は赤褐色の綿毛で覆われる

葉形の変異が多く、若木や日陰の葉は比較的大きく、先端付近に鋸歯が出る

葉脈は表面でややくぼむ

×0.6

成木の樹冠は全縁の葉が多い

裏 ×0.6

裏は粉白色を帯び無毛で、側脈が濃色に見える

頂芽は丸く赤褐色の毛がある

枝は毛が散生するか無毛

先半分に低い鋸歯がある

葉脈は表でやや凹む

×0.6

裏 ×0.6

裏はやや白みを帯び、葉脈がやや隆起する。枝葉とも無毛

ミミズバイ ［蚯蚓灰］

S. glauca

常緑小高木（3–10m）**方**：フーシバ、ミジクルボー **分**：東海〜トカラ、奄美、徳之、伊平屋、沖縄島、久米、石垣、西表。やや稀。**葉**：単葉／互生／鋸歯縁〜全縁／長8–20㎝ **花**：白／葉腋に団塊状／夏 **実**：黒紫／壺形／長約1.5㎝／秋〜冬 ◆山地林内に点在。葉は細長く、中央か先側で幅広くなり、その部分に鋸歯があるか全縁。

花期（6.25国頭 H）

コニシハイノキ ［小西灰木］

S. konishii

常緑小高木（3–6m）**別**：コニシカンザブロウノキ **分**：西表島。ごく稀。**葉**：単葉／互生／鋸歯縁／長15–25㎝ **花**：白／腋生の穂状花序で長3–5㎝／夏 **実**：紺／径約5㎜／冬〜春 ◆山地の渓流域などに生える。葉は濃緑色でかなり厚く硬く、強い光沢があり、普通は中央より先側で幅広い。台湾や中国南部にも分布する。

葉（2.18）果実（3.20 西表 O）

エゴノキ ［野茉莉］

S. japonica

落葉高木（5–15m） **別**：ロクロギ **方**：シラマギ、シチャマギ、スタマキ **分**：北海道～沖縄諸島、宮古、石垣、西表、与那国、大東。やや普通。**葉**：単葉／互生／鈍鋸歯～全縁／長5–12cm 幅3–7cm **花**：白／5弁／葉腋に単生／秋～春（主に早春） **実**：緑白～褐／卵円形／長約1.5cm／夏～秋

◆低地～山地のギャップや林縁などに生える。樹皮は暗褐色でやや滑らかで、縦にすじがある。小枝や葉裏にはじめ星状毛が多いが、後に無毛に近づく。トカラ列島以南に分布するものは、葉や花、果実が大きく、鋸歯が目立たず、花期が秋～春と早く（本土産は初夏）、変種**コウトウエゴノキ**［紅頭～］var. kotoensis に分けることもある。葉裏、若枝、花序などに毛が密生するものはその品種オオバケエゴノキ f. tomentosa といい、トカラ列島などに産する。

花期（2.6名護岳 H）

花は長い柄でぶら下がる（3.25石垣 O）

果実。熟すと裂開する（6.7今帰仁 H）

樹形。沖縄島では10–11月頃落葉し、12–1月に芽吹き始める（2.11国頭 H）

コウトウエゴノキ

×1

本土産のエゴノキより葉が大型でやや厚く、やや光沢もある

鋸歯は低く鈍く、目立たないことが多い

冬芽は白褐色の毛で覆われる

若葉 裏 ×1

成葉の裏はほぼ無毛。若葉は脈沿いなどに褐色の星状毛が少しある

成葉は両面無毛

裏

鋸歯は側脈の先が突き出て針状

×0.5

葉柄のつけ根は肥厚し台状になる

葉身基部は浅く湾入するか丸い

茎は暗褐色で皮目が目立ち、断面（髄）ははしご状

鋸歯は側脈の先が突き出て短い針状になるが、低く目立たない

×0.4

裏

裏は脈上に鱗片毛が散生するかほぼ無毛

表は赤褐色の剛毛が散生するかほぼ無毛

若枝

若枝や葉柄には赤い粒状の毛が残存する

シマサルナシ ［島猿梨］

A. rufa

常緑つる性木本（Z巻）**別**：ナシカズラ **方**：クガ、クーガー **分**：紀伊半島、山口、高知、九州南部〜沖縄諸島、石垣、西表、与那国、大東。やや普通。**葉**：単葉／互生／鋸歯縁／長6–18cm **花**：白〜桃／春 **実**：長3–4cm／夏 ◆山地〜低地の林縁に生え、高さ5–10mになる。九州以北のサルナシに似るが若葉や花序に赤褐色の毛が多く、成葉は無毛。樹皮は縦横に裂ける。

花（4.24国頭 O）ナシ状果（7.12国頭H）

タカサゴシラタマ ［高砂白玉］

S. tristyla

常緑低木（2–5m）**別**：ヤエヤマシラタマ **分**：石垣、西表。やや稀。**葉**：単葉／互生／微鋸歯縁／長15–30cm **花**：白〜桃／腋生の集散花序（1–4花）／夏 **実**：白／球形／径約1cm／夏〜冬 ◆山地の渓流沿いに生える。葉は大きく長い倒卵形〜楕円形で、疎らな剛毛や鱗片状の毛がしばしばある。花は葉痕のわきにつく。

芽吹き（3.18）果実（8.28西表 O）

ツツジ科 Ericaceae ツツジ属 Rhododendron

ケラマツツジ ［慶良間躑躅］

R. scabrum

常緑低木（1－3m）**別**：トウツツジ **方**：サクラ、チチジ、チチンバナ **分**：奄美、加計呂麻、沖永、沖縄島、慶良間列島。やや稀。庭木、公園樹、生垣。**葉**：単葉／互生／全縁／長3–10㎝ **花**：緋～赤／径6–8㎝／枝先に束生／春 **実**：褐／蒴果／卵形／長約1㎝／夏～冬

◆山地の渓流沿いの岩場や尾根に生える。花はツツジ類の中で特に大きく美しい。葉は長い卵形～楕円形で大きく、両面の脈上などに剛毛が生える。タイワンヤマツツジに似るが、花も葉も一回り大きく、萼裂片は約5㎜でやや長い。琉球を含め日本各地で植栽される園芸種ヒラドツツジR. Hirado Groupの原種の一つ。奄美大島の渓流沿いには葉の幅が狭く先が鋭く尖る個体も見られ、変種**ホソバケラマツツジ** var. angustifolium に分ける意見もある。ツツジ類は酸性土壌に生育し、アルカリ性土壌の石灰岩地には見られない。

花。萼裂片は長卵形で先が丸いが、長く伸びて尖ることもある（2.27名護O）

花と蕾と若葉。花芽は腺点があり粘る（3.19東H）

川岸で開花した個体（4.2国頭H）

ホソバケラマツツジ（3.16住用O）

蒴果（12.30恩納H）

葉先は尖り、腺で終わる

葉裏の剛毛 ×2
剛毛は褐色で平たい。ヒラドツツジは葉全体に毛が多く、腺毛もあり粘る

×1

裏

裏は脈上に伏した剛毛がある他は、全体に剛毛が散らばるかほぼ無毛

表は脈上や全体に褐色の伏毛が散らばり、光沢がある

若枝には褐色の伏した剛毛が密生する

若い蒴果（6.18伊是名 H）

タイワンヤマツツジ

R. simsii ［台湾山躑躅］

半常緑低木（1–2m）**別**：シナヤマツツジ、トウヤマツツジ、トウサツキ **方**：サツキ **分**：奄美、加計呂麻、徳之、伊平屋、伊是名、沖縄島、石垣、西表。やや稀。庭木、公園樹。**葉**：単葉／互生／全縁／長2–5㎝ **花**：朱～赤／径3–4㎝／春～夏 ◆山地～低地の岩場や林縁に生える。サキシマツツジに似るが花も葉も小さく、花芽に腺点がなく粘らない。萼片は普通楕円形で、長さ約3㎜で先が丸い。

花と萼（4.12西表 O）

春葉と夏葉の区別
はなく、常緑性

×1

裏 ×1

葉はタイワンヤマ
ツツジより大きく、
裏は脈上を除き毛
は少ない

表は伏した剛
毛が散生する

サキシマツツジ

［先島躑躅］

R. amanoi

常緑低木（1–3m）**別**：クメジマツツジ **方**：クミー、チチジ、キガゾー **分**：久米、石垣、西表。やや普通。庭木。**葉**：単葉／互生／全縁／長3–8㎝ **花**：朱／径4–5㎝／春～夏 ◆主に渓流沿いに生える。タイワンヤマツツジより花や葉が大きく、花芽に腺点があり花柄も腺毛があり粘る。萼片は披針形でやや長く、約1㎝で先が尖る。

花と萼（4.12西表 O）

サクラツツジ ［桜躑躅］

R. tashiroi

常緑低木（2–5m）**方**：ヤマザクラ、ヤマザックヮ **分**：高知、九州、屋久、種子、トカラ、奄美、徳之、沖縄島、久米。やや普通。**葉**：単葉／通常3輪生／長3–8㎝ 幅1–3㎝ **花**：淡桃～白／径3.5–5㎝／冬～春 **実**：蒴果／円筒形／夏～秋 ◆山地の岩場や尾根、渓流沿いなどに点在し、時に群生する。琉球に唯一分布するミツバツツジの仲間で、枝先に3枚の葉が輪生する。樹皮はやや赤みを帯び滑らか。早春に清楚なサクラ色の花をつけ、花が白いものは品種シロバナサクラツツジ f. leucanthum という。葉の両面に粗い毛が多いものを変種**アラゲサクラツツジ**（ケサクラツツジ）var. lasiophyllum といい、九州南部とトカラ列島に分布するほか、最近の研究では徳之島産は全てアラゲサクラツツジに当たるという報告もある。

花はよく目につく（1.17大宜味 H）

徳之島産個体の花（1.24徳之島 O）
蒴果（9.30大宜味 H）

葉は暗い緑色で、倒卵形～楕円形

葉柄や若枝も長毛が多い

マルバサツキ ［丸葉五月］

R. eriocarpum var. eriocarpum

常緑低木（0.5–1m）**分**：九州南部～トカラ列島。庭木。**葉**：単葉／互生／全縁／長1–4㎝ 幅0.5–2.5㎝ **花**：紅紫／春 ◆主に海岸近くの岩場に生え、トカラ列島の火山地帯では群生地もある。花芽に腺点がなく、春葉と夏葉はほぼ同形。変種の**センカクツツジ** var. tawadae が尖閣諸島の魚釣島の山頂岩場に自生する。春葉に比べ夏葉が小さく倒卵形で、長1–1.8㎝、幅0.8–1.2㎝。風衝地のため幹が匍匐性となる。

センカクツツジの花（4.17沖縄植栽 H）

アラゲサクラツツジ（薩摩半島産）
葉裏 ×2
葉裏に毛が多く、成葉でも全体に褐色の伏毛がある

セイシカの花（3.18 西表 O）

セイシカの芽吹き（4.10西表 O）

アマミセイシカの花（3.16住用 O）

アマミセイシカの花（3.16住用 O）

セイシカ ［聖紫花］

R. latoucheae var. latoucheae

常緑小高木（2–10m）**別**：ヤエヤマセイシカ **方**：ミキ、メーキ **分**：石垣、西表。やや稀。庭木。**葉**：単葉／互生／全縁／長5–10㎝ **花**：淡桃／径6–7㎝／春 **実**：朔果／円筒形／長3–4㎝ ◆渓流沿いの岩場などに単木的に生える。清楚な花を咲かせた姿が美しい。アマミセイシカより花色がやや濃く、葉は楕円形でより広く厚い。

アマミセイシカ ［奄美聖紫花］

R. latoucheae var. amamiense

常緑低木（2–8m）**方**：インコジャザクラ、シルサクラ、ソッケウバナ **分**：奄美大島。稀。庭木。**葉**：長4–10㎝ **花**：淡桃〜白／春 ◆セイシカの変種で奄美大島に固有。山地の渓流沿いの岩場や急斜面に生え、自生地は限られるが群生地もあり、植栽も多い。葉はセイシカより一回り小さく幅狭く、平面的で先が尖る。花色は淡く、淡い紫色から白色に近いものもある。

ツツジ科 Ericaceae スノキ属 Vaccinium

ギーマ

V. wrightii

常緑低木（1–4m）**別**：ヒメシャシャンボ **方**：ギマ、ゲーマ、ウチギ **分**：奄美群島～沖縄諸島、石垣、小浜、西表、与那国。普通。公園樹、庭木、盆栽。**葉**：単葉／互生／低鋸歯縁／長2–5㎝ 幅1–3㎝ **花**：淡桃～白／壷形／花柄1–1.5㎝／腋生の総状花序／春 **実**：赤～黒紫／液果／球形／径約7㎜／秋～冬

◆非石灰岩地の林縁やマツ林内、乾いた尾根の低木林などによく生え、樹高1–2mの個体が多い。春を告げる花はスズランのような壺型で、長い柄があり、横に伸びた花序から垂れ下がる。黒く熟した果実は甘酸っぱく食べられる。全体的にシャシャンボに似るが、葉も樹高も一回り小さく、葉先は伸びない。樹皮は古くなると灰白色で縦に多数のしわが入る。和名の「ギーマ」は琉球の方言名。

花。花柄が赤く目立つ（4.26国頭 O）

花期の樹形（3.12名護岳 H）

ピンク色を帯びた蕾（3.12名護岳 H）

液果。果柄はシャシャンボより長い（11.19うるま H）

葉裏 ×2
主脈上にシャシャンボのような小突起は普通ないが、時に少しある

葉柄は長さ
2–5㎜で短い

起が数個あり、
指でなぞると
引っ掛かる

丸みが強い葉も多い (10.14於茂登岳 H)

花 (6.12与那覇岳 H)

樹皮 (西表 O)

シャシャンボ ［小小坊］

V. bracteatum

常緑低木（2–7m）**別**：シャシャンポ **分**：関東南部〜トカラ、硫黄鳥、沖縄島、伊江、久米、石垣、西表。やや稀。**葉**：単葉／互生／低鋸歯縁／長3–8㎝ **花**：白／長壷形／花柄2–5㎜／頂生の総状花序／初夏 **実**：黒紫／球形／径5㎜／秋〜冬

◆主に山地の渓流沿いなどに点在する。ギーマとよく似るが、琉球では生育地は少なく、奄美群島には分布を欠く。葉は先が伸びて尖り、葉裏の主脈上に小突起が散在する点でギーマなどと区別できる。花柄が短く、ギーマのように果実が長く垂れ下がらないことも違い。樹皮は赤橙色を帯びて薄くはがれ、幹径20㎝を超えることもある。

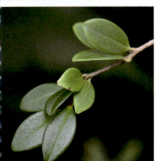

葉先はわずかに凹む (3.19 住用植栽 O)

幹の二叉部に着生 (8.19瀬戸内 O)

ヤドリコケモモ ［寄生苔桃］

V. amamianum

両面無毛で表は
光沢があり、葉
脈がやや凹む
葉先はギーマ
より長く伸び
て尖る
裏 ×1
若い果実。熟
すと甘酸っぱ
く食べられる
果柄は短い
葉裏の突起 ×2

常緑着生低木（0.5–1m）**分**：奄美大島。ごく稀。**葉**：単葉／互生／全縁／長1–3㎝ **花**：白·紅／壺形／初夏 **実**：黒紫／径約7㎜ ◆奄美大島の固有種で、森林伐採により現在約10株しか残存していない幻の植物。湿潤な林内で主にシイの大木に着生する。茎は根元から多数分枝し、先は長く伸びて弓状に垂れる。葉は厚い革質で丸い。

ツツジ科 Ericaceae アセビ属 Pieris

リュウキュウアセビ

［琉球馬酔木］

P. japonica subsp. koidzumiana

常緑低木（1–5m）**分**：沖縄島。ごく稀。庭木、公園樹。**葉**：単葉／互生／鈍鋸歯縁、時にほぼ全縁／長4–9㎝ 幅1–2㎝ **花**：白／鐘形／頂生の総状花序／春 **実**：褐／蒴果／扁球形／径5–6㎜／秋〜冬

◆沖縄島北部のやんばる地域に固有で、渓流沿いの岩場に生育していたが、園芸用の採取によりほとんどの自生個体は失われてしまった。植栽された個体は珍しくないが、酸性土壌に生育するので、沖縄島南部などの石灰岩地では見かけない。九州以北に分布するアセビの亜種で、葉は渓流に適応して幅が狭く、鋸歯が少ない。花序はアセビ同様に下垂するが、壷状花冠は先があまり狭まらない。系統的には台湾、中国南部に分布する別亜種のタイワンアセビ subsp. taiwanensis に近縁と考えられている。

花序（3.26うるま植栽 H）

花（3.19本部植栽 H）

裂開後の果実（7.6大宜味植栽 H）

樹皮は縦に裂ける（大宜味植栽 H）

裏 ×1

裏は葉脈の網目が少し見える。両面無毛

葉は細いヘラ形で、基部は葉柄へ流れる

葉先近くに小さな数個の鋸歯があり、それ以外は全縁

×1

葉先はアセビに比べやや鈍い

葉は枝先に集まってつく

枝は無毛で稜がある

横に伸びる花序（3.15龍郷植栽 O）

葉先近くに低い
鈍鋸歯があるが
目立たない
裏
×1
葉は細く、
普通は葉先
側で幅広い。
両面無毛

若い果実（8.20龍郷植栽 O）

自生個体（3.17湯湾岳 O）

アマミアセビ ［奄美馬酔木］

P. amamioshimensis

常緑低木（1–3m）**分**：奄美大島。ごく稀。庭木。**葉**：単葉／互生／鈍鋸歯縁〜ほぼ全縁／長5–8㎝ 幅1.5–2.5㎝ **花**：白／鐘形／春 **実**：褐／蒴果／扁球形／径約6㎜

◆長くリュウキュウアセビと同種とされてきたが、2010年に奄美大島の固有種として発表された。リュウキュウアセビが渓流沿いに生育するのに対し、山頂近くの岩場に生育し、葉は少し幅広く、鋸歯が目立たず、花冠が大きい。アセビの変種で屋久島に分布するヤクシマアセビ P. japonica subsp. Japonica var. yakushimensis と同様、花序は下垂せず横に伸びて下向きに花をつける。花冠は先があまり狭まらず、花は見栄えがよく美しい。ほとんどの個体が園芸用に採取されてしまい、現在自生しているものはわずかと思われる。

希少種・ヤドリコケモモ取材記

なかなか見つからないからこその“希少種”なのだが、ヤドリコケモモに関してはもう無理かなと、ほぼ諦めかけた。もちろん誰かに聞けば話は早いし、琉球大学の横田昌嗣先生に場所を教えていただいて撮影した種がいくつもあるのだが、さすがにこの種だけは稀少すぎて聞けない。とはいえ、図鑑には載せたいし、それ以上に「自分で見つけた時の達成感」だけはどうしても捨てがたかった。

そこで、奄美大島に通ううちに飲み友達という名の親友になった地元の藤本さんに、場所のヒントを教えてもらい、その後はバードウォッチング用の望遠鏡を担いで山に入り、とにかく着生してそうな木をしらみつぶしに見て行くことに決めた。こんなことではいつまでかかるか分からないのだが、これができるのも定職についていない強みだと逆に割り切った。

そして、ついにその時が。かなり離れた場所からたまたま梢の隙間をのぞくと、何やら見慣れないシルエットが……。恐る恐る近づいて再び望遠鏡をのぞくと、これこそ夢にまで見たヤドリコケモモではないか！ 夢が叶った瞬間なのだが、実際直後に感じたのは、「達成感」以上に人生の楽しみが失われたような「喪失感」……。我ながら面倒くさい人間だなぁ、とさすがに呆れた。（大川智史）

梢の隙間に見えたヤドリコケモモ

バードウォッチング用の望遠鏡

クサミズキ ［臭水木］

N. nimmonianus

常緑小高木（2–5m）**方**：ハタブラーキ　**分**：石垣、西表。稀。薬用栽培。**葉**：単葉／互生／全縁／長10–20㎝　**花**：緑白／花弁は長4–6㎜／頂生の散房状集散花序／春　**実**：赤褐～黒紫／楕円形／長1–2㎝／春～夏

◆海岸に近い低地林内に生える。枝は中空で軟らかく、皮目が著しい。葉は薄い紙質で枝先に集まってつき、主脈から鋭角に出る数本の側脈がある。抗がん剤物質を採るために栽培もされている。台湾、フィリピン～インドにも分布。

畑に列植された個体（2.6石垣植栽 O）

花序をつけた枝（3.14西表 H）

花弁は多毛（2.6石垣植栽 O）

×0.7

葉は楕円形～倒卵形

縁はやや波打つ

裏

葉身基部は三角形～円形

裏は脈沿いや脈腋に毛が多少ある以外は無毛

葉柄は1.5–5㎝ではじめ有毛

冬芽は褐色の軟毛に覆われる（2.6石垣植栽 O）

果実は多数つく（5.6石垣 O）

樹形（8.27 大和 O）

蕾をつけた枝（4.14 大和 O）

ワダツミノキ ［海神木］

N. amamianus

落葉小高木（3–10m）**分**：奄美大島。ごく稀。**葉**：単葉／互生／全縁／長10–23㎝ **花**：白／花弁は長7–9㎜／初夏 **実**：黒／楕円形／長2–3㎝／夏

◆クサミズキと同種とされてきたが、2004年に奄美大島の固有種として新種記載された。クサミズキより花や丈が大きく、葉は葉身基部の形が異なる。幹はごつごつして縦すじが入り、径20㎝、高さ10m近くになる。奄美大島西部に数カ所の自生地が知られている。そのうちの1カ所には、アマミカジカエデやヒロハタマミズキなどの希少な樹木が狭い範囲にまとまって生育している。

裏

葉は厚く丸みがあり、先が急に尖る

×0.7

裏は脈沿いや脈腋に毛がある

主脈上に伏毛が少しある

葉身基部は直線状か浅く湾入する

芽吹き（3.19 大和 O）

果実（8.27 大和 O）

樹皮（大和 O）

ナンゴクアオキ ［南国青木］

A. japonica var. ovoidea

常緑低木（1–4m）**分**：中国地方、四国、九州〜トカラ、奄美、徳之、沖縄島。稀。**葉**：単葉／対生／鋸歯縁／長10–25cm **花**：紫褐／頂生の集散花序／雌雄異株／春 **実**：赤／楕円形／長1.5–2cm／冬〜春

◆山地の林内に生え、幹も緑色。奄美大島の湯湾岳には多いが他は少ない。雄株と雌株で樹形が異なり、性染色体があることが知られている。2n=16の2倍体で韓国と台湾にも分布。およそ東経134度以東の本州と四国には4倍体の基準変種アオキが分布するが、倍数化には複数系統があり、区別しない見解もある。

枝葉（10.1嘉津宇岳 H）

雄花（3.17湯湾岳 O）

雌花（3.17湯湾岳 O）

裏

×0.7

ナンゴクアオキの鋸歯はアオキよりやや小ぶりで先が少し内を向く傾向があるが、鋸歯の大小は変異があり、琉球産個体はやや中間的な形

裏は淡緑色で両面無毛

表は光沢が強い

枝は緑色で、若い幹も緑色。古い幹は褐色を帯びてくる

本土産個体の果実（3.19山口県 H）

アカネ科の検索表

熱帯に多くの種が分布し、琉球に26種4変種が自生。常緑樹、稀に落葉樹。葉は全縁で対生し、葉柄の間に托葉が発達して三角形や針状、筒状になり、落ちた場合も托葉痕がはっきり残る。花は多くが白色。

A. つる性。
  B. 茎は気根を出し、樹幹や岩上に張りついて伸びる。幼形葉は約2cmで小型… **シラタマカズラ** p.354
  B. 茎はやや立ち上がり、他の樹木に巻きついて伸びる。
    C. 茎は細く毛が多い。葉は長さ7cm以下で小型…… **ヒョウタンカズラ** p.355
    C. 茎は太く無毛。葉は長さ7cm以上。
      D. 托葉は糸状で細く長く伸びる。葉裏の葉脈の網目は細かい。つるはS巻 … **コンロンカ** p.356
      D. 托葉は合着し筒状になる。葉裏の葉脈の網目はやや大きい。つるはZ巻 **ハナガサノキ** p.357
A. 直立する低木～高木。
  B. 普通、葉柄の基部に鋭い刺がある。
    C. 葉は長さ10cm前後で、全ての節にほぼ同形同大の葉がつく …… **ヒジハリノキ** p.349
    C. 葉は長さ10cm以下で、1節おきにつかないか極端に小さい。普通樹高1.5m以下。
      D. 全株無毛。葉柄基部の刺は微小か、ない。葉は長さ4-11cm **リュウキュウアリドオシ** p.365
      D. 若枝には短剛毛がある。葉は長さ8cm以下。
        E. 葉柄基部の刺はごく微小か、ない。葉は長さ4-8cm …… **ヤンバルアリドオシ** p.365
        E. 葉柄基部に長い刺がある。葉は長さ4cm以下。
          F. 葉は約1cm、刺は8mm以上で葉と同長かより長い …… **ヒメアリドオシ** p.364
          F. 葉は約2cm、刺は8mm以上で葉の1/2より長い …… **アリドオシ** p.364
          F. 葉は2-4cm、刺は8mm以下で葉の1/2より短い…… **オオアリドオシ** p.364
  B. 葉柄の基部に刺はない。
    C. 葉柄は2-6cm。落葉樹。葉脈は湾曲し長く伸び、しばしば赤みを帯びる … **ヘツカニガキ** p.350
    C. 葉柄は普通3cm以下。常緑樹。
      D. 葉は大きく厚く、広い楕円形～卵円形。海岸生。
        E. 葉は両面無毛で光沢が強い。しばしば托葉は大きな面状になる …… **ヤエヤマアオキ** p.358
        E. 葉は裏面に毛が密生し、光沢は弱い。托葉は広卵形で早落性 …… **ハテルマギリ** p.351
      D. 葉は狭卵形～長楕円形。山地～低地生（または植栽）。
        E. 葉はやや薄く、緑色。若枝、葉柄、葉脈はしばしば赤みを帯びる …… **アカミズキ** p.345
        E. 葉はやや厚く、濃い緑色で、普通は赤みを帯びない。
          F. 小枝は途中から明褐色で、緑色の枝先や葉柄との境界が明瞭…… **シロミミズ** p.348
          F. 小枝は灰褐色か赤紫色を帯びる。葉は2.5cm以下で小型。植栽 … **ハクチョウゲ** p.355
          F. 小枝は緑色。
            G. 托葉は基部が長い筒状。葉はやや薄く、側脈が多数並び、しばしば三輪生 **クチナシ** p.344
            G. 托葉は普通三角状
              H. 葉は十字対生する。花序は頂生し多数花。
                I. 若枝や葉裏に伏毛がある。葉は楕円形 …… **ギョクシンカ** p.346
                I. 若枝や葉は無毛。
                  J. 葉柄はほとんどない。植栽または逸出…… **サンダンカ** p.359
                  J. 長さ1cm以上の葉柄がある。
                    K. 葉は普通、長楕円形で、葉裏の脈腋にダニ室がある …… **ボチョウジ** p.352
                    K. 葉は普通、倒卵形で幅広く、ダニ室はない …… **ナガミボチョウジ** p.353
              H. 葉は平面に並んで対生する。花序は葉腋につき少数。
                I. 1節ごとに葉がつかない節がある。葉は10cm以下。普通樹高1.5m以下。
                  J. 全株無毛。葉柄は黒紫色を帯びる …… **リュウキュウアリドオシ** p.365
                  J. 小枝に短剛毛がある。葉柄は緑色 …… **ヤンバルアリドオシ** p.365
                I. 葉は全ての節につく。葉は概ね5-20cm。樹高2m以下 **ルリミノキ属（検索表）** p.360
                I. 時に1節ごとに葉がつかない節がある。葉は長さ10cm以上。全株無毛で、樹高2-5m …… **シマミサオノキ** p.347

クチナシ ［梔子］

G. jasminoides

常緑小高木（1.5–8m）**方**：クチナギ、カジマヤーギ、マタサカーキ **分**：東海〜先島諸島、大東。普通。庭木、公園樹、生垣。**葉**：単葉／対生・三輪生／全縁／長6–20cm **花**：白→淡黄／6裂／春〜初夏 **実**：黄〜橙／長2–3cm／秋〜冬

◆沿海地〜山地の林縁や林内に点在する。花は強い芳香を放ち、沖縄の方言で風車を意味する「カジマヤー」とも呼ばれる。葉は長い楕円形で、平行に並ぶ側脈が目立つ。托葉は筒状になり、茎を取り巻く。通常は樹高2m前後、葉は10cm前後のものが多いが、琉球では樹高5m以上、幹径10cm以上の見上げるような個体も多く、葉も時に20cm近くに達し、本土産の個体より大型化する傾向が強い。

花は白から黄色に変わる（4.30読谷H）

径約20cmの幹。樹皮は平滑（恩納H）

花冠は通常6裂し反る（3.19西表O）

果実は6稜があり先に長い萼片が残る。黄色着色料に使われる（1.19那覇H）

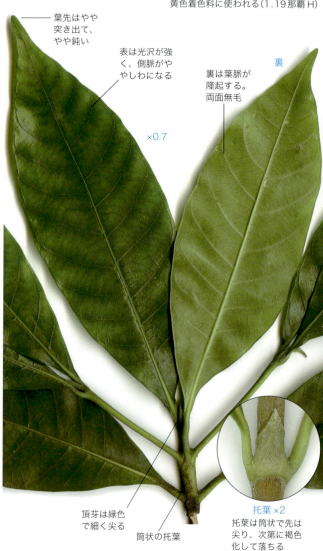

葉先はやや突き出て、やや鈍い

表は光沢が強く、側脈がややしわになる

裏

裏は葉脈が隆起する。両面無毛

×0.7

頂芽は緑色で細く尖る

筒状の托葉

托葉 ×2

托葉は筒状で先は尖り、次第に褐色化して落ちる

葉は薄く、光沢はやや弱い

花序（7.13大宜味 H）

側脈は6–9対ほどあり、表で凹んでしわになり、裏に隆起する

×0.7

裏

托葉 ×2

×0.7

若葉は赤みを帯びて目立つ

主脈や葉柄は普通赤みを帯びる。脈上に微毛がある他は無毛

アカミズキ ［赤水木］

W. formosana

常緑小高木（3–10m） **別**：アカミミズ **方**：ハーミミズキ、アカフラ、アーカンダ **分**：奄美、徳之、沖縄島、渡嘉敷、久米、石垣、西表、与那国。やや普通。**葉**：単葉／対生／全縁／長10–20㎝ **花**：白／長約5㎜／頂生の円錐花序／夏 **実**：褐／径2㎜前後／秋〜冬

◆山地の湿った林縁や明るい谷沿いなど、肥沃地に多く生え、伐採跡地では幼木が群生することもある。花期は小さな花が多数ついて樹冠が白く染まり、よく目立つ。葉は長い楕円形で大きく、落葉樹のような薄い質感で、葉柄や主脈、若葉、古い葉は赤く色づくことが多い。樹皮は赤みを帯びた褐色で、縦に細かく裂けることも特徴。

花期の樹形（6.22 名護 H）

花（7.13大宜味 H）

蒴果（3.19西表 O）

樹皮は赤褐色（うるま H）

アカネ科 Rubiaceae ギョクシンカ属 Tarenna

ギョクシンカ ［玉心花］

T. gracilipes

常緑低木（1–3m） **方**：クチナギヌウトゥ **分**：九州南部～先島諸島、大東。普通。**葉**：単葉／対生／全縁／長10–22㎝ **花**：白／花冠5裂／頂生の散房花序／夏 **実**：緑～黒／球形／径1㎝弱／夏～秋

◆沿海地～山地の林内に広く生える、やや弱々しい低木。白い花弁と直立した白い花柱は、暗い林内で目立ち、花期も長い。葉は整った楕円形で濃い緑色。シマミサオノキやボチョウジ類に似るが、葉裏や若枝に伏毛がある点で見分けられる。八重山列島には葉がやや大きく幅広いものもあり、変種**ヤエヤマギョクシンカ**（コウトウギョクシンカ）var. kotoensis に分けられるが、中間型も多く、区別しないこともある。

花は集散花序につく（6.22 名護 H）

果実。葉は立体的につく（7.28 南城 H）

葉裏 ×2
葉裏主脈上や葉柄に白い伏毛がある

ギョクシンカより幅広い傾向があり、長さ20㎝前後の葉が多い

×0.7

ヤエヤマギョクシンカ

×0.7

葉先はやや突き出て尖る

ギョクシンカ

裏

托葉（1.25 天城岳 O）

表は無毛で側脈が凹んで見える。光沢が鈍い個体が多いが、強い個体もある

若枝は白い伏毛がやや密に生える

花冠は5裂して反り返る(4.12西表O)

果実。しばしば葉がつかない節が1節おきにある(9.8西表O)

シマミサオノキ ［島操木］

A. canthioides

常緑小高木(2–5m) **方**:ウンシブ、ダシチャ、ダシカ **分**:奄美、徳之、沖縄島、久米、石垣、西表、与那国。やや稀。**葉**:単葉／対生／全縁／長8–20㎝ **花**:白→淡黄／長約1㎝／偽腋生の散房花序／初夏 **実**:緑～黒／径約8㎜／秋～冬

◆山地の林内に点在する。葉は長い楕円形でギョクシンカとよく似るが、葉がやや細く全体無毛で、表面の光沢が弱く、枝に平面的に並ぶことなどで見分けられる。花序は枝先につくが、側枝が伸びるので葉腋につくように見える。紀伊半島、四国、九州に分布する同属のミサオノキ *A. cochinchinensis* は、托葉の先が長く伸び、葉はより肉厚で光沢が強く、花序の花数は10個以上と多いことなどが違い。

葉はやや薄く、表面はのっぺりしてつや消しの質感

葉裏 ×3
脈腋に小さな穴があり、ダニ室状になる

葉先は次第に狭まり尖る

×0.7

裏 ×0.7

葉脈は裏に隆起する。両面無毛

枝は無毛でやや光沢があるので、ギョクシンカと区別できる

托葉 ×3
托葉は広い三角形。先は尖るが、ギョクシンカのように尾状には伸びず、枝は無毛

花期。葉は平面に並ぶ(5.5国頭H)

シロミミズ ［白蚯蚓］

D. dubia

常緑小高木（2–7ｍ）**別**：コーヒーモドキ **方**：シルミズキ、ミミジャギ、シルダイ **分**：種子島～沖縄諸島、石垣、西表、与那国。やや稀。**葉**：単葉／対生／全縁／長7–15㎝ **花**：黄白→淡橙／腋生の短い散房花序／春 **実**：橙～赤／球形／径5–8㎜／秋～冬

◆非石灰岩の山地林内に点在し、尾根にもよく生える。幹は直立し、樹皮が縦に細かく裂け白みを帯びることが特徴。アカネ科の類似種に比べると、葉は比較的小型でやや厚く堅く、光沢は強い。枝の先端は緑色だが、途中から急に明るい褐色に変わる様子が独特で、よい区別点になる。和名は奄美地方の方言に由来し、アカミズキが赤い樹皮なのに対し、「白い水木」という意味と思われる。種子はコーヒーの代用になるという。

若葉（4.23国頭Ｈ）

樹皮は白みを帯びた赤褐色（国頭Ｈ）

花は次第に色濃くなる（4.23 国頭Ｈ）

果実。次第に色濃くなる（9.30東Ｈ）

花
花冠は４裂する
（4.10西表Ｏ）

葉先は次第に狭まり、尖るかやや鈍い

×0.8

表は光沢があり、やや硬い質感

縁はやや波打つ

裏 ×0.8

裏は側脈がわずかに隆起して見える。両面無毛

若枝は無毛で、途中から明褐色になり目立つ

托葉 ×2.5
托葉は広い三角形で先は長く伸びる
葉柄の緑色と枝の明褐色のコントラストが明瞭

花はクチナシを小さくしたような形
(5.5 石垣 O)

若い果実(5.4 石垣 O)

ヒジハリノキ ［肘張木］

B. sinensis

常緑低木(1–4m) **別**：シナミサオノキ **方**：タイソーアザ **分**：石垣島。稀。**葉**：単葉／対生／全縁／長5–15㎝ **花**：白／花冠は5(4)裂／頂生の集散花序／春〜初夏 **実**：黒／球形／径7–10㎜

◆低地の石灰岩地の御嶽林や農地のわきなどの小さな森に自生し、群生している場所もある。現在の自生地は限られるが、低地林が失われる前は、もっと数多く見られたのかもしれない。葉はギョクシンカを細長くしたような長い楕円形で、葉腋から硬く鋭い刺がひじを張ったように1対出ることが特徴。花序は枝先につくが、シマミサオノキと同様、側枝が伸びるため、腋生に見えることもある。果実は細かい毛が多く、先に萼片の落ちた痕が残る。従来はミサオノキ属に含められることが多かった。国外では台湾、中国〜タイに分布。

葉先は鈍い

裏 ×0.9

葉形はクチナシにも似るが、側脈の数は少ない

裏は脈腋や脈沿いに白毛が多少ある

表は無毛で光沢がある

縁はやや波打つ

×0.9

葉柄や枝は白い毛が生える

葉腋にしばしば1対の刺がつく

托葉と刺 ×1.5

托葉は広い三角形で、先は針状に長く伸びる

枝は直角に出て長く伸びる(5.5石垣O)

葉は普通平面に対生する(10.24石垣O)

ヘツカニガキ ［辺塚苦木］

S. racemosa

落葉高木（5–20m） **別**：ヘッカニガキ、ハニガキ **方**：ジャフン、ザフンギ **分**：四国南部、九州南部、種子、屋久、徳之、伊平屋、伊是名、沖縄島、久米。稀。**葉**：単葉／対生／全縁／長5–15cm **花**：黄白／球形の頭状花序が総状に配置／初夏 **実**：褐／蒴果は長約4mm／頭状果序は径約1cm／秋〜春

◆低地〜山地の林縁などに生え、大木にもなる。葉は広卵形で、本土産のミズキに似て湾曲する長い側脈が目立ち、葉柄はやや長い。葉柄や葉脈、若葉は赤みを帯びることが多い。花は球形に集まってつく様子が独特で、九州南部に自生するタニワタリノキ Adina pilulifera に似ており、タニワタリノキ属に含められることもあった。ヘツカ（辺塚）は大隅半島の地名。台湾、中国南部にも分布。

花期の樹形（6.11 国頭 H）

樹皮は灰褐色で縦に裂ける（金武 H）

頭状花序は径2–3cm（6.11 国頭 H）

若葉は赤みを帯び特徴的（3.13 恩納 H）

果序
触れるとばらける（3.22 恩納 H）

表は薄く、側脈がしわになる。日なたの葉は光沢がある

×0.8

葉先は短く突き出て尖る

裏

葉柄は2–6cmと長く、しばしば赤みを帯びる

托葉痕の線

托葉 ×2
托葉は細い三角形で大きいが、すぐ落ちて線だけ残る

葉裏の葉脈はしばしば赤みを帯び、はじめ脈上に毛が多いが次第に減る

ハテルマギリ ［波照間桐］

G. speciosa

常緑小高木（2−5m）**別**：シマハビロ **方**：イガブサ **分**：先島諸島。やや稀。**葉**：単葉／対生／全縁／長10−24cm 幅8−20cm **花**：白／腋生の集散花序／春〜秋 **実**：緑／扁球形／径2−3cm

◆先島諸島の海岸近くに生え、和名のように波照間島に比較的多いが、与那国島では見つかっていない。葉は広く大きな倒卵形〜楕円形で、同じ環境に生えるモモタマナやヤエヤマアオキに似るが、対生で、縁が裏側にやや巻き込み、裏は毛が密生する点などで見分けられる。托葉は毛が多くやや大きな広卵形で、芽吹き時に目立つが、すぐに落ちる。小枝は太く灰白色で、古い枝には大きな丸い葉痕が残り目立つ。果実は海流で散布され、熱帯アジア〜熱帯アメリカにかけて広く分布する。

古い葉は少し色づく（3.23波照間 O）

果実と枝の葉痕（10.15石垣 H）

果実（2.17西表 O）

花は筒部が長い（5.5石垣 O）

葉は十字対生する（3.23波照間 O）

ボチョウジ　［母丁字］

P. rubra

常緑低木（1–4m） **別**：リュウキュウアオキ　**方**：シジク、アザカ、アサカ　**分**：種子島〜沖縄諸島、石垣、小浜、西表、与那国。普通。**葉**：単葉／対生／全縁／長7–20㎝ 幅3.5–6㎝　**花**：白／頂生の集散花序／初夏　**実**：黄〜赤／球形／径5–10㎜／秋〜春

◆主に非石灰岩地の山地林内に生える。海岸林には普通見られないが、石灰岩地との境界部では、よく似たナガミボチョウジと混生することもある。葉は大きな長い楕円形で、アオキのようにやや厚く光沢がある。ナガミボチョウジに比べると葉はやや細く、側脈の分岐点にダニ室があることがよい区別点。樹高はナガミボチョウジよりやや大きくなり、4m前後に達することもある。染色体数は2n=42。

葉はつややか（4.20伊江島 H）

果実は縦すじが入る（11.15読谷 H）

花（5.26読谷 H）

樹皮は暗褐色（H）

ダニ室 ×3
葉裏の脈腋に小さな穴があり、毛が生えている

先は徐々に狭まって尖る

裏は側脈がやや隆起し、脈腋にダニ室がある。両面無毛

×0.7

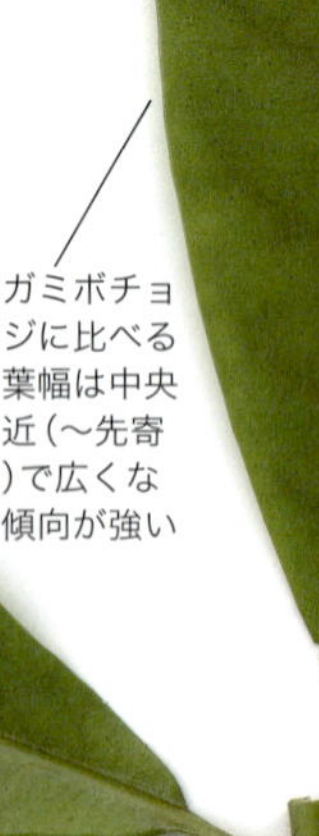

ナガミボチョウジに比べると葉幅は中央付近（〜先寄り）で広くなる傾向が強い

葉脈は表でやや凹む

裏 ×0.7

托葉 ×2
托葉は筒状〜広い三角形で、やがて褐色化し脱落する

ダニ室の膨らみが見える

花は小型（8.5 大宜味 H）

ナガミボチョウジ

P. manillensis ［長実母丁字］

常緑低木（1–2m） **方**：アザカ、アサカ、ガラサヌファインタナ **分**：トカラ列島～先島諸島。普通。奄美群島では稀。**葉**：単葉／対生／全縁／長10–22㎝ 幅5–10㎝ **花**：白／径約3–5㎜／夏 **実**：黄～赤／楕円形～球形／長8–13㎜／秋～春

◆石灰岩地の海岸～山地の林内や林縁に生え、よく似たボチョウジが非石灰岩地に分布するのと対照的。市街地近郊の低地林や御嶽などにも多く、黄色から赤色に変わる果実が長期間ついてよく目につく。ボチョウジより果実が縦にやや長い傾向があり、種子も長いが、果実の外観だけでは見分けにくい。葉はボチョウジより幅広い倒卵形で、葉脈は表に隆起し、脈腋にダニ室がないことがよい区別点。両種とも枝葉は祭祀や魔除けに使われる。染色体数は2n=84。

樹形（8.27 伊平屋 H）

葉先は短く突き出て尖る

×0.7

葉先寄りで葉幅が広くなる傾向が強い。両面無毛

ダニ室はない

葉脈は表に隆起し、側脈は広い角度で出る

若枝はボチョウジより節間が長く、数年目まで濃緑色で光沢が強い

托葉は筒状～三角形

托葉 ×1.5

裏 ×0.7

果期（11.27 南城 H）

果実はやや縦長（2.20 西表 O）

シラタマカズラ ［白玉葛］

P. serpens

常緑つる性木本（気根） **別**：イワヅタイ **方**：ワラベナカセ、ワラビナケーサー、マチポーヤ **分**：紀伊半島、四国南部、九州南部〜先島諸島、大東。普通。**葉**：単葉／対生／全緑／長1.5–5㎝ **花**：白／頂生の散房状集散花序／春〜夏 **実**：白／径0.5–1㎝／秋〜春

◆低地〜山地の林縁やマツ林内に生え、生育地では至る所に見られる。気根を出して木の幹や岩によじ登り、高さ2–10mになる。幼い枝の葉は小型で、まっすぐ伸びた茎の両側にきれいに並び、木の幹を登る姿が特徴的。花や果実がつく枝の葉は、やや大きくて厚い。果期は主に冬で、真っ白な果実がよく目立つ。

花は径4㎜前後で小さい（5.26読谷H）

ヒカゲヘゴの幹に登った幼いつる（3.26うるまH）

果期（11.4読谷H）

果実（3.25石垣O）

幼形葉
×1

幼形葉は2㎝前後で、ツルマサキにも似るが全縁。時に縁が細かく波打つ

托葉は卵円形で、褐色化して早く落ちる

葉先はやや鈍い

若い果実

葉はやや肉厚でしっとりした質感

裏

裏は主脈以外は不鮮明。両面無毛

×1

枝は緑色で無毛

ヒョウタンカズラ ［瓢箪葛］

C. diffusa

常緑つる性木本（Z巻） **別**：シマヒョウタンボク **方**：サルトカズラ、タヂチューカンダ **分**：奄美、徳之、沖縄島、久米、石垣、西表、大東?。やや普通。奄美群島はごく稀。**葉**：単葉／対生／全縁／長4–7㎝ **花**：白〜淡黄／葉腋に単生／夏 **実**：黄〜褐／くびれのある扁球形／径1㎝弱／秋 ◆山地林内や林縁に生え、茎はやや細く軟弱で、他物に絡み高さ2–5mになる。花は筒部が長く、長い柄で垂れ下がる。

表はやや凸凹することが多く、はじめ有毛、後に脈上以外は無毛

葉は長い楕円形〜卵形で先は尖る

裏 ×1

裏は脈上に粗い毛が多い

×1

葉柄や若枝はやや伏した粗い毛が密生する

縁は毛が生える

托葉 ×3

托葉は狭い三角形

花（6.22 名護 H）

ヒョウタンカズラの果実（10.7 恩納 H）

ハクチョウゲ ［白丁花］

S. japonica

常緑低木（0.5–1.5m） **方**：バンティーシ **分**：台湾、中国原産。長崎に自生説もある。生垣、庭木、公園樹、街路樹。**葉**：単葉／対生／全縁／長0.5–2.5㎝ **花**：淡紅紫〜白／春〜初夏 **実**：黒／液果／径2–3㎜／結実は稀 ◆葉は小型でツゲに似るが、葉の基部に針状の托葉がある。葉に白斑が入る**フイリハクチョウゲ**も植栽される。

葉は細い菱形状で光沢がある

×1

両面とも脈上などに微毛があるか、ほぼ無毛

裏

托葉 ×3

托葉の先は3本の針状になる。枝は有毛

花期。葉は十字対生する（3.15 沖縄）
フイリハクチョウゲの花（4.15 東 H）

コンロンカ ［崑崙花］

M. parviflora

常緑つる性木本（S巻） **方**：オーフリバナ、キーカンダ、ワラベナカシャ **分**：種子島～先島諸島。やや普通。庭木。**葉**：単葉／対生／全縁／長8−15㎝ **花**：黄・白（大型萼裂片）／頂生の集散花序／春～初夏 **実**：緑～黒紫／楕円形／長1−1.5㎝／冬

◆山地の林縁やマツ林などによく生える。辺縁部の花の萼片1枚が大きな白い花弁状になり目立つことから、「ハンカチの花」の名で園芸用にも出回っている。葉は長い楕円形で、ハナガサノキやソメモノカズラに似るが、葉裏の細かい葉脈の網目が顕著で、糸状の托葉があるので見分けられる。葉裏脈上には普通伏毛が多少ある。八重山列島には、葉裏の脈上に開出する長毛が生える変種ヤエヤマコンロンカ var. yaeyamensis も分布するが、中間的なものもある。

花期（4.23国頭 H）

果実（12.17国頭 H）

白い萼裂片が目立つ（4.24国頭 O）

つる。樹皮は平滑（国頭 H）

裏 ×0.9

裏は細かい網脈がやや目立つ

葉裏 ×2

裏面脈上に伏毛が生える

×0.9

葉脈は赤く色づくこともある

表はやや光沢があり、脈上は有毛

若枝も伏毛が多い

托葉

托葉は糸状で長く、基部が合着する（1.25天城岳 O）

若い果実（7.10国頭 H）

果実（12.5西表 O）

花期（5.6恩納 H）

幼い個体の枝葉（4.12恩納 H）

ハナガサノキ ［花笠木］

G. umbellata

常緑つる性木本（Z巻） **方**：キーカズラ **分**：種子島〜先島諸島、大東。やや普通。**葉**：単葉／対生／全縁／長7–12㎝ **花**：白／径約5㎜／頭状花序が散形状に配置／初夏 **実**：橙／複合果は径1㎝前後で不整形／秋〜冬

◆山地〜低地の林縁に生え、つるで他の植物に巻きつき高さ3–6mになる。葉はコンロンカに似るが、托葉は膜質で筒状になることが大きな違いで、葉裏の網脈はより大きく、枝は紫褐色を帯びる。花序が傘形につくことが名の由来といわれる。果実は液果が合着した独特の複合果で、その形状からヤエヤマアオキと同属とされてきたが、近年の研究で別属に分けられ、亜種と考えられていた小笠原産のムニンハナガサノキ（ハハジマハナガサノキ）G. boninensis も別種に区分された。

花
花冠は4（5）裂する（5.6恩納 H）

表は無毛か短毛が散生し、光沢がある

葉は楕円形で、先は突き出て尖る

×0.9

枝ははじめ微毛があり、次第に紫褐色を帯びる

裏 ×0.9

托葉 ×3
托葉は褐色の薄い筒状で、短い糸状突起がある

葉裏はやや暗い色で、網脈の網目はコンロンカより大きい。脈沿いや脈腋に短毛がある

アカネ科 Rubiaceae ヤエヤマアオキ属 Morinda

ヤエヤマアオキ ［八重山青木］

M. citrifolia

常緑小高木（3–10m） **別**：ノニ **方**：プッカカー、ブガ **分**：沖縄諸島～先島諸島、大東?、小笠原。沖縄諸島ではやや稀、八重山ではやや普通。薬用栽培。**葉**：単葉／対生／全緑／長12–25㎝ **花**：白／径1–1.5㎝／頭状花序／ほぼ通年（主に夏） **実**：黄緑～白／楕円形の複合果／長5–10㎝／秋～春

◆海岸林に点在する。葉は菱形状～楕円形で大きく、葉脈が白く目立ち、しばしば大型の托葉がつく。花序がつく節では葉1枚が退化し、葉と対生して花序がつく。果実は特有の臭みがあり、海流で散布され、熱帯アジアや太平洋諸島、オーストラリアまで分布する。国外では古くから果実が健康食に利用され、近年はハワイ名の「ノニ」が有名になり琉球でも栽培が増えた。

果期（3.25石垣 O）

丸みのある大型の托葉（3.21西表 O）

葉先は鈍いか尖る

表面は光沢が強く、やや波打つことも多い

花は通常5弁、時に6弁（12.7西表 O）

×0.6

主脈は白く太く目立つ

果実（3.14読谷植栽 H）

小型の托葉

裏は側脈が隆起する。全体無毛

'スーパー・キング'。樹高1–2mで花は赤色が濃く鮮やか(9.15那覇 H)

サンダンカ花と果実(12.5うるま植栽H)

コバノサンダンカの花(6.23 那覇 H)

サンダンカ ［三段花］

Ixora spp.

常緑低木（0.5–2m）**別**：サンタンカ **分**：主に熱帯アジア原産。庭木、公園樹、生垣、観葉植物。**葉**：単葉／対生／全縁／長3–23㎝ **花**：橙、赤、桃、黄、白／集散花序／春～秋 **実**：赤～黒／径7㎜前後／夏～冬 ◆サンダンカ類は琉球で複数種が植栽され、花は普通赤橙色だが、栽培品種や雑種が多く正確な分類は難しい。沖縄三大名花に数えられ、本土ではサンタンカ（山丹花）と呼ばれる。中国～マレーシア原産の**サンダンカ**（狭義）I. chinensis は花弁の先が丸く、葉は6–15㎝で非石灰岩地に時に逸出もある。スマトラ原産の I. duffii と他種との雑種とされる栽培品種**サンダンカ'スーパー・キング'**は、花序が大きく花弁の先は尖り、葉は20㎝前後で植栽は多い。葉が5–10㎝の**ベニデマリ** I. coccinea（インド原産）、葉が5㎝前後で細長く樹高1m以下の**コバノサンダンカ** I. sp. は、いずれも葉柄がなく花弁は尖り、植え込みに多い。ジャワサンダンカ I. javanica は葉が10–20㎝で有柄、花弁はやや丸い。

'スーパー・キング'
葉は長い楕円形で先は尖る
先が針状に尖った托葉がある。他種もほぼ同様
托葉 ×1.5
×0.7
葉身基部は三角形で、葉柄は短い
4種とも両面無毛
裏
ベニデマリ
×0.7
葉は楕円形で基部は心形～円形。ほぼ無柄
コバノサンダンカ
裏
×0.7
托葉
葉は長い倒卵形～楕円形で先は鈍い
サンダンカ
×0.7
裏
基部は三角形かやや心形で、葉柄はごく短い

ルリミノキ属の検索表

琉球に7種1変種が分布（本土は1種）。常緑低木で葉は平面に並ぶ。花は白色、果実は青～黒色の液果。若枝や葉裏の毛、萼裂片の形状などが区別点。

A. 葉は明らかに大きく、通常長さ15cm以上。
　B. 全株に開出毛が多い。花序の苞が目立つ。果実は青い ……………………**タイワンルルリミノキ** p.360
　B. 葉表は無毛で、葉裏や枝は短い伏毛がある。果実は黒い ……………………**オオバルルリミノキ** p.361
A. 葉は長さ15cm以下。
　B. 葉はほぼ無柄で、葉身基部は丸い。全株に毛が多い。花序の苞が目立つ **マルバルリミノキ** p.361
　B. 葉は明瞭な柄があり、葉身基部は三角状。
　　C. 若枝や葉裏の毛は少ないか、無毛に近い。
　　　D. 側脈は斜めに出る。萼裂片は三角状で長さ2mm前後 …………… **リュウキュウルリミノキ** p.362
　　　D. 側脈はほぼ直角に出る。萼裂片はごく短く突起状 ………………………**トガリバルリミノキ** p.363
　　C. 若枝や葉裏に毛が多い。
　　　D. 若枝にやや伏した毛がある。萼裂片は線形で2mm前後 ……………………**ケハダルリミノキ** p.362
　　　D. 若枝や葉裏に開出毛が密生し、葉裏はふわっとした感触。
　　　　E. 細く小型の葉が多く、若葉は緑色。萼裂片は細長く3–4mm …… **ケシンテンルリミノキ** p.362
　　　　E. 広い葉が多く、若葉は黄緑色。萼裂片は三角状で短く2mm前後 …… **ニコゲルリミノキ** p.363

タイワンルリミノキ

L. hirsutus　［台湾瑠璃実木］

常緑低木（1–2m） **分**：奄美、徳之、沖縄諸島、石垣、西表、与那国。やや稀。奄美群島では稀、西表ではやや普通。**葉**：単葉／対生／全縁／長11–25cm **花**：白／葉腋に束生／秋～春 **実**：青／径5–10mm／夏～冬 ◆山地林内に生える。葉は本属最大級で、枝葉とも長い剛毛が多い。花序を覆う苞は長さ2–3cmと大型で目立つ。台湾や東南アジア、インドまで分布。

果実と大きな苞（4.23国頭 H）

花（9.12沖縄 H）

果実（7.6名護 O）

葉色は黄緑色で明るい

×0.7

裏 ×0.8

表は粗い毛が多くざらつく

枝は後に無毛になる

葉裏の脈上や葉柄、若枝に開出毛が密生する

托葉は長三角形で尖り、長さ1–1.5cm

葉は厚く硬く、表は無毛。縁はやや波打つ

裏 ×0.8

葉裏 ×2
脈上に伏毛がやや密に生える

横に走るしわ状の細脈が目立つ

×0.8

花
(4.30読谷 H)

表は無毛。葉先はやや急に狭まる

オオバルリミノキ

マルバルリミノキ

×0.8

枝ははじめ短毛が密生

ほぼ無柄で、葉身基部はやや湾入するか円形

裏

枝と葉裏 ×2
脈上や若枝に開出毛が密生し、ふわふわした触感

オオバルリミノキ

L. verticillatus ［大葉瑠璃実木］

常緑低木（1–2m）**分**：徳之、沖永、沖縄諸島〜先島諸島、大東。やや普通。奄美群島では稀。**葉**：単葉／対生／全縁／長9–20㎝ **花**：白／4–6裂／春 **実**：黒／長約1㎝／秋〜冬 ◆低地〜山地の林内に生え、本属では例外的に石灰岩地に多い。葉はタイワンルリミノキと並んで大型だが、表は無毛で硬く、果実が黒いことが特徴。

果実は黒色（11.16宜野座 H）

マルバルリミノキ

L. attenuatus ［丸葉瑠璃実木］

常緑低木（0.5–1.5m）**方**：マヤダスケ **分**：屋久、奄美群島〜沖縄諸島、石垣、西表、与那国。やや普通。**葉**：単葉／対生／全縁／長5–10㎝ **花**：白／初夏 **実**：青／径7㎜前後／秋〜春 ◆山地林内に生える。葉は他種と異なり葉身基部が丸く、葉柄がほとんどなく、葉裏に毛が多い。苞は線形で長毛が密生する。

花（4.10西表 O）果実（12.18国頭 H）

リュウキュウルリミノキ

L. fordii var. fordii　　　［琉球〜］

常緑低木（1–1.5m）**別**：タシロルリミノキ　**分**：種子島〜奄美群島、沖縄島、久米、渡嘉敷、石垣、西表、与那国。普通。**葉**：単葉／対生／全縁／長7–15㎝　**花**：白／秋〜冬　**実**：青／秋〜冬 ◆山地林内に生え、本属では最も普通種。全体に毛が少なく、若枝や葉裏脈上に短毛が散生する程度。萼裂片は三角形。変種**ケハダルリミノキ** var. pubescensは、若枝や葉裏にやや伏した毛が密生し、萼裂片は線形でケシンテンルリミノキより短く、奄美大島〜沖縄島に分布。

果実（12.18H）花と萼（2.21国頭O）

ケシンテンルリミノキ

L. curtisii　　　［毛新店瑠璃実木］

常緑低木（1–2m）**分**：屋久、奄美群島、沖縄島、石垣、西表。やや稀。**葉**：単葉／対生／全縁／長4–10㎝　**花**：白／秋〜冬　**実**：青／冬 ◆山地林内に点在。若枝や葉裏の脈上に開出毛が密生し、葉は通常他種より細く小型。萼裂片は線状三角形。「新店」は台湾の地名。

やや広い葉（11.27天城岳O）

×0.9

表は無毛で葉脈のしわが目立つ

裏

ケハダルリミノキの方が毛が多い

裏 ×0.9

ケハダルリミノキ

リュウキュウルリミノキ

葉裏 ×2
若枝や葉裏の脈上にやや伏す毛が密生

葉裏 ×2
若枝や葉裏の脈上はわずかに毛がある程度

先は長く伸びる

葉裏はふわふわした感触

表は無毛

裏 ×0.9

×0.9

ケシンテンルリミノキ

葉裏 ×2
枝葉の毛は開出し長い。萼裂片は他種より長く尖る

葉先は急に狭まり、やや突き出て尖る
裏 ×0.9
表は無毛で光沢が強い
×0.9
枝は伏毛が密生
葉裏 ×2
葉柄や葉裏脈上などに軟らかい開出毛が密生する

ニコゲルリミノキ

L. hispidulus　［和毛瑠璃実木］

常緑低木（1–1.5m）**分**：沖縄島（稀）、西表。やや普通。**葉**：単葉／対生／全縁／長7–12cm **花**：白／秋〜冬　**実**：青／径5–8mm／秋〜冬　◆西表島では低地〜山地の林内に広く生える。葉裏に開出毛が密生しケシンテンルリミノキと似るが、葉が卵形〜楕円形で広く、先が急に短く尖り、萼裂片が三角形で短いことが違い。

若葉は黄緑（4.12）花（10.18西表 O）

トガリバルリミノキ

［尖葉〜］

L. japonicus var. taiheizanensis

常緑低木（1–2m）**分**：福岡、沖縄島。稀。**葉**：単葉／対生／全縁／長7–13cm　**花**：白／初夏　**実**：青／秋〜冬 ◆与那覇岳周辺の林内に生える。リュウキュウルリミノキに似るが、側脈の出る角度が直角に近い。東海〜屋久島に分布するルリミノキの変種とされ、葉が小型で裏の網脈が不鮮明な傾向があるが、区別しない見解もある。

枝葉（3.8）花（5.5与那覇岳 H）

アリドオシ ［蟻通］

D. indicus var. indicus

常緑低木（0.3–1m）**別**：タマゴバアリドオシ **分**：関東〜屋久、奄美群島、沖縄島、石垣、西表。やや稀。**葉**：単葉／対生／全縁／大型葉長1.3–3cm **花**：白／春 **実**：赤／径4–9mm／冬〜春 ◆山地林内に生える。1節ごとに大小の葉がつき、大型葉は通常2cm弱の卵形。花序が変化した刺は概ね8mm以上あり、葉の1/2より通常長い。アリドオシ類は変異が多く、名称や分類も諸説があり混乱しているが、下のオオアリドオシ、ヒメアリドオシの2変種が一般に広く認識されている。この他、奄美群島〜沖縄諸島には葉が狭卵形で刺が短い変種**ビシンニセジュズネノキ**［微針偽数珠根木］var. intermedius も多いが、変異は連続的でアリドオシと区別しない見解もある。また、葉が細く小型の変種オオシマアリドオシ var. parvispinus とされたものは、ヤンバルアリドオシと同一の可能性が高い。広義のアリドオシ D. indicus は2倍体と4倍体が混在し、未知の分類群が含まれる可能性もあり、さらなる研究が待たれる。

オオアリドオシ ［大蟻通］

D. indicus var. major

常緑低木（0.3–1m）**別**：ニセジュズネノキ **分**：関東〜九州、屋久、トカラ、奄美、沖縄島、久米、石垣、西表。やや稀。**葉**：大型葉長2–4cm ◆アリドオシの変種で葉がやや大きく、刺は概ね8mm以下で葉の半分より短いことが違いだが、中間型もある。

ヒメアリドオシ ［姫蟻通］

D. indicus var. microphyllus

常緑低木（0.2–0.4m）**分**：紀伊半島、四国、九州、種子、屋久、奄美、徳之、沖永。やや普通。**葉**：大型葉長0.5–1.5cm ◆アリドオシの変種で、葉は明らかに小さく、刺は8mm以上あり長い。樹高も低く、枝をテーブル状に横に広げる。

アリドオシの果実（12.18与那覇岳 H）

ビシンニセジュズネノキ（11.11国頭　花（3.28嘉津宇岳 H）

ヒメアリドオシの花（4.7徳之島 O）

アリドオシ
×1
刺は長い
刺は短い
葉はやや薄く やや軟らかい
裏
葉はやや厚く やや硬い
裏
×1
オオアリドオシ
ビシンニセジュズネノキ
表は濃い緑色
表は明るい緑色で側脈が目立つ
若枝や葉柄に短い剛毛がある（リュウキュウアリドオシ以外の本属に共通）
×1
×1
刺は短い
刺はしばしば葉より長い
ヒメアリドオシ

裏 ×1

裏は側脈がやや見え、しばしば光沢がある

葉は厚く鈍い光沢があり、広狭は変異がある

×1

裏

葉柄は5㎜前後で長く、若枝とともに黒紫色を帯びる

花 (4.23 西銘岳 H)

枝葉とも無毛

1節おきに葉がないか鱗片状に退化する

×1

両面無毛で表は光沢が強い。葉の広狭は変異がある

短い葉柄がある

裏

果柄はアリドオシより長く無毛

ヤンバルアリドオシ

裏 ×1

×1

裏は側脈がやや隆起する

若枝は短い剛毛がある

リュウキュウアリドオシ

D. biflorus ［琉球蟻通］

常緑低木（0.7–2m）**別**：オキナワジュズネノキ **分**：奄美、徳之、沖縄島。稀。**葉**：単葉／対生／全縁／長4–11㎝ **花**：白／春 **実**：赤／径4–7㎜／冬〜春 ◆山地林内に生える琉球の固有種。葉は長楕円形で他種より明らかに大きく、黒紫色を帯びる明瞭な葉柄があり、枝葉とも無毛。刺はないか微小。染色体数2n=22の2倍体。

葉(7.4 大宜味H) 果実(11.3 瀬戸内O)

ヤンバルアリドオシ

D. okinawensis ［山原蟻通］

常緑低木（0.5–1.5m）**別**：ヤンバルジュズネノキ **分**：奄美、沖縄島。稀。**葉**：単葉／対生／全縁／長3–8㎝ **花**：白／春 **実**：赤／径4–9㎜／冬〜春 ◆葉は変異があるがオオアリドオシより大きく長卵形〜楕円形で、より厚く光沢があり、刺はないか微小。雑種説もあるが2倍体で、交配実験からも独立種と推測されている。花柄が長く萼筒とともに毛が無いことも特徴。

葉は普通1節おきに退化(2.15国頭H)

ホウライカズラ ［蓬莱葛］

G. nutans

常緑つる性木本（Z巻）**分**：関東南部〜屋久、沖縄島、稀。**葉**：単葉／対生／全縁／長6–14㎝ **花**：白→黄／花序に1–3花／初夏 **実**：橙〜赤／径約1㎝／秋〜冬 ◆山地の林内に生え、他の木に登り高さ5m以上になる。葉は楕円形〜卵形で、地をはう枝の葉は細長い。本土産個体と特に違いを感じない。

葉（6.25）花は最初白い（6.5西銘岳H）

×0.8

裏

幼形葉 ×0.8

両面無毛で、裏は側脈はやや見える

基部〜中央で幅が最大

葉柄は7–15㎜

地をはう枝の葉は、しばしば主脈や葉柄が赤みを帯びるが、斑は入らない

リュウキュウチトセカズラ

G. liukiuensis ［琉球千歳葛］

常緑つる性木本（Z巻）**分**：喜界、沖永、沖縄島、渡名喜、宮古。稀。**葉**：単葉／対生／全縁／長4–10㎝ **花**：黄／花序に3–8花／初夏 ◆石灰岩上に生え、岩場をはうか他物に登り樹高2m以下。ホウライカズラや兵庫〜山口産のチトセカズラ G. multiflora に比べ、小型の葉が多く葉柄が短い。宮古島のものを台湾産のタイワンチトセカズラ G. shimadae とする見解もある。

花は最初から黄色（6.9国頭 T.W）

※本種はチトセカズラ（やホウライカズラ）と同一とされることもあるが、チトセカズラは葉身長6–12㎝、葉柄長7–15㎜で、葉裏はより白みが強く、幼形葉の裏はしばしば赤紫を帯びるなど、かなり形態が異なる（林）

幼形葉 ×0.8

若い枝は長楕円形の葉も多い

×0.8

成形葉は卵形〜菱形状で先は尖り、大小の変異がある

地をはう枝の葉は細長く、中央にしばしば白斑が入る

裏

×0.8

花後の花序

葉柄は3–8㎜

裏

両面無毛で、裏は側脈がやや見える

等間隔に並ぶ側脈が比較的目立つ

×0.8

葉先は短く突き出て鈍い

裏

中央で幅が最大

ホウライカズラに比べ、裏は側脈がよく見える。枝葉とも無毛

隣合う葉柄は線で繋がり、葉痕は少し膨らむ

葉柄は黒紫色を帯びることが多い

裏

表は光沢はなく、葉脈はややくぼみ、脈上に伏毛があるかほぼ無毛

×0.8

裏は葉脈がやや隆起し、脈上に伏毛が少しある

葉柄や若枝も伏毛がある

サカキカズラ ［榊葛］

A. affine

常緑つる性木本（Z巻）**方**：クルミカンダ、アハカッツァ **分**：関東南部〜先島諸島。やや普通。**葉**：単葉／対生／全縁／長6–14㎝ **花**：淡黄／春 **実**：緑〜褐／長8–12㎝／冬 ◆低地〜山地の林に生え、つるで他の樹木に登り高さ10mにもなる。葉はサカキに似た長い楕円形。袋果は円柱形で2個が180度に開き、基部が太く先は尖る。

花は集散花序につく（4.10龍郷 O）

シタキソウ ［舌切草］

J. mucronata

常緑つる性木本（Z巻）**分**：関東南部〜トカラ、奄美、徳之、沖縄諸島、石垣、西表。やや稀。**葉**：単葉／対生／全縁／長7–15㎝ **花**：白／初夏 **実**：長15㎝前後 ◆山地の林縁に点在し、高さ3–15mになる。葉は楕円形〜卵形。九州南部以南のものは葉裏の毛が少なく、花がやや小型で、オキナワシタキヅルに変種区分されることもある。

花（6.24薩摩半島 H）

キジョラン ［鬼女蘭］

M. tomentosa

常緑つる性木本（Z巻） **方**：ミンチューカズラ **分**：東北南部～奄美群島、沖縄島、伊江。やや稀。**葉**：単葉／対生／全縁／長8–15㎝ **花**：白／径約4㎜／腋生の集散花序／夏～秋 **実**：緑～褐／長10–15㎝／秋～冬

◆主に石灰岩地に生え、奄美大島では西部に点在し、沖縄島では古生層石灰岩地などの山地に限られ少ない。つるで他の樹木に登り、高さ10mにもなる。葉はほぼ円形で大きいので目立ち、アサギマダラの食草としても知られる。若枝は有毛。台湾に産するタイワンキジョラン（イリオモテキジョラン）M. formosanaは、葉が卵心形でやや狭く、若枝は無毛で、西表島で採取記録があるが近年確認されていない。従来ガガイモ科に分類されていた本属やシタキソウ属、サクラ ラン属などは、枝葉を傷つけると乳液が出ることや、袋果が裂けると長い冠毛のある扁平な種子が出ることが特徴。

蕾をつけた個体（10.31 大宜味 H）

裂開前の袋果は長い卵形
（7.13 大宜味 H）

花は小さな鐘形
（8.27 大宜味 Y.O）

葉先は短く突き出て尖る

葉は薄い革質で、色濃く光沢がある

裏 ×0.7

×0.7

若い枝や葉柄には伏毛がある

葉身基部は浅く湾入するか、ほぼ直線

裏はやや白く、全面か脈上に伏毛が多少ある

枝葉をちぎると白い乳液が出る

葉腋から集散花序を出す(5.21 国頭 H)

袋果は細長く尖る(10.31 大宜味 H)

花は密集する(7.7 糸満 O)

袋果は裂開し冠毛のある種子を出す(12.9 今帰仁 H)

ソメモノカズラ ［染物葛］

M. tinctoria

常緑つる性木本(Z巻) **別**:アイカズラ **分**:トカラ列島～先島諸島。やや稀。**葉**:単葉／対生／全縁／長6–15㎝ **花**:白～淡黄／径3–4㎜／腋生の集散花序／夏 **実**:緑～褐／長5–10㎝／秋～冬

◆低地～山地の林縁や明るい林内に生え、石灰岩地に多い。つるで他の草木に巻きつき高さ2–5mになるが、やや弱々しく、茎は太くならない。葉はやや草質の細長い卵形で、ハナガサノキによく似るが、裏面葉脈の網目がやや不明瞭で、葉身基部に微突起があり、托葉はない。アサギマダラの食草になる。和名は藍色の染料になることが由来。名前が似ているソメモノイモ Dioscorea cirrhosa はヤマノイモ科のつる性草本で、葉は3行脈が目立ち、石垣島と西表島に分布。

葉身基部 ×3
5個の微突起がある。キジョランやシタキソウにも共通する特徴

大型の葉 ×1

やや光沢があり、葉脈が少ししわになる

葉柄や枝はやや伏した毛がある

裏

裏は脈上または全面に毛がある

葉先は次第に狭まりやや尖る

表は普通有毛でざらつく

×1

基部は普通浅く湾入する

キョウチクトウ科 Apocynaceae ゴムカズラ属 Urceola

ゴムカズラ　［護謨葛］

U. micrantha

常緑つる性木本（Z巻）**方**：ギチギチカッツア　**分**：石垣、西表。ごく稀。**葉**：単葉／対生／全縁／長5–12㎝　**花**：淡黄／花冠5裂／径約2.5㎝／腋～頂生の集散花序／春　**実**：緑～褐／円筒形／長15–20㎝　◆低地～山地の林縁やギャップ周辺に点在し、他の樹木に登り高さ5–15mになる。台湾、中国～東南アジアにも分布する。

花期の外観（3.14西表 H）

ホウライアオカズラ属 Gymnema

ホウライアオカズラ　［蓬莱青葛］

G. sylvestre

常緑つる性木本（Z巻）**分**：石垣、与那国。ごく稀。栽培。**葉**：単葉／対生／全縁／長3–7㎝　**花**：淡黄／径約5㎜／集散花序　**実**：長5–9㎝　◆海岸林等で確認例があり、高さ2–10mになる。健康食品のギムネマ茶の原料としても栽培される。小枝ははじめ密毛があり、白い皮目がある。葉は楕円形で脈上は有毛。熱帯アジアに分布する。

葉は楕円形で厚く、先はやや尾状に突き出る

×0.9

茎の断面

茎を切ると乳液が出る。昔はゴムの原料にした（O）

3–7対の湾曲した側脈が目立つ

葉柄基部は線で繋がり、葉痕は膨らむ

葉柄は1.5–3㎝で微毛がある

裏

小枝は暗褐色で白い皮目が目立つ

ゴムカズラ

裏は葉脈の網目が顕著に見える。両面ほぼ無毛

裏

葉先が針状に急に短く尖ることが特徴

葉は薄く、側脈は斜めに出て2–3対

ホウライアオカズラ（栽培品）

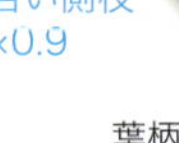
若い側枝
×0.9

葉柄は細く長く、枝とともに毛が多い

×0.7

多肉質で厚く、表は光沢があり毛が散生するかほぼ無毛

裏 ×0.7

葉柄や若枝は有毛

花序
花は半球〜球形につき美しい（7.6屋久H）

裏は斜上する毛が生える

サクララン ［桜蘭］

H. carnosa

常緑つる性草本（気根）**方**：チチクワシア、チバチラン **分**：九州南部〜先島諸島、大東。普通。庭木。**葉**：単葉／対生／全縁／長4–10㎝ **花**：白〜淡紅／径1.5㎝／散形花序は径5–7㎝／夏 **実**：緑〜褐／線形／長7–13㎝ ◆石灰岩地や沿海の林内に生え、高さ2–10mになり、岩から垂れる姿をよく見る。肉厚の葉と球形の花序が特徴。

岩場をはう姿（6.5国頭H）

葉は楕円形〜倒卵形で葉脈がやや目立つ

産卵に来たオオゴマダラ（6.12那覇植栽H）

×0.7

先は短く尖るか丸い

裏 ×0.7

主脈や葉柄は赤く色づくことも多い

両面無毛で裏はやや白っぽい

ホウライカガミ ［蓬莱鏡］

P. alboflavescens

常緑つる性草本〜木本（Z巻）**分**：喜界、徳之、与論、沖縄諸島〜先島諸島、大東。やや普通。生垣。**葉**：単葉／対生／全縁／長6–12㎝ **花**：淡黄／ほぼ通年 **実**：緑〜褐／長7–10㎝ ◆海岸近くの石灰岩地の林縁に生え、高さ2–5mになる。植物体に毒がある。日本最大級の蝶・オオゴマダラの食草で、そのための植栽も多い。

花と若い果実（6.29奥武島H）

キョウチクトウ科 Apocynaceae テイカカズラ属 Trachelospermum

オキナワテイカカズラ

［沖縄定家葛］

T. gracilipes var. liukiuense

常緑つる性木本（気根） **別**：リュウキュウテイカカズラ **方**：ジーカズラ、イシマチカンジャ、ブーガキ **分**：佐多岬、種子島〜先島諸島、小笠原。普通。**葉**：単葉／対生／全縁／長4–10㎝ **花**：白→淡黄／集散花序／初夏 **実**：赤〜褐／線形／長15–30㎝／秋〜冬

◆低地〜山地の林縁に生え、樹幹や岩に登るか地をはい、高さ0.5–10mほどになる。葉は菱形状の楕円形で、裏は葉脈の網目が目立つ。台湾、中国に分布するヒメテイカカズラの変種とされる。本州〜屋久島に分布するテイカカズラ T. asiaticum に比べ、花がやや小さく、花筒は長さ6–7㎜、萼片は長さ1–2㎜でいずれも1㎜前後短く、葉はやや広く、地をはう枝の葉もほとんど小型化しない。

花冠は5裂しよじれる（6.11 国頭 H）

地面をはった個体（5.14 那覇 H）

花期。木から垂れた枝（5.5 国頭 H）

長い袋果が2個ずつつく（12.5 西表 O）

葉形は広狭の変異がある

×1

葉柄や若枝は伏毛が少しある

両面無毛ですべすべした感触

裏

×1

裏は網脈まで明瞭に見える

裏

×1

葉裏や葉柄の毛 ×2

裏全体に毛があり、ふわっとした感触

裏 ×1

丸みの強い葉が比較的多い

枝や葉柄も毛が密生

ケテイカカズラ　［毛定家葛］

T. jasminoides var. pubescens

常緑つる性木本（気根）**分**：近畿〜九州、屋久、沖永、沖縄島、久米。稀。**葉**：単葉／対生／全縁／長4–8cm　**花**：白／初夏　**実**：長10–20cm　◆山地の林縁や林内に生える。オキナワテイカカズラに似るが個体数は少なく、葉裏や葉柄、若枝に毛が多く、萼片は5–6mmと長い。地をはう枝の葉は小さく、しばしば斑が入る。

葉（11.5うるま）幼形葉（6.25国頭H）

葉先はやや突き出る

葉はやや厚く、強い光沢があり、中央で谷折りになることが多い

裏は網脈まで明瞭に見える。両面無毛

裏

×1

枝は点状の皮目が目立つ。枝葉を傷つけると白い乳液が出る

インドゴムカズラ

C. grandiflora　［印度護謨葛］

常緑半つる性木本（1–3m・Z巻）**別**：オオバナアサガオ　**分**：アフリカ原産といわれる。生垣、公園樹、庭木。**葉**：単葉／対生／全縁／長7–10cm　**花**：淡紅紫／夏〜秋　**実**：緑〜褐／袋果／長約10cm　◆枝を長く伸ばし他物に絡む。葉は光沢が強く、樹液はかつてゴムの原料にされた。オーストラリアなどでは野生化し広がっている。

花は径5–9cm（5.11本部H）

アリアケカズラ　［有明葛］

A. cathartica

常緑半つる性低木（1–4m）**別**：アラマンダ　**分**：南アメリカ原産。庭木、生垣、街路樹、公園樹。**葉**：単葉／輪生（2–5枚）／全縁／長8(4)–15㎝　**花**：黄／径5–12㎝／春～秋　**実**：蒴果／表面に刺がありクリの毬状／結実は稀

◆琉球で多く植栽される代表的な花木。枝は塀や他の樹木に寄りかかるように長く伸び、花期が長いのでよく目立つ。葉は長い楕円形～狭い倒卵形で軟らかく、通常3–4枚が輪生し、ほぼ無毛で光沢が強いことが特徴。栽培品種が多く、一般に植えられている花や葉が大型のものをオオバナアリアケカズラ 'Hendersonii' と呼ぶこともある。他に、葉が小型で細い**コバノアリアケカズラ** 'Grandiflora'、花が小型のコバナアリアケカズラ 'Williamsii'、八重咲き品などの栽培品種がある。

塀から枝を垂らした樹形（6.12 那覇 H）

花と輪生する葉（6.12 那覇 H）

コバノアリアケカズラ（7.3 金武 H）

花筒部が長く、蕾は帯褐色（8.5 沖縄 H）

アリアケカズラ

表は明るい緑色で光沢が強く、無毛

×0.8

葉先は急に狭まって伸びて尖る

枝は無毛

裏は無毛か主脈上に少し毛があり、側脈はやや不明瞭

裏

コバノアリアケカズラ

×0.8

裏

葉は長さ4–6㎝前後で細い

アリアケカズラ類の葉柄はごく短い

ヒメアリアケカズラ

A. schottii ［姫有明葛］

常緑半つる性低木（0.5–1.5m）
分：ブラジル原産。庭木、公園樹。
葉：単葉／輪生（2–5枚）／全縁／長4–10㎝ **花**：黄／径3–5㎝／春～秋 **実**：球形／径2–3㎝／表面に刺／時に結実 ◆アリアケカズラより花、葉、丈とも一回り小型。花筒部はやや曲がる。葉は数枚が輪生し、裏の葉脈がよく見える。植栽は多くない。

花。蕾は褐色を帯びる（3.31 西原 H）

蒴果
（7.3うるま H）

×0.9

表はほぼ無毛。アリアケカズラより質はやや薄く、光沢は弱い

縁はやや波打つ

裏

若枝は微毛がある

葉裏の葉脈が顕著で、脈上や葉柄、葉縁に微毛がある

ムラサキアリアケカズラ

A. violacea ［紫有明葛］

常緑半つる性低木（1–4m） **分**：ブラジル原産。庭木、公園樹。**葉**：単葉／輪生（3–4枚）／全縁／長6–12㎝ **花**：赤紫～桃／径7–12㎝／夏～秋 **実**：結実は稀 ◆アリアケカズラに似るが、花はくすんだ赤紫色で、枝葉に毛が多いので見分けられる。葉はやや幅広い倒卵形で、ガサガサした質感。枝を長く伸ばし、他の木などに絡む。

花は中心部の色が濃い（6.12 那覇 H）

葉先は短く突き出て尖る

表は粗い毛が散生しざらつく

×0.9

縁に硬い毛が並び、微鋸歯状

枝も粗い毛が散生する

裏

裏は側脈がやや明瞭で、脈上に開出毛がある

ミフクラギ ［目膨木］

C. manghas

常緑小高木（3–8m）**別**：オキナワキョウチクトウ **方**：ミーフックヮー、フガ **分**：奄美群島～先島諸島、大東。やや普通。公園樹、街路樹、防風林。**葉**：単葉／互生／全縁／長10–25㎝ **花**：白／頂生の集散花序／夏 **実**：緑～赤紫／楕円形／長6–10㎝／夏～冬

◆沿岸部の林やマングローブ後背林に生え、植栽も多い。葉は細長く、互生だが枝先に集まり輪生状に見える。キョウチクトウより葉がやや薄く、中央より先側で幅広くなる点や、側脈の形状が異なる。果実は大きな楕円形で強い毒があり、和名は琉球の方言で「目膨れ木」の意味。外果皮がはがれた果実は繊維質で縦すじが目立ち、海流で散布されるので、海岸に漂着した果実を見る機会も多い。

葉先は急に狭まり尖る

縁はやや波打つことが多い

×0.7

裏 ×0.7

裏は葉脈が隆起する。全株無毛

海岸に漂着した果実
（4.26国頭 H）

花期の姿（6.22東 H）

花（6.22名護 H）

果実（8.25沖縄植栽 H）

先は次第に狭まり尖る

細かい側脈が多数平行に並ぶ

裏

葉はほぼ中央で幅が最大

×0.7

両面無毛。枝葉をちぎると有毒の白い乳液が出る

1カ所に3枚の葉がつく

紅花の八重咲き品
(6.26那覇H)

キョウチクトウ属 Nerium

キョウチクトウ ［夾竹桃］

N. oleander

常緑小高木（2–6m）**分**：インド～地中海沿岸原産。公園樹、庭木、街路樹。**葉**：単葉／3輪生／全縁／長7–25㎝ **花**：紅、桃、白など／春～秋 **実**：暗紫／袋果／長10–15㎝ ◆葉はタケのように細長く、ゴム質で側脈が整然と並び、3輪生する点で独特。栽培品種が多く、花色は多様で八重咲き品も多い。株立ち樹形で全株有毒。

白花の一重咲き品（6.7名護H）

×0.7

裏

表は光沢が強く、主脈が突出する

側脈は不明瞭

キバナキョウチクトウ属 Thevetia

キバナキョウチクトウ

T. peruviana ［黄花夾竹桃］

常緑小高木（2–6m）**分**：熱帯アメリカ～メキシコ原産。公園樹、街路樹、庭木。**葉**：単葉／互生／全縁／長8–16㎝ **花**：黄～黄橙／5弁／漏斗形／春～秋 **実**：緑～黒／菱形状／径3–4㎝ ◆葉はキョウチクトウよりずっと細い線形で、イヌマキに似るが光沢がより強い。夏期に黄花をちらほらつける。全株有毒で、植栽は多くない。

花（6.23）果実（11.17那覇H）

シマソケイ ［島素馨］

O. iwasakiana

常緑小高木（3–6m） **方**：ヤマフクン **分**：宮古、伊良部、石垣、西表。ごく稀。**葉**：単葉／輪生／全縁／長7–20㎝ **花**：白／春〜夏 **実**：橙黄／楕円形／長5–8㎝／春〜夏 ◆海岸近くの石灰岩地に生える先島諸島の固有種。熱帯に広く分布するO. oppositifoliaと同種とされたこともある。葉は広いヘラ形で先は丸く、3–6枚が輪生し、枝先に半円形の葉痕が残る。

若い果実（2.4西表 O）

葉は先の方が幅広い倒卵形で、先は丸いかやや凹む

×0.5

裏

側脈はほぼ直角に出て平行に並ぶ 両面無毛

枝先の葉痕（2.4西表 O）

サンユウカ ［三友花］

T. divaricata

常緑低木（1–3m） **分**：インド原産。庭木、公園樹。**葉**：単葉／対生／全縁／長7–15㎝ **花**：白／径3–5㎝／春〜夏 **実**：袋果／長約5㎝ ◆葉も花もクチナシに似て間違えやすいが、葉柄基部に托葉がないことが違い。八重咲きの栽培品種**ヤエサンユウカ** 'Flore Pleno'がよく植栽されている。

八重咲き（6.20） 一重咲き（6.12那覇 H）

側脈がしわになり、縁は波打つ

×0.6

裏

裏に葉脈は隆起する。両面無毛

葉柄基部 ×2 クチナシと異なり筒状の托葉はない

枝を切ると白い乳液が出る。クチナシは出ない

インドソケイ ［印度素馨］

P. rubra

落葉小高木（2–8m） **別**：オオバプルメリア **分**：熱帯アメリカ原産。庭木、公園樹。**葉**：単葉／互生／全縁／長20–50cm **花**：桃〜紅、白、黄、赤／径5–8cm／夏〜秋 **実**：紫褐／袋果／長10–20cmで細長い／結実は稀。◆葉は大型で細長く、先が尖り、枝先に集まる。栽培品種が多く、紅花品を**ベニバナインドソケイ**、白花品を**インドソケイ**（狭義）'Acutifolia' と呼ぶこともある。

葉先は次第に狭まり、よく尖る

紅花品（6.26那覇H）

×0.4

裏 ×0.4

表の光沢は弱い

側脈は裏に隆起し、縁近くで繋がる。両面無毛

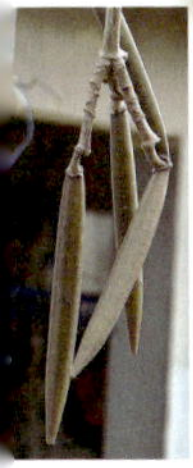

袋果（3.14 読谷H）

花。枝は太く少ない（6.18北谷H）

マルバプルメリア

P. obtusa ［丸葉Plumeria］

常緑小高木（2–5m） **分**：西インド諸島原産。時に庭木、公園樹。**葉**：単葉／互生／全縁／長10–30cm **花**：白／夏〜秋 **実**：結実は稀。◆葉はインドソケイに似るが、先が広く丸く、葉色が濃い常緑樹。琉球での植栽は少ない。本属は雑種や栽培品種が多く、総称でプルメリアと呼ばれる。

葉先は丸いか時に凹む

×0.4

裏

インドソケイより光沢が強くやや肉厚で、側脈が多少凹む

枝葉を傷つけると有毒の白い乳液が出る。インドソケイも同じ

葉裏脈沿いや葉柄は通常微毛がある

花はレイに使われる（7.14豊見城H）

チシャノキ ［蒿苣木］

E. acuminata var. obovata

落葉高木（5–20ｍ）**別**：カキノキダマシ　**方**：チサヌチ、ヌクヂリバー　**分**：中国地方、四国、九州～先島諸島。やや普通。先島諸島では稀。時に防風林、庭木。**葉**：単葉／互生／鋸歯縁／長5–18㎝　**花**：白／頂生の円錐花序／春～夏　**実**：黄橙～黒褐／径約5㎜／夏～秋

◆低地の石灰岩地の林に点在して生え、小さな白花を多数つけた姿が目立つ。葉は倒卵形～楕円形でカキの葉ほどの大きさで、表に短い剛毛があり、ややざらつく。樹皮は白っぽく、縦に浅く割れてはがれ、こちらもカキノキに似ており、カキノキダマシの別名がある。

花序（4.17糸満 H）

果実（11.17糸満 H）

樹形はややいびつ（1.18国頭 H）

樹皮は灰褐色で特徴的（国頭 H）

カキノキ類と異なり、縁は小さな鋸歯がある
×0.5
表面は伏した短剛毛が散生しざらつく

花（4.17糸満 O）

葉先は短く突き出る

裏 ×0.5

裏は葉脈が隆起し、脈腋や脈沿いに多少毛がある以外は無毛

海岸岩場では時に群生（4.21 粟国島 O）

花は散房状花序に密（4.21 粟国島 O）

マルバチシャノキ

E. dicksonii ［丸葉萵苣木］

落葉小高木（5–10m）**方**：ケーズ **分**：関東南部〜九州西部、種子島、トカラ列島〜先島諸島。やや稀。沖縄島はごく稀。公園樹、庭木。**葉**：単葉／互生／鋸歯縁／長8–20cm **花**：白／散房状花序／春 **実**：黄／径2cm前後／夏

◆海岸近くの岩場や低木林に生えるが、自生地は限られる。植栽や植栽から野生化したと思われるものもあり、純粋な自生と区別しにくい場合がある。チシャノキと比べ、葉は大きく厚く丸みがあり、表面は著しくざらつく。花序は散房状で、果実も大きく、小型のカキの実に似て目立つ。樹皮はコルク層が発達し深く裂ける。

公園樹の樹形（8.29 那覇植栽 H）

径約35cmの幹の樹皮（宮古 H）

×0.5

表面に剛毛が密にあり、著しくざらつく

葉はチシャノキより厚く広い楕円形

果実（7.16 渡名喜島 H）

裏 ×0.5

裏は細毛が密生し、葉脈が隆起して網目が目立つ

リュウキュウチシャノキ

E. philippinensis　［琉球萵苣木］

常緑小高木（5–10m）**別**：ヤエヤマチシャノキ　**分**：宮古、石垣、小浜、西表、鳩間、波照間。稀。**葉**：単葉／全縁／互生／長9–15㎝　**花**：白／集散花序／春～夏　**実**：橙～赤褐／径約4㎜　◆まとまった自生地は少ないが、低地の石灰岩地の林縁に点在する。葉は側脈が少なく無毛でカキノキ類にやや似ており、大きさ形とも変異が多い。

県道沿いに生えた個体（12.8石垣 O）

先はやや尖る

×0.5

裏

側脈は4–5対と少なく左右非対称で、両面にやや隆起する

裏の脈腋にダニ室状の穴がある

葉は卵形～楕円形で両面無毛

若い果実（2.2西表 O）

フクマンギ

E. microphylla　［福満木］

常緑低木（1–3m）**方**：ブブルギー　**分**：奄美群島～先島諸島。やや普通。庭木、生垣。**葉**：単葉／束生／鋸歯縁、時に全縁／長2–5㎝　**花**：白／腋生／春～夏　**実**：橙～赤／球形／夏～秋　◆海岸近くの石灰岩地の林に生える。葉は倒卵形で小さく、先半分に欠刻状の鋸歯があり、短枝に束生する。葉表、萼片、花柄には刺状の剛毛が多い。

裏 ×0.9

×0.9

先半分に不揃いの大きな鋸歯が数個ある

裏も剛毛が散生する

短枝に数枚の葉が束生する

表は全体に刺状の硬い剛毛が多く、著しくざらつく

枝を垂らす樹形（6.28那覇 H）

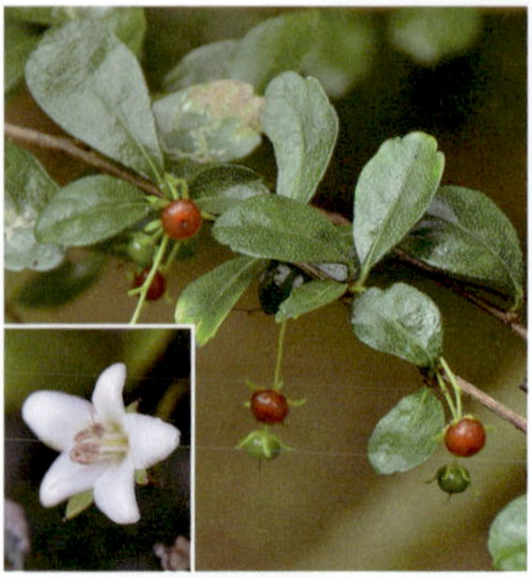

花（4.8与那国 O）果実（9.15那覇 H）

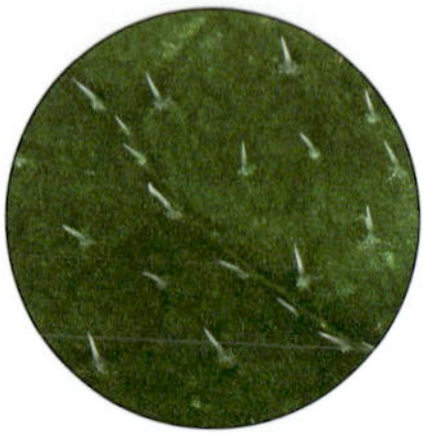

葉表の剛毛 ×5

葉先は突き出て鈍い
×0.5
葉先から半分〜2/3に不揃いな鈍鋸歯がある
裏
葉は広卵形でカキの葉ぐらいの大きさ
表は微細な鱗片がありざらつく
側脈は4対前後と少なく、脈腋や脈沿いに毛がある

カキバチシャノキ

C. dichotoma　　[柿葉萵苣木]

落葉小高木（4–10m）**別**：イヌヂシャ **分**：喜界、奄美、徳之、与論、沖縄島、石垣、西表。ごく稀。**葉**：単葉／互生／鈍鋸歯縁／長9–20㎝ **花**：淡黄／径約7㎜／集散花序／春 **実**：橙／径約1.2㎝／夏〜秋 ◆林縁や沢沿いに生え、人家近くにも見られる。葉はやや波打ち独特の鈍い鋸歯がある。果実は台湾で「樹子」と呼ばれ料理に使う。

葉（2.2西表）虫こぶ（1.24徳之島 O）

若い果実（1.6西表 O）

若木の葉は鋸歯が粗く尖る。成木の葉は鋸歯が低い

×0.5

裏

両面に粗毛が散生する

トゲミノイヌチシャ

[刺実犬萵苣]

C. aspera subsp. kanehirae

落葉小高木（4–8m）**別**：トゲミイヌヂシャ **分**：石垣、西表、魚釣。ごく稀。**葉**：単葉／鋸歯縁／互生／長10–30㎝ **花**：白／春〜秋 **実**：白〜半透明／長約1.3㎝ ◆自生地は数カ所のみ知られ、低地の林に生える。葉は長い卵形で薄く、しばしば粗い鋸歯がある。核果の種子にいびつな突起があることが名の由来。台湾にも分布。

集散花序は頂生（4.11西表 O）

モンパノキ ［紋羽木］

H. foertherianum

常緑低木（2–8m）**別**：ハマムラサキノキ **方**：ガンチョウギー、スーキ、ハマスーキ **分**：トカラ列島（小宝、宝）〜先島諸島、大東、小笠原。沖縄島以北ではやや稀。先島諸島では普通。防風林、庭木、公園樹、街路樹。**葉**：単葉／全縁／互生／長9–14㎝ **花**：白／頂生の集散花序／春〜夏 **実**：淡黄緑〜黄〜黒／径約5㎜／夏〜秋

◆海岸の砂浜や隆起石灰岩上にクサトベラなどと交じって生え、防潮・防風用に植栽されることも多い。普通は低木状だが、時に樹高10m近くに達する。葉はヘラ形で、枝先に集まって輪生状につく。両面に絹毛が密生し、木全体が青白く見えるので、よく似たクサトベラと区別できる。樹皮は灰褐色で縦に深く裂ける。花序はタコ足状になり、密に果実が並ぶ。熱帯アジア、太平洋諸島、オーストラリア、アフリカなどに広く分布する。

青い海によく映え、夏の日差しを遮る貴重な木陰をつくってくれる（9.5石垣 O）

果実（7.3恩納 O）

葉先は鈍いもの、丸いもの、やや尖るものなどがある

×0.5

裏は葉脈が隆起する

裏 ×0.5

両面に伏した絹毛が密生し、光って見える

葉裏 ×2

葉身基部は細くなって葉柄に流れる

径約5㎜の花が密につく（9.2石垣 O）

樹皮はコルク層が発達する（恩納 H）

葉先が大きく凹み軍配形になることが和名の由来

裏

葉裏の葉柄先端に1対の蜜腺がある

直線的な羽状脈が伸びる

×0.6

弱い光沢がある。枝葉とも無毛

グンバイヒルガオ ［軍配昼顔］

I. pes-caprae

常緑つる性草本（0.1–0.3m）**方**：アミフイバナ、ハマカンダ **分**：四国南部、九州南部〜先島諸島、大東。ごく普通。**葉**：単葉／互生／長3–10cm／全縁 **花**：紅紫／夏 **実**：扁球形／径約2cm ◆世界中の熱帯に広く分布する海流散布植物で、近年は本州でも開花個体が見つかっている。ハマゴウなどとともに海岸の砂地を広く覆う。

花（9.21 今帰仁） 蒴果（8.26 伊平屋 H）

葉先は尖るか鈍い

コダチアサガオの花
（9.18 読谷 H）

表面は微毛があり、光沢はない

×0.4

裏

葉身基部は丸く湾入する

枝を切ると有毒のアルカロイドを含む白い汁が出る

裏面も微毛があり、葉脈が隆起する

コダチアサガオ ［木立朝顔］

I. carnea subsp. fistulosa

常緑低木（1–4m）**別**：キダチアサガオ、キアサガオ **分**：熱帯アメリカ原産。琉球で稀に野生化。庭木、公園樹、街路樹。**葉**：単葉／互生／全縁／長15–25cm **花**：桃〜白／径8–12cm／夏〜秋 **実**：褐／蒴果／4裂 ◆本科では珍しい木本で、幹は立ち上がるか、やや地をはう。葉は長いハート形。世界中の熱帯で野生化している。

株立ち樹形になる（9.18 読谷植栽 H）

ノアサガオ ［野朝顔］

I. indica

常緑つる性草本（Z巻） **方**：アサガオ、アミフイバナ、ヤマカンダ **分**：伊豆諸島、紀伊半島、四国南部、九州南部～先島諸島、小笠原に自生または野生化。ごく普通。時に庭木。**葉**：単葉（稀に3裂）／互生／全縁／長6–15㎝ **花**：青紫～淡紅紫／ほぼ通年 **実**：球形 ◆低地の林縁によく生え、他の草木に登り高さ10mにも達する。葉はハート形。

花のピークは夏（3.13恩納H）

葉は草質で薄く軟らかく、表は伏毛が散生し、光沢は弱い

葉先は短く突き出て尖る

×0.6

ノアサガオ

※外来系統のノアサガオは時にオオバアメリカアサガオ I. learii に区別され、近年本土で野生化している

裏

基部は深く湾入する

裏は脈上などに伏毛がある

若枝や葉柄も伏毛が生える

モミジヒルガオ ［紅葉昼顔］

I. cairica

常緑つる性草本（Z巻） **別**：モミジバヒルガオ、モミジバアサガオ、タイワンアサガオ **分**：北アフリカ原産とされる。南西諸島や小笠原に野生化。普通。庭木、生垣、地被。**葉**：単葉（5–7裂）～掌状複葉／互生／全縁／径5–10㎝ **花**：淡紫～桃／通年 ◆林縁、道端、草地などに広く帰化している。葉は掌状に5全裂した独特の形。

つるは細く、一面を覆う（3.25沖縄H）

葉先は糸状の微突起がある

モミジヒルガオの花

（2.17南城H）

表は脈上に毛が散生するかほぼ無毛

モミジヒルガオ

×0.6

小葉柄はない

基部の小葉は小さく切れ込むことが多い

裏 ×0.6

裏はほぼ無毛

葉先は突き出てやや尖る。鋸歯はない
葉はやや厚く鈍い光沢がある
×0.9

花冠は5裂し、さらに先が2裂する（6.27大宜味 T.W）

ホルトカズラ ［ホルト葛］

E. henryi

常緑つる性木本（Z巻）**分**：鹿児島〜奄美群島、沖縄島、宮古、石垣。やや稀。**葉**：単葉／互生／全縁／長6–15㎝ **花**：白／径約1.5㎝／円錐花序／夏 **実**：黒／楕円形／長約2㎝／冬 ◆本科の自生種で唯一の木本。石灰岩地の林縁や岩場に生え、他の木や岩に登り高さ3–10mになる。葉はサネカズラに、果実はホルトノキに似る。

幹径約15㎝の大株（4.29嘉手納 H）

アツバクコ ［厚葉枸杞］

L. sandwicense

常緑矮性低木（0.2–1m）**別**：ハマクコ **分**：大東、小笠原。稀。**葉**：単葉／互生、束生／全縁／長1–3㎝ **花**：淡紫／葉腋に単生／夏〜冬 **実**：赤／球形／長約8㎜ ◆海岸の岩場に生育する。枝は褐色で稜があり、岩の上をつる状に伸びる。葉はヘラ形で肉厚、全体に粉白色を帯びる。ハワイ諸島にも分布する。同属で中国原産とされるクコ *L. chinense* は、北海道〜トカラ、奄美、沖永、沖縄島などに時に野生化し、落葉樹で葉は薄く長さ1.5–6㎝、琉球では畑のわきや道端で見られるが少ない。

果実は食べられる（4.18北大東 O）

葉裏 ×2
細かい腺点が密生する。全体無毛

ヤコウカ ［夜香花］

C. nocturnum

常緑低木（1–3m） **別**：ヤコウボク **分**：西インド諸島原産。庭木、生垣、公園樹。南西諸島や小笠原で野生化。やや普通。**葉**：単葉／互生／全縁／長6–20㎝ **花**：白～黄緑／円錐花序／春～秋 **実**：白／楕円形／長1㎝強／ほぼ通年
◆名の通り、花は夜になると強い芳香を放ち、辺りが甘い香りに包まれるほどで、ナイトジャスミンの英名もある。花は小さいが、細長い花筒があり、この香りで花粉を媒介するガを引き寄せている。琉球では庭木としてよく植えられる他、耕作地周りの石灰岩地や湿った林縁、谷沿いなどによく逸出し群生している。枝をややつる状に長く伸ばし、細長い葉を2列互生状につける。果実は純白色で、花とともに長期間見られるのでよく目につく。

川辺に逸出した群落（6.7名護 H）

花をつけた枝（8.22北中城 H）

花筒は細長い（8.22北中城 H）

果実と枝葉（3.15沖縄植栽 H）

若葉は両面に微毛がある

裏

小型の葉 ×0.8

枝ははじめ微毛があるが後にほぼ無毛

果実（10.7 恩納 H）

×0.7

裏

側脈は湾曲して葉先へ向かう

葉は草質で軟らかく、成葉は両面ほぼ無毛

ナガハスズメナスビ

S. diphyllum ［長葉雀茄子］

常緑低木（0.5–3m）**分**：メキシコ～中米原産。沖縄島などで野生化。やや普通。庭木。**葉**：単葉／互生／全縁／長2–11㎝ **花**：白／径1㎝弱／夏 **実**：黄～橙／径0.7–1.2㎝／夏～秋 ◆集落周辺の林縁などに生え、幹径5㎝にもなる。葉は楕円形～ヘラ形で大小の差が大きい。従来 S. spirale（キダチイヌホオズキ）とされていた。

果実はよく目立つ（11.9名護 H）

イラブナスビ

［伊良部茄子］

S. miyakojimense

常緑匍匐性低木（0.1–0.3m）**分**：宮古、伊良部、来間。ごく稀。**葉**：単葉／互生／波状縁／長1.5–7㎝ **花**：紫～白／径約1.2㎝／夏～冬 **実**：赤橙／径約1㎝ ◆海岸の岩場に生える。枝葉は刺が多く、星状毛で覆われる。かつて台湾～熱帯アジア産のテンジクナスビ S. violaceum とされたが、宮古列島の固有種として区別され、近年は台湾（蘭嶼）でも見つかっている。

樹形。幹は地をはう（4.6伊良部 O）

樹形（6.12那覇植栽 H）

花（6.28那覇 H）

ナガハスズメナスビ

×0.8

葉先は鈍い

枝はほぼ無毛で稜があり、しばしば黒紫色を帯びる

葉はやや薄い草質で、両面無毛

裏 ×0.8

縁は全縁で、しばしば波状

基部は葉柄に流れる

イラブナスビ

葉先は丸い

葉裏の星状毛 ×3

両面に星状毛が密生し、脈上に刺が出る

×0.8

裏

縁は波形

ヤンバルナスビ ［山原茄子］

S. erianthum

常緑低木（1.5–4m）**方**：ヤマタバク **分**：奄美群島〜先島諸島。沖縄島ではやや普通、それ以外では稀。**葉**：単葉／互生／全縁／長10–25cm **花**：白／径1.5cm前後／頂生の集散花序／ほぼ通年 **実**：黄〜橙／径約1cm／ほぼ通年

◆ナス科の日本産種では最大になる木本で、大きなものは樹高4m、幹径10cmにも達する。低地の林縁や道端に生え、全株に白いほこりのような星状毛が密生し、全体が青白く見える。スズメナスビとよく似るが、枝葉に刺はなく、葉に切れ込みがないので区別できる。国外では台湾、中国〜熱帯アジア、熱帯オセアニア、熱帯アメリカなどに広く分布し、樹高10mにも達するという。

樹高3m余りの個体（9.21今帰仁 H）

花（3.14読谷 H）

葉裏 ×3

裏は星状毛が多く密生し白く見え、ふわっとした触感。葉脈は突出する

裏 ×0.5

縁に鋸歯はなく、しばしばやや波打つ

×0.5

表も星状毛が散らばる

枝も星状毛が密生。刺はない

花序の星状毛（2.26今帰仁 O）

果実（9.21今帰仁 H）

径約8cmの幹。イボ状の皮目が点在する（H）

スズメナスビ ［雀茄子］

S. torvum

常緑低木（1–3m）**別**：セイバンナスビ **分**：西インド諸島原産。南西諸島などに野生化。沖縄島ではやや普通。時に食用や薬用に栽培。**葉**：単葉／互生／歯牙縁／長8–25㎝ **花**：白／集散花序／ほぼ通年 **実**：淡黄〜黒褐／径1–2㎝／ほぼ通年

◆世界中の熱帯に野生化しており、琉球でも市街地周辺の道端や原野、林縁、水辺などに野生化し、しばしば群生している。ヤンバルナスビに似て枝葉に星状毛が多いが、枝葉に刺があり、葉は大きな歯牙状の鋸歯または切れ込みがあるので区別できる。花柄は腺毛が密生する。タイでは「マクア・プアン」と呼ばれ、若い果実はグリーンカレーなどに欠かせない食材とされ、琉球でも稀に栽培されている。よく似たヤイマナスビ［八重山茄子］（セイバンナスビ）S. macaonense は、花が淡紫色で、花柄は星状毛のみで腺毛はなく、果実は径5–9㎜と小さく、葉はやや細いことが違いで、台湾、中国、フィリピンに分布し、八重山列島にも自生するとの情報もあるが定かではない。

空き地に生えた個体（8.23うるま H）

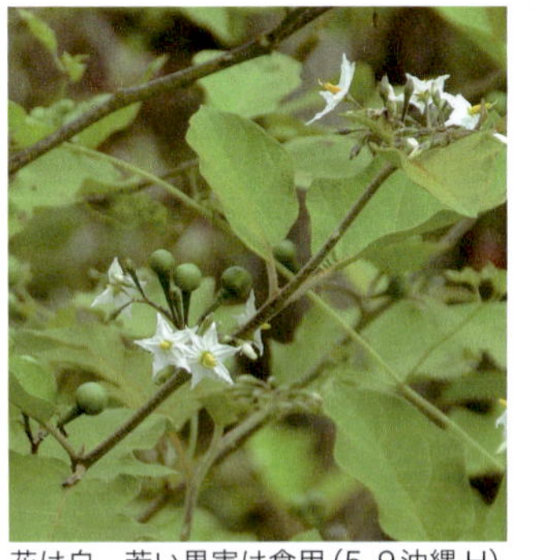
花は白。若い果実は食用（5.9沖縄 H）

深裂した葉 ×0.15
葉の大小や切れ込みの深さは変異が多い
×0.5
歯牙状の鋸歯または切れ込みが2–4対ある
表は星状毛が散らばり、しばしば葉脈上に刺がある
枝は星状毛や刺が多い
葉裏 ×2
裏 ×0.5
裏全体に星状毛が密生するが、濃淡は変異がある

果実（8.23うるま H）

幹は刺がある（北中城 H）

キダチチョウセンアサガオ

B. suaveolens ［木立朝鮮朝顔］

常緑低木（2–5m）**別**：オオバナチョウセンアサガオ、カシワバチョウセンアサガオ、エンジェルス・トランペット **分**：ブラジル原産。九州南部〜南西諸島などに野生化。奄美大島ではやや普通、それ以外はやや稀。庭木。**葉**：単葉／互生／全縁／長10–35cm **花**：白／花冠や萼は5裂／長20–35cm／春〜秋 **実**：褐／長9–12cm

◆琉球では庭木にされる他、集落近くの林縁や湿った場所に野生化している。下向きに咲くラッパ形の大きな花と、薄く大きな楕円形の葉が特徴。本属の植物は園芸分野でエンジェルス・トランペットとも呼ばれる他、かつてチョウセンアサガオ（Datura）属に含められたことからダチュラの名でも呼ばれ、類似種や雑種、栽培品種が多く、和名や学名が混乱している。琉球で野生化しているのは本種で、類似種に比べて葉の毛が少なく、鋸歯もない。また、花冠裂片の先は短くて反転せず、萼の先は5裂することが特徴。植栽されるものには、いずれも萼が裂けず仏炎苞状のコダチチョウセンアサガオ B. × candida、ピンクダチュラ（キダチチョウセンアサガオともいう）B. arborea、ニオイチョウセンアサガオ B. cornigera などがあり、花は淡黄、淡橙、白色が多い。いずれも有毒植物。

川岸に野生化した個体（11.11 国頭 H）

葉は大型で薄い（3.13 名護 H）

×0.5

表は全体に微毛があるか無毛に近い

葉は草質で軟らかい

葉先はやや尖る

裏

裏面脈沿いや葉柄は白い微毛が生える

縁はしばしば波打つが、鋸歯はない

葉裏の毛 ×2

花。緑色の萼の先は5浅裂する（3.13 名護 H）

小葉が広い葉
裏 ×0.7

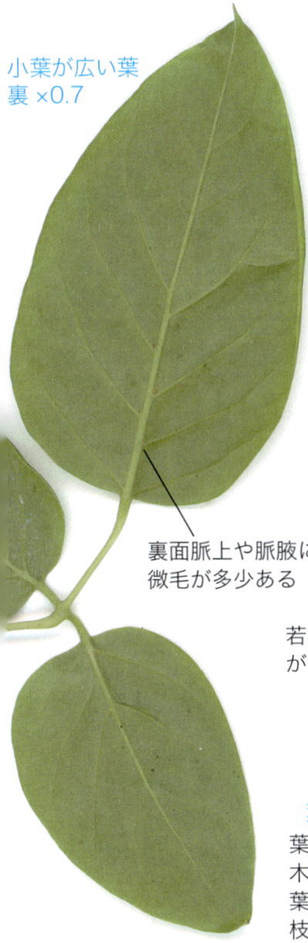

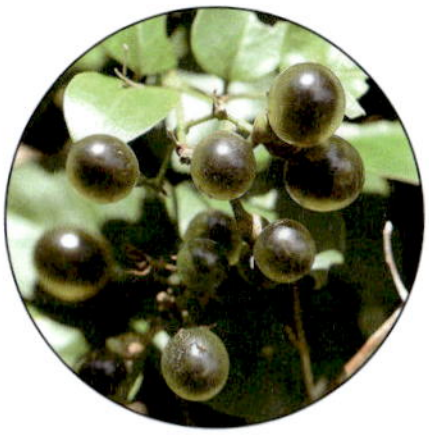

果実
果実は半透明に熟す（4.6宮古 O）

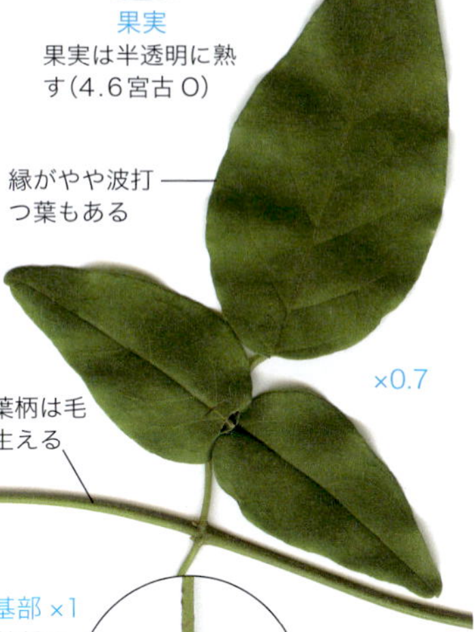

先はやや尖るか鈍い

縁がやや波打つ葉もある

裏面脈上や脈腋に微毛が多少ある

×0.7

若枝や葉柄は毛が密に生える

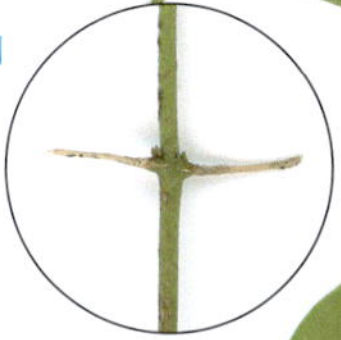

葉柄基部 ×1
葉柄の基部は木質化し、落葉後も刺状に枝に残る

×0.8

成木は先が丸い葉も多い

裏 ×0.8

両面無毛で裏は細点が散らばる

若木は葉先が尖る

若木の葉
×0.8

裏

針状に尖る鋸歯が1–3対出る

オキナワソケイ ［沖縄素馨］

J. superfluum

常緑つる性木本（Z巻）**方**：コオズ、マサシ **分**：喜界、沖永、徳之、与論、沖縄諸島、宮古列島、石垣、竹富、黒、西表。やや稀。**葉**：3出複葉／対生／全縁／頂小葉長4–8㎝ **花**：白／頂生の円錐花序／夏～秋 **実**：黒～半透明／液果／径約1㎝ ◆石灰岩地の岩場や林縁に生え、細いつるで他物に登り、高さ2–5mになる。小葉は卵形で、広狭は変異がある。

花（10.30国頭 A.S）葉（6.22大宜味 H）

イリオモテヒイラギ ［西表柊］

O. iriomotensis

常緑低木（2–3m）**別**：ヤエヤマヒイラギ **分**：西表島。稀。**葉**：単葉／対生／全縁、鋸歯縁／長2–6㎝ **花**：白／冬 ◆主に山地の尾根や稜線の風衝低木林に生える。葉は倒卵形～楕円形で厚く硬く、幼い個体は針状の鋸歯がよく出るが、成木の葉は全縁で円頭になることもある。屋久島以北のヒイラギ O. heterophyllus より葉も花も丈も小さく、葉形も異なる。

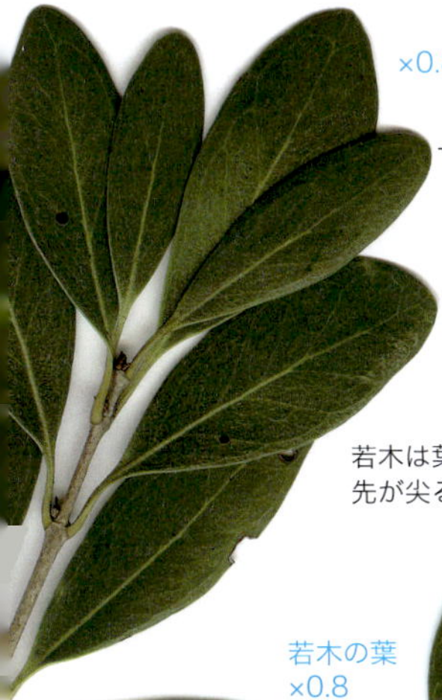

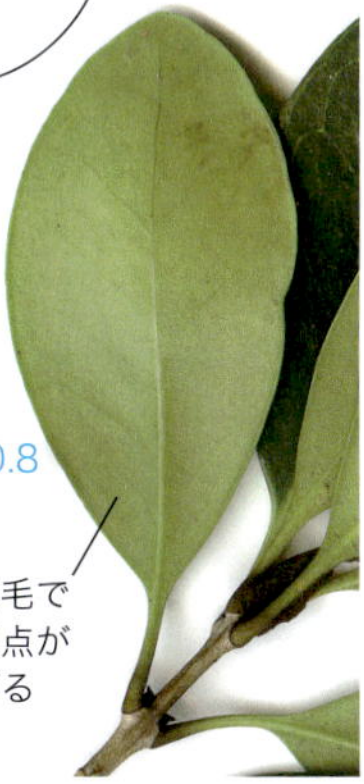

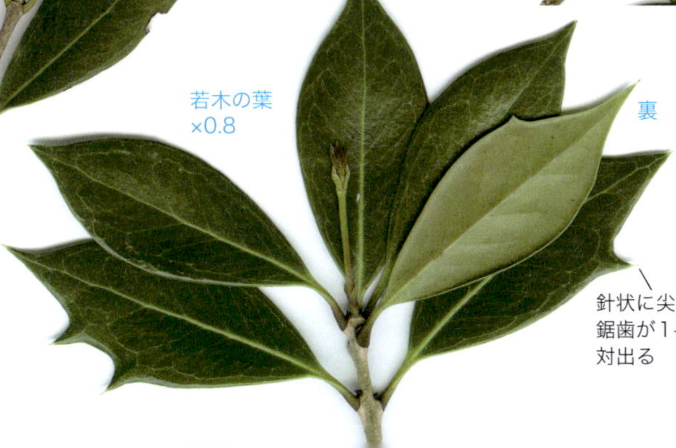

葉（4.10西表 O）

モクセイ科 Oleaceae モクセイ属 Osmanthus

リュウキュウモクセイ

O. marginatus ［琉球木犀］

常緑小高木（4–10m）**別**：マツダモクセイ **方**：ナタオレ、ナトリ、ナータルキ **分**：奄美群島〜先島諸島、大東。やや普通。**葉**：単葉／対生／全縁／長6–15cm **花**：黄白／腋生の集散花序／夏 **実**：黒紫／楕円形／長約2cm／秋〜冬

◆沿海地〜山地の林内に生え、石灰岩地や岩場に多い。古い枝や幹は灰白色。葉は長い楕円形で対生し、本属の中では最大級。よく似たシマモクセイより葉が幅広く、先は伸びず、葉縁が内側に少し反り、夏に開花することが違い。果実は大きく目立つ。

若葉（3.28名護 H）

若い果実をつけた枝（10.16西表 H）

果実（12.5西表 O）

花（7.13 大宜味 H）

樹皮は皮目が点在（国頭 H）

先は短く尖るかやや鈍い

裏 ×1

表は濃緑色で鈍い光沢がある。両面無毛

×1

主脈は表で凹み、裏に隆起する

裏は淡緑色で側脈はやや見える

葉身基部は葉柄に流れる

縁は裏側にわずかに反る

※幼木では粗い鋸歯が出ることがある

葉色はリュウキュウモクセイよりやや淡い

葉はリュウキュウモクセイより細い長楕円形で、葉先はより長く伸びて尖る

×1

裏 ×1

裏は側脈がやや見える。両面無毛

葉柄基部が紫色を帯びることが多い

シマモクセイ ［島木犀］

O. insularis var. insularis

常緑高木（5–15m）**別**：ナタオレノキ、ハチジョウモクセイ **方**：ナータルキ **分**：伊豆諸島、福井、山口、四国、九州~トカラ、奄美、徳之?、石垣、西表、与那国、小笠原。稀。**葉**：単葉／対生／全縁／長5–13㎝ **花**：白／秋 **実**：黒紫／長約2㎝ ◆山地に点在するが自生地は限られ、沖縄島には分布しない。リュウキュウモクセイに比べ、葉はやや小さく先が長く尖る。

枝葉（2.13 西表 O）

幼木の葉 裏 ×1

葉先は長く伸びて尖る

成木の葉は全縁

×1

幼い枝の葉は、硬く鋭い鋸歯がしばしば出る

ヤナギバモクセイ ［柳葉木犀］

O. insularis var. okinawensis

常緑小高木（3–5m）**別**：ヤナギバナタオレ **方**：ウヌハカギー **分**：奄美?、沖縄島。稀。**葉**：単葉／対生／全縁、時に鋭鋸歯縁／長5–9㎝ 幅1–3㎝ ◆シマモクセイの変種で葉がより細長く、かなり厚く硬く、幼木の葉は刺状の鋸歯がよく出る。自生地は限られ、山地の尾根などの林内に生える。

葉はヤナギのように細い（2.21 東 O）

ネズミモチ ［鼠黐］

L. japonicum

常緑低木（1–4m）**別**：タマツバキ **方**：サーターギー、サタギ、サターマガチ **分**：関東〜先島諸島。普通。公園樹、生垣、庭木。**葉**：単葉／対生／全縁／長3–10㎝ **花**：白／頂生の円錐花序／春 **実**：黒紫／楕円形／長1㎝弱／秋〜冬

◆海岸〜山地の林内や林縁に生える。枝や幹は灰白色で、粒状の皮目が目立つ。葉は楕円形〜卵形でモチノキに似るが、対生することが違い。琉球産個体は本土産個体に比べ、葉先が鈍い傾向がある。花序や若枝に微毛があるものは品種ケネズミモチ f. pubescens と呼ばれ、稀にある。変種**イワキ**（コバノタマツバキ、アマミイボタ）var. spathulatum は葉が厚く小さく先が丸く、枝に軟毛があるもので、トカラ列島（宝島）や奄美大島などに自生し、植栽もされる。ただし、これらはネズミモチとの差が連続的で、区別しにくいものも多い。

白い花を多数つける（4.21 粟国 O）

花期は枝先の花序が目立つ（5.2 読谷 H）

裏 ×1

側脈は不明瞭。中国原産のトウネズミモチは側脈が透けて見え、葉は一回り大きい

葉をちぎるとサトウキビに似た匂いがすることが、方言名サーターギー（砂糖木）の由来

×1

若枝は普通無毛

先は普通鈍い

表は主脈が凹んで目立つ。両面無毛

果実はネズミの糞に似る（1.19 那覇 H）

イワキに近い個体（3.3 恩納 H）

小型の葉 ×1

葉先は鈍いか尖る

裏 ×1

幼い個体では長さ1cm前後の葉も見られる

両面無毛で裏はやや側脈が見える

×1

花

(5.12恩納植栽 H)

若枝は細毛が密生する

葉柄は黒紫色を帯びることが多い

オキナワイボタ　[沖縄水蝋]

L. liukiuense

常緑小高木(1–10m) **別**:コバノタマツバキ　**方**:モクサ、ファグマ　**分**:奄美、徳之、沖縄島、石垣、西表。やや稀。時に庭木。**葉**:単葉/対生/全縁/長1–5cm　**花**:白/初夏　**実**:黒紫/球形　◆琉球の固有種で、山地林内や尾根に点在する。葉はネズミモチより薄く小さく、両端がやや尖った卵形。葉の大きさに変異があり、極端に小さな葉のみをつける個体もある。

蕾をつけた枝(5.4国頭H)

葉先は凹むか丸い

裏 ×1

若枝は微毛が密生

×1

両面無毛で光沢がある

花(4.8与那国 O)

枝先は硬くなり鋭い刺状になる

×1

生育環境(4.7与那国 O)

トゲイボタ　[刺水蝋]

L. tamakii

常緑匍匐性低木(0.2–0.5m) **分**:渡名喜、伊良部、与那国。ごく稀。**葉**:単葉/対生/全縁/長1–2cm　**花**:白/頂生の穂状花序/主に夏　**実**:黒　◆琉球の固有種で、海岸に近い風衝低木林に生える。クロイゲなどと混生し、岩場を覆うように匍匐して広がる。小枝の先が刺状になり、倒卵形～楕円形の葉が対生することが特徴。

樹形(10.23 与那国 O)

シマタゴ ［島田子］

F. insularis

落葉高木（7–20m）**別**：タイワンタゴ **方**：アオヤギ、ジンギ **分**：屋久、トカラ列島～沖縄諸島。やや普通。**葉**：羽状複葉（小葉2–3対）／対生／鈍鋸歯縁／小葉長7–17㎝ **花**：白／頂生の円錐花序／春 **実**：紅～褐／翼果／2–3㎝／秋

◆低地～山地の林に点在し、石灰岩地に多い。奄美大島の風衝地などでは群生もしている。琉球産樹木では数少ない明瞭な落葉樹で、秋にいち早く落葉し、春の新緑は黄緑色で爽やか。葉は本土産のヤマトアオダモなどに似るが、小葉が少なく無毛で、鋸歯が明瞭なことが特徴。大木にもなる。

小さな白花が密集する（3.30大宜味H）

花期は花序が白い球状に見え、遠くからも目立つ（3.30大宜味H）

若い翼果（5.29嘉手納H）

樹皮は白っぽく平滑（国頭H）

小葉は長卵形～長楕円形で、先は尾状に伸びて尖る

鋸歯はやや波打ち目立つ

×0.5

小葉は普通2対で、明瞭な小葉柄がある

葉裏は脈が隆起し細脈まではっきり見える。全体無毛

小葉 裏 ×0.8

シマトネリコ ［島梣］

F. griffithii

半常緑高木（5–10m） **別**：タイワンシオジ **方**：ウヌハカギー、ジンギウトゥ、コバナキ **分**：沖縄島、久米、石垣、竹富、西表。やや普通。庭木、街路樹、公園樹。**葉**：羽状複葉（小葉3–8対）／対生／全縁／小葉長3–10㎝ **花**：白／頂生の円錐花序／春～初夏 **実**：淡紅～褐／翼果／長2–3㎝／秋

◆低地～山地の林縁や谷沿いに点在し、台湾や中国～インドまで分布する。小葉は普通4–6対ほどで、小型で鋸歯はなく、葉脈が不明瞭なことがシマタゴとの違い。成木では小葉が大きく細長いものが多いが、幼木では小さな卵形で大きさが揃う。本土では涼しげな常緑樹として庭木、公園樹、観葉植物などに人気を博しているが、琉球での植栽はあまり多くない。本土の暖地では植栽個体から逸出したものもしばしば見られる。

花期の樹形（3.16西表 H）

花序（6.7名護 H）

小葉は卵形～長楕円形。基部は柄に流れ、しばしば左右非対称

表は濃い緑色で光沢があり無毛

×0.5

小葉 裏 ×0.7

裏は主脈基部に開出毛があるかほぼ無毛

裏

時に葉軸に狭い翼がつく

幼木の小葉は卵形～菱形状

幼木の葉 ×0.5

羽状複葉が対生することが、ハゼノキやサンショウ類との大きな違い

若い果実（5.6石垣 O）

樹皮は鱗状にはがれる（大宜味 H）

ミズビワソウ ［水枇杷草］

C. yaeyamae

常緑低木(1–3m) **分**:西表島。稀。**葉**:単葉/対生/鋸歯縁/長20–40㎝ **花**:白/筒形/腋生の集散花序/夏 **実**:白/円筒形/長1–2㎝ ◆山地渓流沿いの水際に生える西表島の固有種だが、フィリピン産種に含める見解もある。草本状で全体に軟らかく、茎は緑色でほとんど分枝せず、やや斜めに伸びる。葉は枝先に十字対生し、葉柄基部は茎を抱いて輪となる。

花期。茎は葉痕が目立つ(8.28西表 O)

この葉は鋸歯が目立たないが、明瞭な鋸歯がある葉も多い

×0.4

裏

側脈は多数あり、先は急に曲がって先端に伸びる

葉は大きな楕円形で、葉脈は裏に隆起する。両面無毛

ミズビワソウ

花(9.6西表 O)

果実(10.19西表 O)

ナガミカズラ ［長実葛］

A. acuminatus

常緑半つる性木本～草本(1–5m) **分**:西表島。ごく稀。**葉**:単葉/対生/全縁/長6–10㎝ **花**:緑～橙/2唇形筒型/腋生/秋～春 **実**:線形/長7–15㎝ ◆台湾や東南アジアに分布し、日本では西表島の最上流域1カ所で確認されている。葉はやや厚く光沢があり、先は短く尖る。花は筒型の花冠から柱頭と葯が長く突き出る。

垂直な岩場を覆う(4.10西表 O)

葉脈は不明瞭(4.10西表 O)

葉裏は灰白色(4.10西表 O)

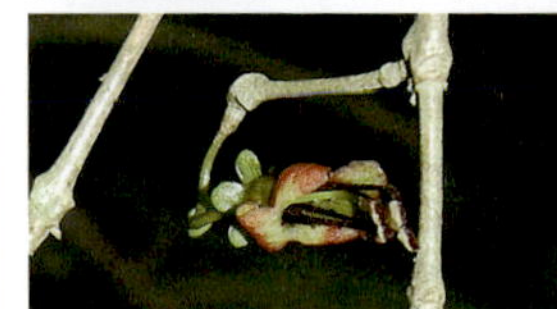
花(12.3台湾 M.Y)

ヤマビワソウ ［山枇杷草］

R. discolor

常緑亜低木（0.3–0.5ｍ）**分**：大隅半島〜奄美群島、沖縄島、久米、石垣、西表、与那国。普通。**葉**：単葉／互生／鋸歯縁／長 10–25 ㎝ **花**：白／腋生の集散花序／夏 **実**：白／球形／径約 6㎜／冬〜春 ◆山地の谷沿いや湿った林縁にしばしば群生し、冬は多数の白い果実がよく目立つ。茎は分枝せず、先端に葉が集まってつく。葉はやや曲がることが多く、表面はしわが多くざらつき、裏面は黄褐色の長綿毛が多い。奄美群島以南に分布する基準変種**ヤマビワソウ**（狭義）var. discolor に比べ、小花柄が短く花や果実が球状に集まるものを変種タマザキヤマビワソウ var. austrokiushiuense といい、主にトカラ列島以北に分布する。葉に欠刻が入るものは変種**キレバヤマビワソウ** var. incisum といい、沖縄島や八重山列島に稀にある。

ヤマビワソウ（狭義）の花（7.24 恩納 H）

ヤマビワソウ（狭義）果実（3.20 西表 O）

樹形（8.2 大宜味 H）

キレバ
ヤマビワソウ
×0.35
切れ込んだ大きな鋸歯がある。ただし、ヤマビワソウとの中間型もある
裏

縁は低い鈍鋸歯がある
×0.7
ヤマビワソウ（狭義）
裏 ×0.7
表は長軟毛がやや多く生える
裏は葉脈が隆起して目立つ
葉裏 ×2
裏は脈上などに黄褐色の長綿毛が多く生える

オオバコ科 Plantaginaceae ハナチョウジ属 Russelia

ハナチョウジ ［花丁字］

R. equisetiformis

常緑低木（0.5–2m）**別**：ルッセリア **分**：メキシコ原産。庭木、生垣、公園樹、法面緑化。**葉**：単葉（多くは鱗片状に退化）／対生、輪生／全縁、鋸歯縁／長0.1–2㎝ **花**：赤、稀に黄白、桃／筒状／長3㎝前後／通年 **実**：蒴果 ◆葉は退化して目立たず、緑色の茎が長く垂れる。斜面や岩壁の緑化に用いられ、時に野生状に見える。

花は丁字形で鮮やか（6.2読谷 H）

果実

ハナチョウジ

×1

葉

徒長枝では明瞭な葉が輪生することもある

枝の分岐点に鱗片状の葉がある

枝は緑色で4稜があり無毛

ゴマノハグサ科 Scrophulariaceae ハマジンチョウ属 Pentacoelium

ハマジンチョウ ［浜沈丁］

P. bontioides

常緑低木（1–2m）**方**：シューギ、ハマヒルギ **分**：三重、九州南西部、種子、奄美、加計呂麻、請、伊是名、沖縄島、石垣、西表。稀。庭木、公園樹。**葉**：単葉／互生／全縁／長6–12㎝ **花**：淡紫～白／冬～春 **実**：赤～褐／径約1㎝ ◆海岸の湿地や岩場、マングローブ林などに生え、海岸に植栽もされる。幹は太くなると横たわり、四方に枝を広げる。

湾内の水際に生えた個体（3.23住用 O）

葉先は尖る

×0.9

裏

ハマジンチョウ

葉はやや多肉質で光沢が強く、細い倒卵形～菱形状

側脈は不明瞭。両面無毛で微細な腺点が密生

葉身基部は葉柄に流れる

果実（3.23住用 O）

花は腋生。内部に紅紫色の斑点があるが色や模様に変異がある（1.31南城 H）

ウラジロフジウツギ

時に不揃いの鋸歯が出る

裏

綿毛や星状毛が密生して白く見える

×0.9

葉脈は表で凹み、裏に突出する

若枝は白い軟毛が密生し稜はほぼなく、フサフジウツギやフジウツギにある托葉状の付属体もない

葉脈は表で凹み、裏に突出する

×0.9

葉裏ははじめ星状毛がやや密生し、白っぽく見える

裏

成葉の葉裏は無毛に近くなる

若枝は星状毛が密生し４稜がある。托葉状の付属体はない

コフジウツギ ［小藤空木］

B. curviflora

落葉低木（1–2m）**分**：四国南部、九州南部〜トカラ、奄美。稀。**葉**：単葉／対生／全縁、時に鋸歯縁／長5–15㎝ **花**：紫／頂生の円錐花序／夏 **実**：狭卵形 ◆低地の林縁や海岸に生える。葉は先が長い卵形で、裏は緑白色で淡褐色の星状毛がある。葉裏に綿毛が密生し白いものを品種**ウラジロフジウツギ** f. venenifera といい、主に種子島以南に分布するものはこの型だが中間型もある。沖縄島は那覇で記録があるが現在は見られない。

ウラジロフジウツギの花(7.13屋久H)

トウフジウツギ ［唐藤空木］

B. lindleyana

落葉低木（1–2m）**別**：リュウキュウフジウツギ **分**：中国原産。庭木、公園樹。**葉**：単葉／対生／全縁、時に鋸歯縁／長5–10㎝ **花**：紫／細い円錐花序／夏 ◆枝に４稜があり、葉は細い楕円形〜卵形。那覇で逸出の記録もあるが見ない。

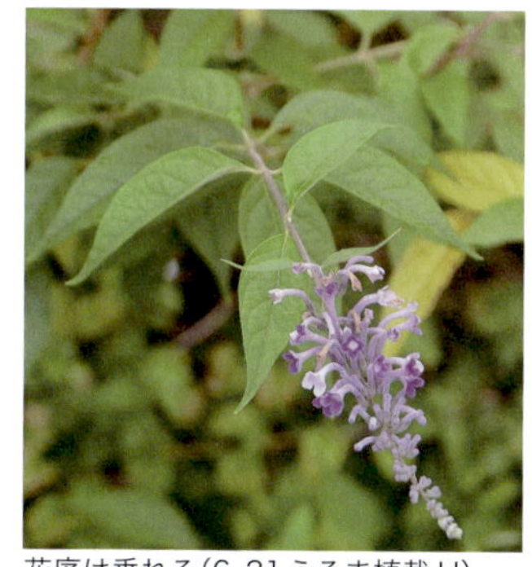

花序は垂れる(6.21うるま植栽H)

オオムラサキシキブ

［大紫式部］

C. japonica var. luxurians

半落葉低木（1.5–5m）**方**：タマグワーギ、ミミンガ、サルヌマタ **分**：関東南部～先島諸島。普通。庭木、公園樹。**葉**：単葉／対生／鋸歯縁／長8–20㎝ **花**：淡紅紫～桃／腋生の集散花序／初夏 **実**：紫／径3–5㎜／秋～冬

◆琉球全域の低地～山地に生え、果期には鮮やかな紫色の果実を多数つけて美しい。北海道～九州に分布するムラサキシキブの変種で、花序や葉が全体的に大きく、葉は光沢がある。琉球では冬も葉が残る個体が多いが、山地には葉がやや小型で完全に落葉するムラサキシキブに近い個体も見られ、葉の大小や、厚さ、光沢には変異が多い。本属はかつてクマツヅラ科に含められていた。

花序は大型で花も多い（7.21 恩納 H）

冬芽 ×2

淡褐色の星状毛で覆われる

大型の葉裏 ×1

葉先はやや伸びる

葉は菱形状の楕円形で、顕著な鋸歯がある

×1

はじめ両面に星状毛があるが成葉はほぼ無毛

冬芽は裸芽で白褐色の毛で覆われる

枝は皮目が散らばる

樹形（8.29 那覇 H）

果実はよく目立つ（12.15 大和 O）

オオシマムラサキ ［大島紫］

C. oshimensis var. oshimensis

落葉低木（1.5–4m）**方**：シュートンギ **分**：奄美、徳之。やや稀。**葉**：単葉／対生／鋸歯縁／長2.5–8㎝ **花**：淡紅紫～白／腋生の集散花序／夏 **実**：紫／径2.5㎜／秋～冬 ◆山地林内に点在する琉球の固有種で、オオムラサキシキブより葉、花序、果実とも小さく、葉裏は赤い腺点があり、小枝は星状毛が密生する。地域ごとに3変種に分けられ、基準変種のオオシマムラサキは奄美群島に固有で、葉は不揃いの粗い鋸歯があり、基部は三角形。

オキナワヤブムラサキ ［沖縄藪紫］

C. oshimensis var. okinawensis

落葉低木（1.5–4m）**別**：コゴメムラサキ **分**：沖縄島。稀。**葉**：単葉／対生／鋸歯縁／長2.5–8㎝ **花**：白～淡紅紫／夏 **実**：紫／秋～冬 ◆オオシマムラサキの変種で沖縄島に固有。葉の鋸歯が細かく揃っていることで区別される。

イリオモテムラサキ ［西表紫］

C. oshimensis var. iriomotensis

落葉低木（1.5–4m）**分**：石垣、西表、与那国。やや稀。**葉**：単葉／対生／鋸歯縁／長3–10㎝ **花**：淡紅紫～白／夏 **実**：紫／秋～冬 ◆オオシマムラサキの変種で八重山列島に固有。オオシマムラサキに似るが、葉先が伸びず鋸歯がより粗く大きく、基部が丸くなる。

オオシマムラサキの実（11.8湯湾岳O）

オキナワヤブムラサキの花。半開き状（6.12）果実（12.9与那覇岳H）

イリオモテムラサキ（10.16西表H）

基部は三角形

×1

先はやや伸びる

オオシマムラサキ

裏

鋸歯は粗く大きい

オオシマムラサキの葉裏 ×4

葉裏は3変種とも赤い腺点が全体にあり、脈上に星状毛がある

先はあまり伸びない

イリオモテムラサキ

×1

裏

鋸歯は粗く大きい

基部はやや丸い

ホウライムラサキ ［蓬莱紫］

C. formosana

落葉低木（1–4m）**分**：沖縄島。ごく稀。稀に庭木。**葉**：単葉／対生／鋸歯縁／長5–15㎝ **花**：淡紅紫～紫／腋生の集散花序／初夏 **実**：紫／径約3㎜／秋 ◆読谷村の低山の林縁に点在する。ムラサキシキブに似るが、葉はずんぐりした卵形で小じわが目立ち、裏や小枝は星状毛が多い。国外では台湾、フィリピンに分布する。

花（5.3）果実（10.16読谷 H）

葉脈は表で凹み、裏に突出する

裏 ×0.7

葉裏 ×3

葉先はあまり伸びない形が多い

×0.7

表は粗毛が散らばり、ざらつく

裏は黄褐色の星状毛と微細な腺点が多い

葉柄や若枝も黄褐色の星状毛が密生

ホソバムラサキ ［細葉紫］

C. pilosissima

落葉低木（2–5m）**分**：西表島。ごく稀。**葉**：単葉／対生／鋸歯縁／長10–20㎝ **花**：淡紅紫／腋生の散形花序／夏～秋 **実**：紫～白／球形／径約5㎜／秋～春 ◆2014年に山奥の渓流沿いの岩場で1個体発見された。幹は多数分枝し長く垂れる。葉は細長く、全株に直立した黄褐色の長毛が密生する。台湾、中国に分布。（島袋ときわ・加島幹男・阿部篤志・横田昌嗣・大川）

枝先5–6節に花序がつく（3.18西表 O）

葉は線形で先は長く伸びる

裏

葉は軟らかい質感

×0.5

葉の両面や枝に長毛が密生し、ふわふわした感触

枝と葉柄 ×2

イボタクサギ ［水蝋臭木］

V. inermis

常緑半つる性低木（1–3m） **方**：ガジャンギ、マンカホーギ、ミンミンガー **分**：種子、トカラ、奄美群島～先島諸島、大東。普通。**葉**：単葉／対生／全縁／長4–10㎝ **花**：白／腋生の集散花序／春～秋 **実**：褐／倒卵形／長1–1.5㎝

◆海岸林やマングローブ後背湿地、河口付近の砂泥地などによく生え、幹や枝はややつる状に長く伸びて広がる。葉は一見ネズミモチなどのイボタノキ類に似るが、葉脈がやや目立ち、ちぎるとクサギ類特有の臭いがあるので見分けられる。花は3個ずつ出て、細長い筒状で先は5裂し、4本の長い雄しべと1本の雌しべが突き出て目立つ。種子は海流で散布され、国外では台湾～オーストラリアなどに広く分布する。本種をクサギ属に含める見解もある。

やや地をはう樹形になる（5.19東 H）

花は長期間ちらほらと咲く。雄しべ雌しべともに紅紫色（3.21石垣 O）

×0.9

裏は微毛があるかほぼ無毛で、微細な腺点が全面にある

ネズミモチに似るが、葉はやや薄く、側脈が見えて裏にやや隆起する

裏

葉先はやや鈍い

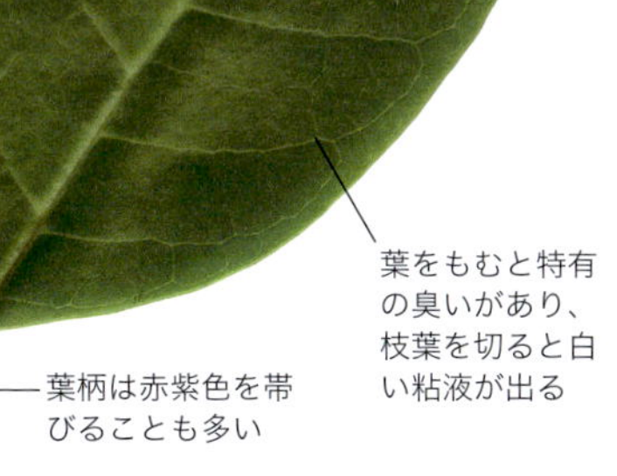

葉をもむと特有の臭いがあり、枝葉を切ると白い粘液が出る

葉柄は赤紫色を帯びることも多い

果実（1.31金武 H）

樹皮は白褐色（H）

シソ科 Lamiaceae クサギ属 Clerodendrum

クサギ ［臭木］

C. trichotomum

落葉小高木（2–8m）**方**：クサギバ、クサヂナ　**分**：北海道～先島諸島。普通。**葉**：単葉／対生／全縁、時に鋸歯縁／長10–20㎝　**花**：白／頂生の集散花序／夏～秋　**実**：青紫・紅（萼）／径6–8㎜／秋～冬

◆低地～山地の林縁に生え、葉をもむと臭いことが名の由来。葉は大きな三角形～卵形で、葉形や毛の量は変異が多く、成木は全縁だが若木では鋸歯が出ることが多い。本土に広く分布する基準変種**クサギ**（狭義）var. trichotomum に対し、南日本や琉球では、葉裏や若枝に毛が多く、花序が短く、萼裂片がやや細い変種**ショウロウクサギ**（ショウロクサギ）var. esculentum や、葉裏や若枝の毛がごく少なく、葉表の光沢が強く、花が疎らにつく変種**アマクサギ** var. fargesii が多く分布する。しかしこれら3変種の境は連続的で、区別しない見解もあり、琉球各島での正確な分布状況は定かではない。本属はかつてクマツヅラ科に含められていた。

花（11.27沖縄 H）

花は長期に渡ってちらほらと咲く（8.5大宜味 H）

果実。琉球では疎らにつくことが多い（1.19那覇 H）

×0.5

ショウロウクサギ

裏

もむと特有の臭いがある。葉の広狭、鋸歯の有無、毛の量などは変異がある

表は脈上を除きほぼ無毛

アマクサギ

若木の葉 ×0.5

葉裏 ×1.5

脈上は微毛が多少あるか、ほぼ無毛

クサギ（狭義・神奈川県産）の葉裏 ×1.5

脈上や若枝は軟毛がやや多い

若枝も毛が少ない

若枝も毛が密生

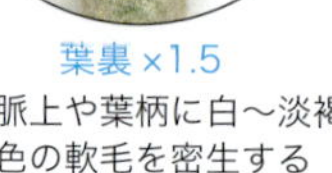

葉裏 ×1.5

脈上や葉柄に白～淡褐色の軟毛を密生する

花
(6.3那覇 H)

×0.35

葉は薄く、表は毛が散生する

基部は深く湾入する

角張った鋸歯が並ぶ

裏

葉柄は長く、若枝とともに細毛がある

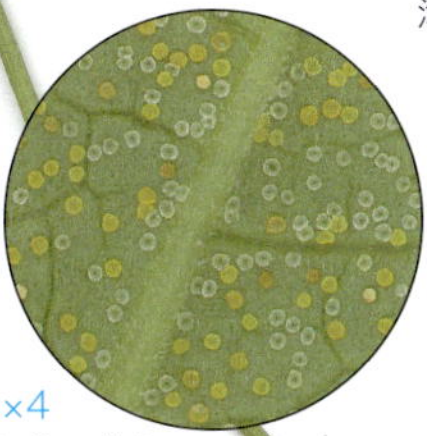

葉裏 ×4
裏面全体に黄色～半透明の腺点が散らばり、脈上に細毛がある

ヒギリ ［緋桐］

C. japonicum

落葉低木（1–3m） **別**：トウギリ **方**：キリ、チリントー **分**：中国～インド原産。九州南部～南西諸島、小笠原で野生化。庭木、公園樹。**葉**：単葉／対生／鋸歯縁／長17–40㎝ **花**：赤／頂生の散房花序／夏 **実**：青黒／径1㎝弱 ◆林縁などに野生化し、しばしば群生する。葉は大型で丸みの強いハート形。枝の分岐が少ない独特の樹形。

花期はよく目立つ（6.22大宜味 H）

葉先や鋸歯は鈍い

×0.5

表は毛が散生し、もむとミントと魚肉ソーセージを混ぜたような匂いがある

裏は脈上などに長い腺毛が多く、やや粘る

裏

基部は深く湾入する

枝は4稜があり、葉柄との境に褐色の突起物がある

フブキバナ ［吹雪花］

T. riparia

常緑低木（0.5–2m） **別**：メイフラワー **分**：南アフリカ原産。庭木、公園樹。**葉**：単葉／対生／鈍鋸歯縁／長7–18㎝ **花**：淡紫／長30㎝前後の円錐花序／早春 ◆近年普及した花木で、沖縄島では2～3月に開花し、吹雪を連想する細かい花がよく目につく。葉は円形に近い広卵形で特有の芳香がある。根元で分岐し不揃いな樹形。

花の形はシソに似る（2.18読谷 H）

タイワンウオクサギ

P. serratifolia　［台湾魚臭木］

常緑小高木（4–8m）**別**：シマウオクサギ　**方**：フーバムィズィギ、ヤマトゥクワギ、フサラーキ　**分**：奄美群島～先島諸島。やや稀。**葉**：単葉／対生／全縁、幼木は鋸歯縁／長6–18㎝ 幅4–12㎝　**花**：淡緑／頂生の集散花序／晩春～夏　**実**：黒／球形／径5–7㎜／夏～秋

◆海岸近くの林縁に点在する。クサギに比べ、葉はやや小型で厚く光沢があり、ほぼ無毛で、臭気はあまりない。同属のルソンハマクサギと異なり、葉は乾いても黒変しない。花序は平面状に広がり、多数の小さな花をつける。

花はチョウがよく集まる（6.23那覇 H）

果実は順次黒熟する（8.18読谷 H）

花弁は淡緑色（4.6伊良部 O）

幼木の鋸歯縁の葉（那覇 H）

葉先は急に尖るか鈍い

×0.5

表は無毛で光沢がある

葉身基部はやや湾入するか丸い

若い個体ではしばしば鋸歯がある

若木の葉 ×0.5

裏

葉は卵形～楕円形、やや歪んだ形など変異がある

葉柄の上面や若枝は毛が少しあるか、ほぼ無毛

裏

裏は脈腋に少し毛があるか、ほぼ無毛

樹皮は淡褐色でやや裂ける（屋我地 H）

表面は光沢がある

花

花弁下側裂片の基部が黄色いことも特徴（3.26石垣 O）

×0.6

若木などは鋸歯のある葉も交じる

若枝や葉柄は毛が多少あるか無毛

琉球のものは葉をもんでもあまり臭気はない

裏 ×0.5

裏は脈腋や脈沿いなどに毛があるか無毛

ルソンハマクサギ

P. nauseosa ［呂宋浜臭木］

常緑小高木（5–10m）**別**：ルゾンクサギ **分**：石垣、西表。ごく稀。**葉**：単葉／対生／全縁、時に鋸歯縁／長8–17㎝ **花**：淡緑／春 **実**：黒／径約5㎜／秋 ◆低地の林縁などに点在。タイワンウオクサギに似るが、幹は普通直立し、あまり横に広がらず、葉はやや薄く長楕円形、乾くと黒変する。台湾、フィリピンにも分布する。

集散花序が頂生する（4.29石垣 O）

奄美大島産 ×0.6

成葉は菱形状でほぼ全縁

裏

葉形に変異が多く、幼木の葉は極端に小さく、欠刻状の鈍鋸歯が出る

裏

若葉や若枝はしばしば有毛だが、成葉はほぼ無毛

幼木の葉 ×1

ハマクサギ

［浜臭木］

P. microphylla

落葉小高木（2–10m）**分**：近畿〜九州、種子、屋久、奄美。やや稀。**葉**：単葉／対生／全縁、粗鋸歯縁／長4–14㎝ **花**：淡黄 **実**：黒紫 ◆海岸近くの林に生える。奄美大島の個体は成葉にほとんど鋸歯が出ず、葉の臭気があまりないなど、屋久島以北のものと少し異なり、これを基準変種タイワンハマクサギ var. microphylla とし、屋久島以北産を変種ハマクサギ（狭義）var. japonica とする見解もある。

若葉（4.10 龍郷）花（5.19徳島県 O）

ハマゴウ ［浜荊］

V. rotundifolia

落葉匍匐性低木（0.2–0.7m）**方**：ホーガーギー、ガザンギー **分**：本州〜先島諸島、大東、小笠原。普通。**葉**：単葉／対生／全縁／長3–8㎝ **花**：淡紫／頂生の円錐花序／夏 **実**：褐〜黒藍 ◆海岸の砂地や岩場に生える。幹は四方に長くはい、枝が立ち上がり葉を十字対生につける。葉は両面に軟毛が多く、特に裏面は密生し白く見える。

花（8.24石垣O）果期（9.20今帰仁H）

ミツバハマゴウ ［三葉浜荊］

V. trifolia

落葉低木（1–5m）**別**：タチハマゴウ **方**：ホーギ、ホーガギー **分**：トカラ列島（平、宝）〜先島諸島。やや稀。庭木、公園樹。**葉**：3出複葉・単葉／対生／全縁／頂小葉長3–8㎝ **花**：淡紫／春〜秋 **実**：褐〜藍 ◆海岸近くの低木林の林縁やマングローブ林陸側に生える。葉は普通3出複葉だが単葉も多い。ハマゴウと異なり幹は立ち上がる。

花（5.29 那覇）果実（10.15石垣H）

表は微毛が密生し灰緑色

裏

×0.9

裏は白い短毛が密生する

葉柄は1㎝以下で短い

ちぎると強い芳香がある

若枝は4稜があり微毛が密生する

頂小葉は倒卵形で、表は微毛がある

3出複葉
×0.9

小葉の基部は細くなり、柄はほとんどない

葉柄は1–2㎝でハマゴウより長く、若枝とともに軟毛が密生する

裏は軟毛が密生し白い

単葉
裏 ×0.9

ヤエヤマハマゴウ

V. bicolor [八重山浜荊]

常緑低木（2–5m）**方**：ガザンギ **分**：沖縄島、先島諸島。稀。**葉**：掌状複葉（小葉5–3枚）／対生／全縁／頂小葉長6–10㎝ **花**：淡紫／頂生の円錐花序／夏〜秋 **実**：黒藍／径約5㎜ ◆海岸近くの数カ所に自生する。小葉は通常5枚だが3枚の葉も交じり、ミツバハマゴウに似るが、小葉に明らかな柄があるので見分けられる。

葉（2.16西表 O）

オオニンジンボク [大人参木]

V. quinata

常緑高木（3–15m）**分**：石垣、西表。ごく稀。**葉**：掌状複葉（小葉5枚）／対生／全縁または鈍鋸歯縁／頂小葉長6–14㎝ **花**：淡黄／頂生の円錐花序／初夏 **実**：暗赤〜黒／球形／径約5㎜／夏 ◆山地林内やヤエヤマヤシ林内など数カ所の自生地が知られ、普通成木と1m 程度の幼木が数本まとまって見られる。葉は薄い。台湾や熱帯アジアにも分布する。

若葉（4.9西表 O）

×0.7

花（9.7西表 O）

裏

明瞭な小葉柄がある

裏は短毛が密生し白く見える

基部の小葉は小さく、時に欠いて3出複葉になる

小葉は楕円形〜卵形で、先はやや伸びて尖る

虫に食べられている葉が多い

×0.5

裏面脈上や葉柄に微毛がある他はほぼ無毛

小葉は長い柄がある

小枝も毛は少ない

花と若い果実
（6.26西表 M.K）

小葉
裏 ×0.5

ヒルギダマシ　［蛭木騙］

A. marina

常緑低木（1–4m）**方**：カネプシ　**分**：沖縄島、屋我地（以上野生化）、宮古、伊良部、石垣、小浜、西表。やや稀。**葉**：単葉／対生／全縁／長4–8㎝　**花**：黄／径5㎜前後／夏　**実**：緑白～淡黄／卵円形／長1.5–3㎝／細毛密生／秋

◆マングローブ林の前方（海側）に生え、普通樹高2m以下で矮性化し、枝を地際で横に広げ、幹の周辺から多数の針状の呼吸根（筍根）を出す。同じく針状の呼吸根を出すハマザクロに比べると、呼吸根は細く軟らかい。葉は倒卵形～楕円形で、裏は粒状毛に覆われ白っぽいことがよい区別点。本種が本来自生しない沖縄島や屋我地島では、植樹された個体が急激に分布面積を広げ、国内移入種として駆除も行われている。太平洋諸島～熱帯アジア～東アフリカにかけて広く分布し、熱帯では高木になる。

ミナミコメツキガニが多いマングローブ林の最前線で見られる（12.7西表 O）

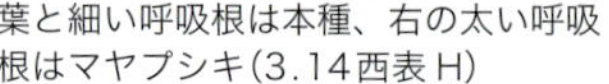

葉と細い呼吸根は本種、右の太い呼吸根はマヤプシキ（3.14西表 H）

野生化した大群落（5.7うるま H）

裏

葉の両面に微細な塩類腺が散在し、塩分を排出して白く固まることがある

葉柄基部の上側に毛がある

側脈は表にやや隆起し、先端は隣の側脈と結合する

×1

向かい合う葉柄と枝は繋がり、間から次の枝が出る

葉先は鈍い

裏×1

裏は粒状毛が密生し白褐色。脈はやや不明瞭

花

小さな花を頭状花序に数個つける（7.1うるま H）

キツネノマゴ科 Acanthaceae イセハナビ属 Strobilanthes

アリサンアイ ［阿里山藍］

S. flexicaulis

常緑亜低木（0.5–2m）**別**：セイタカスズムシソウ **分**：沖縄島、石垣、西表。やや稀。**葉**：単葉／対生／鋸歯縁／長4–20cm **花**：淡紫～白／長約3cm／冬～春 **実**：長2cm前後 ◆山地の湿った場所に群生し、草本状だが幹は木化する。コノハチョウの食草。よく似たオキナワスズムシソウ S. tashiroi は丈約50cmの草本で葉も小さく裏は有毛。

花と葉（2.13 嘉津宇岳 H）

葉裏の脈上に線状の結晶体がある以外はほぼ無毛。オキナワスズムシソウは短毛がある

裏

×0.7

裏は白みを帯び、葉脈の網目がよく見える

葉の大小差が大きく、花のつく枝では小型、つかない枝では大型

葉身基部は葉柄に流れる

蒴果
（3.13 嘉津宇岳 H）

ヤハズカズラ属 Thunbergia

ベンガルヤハズカズラ

T. grandiflora ［Bengal矢筈葛］

常緑つる性木本（Z巻）**分**：インド～東南アジア原産。南西諸島などで稀に野生化。公園樹、生垣、庭木、壁面緑化。**葉**：単葉（3–7浅裂状）／対生／歯牙縁／長10–20cm **花**：淡紫～白／径5–9cm／通年 **実**：褐／蒴果／先2裂／径2cm弱 ◆パーゴラなどに植栽され、つるは高さ10mにも登り木質化する。葉は通常三角形状。

花期（4.5 那覇植栽 H）

太いつる
樹皮は淡褐色で節が膨らむ（浦添植栽 H）

×0.7

裏

葉は硬くざらつき、通常は両面とも毛はほとんどない

基部はやや心形で3–5（7）脈が出る

基部に1–3対の大きな歯牙が普通ある。稀にほぼ全縁

コダチヤハズカズラ

T. erecta ［木立矢筈葛］

常緑低木（0.5–2ｍ）**別**：キンギョボク **分**：熱帯アフリカ原産。庭木、公園樹、生垣。**葉**：単葉／対生／全縁、時に鈍鋸歯縁／長3–8㎝ **花**：紫、稀に白／径3–5㎝／ほぼ通年 **実**：褐／蒴果／くちばし形 ◆小型の花木で、花筒が曲がったラッパ形の花をぶら下げ、よく目につく。葉は楕円形〜卵形で葉柄はごく短く、縁は細かく波打つ。

ムラサキヤハズカズラ

T. affinis ［紫矢筈葛］

常緑半つる性低木（0.5–3ｍ）**別**：ツンベルギア **分**：熱帯アフリカ原産。南西諸島や小笠原で稀に野生化。生垣、庭木、公園樹。**葉**：単葉／対生／鈍鋸歯縁〜全縁／長3–12㎝ **花**：紫、稀に白／径4–8㎝／ほぼ通年 **実**：蒴果 ◆コダチヤハズカズラに似るが、葉は目立つ鈍鋸歯が数個あり、花はより大きく、幹はあまり自立せず半つる状になる。本属は世界の熱帯〜亜熱帯に100種以上が分布し、総称でツンベルギアと呼ばれ、琉球でも他に数種が植栽されている。**ヤハズカズラ** T. alataは熱帯アフリカ原産のつる性草本で、花は黄〜橙色で中心は黒く、葉は矢筈形で、小笠原では野生化している。マイソルヤハズカズラ T. mysorensisはインド原産のつる性草本〜木本で、黄と暗赤色の花が総状にぶら下がり、葉は長卵形で3脈が目立つ。

花（5.12恩納植栽 H）

花は長期間見られる（10.11那覇 H）

縁は細かく波打ち、鋸歯は普通ない

×1

表の主脈上に微毛があるか両面ほぼ無毛

蕾

葉先はよく尖る

裏 ×1

コダチヤハズカズラ

縁は1–2対の歯牙状の鈍い鋸歯がある

芽は褐色の毛が多く、葉柄や若枝も時に有毛

枝は4稜がある

大型の葉 ×0.9

※植栽個体の葉は小型だが、野生化した個体ではかなり大きな葉もある

ムラサキヤハズカズラ

葉先はやや鈍い

表は主脈上に微毛がある。裏は無毛

裏

×1

ヤハズカズラの花と葉（5.12大宜味植栽 H）

野生化した群落。花にはチョウがよく訪れる（11.4読谷 H）

花は細長い筒状で先は5裂する（10.9読谷 H）

ベニツツバナ ［紅筒花］

O. strictum

常緑低木（1–2m）**別**：オドントネマ、ファイヤースパイク **分**：メキシコ～中央アメリカ原産。南西諸島などで野生化。生垣、庭木、公園樹。**葉**：単葉／対生／全縁／長10–30㎝ **花**：赤／頂生の円錐花序で長20–30㎝／夏～冬 **実**：褐／蒴果／こん棒形／長2㎝前後

◆植栽もされるが、人里近い林縁や湿った林内などに逸出し、群生している姿がよく目につく。花は秋～冬にピークを迎え、深紅の筒状の花を多数つけ、花の少ない季節に目を引く。茎は直立し、葉は大きな楕円形。花がないと一見アカネ科の樹木にも見えるが、托葉がなく、葉も茎もやや草質なので見分けられる。

葉先は短く突き出て尖る
×0.5
葉はやや薄く、表は無毛でやや光沢がある
裏 ×0.5
縁はしばしば波打ち、時に鈍鋸歯状に見える
葉身基部は葉柄に流れる
裏は葉脈が隆起し、脈沿いに微毛が生える
茎は緑色で毛はなく、やや草質

葉柄基部
対生する葉柄の間にアカネ科のような托葉はない。茎に白い縦線や皮目状の模様がある

初夏の姿（6.8今帰仁 H）

コガネノウゼン ［黄金凌霄］

H. chrysotrichus

落葉小高木（4–10m）**別**：キバナイペー **方**：イペー、イッペイ **分**：コロンビア～ブラジル原産。公園樹、街路樹、庭木。**葉**：掌状複葉（小葉5枚、稀に3枚）／対生／鋸歯縁、時に全縁／頂小葉長5–12cm **花**：黄／長6–7cm／春 **実**：褐／蒴果／長12–25cm／夏

◆春の展葉前に鮮やかな黄花をつけ、よく目立つ。原産地では樹高15mになるというが、琉球では通常10m以下。葉裏や若枝、萼、果実などに黄褐色の粗い毛が多いので見分けやすい。琉球では一般に「イペー」と呼ばれていることも多いが、植物学では次ページのピンクの花をつける別種を本来のイペーとすることが多く、混同されている。本種やイペーは、従来はタベブイア属やテコマ属に含められることが多かった。

花期の樹姿（4.7読谷 H）

花は枝先に散形状につく（3.7読谷 H）

裂けて種子を出す蒴果（6.12那覇 H）

樹皮はやや深く縦裂する（読谷 H）

普通は小葉の先半分に低い鋸歯があるが、時に全縁

×0.8

先はやや突き出て尖るか鈍い

小葉は倒卵形で広狭はやや変異がある

両面に黄褐色の粗い星状毛が多く、ざらつく

基部の小葉は小型で柄も短い

若枝や芽、葉柄は黄褐色の粗毛が密生する

裏 ×0.8

葉裏 ×3

街路樹の樹形（6.26 那覇 H）

落葉期に花が咲く（11.3 読谷 H）

イペー [Ipe]

H. impetiginosus

落葉高木（5–20m） **別**：イッペイ、アカバナイペー、パウダルコ **方**：ピンクイペー、ムラサキイペー **分**：南アメリカ原産。街路樹、公園樹、庭木。**葉**：掌状複葉（小葉5枚、時に7枚）／対生／鋸歯縁、稀に全縁／頂小葉長7–22cm **花**：桃～紅紫／秋～春 **実**：長10–50cm

◆「イペー」はブラジルの国花に選定されており、本来は本属やタベブイア属の複数種を指す総称といわれ、類似種が多く混乱がある。本種の花はピンク～紅紫色で、秋や春先にかたまって花を咲かせ美しいが、琉球では開花する株が少ない。より淡いピンク色の花をつけるモモイロノウゼンが「ピンクイペー」「モモイロイペー」などと呼ばれ、本種と混同されている場合もある。また、黄花をつけるコガネノウゼンが「イペー」と呼ばれていることも多い。本種の葉はコガネノウゼンやモモイロノウゼンより大きく、紙質で無毛なので区別できる。

色が濃い花（1.22 読谷 H）

×0.5

先はやや伸びて尖る

やや鈍い小さな鋸歯が並ぶ

裏

裏はやや白みを帯び、脈腋に毛叢があるか、両面無毛

小葉は普通5枚で、薄く表は無毛で、光沢はない

樹皮は淡褐色で縦に浅裂する（那覇 H）

モモイロノウゼン ［桃色凌霄］

T. pallida

半常緑小高木（2–10m）**別**：ピンクテコマ　**分**：熱帯アメリカ原産。街路樹、公園樹、庭木。**葉**：掌状複葉（小葉5–3枚）／対生／全縁／頂小葉長6–15㎝　**花**：淡桃～白／ほぼ通年　**実**：長10–20㎝

◆華やかさはないが、淡いピンク色の花を長期間ちらほらと咲かせる。小葉は光沢があり、倒卵形～楕円形で先は普通丸い。樹皮は縦に裂ける。同属のキダチベニノウゼン T. rosea もピンクテコマと呼ばれ混同されているが、小葉は楕円形～長卵形で長さ6–22㎝、先がやや伸びて尖り、琉球での植栽は少ない。

花は点々と咲く（6.18 北谷 H）

やや落葉した冬の樹形（1.19 那覇 H）

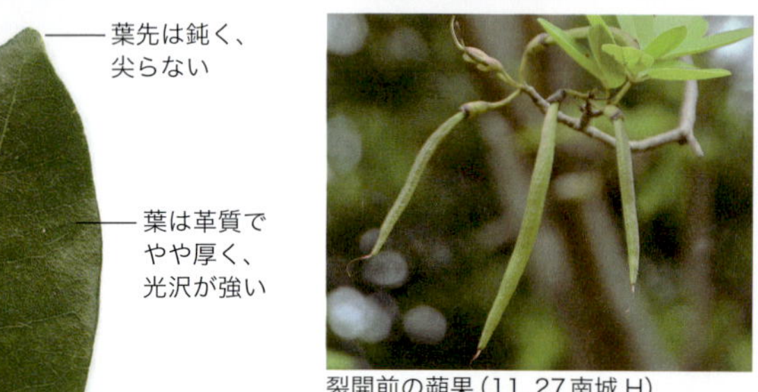

裂開前の蒴果（11.27 南城 H）

葉先は鈍く、尖らない
葉は革質でやや厚く、光沢が強い
×0.6
基部の小葉以外は明瞭な小葉柄がある
葉表 ×3
葉の両面や柄などに微細な鱗片が散生する

小葉は中央よりやや先側で幅広い

両面無毛で、葉脈は裏にやや隆起する

3出複葉
裏 ×0.6

樹形（4.20伊江島 H）

花は径5㎝前後（8.4うるま H）

タチノウゼン ［立凌霄］

T. stans

常緑小高木（2–5m） **別**：キンレイジュ、キバナテコマ **分**：メキシコ、西インド諸島、ペルー原産。庭木、公園樹。**葉**：羽状複葉（小葉1–5対）／対生／鋭鋸歯縁／頂小葉長7–15㎝ **花**：黄／頂生の総状花序／春～秋 **実**：長7–18㎝

◆鮮やかな黄花を長期間つけ目立つ。小葉は明るい黄緑色で、普通2対前後だが個体によって変異がある。果実は線形の蒴果で、褐色に熟すと裂けて翼のある扁平な種子を多数出す。これは本科の多くの樹木に共通する。キンレイジュ（金鈴樹）の別名もよく使われるが、タベブイア属の別種 Tabebuia donnel-smithii を指すこともある。

葉は薄く明るく、落葉樹のような質感
角張った鋸歯が多数並ぶ
×0.6
枝は無毛で点状の皮目が散らばる
裏は脈腋や脈沿いに白毛が多少あるか、無毛
小葉の基部は次第に狭まり、小葉柄はほとんどない
裏
3出複葉では頂小葉がかなり大きくなることが多い。稀に単葉も交じる

裂開前の蒴果（3.28読谷 H）

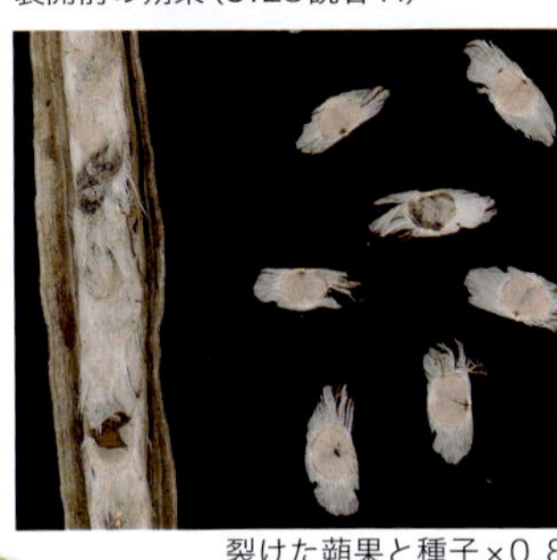
裂けた蒴果と種子×0.8（6.21読谷 H）

カエンボク　［火焔木］

S. campanulata

常緑高木（7–15ｍ）**別**：アフリカンチューリップ　**分**：西アフリカ原産。街路樹、公園樹、庭木。**葉**：羽状複葉（小葉4–9対）／対生／全縁／小葉長7–15㎝　**花**：赤橙～稀に黄／枝先に密集／春～夏　**実**：長約20㎝／幅約5㎝

◆和名や Flame-of-the-forest の英名の通り、炎のように鮮やかな花をつける。葉は大型の羽状複葉でしわが目立ち、普通やや有毛。琉球では台風で枝が折れやすいためか植栽は多くなく、野生化もほとんどない。ハワイや太平洋諸島などの熱帯では広く野生化して在来種を駆逐しており、ギンネム、ランタナ、セイロンマンリョウ、テリハバンジロウ、サンショウモドキ、クズなどとともに「世界の侵略的外来種ワースト100」に選ばれている。

花期の樹形（3.16石垣 H）

花冠は長さ7–12㎝（4.15那覇 H）

葉は薄く、やや暗い緑色

小葉基部に肉質の腺点が数個ある

小葉基部 ×1.8

先は少し突き出る

裏

小葉基部は左右非対称

葉裏 ×1.5

裏面は脈上などに褐色の毛が密生するかほぼ無毛

鋸歯はない

×0.4

黄橙色の花（8.20H）

樹皮は平滑か浅く縦裂する（H）

センダンキササゲ

R. sinica ［梔檀木豇豆］

常緑小高木（7–13m） **別**：ステレオスペルマム **分**：台湾、中国南部〜東南アジア原産。九州以南で時に野生化。公園樹、庭木、観葉植物。**葉**：2–3回羽状複葉／対生／全縁、時に疎鋸歯縁／小葉長4–7㎝ **花**：白〜淡黄／花筒は長12㎝前後／夏 **実**：線形／長40–50㎝前後でよじれる／秋〜冬

◆幼木は観葉植物として知られるが、琉球では野外で成木に育ち、特に那覇市では林縁などに野生化した個体が多い。葉はセンダンに似た大型の複葉で、光沢が強いことが特徴。果実はキササゲに似た長い莢状でよく曲がり、裂けて翼のある種子を多数飛ばす。

×0.3
葉は薄く、もむと臭気がある
裏
小葉は卵形で無毛、両面に光沢がある
小葉の先は尾状に伸びる
普通全縁だが時に切れ込み状の鈍鋸歯が少数出る
小葉
裏 ×1

墓地に逸出した幼木（11.17那覇 H）

樹形（8.29那覇植栽 H）

花と蒴果（6.1） 種子（11.17那覇 H）

落ちた花（8.29那覇 H）

ノウゼンカズラ科 Bignoniaceae ピロステギア属 Pyrostegia

カエンカズラ ［火炎葛］

P. venusta

常緑つる性木本（巻きひげ）**分**：ブラジル、パラグアイ原産。生垣、庭木。**葉**：3出複葉（小葉2–3枚）／対生／全縁／小葉長7–12㎝ **花**：橙／花筒は長7–8㎝前後／早春 **実**：細長い蒴果 ◆小葉は3枚か、2枚で頂小葉が巻きひげになり、フェンスなどに絡み、普通は高さ2–3mになる。花期は筒状の花がよく目立ち、春の訪れを告げる。

花。英名 Flame flower（3.2うるま H）

先はやや尾状に伸びる

小葉は卵形でやや薄く、光沢は弱い。両面に細点が散らばる

×0.8

時に2枚の小葉の間に巻きひげが出る

カエンカズラ

裏 ×0.5

裏は葉脈がやや隆起する。葉柄に微毛がある以外はほぼ無毛

マンソア属 Mansoa

ニンニクカズラ ［蒜葛］

M. alliacea

常緑つる性木本（巻きひげ）**別**：ガーリックバイン、ガーリックカズラ **分**：南アメリカ原産。生垣、庭木。**葉**：2出複葉／対生／全縁／小葉長6–10㎝ **花**：紅紫→淡桃／初夏・秋 **実**：長20㎝前後 ◆葉は2小葉で、時に間に巻きひげが出る。葉や花をもむとニンニク臭があることが特徴。花は秋がメインだが初夏にも咲き、美しい。

花は濃淡が交じる（6.18読谷 H）

小葉は卵形で厚く硬く、光沢がある。ちぎるとニンニクの匂い

×0.8

ニンニクカズラ

裏は網脈の網目が見える。両面無毛で、細点が散らばる

実（6.5読谷 H）

時に小葉間から巻きひげを出す

裏

橙系の花（3.14 読谷 H）

ピンク系の花と果実（10.17 西表 H）

裏は葉脈の細かい網目が見える

裏

×1

ランタナ

この個体は橙色の花で葉はやや小さく、茎は開出毛や下向きの刺が多い

葉表や葉裏脈上に硬い毛が多く、ざらつく

×1

裏

ちぎると芳香がある

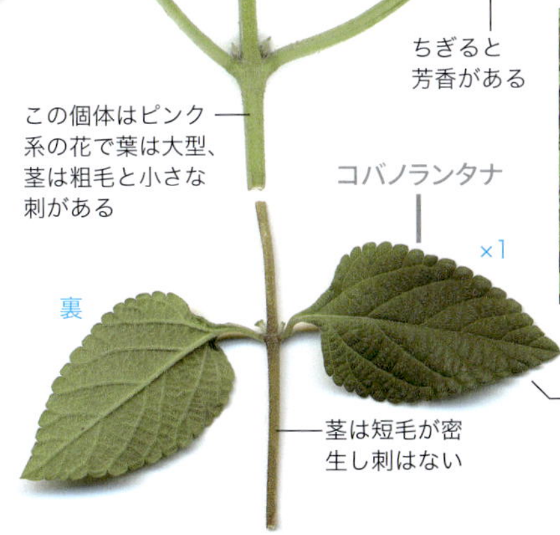

この個体はピンク系の花で葉は大型、茎は粗毛と小さな刺がある

コバノランタナ

×1

裏

茎は短毛が密生し刺はない

葉はランタナより明らかに小さく、しわが目立ち、両面に短毛がある

花（7.28 宜野湾 H）

ランタナ ［Lantana］

L. camara

常緑低木（0.5–2m）**別**：シチヘンゲ　**方**：クサレギ　**分**：熱帯アメリカ原産。本州南部〜南西諸島、小笠原に野生化。普通。庭木、公園樹、街路樹。**葉**：単葉／対生／鋸歯縁／長5–12㎝　**花**：橙、黄、桃、赤、白／腋生の散形花序で径2.5–6㎝／通年（ピークは初夏）　**実**：黒紫／径5㎜前後

◆生育力旺盛で琉球各島をはじめ世界中の熱帯〜亜熱帯に野生化しており、林縁や道端、原野などによく見られる。茎は4稜があり、葉は卵形でしわが目立ち、両面有毛でちぎると芳香がある。花が黄→橙色、ピンク→クリーム色などに変わることが和名「七変化」の由来で、多くの種内分類群や雑種、栽培品種があり、多様な花色がある。花が黄〜赤橙色で刺が少ない基準亜種トゲナシランタナ subsp. camara、花にピンク〜紅紫色が普通交じり、茎に下向きの刺がある亜種シチヘンゲ subsp. aculeata、後者と L. hirsta の雑種で若枝に開出毛が多い雑種タチゲランタナ L. ×mista などがあるが、正確な区別は難しい。琉球で野生化している個体も花色（主に橙系とピンク系）や葉、刺などに違いがあり、ここでは総称でランタナと呼び、2型の写真を掲載した。

コバノランタナ ［小葉Lantana］

L. montevidensis

常緑低木（0.2–0.5m）**別**：コバノシチヘンゲ　**分**：南アメリカ原産。庭木、公園樹。**葉**：単葉／対生／鋸歯縁／長2–4㎝　**花**：淡紅紫〜桃、白／花序は径1–4㎝／通年　**実**：紅紫　◆葉も花も丈もシチヘンゲより小さく、幹が地をはう樹形で、野生化は見かけない。枝に刺はなく、花は淡い紫系で変色しない。ランタナとの雑種または複数種の雑種といわれる黄花のキバナランタナ L. ×hybrida も植栽される。

タイワンレンギョウ

D. erecta ［台湾連翹］

常緑低木（0.3–4m）**別**：ハリマツリ、デュランタ、ジュランカツラ **分**：熱帯アメリカ原産。生垣、庭木、街路樹、公園樹。南西諸島や小笠原で時に野生化。**葉**：単葉／対生／鋸歯縁、全縁／長2–8cm **花**：淡紫、紫、白／花序は長15–20cm前後／春〜秋 **実**：黄橙／径8mm前後／秋〜春

◆生垣や道路の植え込みに多く植えられ、人家周辺の林や道沿いに逸出もしている。葉は菱形状の楕円形〜倒卵形で、先半分に鋸歯があるか全縁で、長枝に対生、短枝に束生する。花や果実は長期間見られる。花や葉色の異なる栽培品種が多く、若葉が黄色い**キバノタイワンレンギョウ** 'Yellow Leaf' が植え込みに多用される他、花が白い**シロバナタイワンレンギョウ** 'Alba' や、花が濃い紫で白覆輪が入る**'タカラヅカ'** 'Takarazuka' などがよく植えられている。

キバノタイワンレンギョウの植え込みと花（9.16, 8.29 読谷植栽 H）

シロバナタイワンレンギョウ（11.27 南城植栽 H）

'タカラヅカ'の花（8.29 恩納植栽 H）

果実は可食（3.15 沖縄植栽 H）
しばしば葉腋に刺が出る（×1）

若葉は鮮やかな黄色で目立つ

キバノタイワンレンギョウ

×0.9

枝先は全縁の葉が多いが、日陰の枝や徒長枝ほど鋸歯が出る

シロバナタイワンレンギョウ

葉の先半分に角張った鋸歯があることが多い

葉先は尖るか鈍い

表は脈上に微毛がある

長枝の葉 ×0.9

葉身基部は葉柄に流れる

裏

野生化個体

裏

裏は葉脈がやや隆起し、脈上や全面に微毛が散生する

短枝の葉 ×0.9

短枝に葉が束生

雄花（4.7井之川岳 O）

花は葉上に咲く（1.31本部 H）

リュウキュウハナイカダ

［琉球花筏］

H. japonica subsp. liukiuensis

落葉低木（1–3m）**方**：トリフク、ヤマデー **分**：奄美、徳之、伊平屋、沖縄島。奄美群島ではやや普通、他はやや稀。**葉**：単葉／互生／鋸歯縁／長7–18cm **花**：黄緑／径5mm前後／葉の主脈上につく／雌雄異株／冬〜春 **実**：黒／球形／径5–10mm／夏

◆山地の谷沿いや古生層石灰岩地の明るい林内などに点在する。自生地では個体数は比較的多い。葉は枝先に集まり、花をのせたイカダのように、葉の中央に花や果実がつくことが大きな特徴。北海道〜九州に分布する基準亜種のハナイカダは、葉の長さが5–14cmなのに対し、本亜種は葉がより大型で細長く、葉先も長く伸び、托葉が裂けないことなどが違い。

雌花（4.7 井之川岳 O）

先は尾状に長く伸びることが多い

鋸歯の先は糸状に伸びる

×1

花や果実がついていた葉は痕が残り、そこまでの主脈が太い

裏 ×1

両面とも無毛で光沢がある

果実 少し甘みがあり食べられる（8.5大宜味H）

糸状の托葉がある。ハナイカダの托葉は裂ける

樹形（8.5大宜味 H）

果実は1–3個ずつつく（6.12大宜味 H）

ヒロハタマミズキ

I. macrocarpa　　　［広葉玉水木］

落葉小高木（5–12m）**分**：奄美大島。稀。**葉**：単葉／互生／細鋸歯縁／長6–12㎝ 幅3–6㎝　**花**：白／短枝に束生／春　**実**：黒／球形／径約1㎝／秋～冬

◆奄美大島西部の1カ所にまとまって生えており、その周辺のやや広い範囲の林縁などでも単木的に見られる。本属の中では花、果実ともに大型で目立つ。葉は楕円形～長い卵形で軟らかく、縁は波打ち、古い枝では短枝に束生する。葉形は九州以北に分布するタマミズキ I. micrococca に似るが、同じく九州以北産のアオハダ I.macropoda と近縁で、短枝に花をつけ、花序は普通分岐せず、果実が大きい点でタマミズキと異なる。若枝の表側は赤褐色、古い枝は暗褐色で白い皮目が目立ち、短枝はアオハダのようには伸びない。国外では中国にも分布する。

葉はしわが目立つ（8.19大和 O）

花は大きく目立つ（4.14大和 O）

果実は大きい（8.27大和 O）

裏 ×1

裏は葉脈が隆起する。両面無毛

短枝

鋸歯は低く細かい

×1

葉先は尖る

葉脈は結合し、表面で凹む

若枝は無毛で表は赤褐色

雄花。葉腋に密につく(2.26大宜味O)

雄花をつけた枝(3.8東H)

果実(12.5石川岳H)

オオシイバモチ ［大椎葉黐］

I. warburgii

常緑小高木(5–10m) **別**:ワーブルグモチ **方**:ムチナラビ、シイジムッチャ、ハサス **分**:奄美、徳之、沖永、沖縄島、久米、石垣、西表。やや普通。**葉**:単葉/互生/鈍鋸歯縁/長5–11㎝ 幅2–5㎝ **花**:淡黄/束生〜総状花序/春 **実**:赤/径約6㎜/秋〜冬

◆主に非石灰岩地の山地林内に点在し、谷沿いに多い。葉は鋸歯がある点でリュウキュウモチと似るが、先が急に尾状に伸びることがよい区別点。シイの葉形に似ることが名の由来だが、葉裏が金色を帯びず、細かい鋸歯が全体にある点などで違いは明瞭。最もよく似るのは中国地方、四国、九州に分布するシイモチ I. buergeri で、本種の若枝は無毛なのに対し、シイモチは微毛が密生し、葉はやや小型で細い点で異なる。本種は台湾、中国南部にも分布する。

葉先は尾状に伸びるか、やや突き出る

×1

細かい鈍鋸歯がある

裏は側脈が多少見える

裏 ×1

両面無毛で、やや硬く薄い質感

枝は無毛

葉柄はしばしば黒紫色を帯び、無毛か微毛がある

リュウキュウモチ ［琉球黐］

I. liukiuensis

常緑小高木（5–15m） **別**：リュウキュウモチノキ **方**：ムチギ、ムチャガラ、ムツニーキー **分**：薩摩半島、種子、屋久、奄美、徳之、沖永、沖縄島、久米、石垣、西表、与那国。やや普通。**葉**：単葉／互生／鈍鋸歯縁／長4–11㎝ 幅2–4㎝ **花**：淡黄／春〜初夏 **実**：赤／径6–7㎜／秋〜冬

◆山地の林内や林縁に点在し、やや乾いた場所に多い。葉はモチノキと異なり、鈍い鋸歯がある。普通は楕円形だが、変異が多く、かなり細長い葉もある。オオシイバモチやナガバイヌツゲと似て紛らわしいが、本種は葉先が突き出ずに鈍く、葉のほぼ中央が最大になる点で見分けられる。本属の樹木はいずれも通常は雌雄異株。

枝葉（12.9与那覇岳 H）

雌花（3.23西表 M.K）

樹皮は白っぽく平滑。これは本属樹木にほぼ共通（国頭 H）

葉先はオオシイバモチのようには突き出ず、鈍い
裏
鈍い鋸歯が全体にある。幼木は鋸歯が鋭い傾向がある
×1
細い葉
裏 ×1
裏は葉脈が比較的よく見える。両面無毛
広い葉
×1
ほぼ中央部で幅広い
若い果実
若枝や葉柄は紫色を帯びることも多い

雌花。ナガバイヌツゲとムッチャガラの中間的な個体（5.26 読谷 H）

果実をつけたナガバイヌツゲ（10.16 西表 H）

ナガバイヌツゲ ［長葉犬黄楊］

I. maximowicziana

常緑小高木（2–5m） **別**：シマイヌツゲ **方**：ムッチャガラ **分**：奄美、徳之、沖永、沖縄島、久米、石垣、西表、与那国。やや普通。**葉**：単葉／互生／鈍鋸歯縁／長2–8㎝ **花**：白～黄緑／雌花は葉腋に単生／初夏 **実**：黒／径約7㎜／秋～冬

◆山地の林縁や林内に生え、乾いた低木林にも生える。トカラ列島以北に分布するイヌツゲ I. crenata に似るが、葉が一回り大きく、小枝の稜が明らかに目立つことが違い。葉の最大幅が中央より先側にあり、裏はイヌツゲ同様に腺点が散らばる点でリュウキュウモチと異なる。ただし、葉の幅や大小に変異が多い。主に沖縄島以北に分布し、葉が長さ2–6㎝で細く小型で葉柄が短いものを変種**ムッチャガラ** var. kanehirae、主に八重山列島に分布し、葉の長さが2–8㎝でやや広く葉柄が長いものが基準変種の**ナガバイヌツゲ**（狭義）var. maximowiczianaとされてきたが、両者の差は連続的で区別できないと思われる。なお、トカラ列島や屋久島、大隅半島に分布するイヌツゲは、変種トカライヌツゲ I. crenata var. tokarensisとされることもあり、ナガバイヌツゲと区別しにくいものもあるという。

ナガバイヌツゲ（西表島産）

×1

先に近い部分で幅広い

裏は主脈以外は不鮮明。両面で無毛

裏

枝は明瞭な稜があり、はじめ有毛、後に無毛

葉先は尖るか鈍い

葉裏 ×3

やや濃い色の腺点が散らばる

ムッチャガラ（沖縄島産）

×1

×1

裏

これくらい細長い葉はひと目でムッチャガラと分かる

モチノキ科 Aquifoliaceae モチノキ属 Ilex

モチノキ ［黐木］

I. integra

常緑小高木（5–15m）**方**：ムッチャ、ヤンムチギー、ムチギ **分**：本州～先島諸島、大東？。やや普通。先島諸島はやや稀。時に庭木。**葉**：単葉／互生／全縁（幼木は鋸歯縁）／長4–8㎝ **花**：淡黄／春 **実**：赤／径約1㎝／秋～冬 ◆低地～山地に点在。昔は樹皮から鳥もちを採った。葉は楕円形で側脈は不明瞭。樹皮は白っぽく平滑。

雄花（3.8東）果実（11.5うるま H）

成木は全縁だが、幼木や徒長枝の葉は鋭い鋸歯が少数出る

葉先は少し突き出て鈍い

×1

裏 ×1

両面とも側脈はほとんど見えず無毛

葉柄はしばしば黒紫～赤色を帯びる

ツゲモチ ［黄楊黐］

I. goshiensis

常緑小高木（5–15m）**別**：オキナワソヨゴ **方**：アジムッチャガラ、ムチギ、パーマムヂ **分**：紀伊半島、四国、九州～奄美群島、伊平屋、沖縄島、久米、石垣、西表、与那国。やや普通。**葉**：単葉／互生／全縁（幼木は鋸歯縁）／長2–6㎝ **花**：白／春 **実**：赤／径約5㎜ ◆山地に生え、葉はモチノキより短く端正な印象。樹皮は皮目が目立つ。

雌花と果実（4.12西表 O）

先が急に短く突き出て鈍いことが特徴

葉は菱形状でモチノキを小型にした印象

裏 ×1

裏の側脈は不鮮明。両面無毛

×1

雄花（3.22恩納 H）

×1

雌花
(4.12
西表 O)

葉先は普通
やや突き出
て尖る

裏 ×1

―クロガネモチ―

葉柄や若枝は時に
黒紫色を帯びるが、
琉球産個体は緑色
のものが多い

裏は側脈が
少し見える。
両面無毛

若い果実

クロガネモチ ［黒鉄黐］

I. rotunda

常緑高木（7–20m）**方**：サァパムッチャガラ、ハサス、アサシキ **分**：関東〜先島諸島。やや稀。時に庭木。**葉**：単葉／互生／全縁（幼木は鋸歯縁）／長6–10㎝ **花**：黄緑〜淡紅／初夏 **実**：赤／径5–8㎜／冬 ◆低地〜山地に点在する。葉の広狭は変異があるが、モチノキよりやや大きく薄く、縁はやや波打つ。果実は小型で密集する。

若実(6.22名護)果実(1.19那覇植栽H)

アマミヒイラギモチ

I. dimorphophylla ［奄美柊黐］

常緑小高木（3–6m）**分**：奄美大島。ごく稀。時に庭木、生垣。**葉**：単葉／互生／鋭鋸歯縁、全縁／長1–4㎝ **花**：黄緑／春 **実**：赤／径約3㎜／秋〜冬 ◆湯湾岳にのみ生える固有種。若い枝の葉は刺状の鋸歯があり、古い枝では全縁になる。中国原産のヒイラギモチ（ヤバネヒイラギモチ）I. cornuta に似るが、葉がずっと小さい。

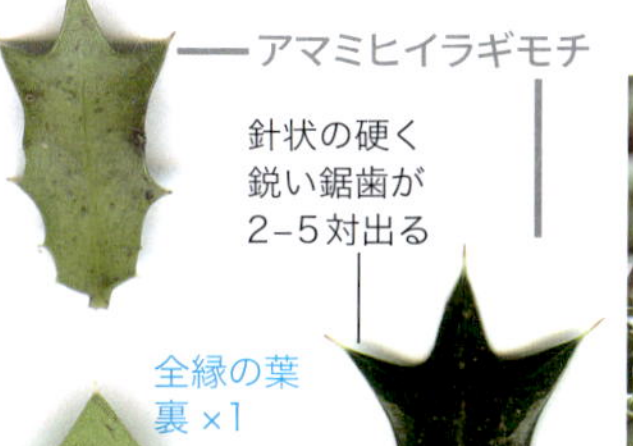

裏 ×1

―アマミヒイラギモチ

針状の硬く
鋭い鋸歯が
2–5対出る

全緑の葉
裏 ×1

両面無毛

×1

若い枝の葉と樹皮（8.20湯湾岳 O）

雄花と全縁の葉（3.22湯湾岳 C.H）

クサトベラ ［草扉］

S. taccada

常緑低木（0.5–3m）**方**：マラフクラ、スーキ、スズキ **分**：種子島～先島諸島、大東、小笠原。普通。防風林、公園樹、庭木。**葉**：単葉／互生／全縁、鋸歯縁／長9–20㎝ **花**：白→淡黄／花冠は5裂し下半分に広がる／夏～秋 **実**：白／倒卵形／長約1㎝／夏～冬

◆海岸の砂地や隆起石灰岩上によく生え、時に大群落をつくる。葉は多肉質の大きなヘラ形で枝先に集まり、縁は全縁か疎らに低い鋸歯があり、裏側へやや反る。葉の毛の有無に変異があり、それを区別する場合は、両面ほぼ無毛のものを基準品種の**テリハクサトベラ** f. taccada、両面に短毛が多く光沢が弱いものを品種**ケクサトベラ** f. moomomianaと呼ぶ。同じ環境に生えるモンパノキと似るが、モンパノキの葉は明らかに毛が多く青白く見えるので、遠目に区別できる。

花冠は半円形に広がり、次第に黄ばむ（7.19恩納 H）

果実。海流または鳥散布（8.21恩納 H）

裏

先半分に鋸歯が出る葉もある

葉先は鈍いかやや凹む

×0.6

裏面の側脈は不明瞭

テリハクサトベラ

表は明るい黄緑色で光沢が強く、両面ほぼ無毛

葉身基部は葉柄に流れ、葉柄はほとんどない

ケクサトベラの葉表 ×3

両面全体に短い軟毛が密生し、手触りで区別可能

樹形（9.21今帰仁 H）

万座毛の海岸に広がる大群落（8.21恩納 H）

ヒイラギギク ［柊菊］

P. indica

常緑低木（0.5–3m）**分**：台湾〜インド、オーストラリア、太平洋諸島原産。沖縄島で稀に野生化。**葉**：単葉／互生／鋸歯縁／長1.5–4cm **花**：桃／夏〜冬 **実**：痩果 ◆熱帯で食用や薬用に栽培される。沖縄島の数カ所でマングローブ林周辺に逸出し群落をつくっている。葉はヒイラギのように尖った鋸歯があり、幹は径5cmに達する。

群落（2.17）果実（12.12南城 H）

葉をもむと芳香がある

不規則な尖った鋸歯があるが、葉は軟らかく、触っても痛くない

裏

×1

花（1.3沖縄 H）

ヒイラギギクの葉裏 ×3

表裏ともほぼ同じで、全面に縮れた微毛と腺点が散らばる

タワダギク ［多和田菊］

P. carolinensis

常緑低木（1–3m）**分**：熱帯アメリカ原産。沖縄諸島、小笠原などで時に野生化。**葉**：単葉／互生／鈍鋸歯縁〜全縁／長5–18cm **花**：淡紅〜灰白／径10–15cm前後の散房花序／冬〜春 ◆薬用などに導入され、沖縄島周辺で原野や道端に逸出している。全体に綿毛が多く、幹は木質化する。和名は植物研究家の多和田真淳にちなむ。

花と若い痩果（1.16恩納 H）

小ぶりな鋸歯があるか、ほぼ全縁

裏面は葉脈が突出し、白褐色の縮れた綿毛が密生する

裏

×0.8

葉は楕円形〜細い卵形。表は縮れた毛と腺点が散らばる

若枝や葉柄も白褐色の綿毛が密生する

キク科 Asteraceae モクビャッコウ属 Crossostephium

モクビャッコウ ［木白香］

C. chinensis

常緑矮性低木（0.2–1m）**方**：イシギク、ハマギク **分**：喜界、徳之、沖永、与論、沖縄諸島〜先島諸島、小笠原（硫黄）。やや普通。庭木。**葉**：単葉（1–5裂）／互生／全縁／長2–5㎝ **花**：黄／頭花は径4–5㎜／秋〜冬 ◆海岸の波をかぶるような岩場に生える。葉は白毛を密生し、長いヘラ形の葉が多い個体と、分裂葉が多い個体がある。

樹形（4.9天城 O）

葉は軟らかく、両面や茎に白い軟毛が密生し銀白色

×1

裏

葉をもむと強い芳香がある

花と痩果（1.10藪地島 H）

×1

3裂する葉や羽状に5裂する葉が多い個体もある

ガマズミ科 Viburnaceae ガマズミ属 Viburnum

ハクサンボク ［白山木］

V. japonicum var. japonicum

常緑低木（2–6m）**方**：ウメーシギ、メーシギ **分**：神奈川〜愛知、伊豆諸島、山口、高知、九州〜トカラ、喜界、奄美、沖永、沖縄諸島、石垣、西表。やや普通。**葉**：単葉／対生／鋸歯縁／長7–18㎝ **花**：白／複散房花序は径10–15㎝／春 **実**：赤／長6–8㎜／秋〜冬 ◆山地〜低地の林縁などに生える。葉は広い卵形〜菱形状で大きい。

花（3.16国頭 H 2.24伊是名 O）

果実（11.29国頭 H）

×0.7

側脈の先端に鈍い鋸歯がある

表は濃緑色で強い光沢がある。枝葉とも無毛

裏

裏面は微細な腺点が密生する

葉は厚く硬い質感で、こするとゴマの香りがする

葉先は鈍いか丸い

葉先ほど鋸歯が目立つが、ほぼ全縁の葉もある

裏

はじめ葉裏に星状毛があるが後に無毛

×0.8

果実
甘酸っぱく食べられる
(4.9天城O)

葉柄はやや有毛

ゴモジュ ［胡麻樹］

V. suspensum

常緑低木（1–4m） **方**：ギィムル、グムル **分**：喜界、奄美、徳之、沖縄島、粟国、久米。やや稀。奄美群島ではやや普通。庭木、公園樹、生垣。**葉**：単葉／対生／鈍鋸歯縁、稀にほぼ全縁／長3–8㎝ **花**：白〜桃／円錐花序／冬〜春 **実**：赤／長5–6㎜／春〜初夏 ◆主に石灰岩地に生え、葉は楕円形〜倒卵形で小じわが目立つ。

花（2.28宜野湾H）

鋸歯は角張り、側脈の先が突き出る

×0.8

葉表の腺点 ×2
樹脂質の小さな腺点が密生し、銀白色に光って見える

裏

両面の脈上や葉柄は長毛が密生する

花序（4.13瀬戸内O）

オオシマガマズミ ［大島莢蒾］

V. tashiroi

落葉低木（1–5m） **分**：奄美、徳之。やや稀。**葉**：単葉／対生／鋸歯縁／長6–10㎝ **花**：白／散房花序は径6–10㎝／春 **実**：赤／長5–6㎜／秋 ◆奄美群島の固有種で、山地林内に点在する。自生地は少ないが、まとまって生えている場所もある。葉表は光沢と密に腺点があり、両面ともに脈上にのみ長い毛がある。鋸歯は三角状。

果期（11.6住用O）

サンゴジュ ［珊瑚樹］

V. odoratissimum var. awabuki

常緑小高木（4–10m）**方**：イシビ、ササガー、アガキ　**分**：関東南部～沖縄諸島、石垣、竹富、西表、与那国。やや普通。時に公園樹、生垣、庭木。**葉**：単葉／対生／鈍鋸歯縁、時に全縁／長8–20㎝　**花**：白／頂生の円錐花序／春　**実**：赤～暗紫／長約8㎜／夏

◆山野の林内に点在する。葉は楕円形～広い倒卵形で厚く、低い鋸歯があるが、時にほぼ全縁の葉もあり、葉の広狭も変異がある。脈腋にダニ室があることがよい特徴。幹は橙を帯びた褐色で、株立ちすることが多い。

花（4.15大宜味H）

果期は目立つ（6.8今帰仁H）

赤い果実が名の由来（6.12大宜味H）

樹皮は裂けない（10.1嘉津宇岳H）

鋸歯は低く鈍く、時にほとんどない。幼木では時に鋭い

×0.7

両面ほぼ無毛で表は光沢がある

裏

葉柄は褐色～赤色を帯びることも多い

脈腋のダニ室 ×3

葉裏の脈腋に小さな穴と毛があり、ダニ室になっている

東京都産
×0.25
裏
表は無毛、裏
は脈上に短毛
があるか無毛

花（4.1 岡山県）果実（6.19 島根県 H）

ニワトコ ［接骨木］

S. racemosa subsp. sieboldiana var. sieboldiana

落葉小高木（1–6m）**分**：本州～九州、奄美大島。ごく稀。**葉**：羽状複葉（小葉2–6対）／対生／鋸歯縁／小葉長5–10cm **花**：白／頂生の円錐花序／春 **実**：赤／長3–5mm／夏 ◆奄美大島の湯湾岳で確認されていたが近年見られなくなった。小葉は楕円形～狭い卵形で薄い。幹は灰褐色で古くなると縦に深く裂ける。よく似た草本のタイワンソクズ S. chinensis var. formosana は南西諸島に広く分布。

花は白から黄色に変わる
（4.29 嘉手納 H）

花冠は2唇形で蕊が長く突き出る
（4.14 宇検 O）若い果実（9.3 国頭 H）

ハマニンドウ ［浜忍冬］

L. affinis

常緑つる性木本（S巻）**方**：マシュカズラ、チンジンソウ **分**：紀伊半島、中国地方、四国、九州～沖縄諸島、宮古、石垣、黒、西表、与那国。やや普通。時に生垣。**葉**：単葉／対生／全縁／長4–11cm **花**：白→黄／葉腋に束生／春～初夏 **実**：黒／径約7mm／秋～冬 ◆海岸～山地の林縁に生え、つるで他の樹木に絡み、高さ2–8mになる。樹皮は淡褐色で縦に裂けてはがれる。葉は卵形で広狭は変異があり、通常は無毛。日陰や地際の枝葉はしばしば長毛が多く生え、よく似た**キダチニンドウ** L. hypoglauca と誤認されやすいが、キダチニンドウは枝や葉裏に長毛が多いことに加え、葉裏に微細な黄色い腺点があり、分布は東海地方～九州までで琉球にはない。

葉は薄く、表はや
や光沢があり、成
形葉は両面無毛
×0.9
葉柄の基部
が合着する

幼形葉
裏 ×0.9

幼形葉は
しばしば
両面有毛

枝は赤褐色
で普通無毛、
幼時は有毛

幼形葉の葉裏 ×3
幼形葉はしばしば
毛が多いが、黄色
い腺点はない

キダチニンドウ
の葉裏 ×3
長毛が多く、黄色
い腺点が散らばる

スイカズラ科 Caprifoliaceae スイカズラ属 Lonicera

ヒメスイカズラ ［姫吸葛］

L. japonica var. miyagusukiana

常緑つる性木本（S巻）**分**：徳之、沖永?、沖縄島、伊江、宮古、石垣、与那国。稀。**葉**：単葉／対生／全縁／長1–5㎝ **花**：白→黄／春〜夏 **実**：黒／径5–6㎜ ◆海岸の開けた石灰岩上などに生える。基準変種のスイカズラに比べ、葉が小型で毛が少なく光沢が強く、かなり雰囲気が異なる。スイカズラは北海道〜九州、屋久島、トカラ列島に自生し、琉球では時に植栽され、稀に逸出もある。

崖上をはう個体（7.3恩納 H）

花（7.3恩納 H）

裏 ×1

若枝は白い細毛が密生する

葉先は凹むか丸い。スイカズラはやや尖る

大型の葉 ×1

表裏とも主脈を除き無毛。葉脈は表で凹み裏にやや隆起し明瞭に見える

裏

表は強い光沢がある

ツクバネウツギ属 Abelia

タイワンツクバネウツギ ［台湾衝羽根空木］

A. chinensis var. ionandra

半常緑低木（0.5–1m）**分**：奄美、石垣。ごく稀。**葉**：単葉／対生／鈍鋸歯縁／長0.5–2㎝ **花**：白／萼片５個／集散花序／春 **実**：痩果／紡錘形／長約0.5㎝／秋 ◆ごく限られた山地の岩場にへばりつくように生えるが、園芸用に採取され激減している。枝は根元から多数出て、小さな葉を密生する。

樹形（3.25石垣 O）

花（8.25石垣 O）

小型の葉 ×1

若枝は赤褐色で古い枝は灰白色

×1

全縁に近いが、普通数個の不明瞭な鋸歯がある

裏

葉はやや厚く濃緑色で、両面無毛

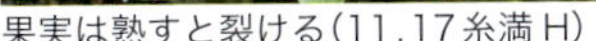

果実は熟すと裂ける（11.17 糸満 H）

長い花柄が顕著な個体（3.6 読谷 H）

葉先はやや尖るか鈍いか丸い

花序 ×0.8

無毛か少し毛がある

裏 ×0.8

オキナワトベラ

裏は葉脈の細かい網目が見える

葉はトベラより薄く軟らかい傾向があり、若葉も両面ほぼ無毛

×0.8

葉先は丸いか鈍い

若葉や花序、若枝は軟毛が多い

×0.8

先寄りで幅広くなる傾向が強い

トベラ（山口県産）

裏 ×0.8

縁が裏に巻く葉が多い

オキナワトベラ ［沖縄扉］

P. boninense var. lutchuense

常緑低木（1–5 m）**別**：リュウキュウトベラ　**方**：トビラギ、トゥビランギー　**分**：奄美群島～先島諸島。普通。生垣、公園樹、庭木。**葉**：単葉／互生／全縁／長 5–11 ㎝　**花**：白→淡黄／春　**実**：黄緑～黒褐（外皮）・赤橙（種子）／径 1–2 ㎝／秋～冬

◆沿岸部の林縁や低木林をはじめ、山地の林内にも生える。葉は長いヘラ形で、枝先に輪生状に集まる。トベラに似るが、葉は薄くやや草質で、やや細く中央付近で幅が広い傾向があり、縁は裏側にあまり巻かない。また、花序の柄が長く伸び、花が疎らでやや垂れ下がることが多く、花柄や若葉は無毛に近い。小笠原に分布するシロトベラの変種とされているが、琉球の沿岸部では、葉が厚く裏に巻いてトベラとよく似ている個体もある。両種を分けない見解もあり、更に詳細な研究が待たれる。

トベラ ［扉］

P. tobira

常緑低木（1–5 m）**別**：トビラノキ　**分**：本州～トカラ列島。生垣、公園樹、庭木。**葉**：単葉／互生／全縁／長 5–10 ㎝　◆オキナワトベラに比べ葉は革質でやや厚く、陽地では縁が裏側に巻く傾向が強く、花は密集して上向きにつき、若葉や花柄は軟毛が多い。ただし、琉球にもトベラに似た個体がある。

本土産トベラの花（5.20 山口県 H）

リュウキュウハリギリ

［琉球針桐］

K. septemlobus var. lutchuensis

落葉高木（6–20m）**方**：ダラギ、ヤマギリ、フーダラ　**分**：沖縄島、渡名喜、久米、宮古、石垣、西表。やや普通。**葉**：単葉（7–9裂）／互生／細鋸歯縁／長9–30㎝　**花**：淡黄／複散形花序／夏　**実**：黒／径5–10㎜前後／秋

◆低地～山地の林内に生え、海岸林にも生える。琉球産樹木としては珍しくモミジ形の大きな葉をもち、樹皮が深く縦に裂けるなど、北方系樹木の雰囲気がある。枝や若い幹に刺があるが、太い幹ではなくなる。幹径1m近い大木にもなる。北海道～屋久島の主に冷温帯に産するハリギリの変種で、変異は多いが普通は葉裏に毛が多いハリギリに対し、毛がほとんどないことが違いとされる。またハリギリは葯が多少とも赤紫色を帯びるのに対し、本変種は普通淡黄色。

海岸林に生えた個体（3.25石垣 O）

咲き始めの花序（7.10今帰仁 H）

花。右は若い果実（7.10今帰仁 H）

樹皮は縦に深裂する（今帰仁 H）

主脈は裏に隆起する

裏 ×0.4

葉裏の脈腋 ×2
はじめ脈沿いなどに褐色の軟毛があり、後に脈腋に残るかほぼ無毛

表は無毛。葉身は普通7裂し、大型の葉はしばしば9裂する

×0.5

緑は細かい鋸歯が並ぶ

枝の刺（4.25 本部 O）

花をつけた枝（8.5大宜味 H）

樹皮は白っぽく平滑（H）

深裂した幼木の葉（8.26宇検 O）

若い果実をつけたイリオモテカクレミノ（10.16西表 H）

カクレミノ ［隠蓑］

D. trifidus

常緑小高木（3–12ｍ）**別**：ミツデガシワ **方**：ユーグル、ウーグル、ウーアサグル **分**：関東〜沖縄諸島、石垣、西表、与那国。やや普通。庭木。**葉**：単葉（1–3裂）／互生／全縁／長7–15㎝ **花**：黄緑／夏 **実**：黒紫／径約6㎜／秋〜冬

◆山地のやや湿った林内や尾根にも生え、半球形のまとまった樹形になる。葉形は変異に富み、成木の葉は大半が不分裂だが、若木では3中裂する葉が多く、幼木では5深裂する葉や鋸歯がある葉も交じる。本土に比べ、琉球での植栽は少ない。西表島には、花のつく枝の葉が長楕円形状で、花数が5–10個と少なく、小花柄が短く、果実が小さい別種**イリオモテカクレミノ** D. iriomotensis が分布するとの説もあるが、カクレミノにも時に同様の個体が見られるため、区別しない見解も多い。

×0.5

成木の葉は長楕円形〜狭い卵形で、普通は分裂しない

若木や日陰の葉は3中裂することが多い

×0.5

両面無毛で表は光沢がある

成木の葉は菱形状の卵形〜楕円形で通常は不分裂

裏 ×0.5

カクレミノ

3行脈が目立ち、細かい網脈が明瞭に見える

葉柄は5–15㎝前後あり長い

裏 ×0.5

裏はやや白みが強く、網脈はやや不明瞭

イリオモテカクレミノ

リュウキュウヤツデ［琉球八手］

F. japonica var. liukiuensis

常緑低木（1–8m）**方**：ヤツドマル、ウーアサグル　**分**：喜界、奄美、徳之、沖永、伊平屋、沖縄島。稀。

葉：単葉（7–11裂）／互生／鋸歯縁／長15–40cm　**花**：白／冬〜春

実：黒／径約8mm／春

◆山地の林内に点在する琉球の固有変種。葉は大型のうちわ状で深く切れ込む。関東〜屋久島に分布する基準変種のヤツデに比べ、葉がやや薄く光沢が弱く、裂片が細くてより尖るなどの違いがあり、樹高はより高くなる。

樹高約8mの個体（12.18与那覇岳 H）

開花し始めの花序（5.5与那覇岳 H）

葉（2.26大宜味 O）

小型の葉
×0.4

葉はヤツデよりやや薄く光沢が弱く、色も淡い印象

裂片の先は次第に狭まり尖る。ヤツデより裂片の幅は狭め

裏
×0.35

若葉は褐色の毛に覆われるが、成葉は両面ほぼ無毛

若い果実と若葉（3.22国頭 H）

裂片の先は大きく2裂する

表は葉脈のしわが目立ち、光沢はなく、星状毛が散生する

小型の葉 ×0.4

カミヤツデの葉裏 ×1
裏は淡褐色の綿毛や星状毛が密生する

カミヤツデ ［紙八手］

T. papyrifer

常緑低木（1–6m）**別**：ツウダツボク **方**：トウジ、ズボンタ **分**：中国南部原産。関東～南西諸島で時に野生化。庭木。**葉**：単葉（5–11裂）／互生／鋸歯縁／長40–80㎝ **花**：淡黄／冬 **実**：黒 ◆かつて紙の原料用に栽培され、林縁などに稀に逸出している。ヤツデに似るが葉は約2倍大きく、裂片はさらに2裂し、裏は毛が密生し淡褐色。

逸出した個体（4.13 瀬戸内 O）

小型の葉は広い卵形状

葉裏や葉柄は褐色の鱗片が散生するか無毛

裏 ×0.8

三角形～五角形の葉や、3–5裂する葉がある

×0.8

表は無毛で光沢が強い

キヅタ ［木蔦］

H. rhombea

常緑つる性木本（気根）**別**：フユヅタ **方**：シビ **分**：本州～トカラ、喜界、徳之、沖永、沖縄島、粟国。やや稀。**葉**：単葉（1–5裂）／互生／全縁／長4–10㎝ **花**：黄緑／秋～冬 **実**：黒紫／径6–9㎜／春 ◆主に石灰岩地の山地～低地に生え、岩や樹幹に登る。葉形は変異が多く、丸みのある卵形や、3浅裂、五角形状などがある。

果実（3.13 本部 H）

ミツバウコギ　[三葉五加木]

E. trifoliatus var. trifoliatus

落葉半つる性低木（2–7m）**分**：宮古島。ごく稀。**葉**：3出複葉／互生／鋸歯縁／頂小葉長4–8cm **花**：緑白／夏〜秋 **実**：黒／径3–5mm／秋〜冬 ◆台湾や中国、インド、東南アジアに産し、宮古島の低地林でも近年発見された。林縁に生え、刺で他物に絡む。葉はヤマウコギを3小葉にした印象で、長枝で互生、短枝で束生する。（佐藤宣子・阿部篤志・横田昌嗣）

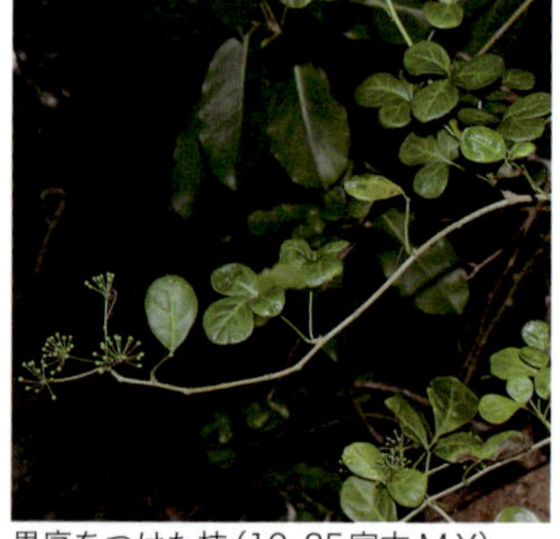

果序をつけた枝（10.25宮古 M.Y）

小葉の先は尖るか丸い

×0.7

枝には下向きに曲がった刺がある

普通は両面無毛

時に葉柄や葉裏にも刺がある

裏

葉をちぎるとウコギ科特有の香りがある

短枝に束生する

ヤドリフカノキ　[宿鱶木]

S. arboricola

常緑小高木（2–7m）**別**：シェフレラ、カポック **分**：台湾、中国南部原産。南西諸島で時に野生化。生垣、庭木、公園樹、観葉植物。**葉**：掌状複葉（小葉7–10枚）／互生／全縁／小葉長6–12cm **花**：緑白／円錐花序／秋 **実**：黄〜赤／径7mm前後／冬 ◆琉球で普通に植栽され、時に岩場や林縁、湿った林内などに逸出している。

果実は黄→赤に変色（12.31 恩納植栽H）

小葉の先は普通鈍いが、やや尖るものや凹むものまである

×0.6

1–3cmの小葉柄がある

表は鈍い光沢がある

両面無毛

小葉 裏
×0.6

花は円錐花序につく（11.13国頭 H）

果序は垂れ下がる（3.15沖縄 H）

フカノキ ［鱶木］

S. heptaphylla

常緑高木（5–15m） **方**：アサグル、アサグラー、トゥジンギ **分**：九州南部〜先島諸島。普通。**葉**：掌状複葉（小葉6–10枚）／互生／全縁、時に鋸歯縁／小葉長7–20cm **花**：黄白／頂生の散形花序／秋〜冬 **実**：黒褐／径約5mm／春

◆低地〜山地の林内や林縁に生える。葉は大型の掌状複葉で、自生種では類似種もなく見分けやすい。成木の小葉は全縁だが、若い個体では鋸歯があるものや羽状に切れ込むものも多く、変異に富む。

樹皮は灰白色で平滑（名護 H）

ハナフカノキ ［花鱶木］

S. actinophylla

常緑小高木（3–12m） **別**：オクトパスツリー、ブラッサイア、オオフカノキ **分**：オーストラリア原産。庭木、観葉植物。**葉**：掌状複葉（小葉6–14枚）／互生／全縁〜低鋸歯縁／小葉長15–30cm **花**：淡紅〜赤／総状花序は長40–80cm／夏 **実**：暗紫 ◆小葉は倒卵形〜楕円形で、フカノキより大型で厚い。花序は大きなタコ足状で目立つ。

紅色の蕾をつけた花序（8.22恩納 H）

裏

葉はやや薄く、表は無毛で光沢は弱い

×0.3

成木の葉は全縁で、縁は波打つことも多い

長い小葉柄がある

フカノキ

時に葉の先半分に低い鋸歯が少数出る

幼木の小葉 裏 ×0.4

幼木は羽状に切れ込む場合もある

裏は脈沿いや葉身基部周辺に褐色の鱗片が散在するか、ほぼ無毛

両面無毛で光沢が強い

小葉 ×0.4

ハナフカノキ

リュウキュウタラノキ

［琉球楤木］

A. ryukyuensis var. ryukyuensis
落葉低木（2–7m）**別**：ウラジロメダラ **方**：ダラギ **分**：九州南部～奄美群島、伊平屋、沖縄島、伊江、宮古。やや普通。**葉**：2回羽状複葉／互生／鋸歯縁／小葉長6–12㎝ **花**：白／長30–45㎝の複散形花序／夏 **実**：黒／径約3㎜／秋

◆山地～低地の林縁やギャップ、造成地など明るい場所に生える。直立する幹の先に大きな羽状複葉をつけ、複葉全体の長さは1m近くになる。幹や葉柄に刺が多少ある。北海道～屋久島に産するタラノキ A. elata に比べ、小葉が細く裏の毛がごく少なく、茎の刺が太く短く、小果柄が短いことなどが違い。伊豆諸島の御蔵島には小葉がやや厚く大型の変種シチトウタラノキ var. inermis が分布する。

若木の樹形（6.25国頭 H）

新芽は食べられるがタラノキより風味は劣る。幹の刺の多少は個体差がある（3.22恩納 H）

花序は頂生で大きい（8.20龍郷 O）

小葉の先は次第に狭まり尖る。タラノキは急に狭まる

×0.35

小葉はやや狭い卵形

小葉 裏
×0.8

裏は白く、無毛か主脈沿いに粗い毛が散生する。タラノキは粗毛が多い

琉球の樹木・島嶼別分布リスト（第２版）

凡例：※○＝現在までにその島における確実な分布情報があるもの（●は分布の北東限または南西限に当たる島）。？＝分布情報はあるが不確かなもの。絶＝野生絶滅。植＝山野への植林、植栽。野＝明らかな野生化、帰化。固＝琉球関連種の南西諸島における固有性（亜種、変種含む）。三〜トカラ＝三島村黒島、口之永良部、トカラ列島のいずれかに分布するもの（さらに悪石以北と小宝以南で分割）。沖他＝慶良間列島や渡名喜島など、その他の沖縄島周辺の小島に分布するもの。宮他＝多良間、下地、大神、来間、水納など宮古群島の小島に分布するもの

※自生か野生化か紛らわしい場合はおおよその線引きで判断しており、必ずしも正確ではない

※以上において特別な場合は島名を付記した（黒＝黒島、永＝口之永良部、口＝口之島、中＝中之島、臥＝臥蛇、平＝平島、悪＝悪石、小＝小宝、請＝請島、鳥＝硫黄鳥、慶＝慶伊瀬、名＝渡名喜、座＝座間味、嘉＝渡嘉敷、高＝久高、下＝下地、水＝水納、硫＝硫黄、南＝南硫黄）

※参照したレッドリストのバージョンは沖縄県＝2018年、鹿児島県＝2016年、環境省＝第４次（2019年）（Ⅰ、Ⅱ＝絶滅危惧、NT＝準絶滅危惧、DD＝情報不足）レッドリスト等に対する注釈　（*1 サネカズラも含む、*2 ヒメカカラとして、*3 コバノハスノハカズラに対し、*4 ミツバビンボウカズラとして、*5 ホソバシャリンバイに対し、*6 タイワンウラジロイチゴに対し、*7 オオバシラキに対し、*8 ハウチワノキとして、*9 オオバケエゴノキに対し、*10 リュウキュウアセビとして、*11 和名シンテンルリミノキとして、*12 和名ケハダルリミノキとして、*13 オオシマアリドオシとして、*14 リュウキュウホウライカズラとして、*15 エナシモチノキ、ホソバモチノキに対し）

科	種	南西諸島																													小笠原	備考	RDB*		
		"琉球列島"																									トカラ〜三*		種子・屋久				沖縄	鹿児島	全国
		先島諸島											大東諸島		沖縄諸島							奄美群島													
			八重山列島							宮古列島																									
		尖閣	与那国	波照間	西表	小浜	黒島	竹富	石垣	宮他*	伊良	宮古	南大	北大	久米	粟国	沖他*	沖縄	伊江	伊是	伊平	与論	沖永	徳之島	奄美	喜界	宝	黒〜悪	屋久	種子					
ヘゴ	ヒカゲヘゴ	○	○		○				○								○	○					○	○	○	○		●悪							
ヘゴ	ヘゴ				○				○						○			○					○	○	○			○	○	○	○				
ヘゴ	クロヘゴ	○			○				○						○			○						○	○									NT	
ソテツ	ソテツ		○	○	○	○	○	○	○	○	○	○	植	植	○	○	○	○	○	○	○	○	○	○	○	○	○			○					
マツ	リュウキュウマツ		●		○	○			○	植	植	植	植	植	○	○	○	○	○	○	○	○	○	○	○	○	●	植			植	固		NT	
マキ	ナギ				○				○						○			○					○	○	○	○		○	○	○					
マキ	イヌマキ	○	○	○	○	○	○	○	○	植	植	植	植	植	○	○	○	○	○	○	○	○	○	○	○	○	○	○	○	○					
ヒノキ	オキナワハイネズ														●	○	○	○		○	○	○		○	○		○	○		○			ⅠB	NT	
マツブサ	シキミ（広義）														○		○	○			○			○	○			○	○	○					
マツブサ	オキナワシキミ														●		○	○			○			○	●							固		NT	
マツブサ	ヤエヤマシキミ				○				●																										
マツブサ	リュウキュウサネカズラ *1	○	○		○				○	○		○	○				○	○			○		○	○	○	○	○	○	○	○					
センリョウ	センリョウ		○		○				○						○		○	○					○	○	○		○	○	○	○					
コショウ	ヒハツモドキ		野	野	野	野	野	野	野	野	野	野				野		野	野													野			
コショウ	フウトウカズラ	○	○	○	○	○	○	○	○	○	○	○	○	○	○	○	○	○	○	○	○	○	○	○	○	○	○	○	○	○	○				
ウマノスズクサ	リュウキュウウマノスズクサ	？														？	○	○	○	○	○	○	○	○	●									Ⅱ	
ウマノスズクサ	コウシュンウマノスズクサ	○								○	○	●																					Ⅱ		Ⅱ

科	種	尖閣	与那国	波照間	西表	小浜	黒島	竹富	石垣	*宮他	伊良	宮古	南大	北大	久米	粟国	*沖他	沖縄	伊江	伊是	伊平	与論	沖永	徳之島	奄美	喜界	宝	黒~悪	屋久	種子	小笠原	備考	RDB*		
																																	沖	鹿	全
ウマノスズクサ	アリマウマノスズクサ		○	○	○	○	○	○	○	○	○	○			○	?		?																	
モクレン	オガタマノキ														●			○						○	○			○	○	○					
モクレン	タイワンオガタマ		○		○				●																										
バンレイシ	クロボウモドキ			○	●																												IB		IA
ハスノハギリ	テングノハナ								●																								IA		IA
ハスノハギリ	ハスノハギリ		○	○	○	○	○	○	○	○	○	○				○	○	○	○		○	○	○		○	●					○			NT	
クスノキ	クスノキ	植	植		植				植			植	植	植				植	植	植	植		植	植	植		植	植	植	植		植			
クスノキ	ヤブニッケイ		○		○	○			○	○	○	○	○	○	○	○	○	○	○	○	○	○	○	○	○	○	○	○	○	○					
クスノキ	シバニッケイ		●		○	○			○			○			○		○	○		○	○		?	○	○			●悪				固		NT	
クスノキ	ケシバニッケイ																●	○		○	○				●							固		NT	
クスノキ	マルバニッケイ																●鳥								?		○	○	○	○			NT		NT
クスノキ	ニッケイ								●						○			○						●								固		NT	NT
クスノキ	シロダモ	○	○		○				○			○			○	○	○	○		○	○		○	○	○			○	○	○					
クスノキ	キンショクダモ	○			○				○			?	?	?			○	○						○	○		○	○			○			NT	
クスノキ	ダイトウシロダモ												●	●																		固	NT		IB
クスノキ	イヌガシ		○		○				○						○		○	○		○	○		○	○	○			○	○	○					
クスノキ	アカハダクスノキ		○		○				○						○		○	○		○	○		○	○	○	○		●悪						II	NT
クスノキ	オキナワコウバシ								●									●														固	NT		II
クスノキ	バリバリノキ	○	○		○				○						○			○			○			○	○			○	○	○					
クスノキ	ホソバタブ	○	○		○				○						○			○		○	○		○	○	○			○	○	○					
クスノキ	タブノキ	○	○	○	○	○	○	○	○	○	○	○	○	○	○	○	○	○	○	○	○		○	○	○	○	○	○	○	○					
クスノキ	カゴノキ				○				○			○						○		○	○			○	○			○	○	○					
クスノキ	アオモジ																							○	○			○	○	○			DD		
クスノキ	ハマビワ	○	○		○				○	○	○	○			○	○	○	○		○	○	○	○	○	○	○	○	○	○	○					
クスノキ	スナヅル		○	○	○	○	○	○	○	○	○	○			○	○	○	○	○	○	○	○	○	○	○	○	○	○	○	○	○			NT	
クスノキ	ケスナヅル																	●		○	●											固	II		II
クスノキ	イトスナヅル														●		嘉			●												固	IB		IA
サトイモ	クワズイモ	○	○	○	○	○	○	○	○	○	○	○			○	○	○	○	○	○	○	○	○	○	○	○	○	○	○	○	野				
サトイモ	シマクワズイモ		○		○				○	○	○	○						○	○			?	?		●				野		野			DD	
サトイモ	ユズノハカズラ												○	●																			IA		IA
サトイモ	オウゴンカズラ		野	野	野				野			野	野	野	野	野	野	野			野	野	野	野	野						野	野			
サトイモ	ハブカズラ		○	○	○	○	○	○	○	○	○	○			○	○	○	●	○			野		野	野										
サトイモ	ヒメハブカズラ				○				●																								IA		IA
サトイモ	サキシマハブカズラ				○				●																								IA		IA
タコノキ	アダン	○	○	○	○	○	○	○	○	○	○	○	○	○	○	○	○	○	○	○	○	○	○	○	○	○	○	●ロ						NT	

タコノキ	ホソミアダン													●																		固			IA
タコノキ	ヒメツルアダン				●																												IB		IB
タコノキ	ツルアダン		○		○				●																						○				
サルトリイバラ	カラスキバサンキライ	○	○	○	○	○			○	○	○	○			○		○	○	○	○	○	○	○	○	○	○	○	○	○						
サルトリイバラ	ハマサルトリイバラ	○	○	○	○	○	○	○	○	○	○	○			○	○	○	○	○	○	○	○	○	○	○	○	○	○	○	○					
サルトリイバラ	オキナワサルトリイバラ	○	○		○				○						○		○	○	○	○	○		○								○			I	
サルトリイバラ	サツマサンキライ	○	○	○	○	○			○	○	○					○	○	○	○	○	○	○	○	○	○	○	○	○	○	○					
サルトリイバラ	アラガタサンキライ																	○							●								IB		IB
サルトリイバラ	ササバサンキライ				○				○						○		○	○		○	○		○	○	●									NT	
サルトリイバラ	アマミヒメカカラ																								●							固		II	NT*2
サルトリイバラ	ヒメカカラ																												●			固			
ヤシ	ビロウ	○	○	○	○	○	○		○	○	○	○			○	○	○	○	○	○	○	○	○	○	○	○	○	○	○	○				NT	
ヤシ	ダイトウビロウ												●	●																		固			
ヤシ	ヤエヤマヤシ				●				●																							固	NT		NT
ヤシ	クロツグ	○	●	○	○	○	○	○	○	○	○	○	○	○	○	○	○	○	○	○	○	○	○	○	●		植	植			植	固			
ヤシ	ニッパヤシ				●																												IA		IA
ショウガ	ゲットウ	野	野	野	野	野	野	野	野	野	野	野	野	野	野	野	野	野	野	野	野	野	野	野	野	野	野	野	野	野	植	野			
ショウガ	クマタケラン		野		野				野		野	野			野			野			野	野	野	野	野	野		野	野	野		野			
ショウガ	アオノクマタケラン	○	○		○				○		○	○			○		○	○			○	○	○	○	○	○	○	○	○	○					
ショウガ	イリオモクマタケラン				○				●																								NT		
トウツルモドキ	トウツルモドキ	○	○	○	○	○	○	○	○	○	○	○	○	○	○		○	○	○	○	○	○		○			●							NT	
イネ	リュウキュウチク	○	○	○	○	○	○	○	○	○	○	○	植		○	○	○	○	○	○	○	○	○	○	○	○	○	○	○	○					
イネ	ホウライチク		野		野				野	野		野						野	野	野		野	野	野	野	野	野	野	野	野		野			
アケビ	ムベ				○				○						○			○			○		○	○	○			○	○	○					
ツヅラフジ	コウシュウウヤク	○			○		○	○	○			○			○		○	○			○		○	○	○		○	○	○	○					
ツヅラフジ	アオツヅラフジ	○	○		○	○	○		○	○	○	○			○	○	○	○	○	○	○	○	○	○	○			黒	○	○					
ツヅラフジ	ホウザンツヅラフジ																阿							●										I	IA
ツヅラフジ	ツヅラフジ											○						○								○		黒	○	○			NT		
ツヅラフジ	ミヤコジマツヅラフジ		○		○	○	○	○	○	○	○	○	○	○	○	○		○					○	○	○	○	○	○							
ツヅラフジ	ホウライツヅラフジ											?																					DD		IA
ツヅラフジ	ハスノハカズラ（広義）	○	○	○	○	○	○	○	○	○	○	○	○	○	○	○	○	○	○	○	○	○	○	○	○	○	○	○	○	○				NT*3	
キンポウゲ	ビロードボタンヅル				○				○									○						○	○		○	○	○					II	
キンポウゲ	リュウキュウボタンヅル		●	○	○	○	○	○	○	○	○	○			○	○	○	○	○	○	○	○	○	○	○	●						固		NT	
キンポウゲ	コバノボタンヅル								?									?							○			○	○	○			DD		
キンポウゲ	オキナワセンニンソウ																○	○																	
キンポウゲ	ヤンバルセンニンソウ		○		○				○		○	○			○	○	○	○		○	○		○	○	○	○	○	○	○	●					
キンポウゲ	ヤエヤマセンニンソウ		○		○				○						○			○			○		○	○	●			?						II	
キンポウゲ	センニンソウ														○			○	○	○	○		○	○	○	○	○	○	○	○					
キンポウゲ	サキシマボタンヅル		○		○		○		○	○	○	○			○		名	●	○																
アワブキ	ヤンバルアワブキ		○		○				○						○			○					○	○	○									NT	
アワブキ	ナンバンアワブキ				○				○						○			○						○	●									NT	
アワブキ	ヤマビワ				○				○									○		○	○		○	○	○			○	○	○					

科	種	尖閣	与那国	波照間	西表	小浜	黒島	竹富	石垣	*宮他	伊良	宮古	南大	北大	久米	粟国	*沖他	沖縄	伊江	伊是	伊平	与論	沖永	徳之島	奄美	喜界	宝	黒～悪	屋久	種子	小笠原	備考	RDB*		
																																	沖	鹿	全
ヤマモガシ	ヤマモガシ				○				○						○			○			○	○	○	○	○			○	○	○					
ヤマグルマ	ヤマグルマ				○				○															?	○			○	○					NT	
ツゲ	タイワンアサマツゲ	○																●															IA		IA
ツゲ	オキナワツゲ		○		○				○			○	○	○			○	○				○	○			●							II	I	II
マンサク	イスノキ	○	○		○		○		○	○	○	○	?		○	○	○	○	○		○		○	○	○	植		○	○	○					
ズイナ	ヒイラギズイナ		○		○				○									○					○	○	●									NT	
ユズリハ	ヒメユズリハ	○	○		○				○						○		○	○		○	○		○	○	○	○	○	○	○	○					
ユズリハ	ユズリハ																							○				?	○						
ブドウ	オモロカズラ		●		○		○	○	○			○					名	○	○			○	○	○				● 口	?			固		NT*4	
ブドウ	アマミナツヅタ								○			○			○			○	○					○	●									II	
ブドウ	ツタ	○																										?	○	○			IA		
ブドウ	ノブドウ	?																															DD		
ブドウ	テリハノブドウ		○	○	○	○	○	○	○	○	○	○			○	○	○	○	○			○	○	○	○	○	○	○	○	○					
ブドウ	キッスス・シキオイデス				野													野			野				野							野			
ブドウ	リュウキュウガネブ	○	○	○	○	○	○	○	○	○	○	○			○	○	○	○	○	○	○	○	○	○	○	○	○	○						NT	
ブドウ	サンカクヅル				?																				○			○	○	○			DD		
マメ	ハカマカズラ		○	○	○	○	○	○	○	○	○	○		○	○	○	○	○	○	○	○	○	○	○	○	○	○	○	○	○					
マメ	ソウシジュ		野	野	野	野	野	野	野	野	野	野	野	野	野	野	野	野	野	野	野	野	野	野	野	野	野				野	野			
マメ	タマツナギ				○	○			○			●																							
マメ	ウチワツナギ																	○	●														IB		IB
マメ	ナハキハギ				○	○			○									●															II		
マメ	リュウキュウハギ														野	野		野	野				野	野	野	野						野		NT	
マメ	ミソナオシ		○		○				○			○						○					○	○	○	○	○	○	○	○					
マメ	エノキマメ				○	○			○			●																							
マメ	ソロハギ				絶				絶			絶							絶													絶	EX		EX
マメ	クロヨナ		○	○	○	○	○	○	○	○	○	○			○	○	○	○	○	○	○	○	○	○	○	○			●					NT	
マメ	タシロマメ				○				●																								IA		IA
マメ	ヤエヤマシタン								●																								IA		IA
マメ	リュウキュウコマツナギ				○	○		○	○	● 下																									
マメ	フジボグサ				○	○			○			●																							
マメ	オオバフジボグサ			○	○				○	○		●																							IB
マメ	ホソバフジボグサ				○	○			○			●																					IA		IA
マメ	ハマセンナ		○		○	○	○		○	○	○	○			○	○	○	○		○	○		○	○	○	●								NT	
マメ	タイワンミヤマトベラ				○													●															IB		IA
マメ	シマエンジュ				?	?									○	○	○	○			○		○	○	○	○	○	○	○	○					
マメ	イタチハギ																	野			野		野	野	野						野	野			
マメ	イソフジ		○	○	○	○	○	○	○	○	○	○			○	○	○	○	○	○	○	○	○	○	○	●					○			II	IB

科	和名																																		
マメ	アカハダノキ				○	○			●																										
マメ	ギンネム		野	野	野	野	野	野	野	野	野	野	野	野	野	野	野	野	野	野	野	野	野	野	野	野	野	野			野	野			
マメ	ヤエヤマネムノキ				●	○			○									●														固	IB		IB
マメ	ヒロハネム																								○	○	○	○						NT	
マメ	ネムノキ																	野							野				野	野					
マメ	オオバネム																								?									II	IB
マメ	ナンテンカズラ		○	○	○	○			○	○	○	○			○	○	○	○		○	○	○	○	○	○	○	○		○	●				NT	
マメ	ジャケツイバラ																						○	○					○	○				NT	
マメ	シロツブ		○		○				○	多		○					○	●													○				
マメ	ハスノミカズラ	○	○		○				○			○		○			○	●													○				
マメ	モダマ																						?	?	○				●					I	IA
マメ	ヒメモダマ		○		○	○			○									●															NT		NT
マメ	ヒルギカズラ				○				●																										
マメ	シイノキカズラ	○	○	○	○	○	○	○	○	○	○	○			○		○	○	○	○	○	○	○	○	●									II	
マメ	フジ																							野	野					野		野		NT	
マメ	ナツフジ																								●	○			○	○					
マメ	タイワンクズ		○	○	○	○	○	○	○	○	○	○			○	○	○	○	○	○	○	○	○		?	○	●							NT	
マメ	クズ								野									野					野	○	○	○	○	○	○	○					
マメ	シナクズ																	野														野			
マメ	イルカンダ														○		○	○	○	○	○		○	○	○									II	
マメ	カショウクズマメ		○		○	○			●																										
マメ	ワニグチモダマ				○				○									○					○	○	●						○		NT		NT
マメ	ナガミハマナタマメ		○	○	○	○			○	水		○						●													硫				
マメ	ハマナタマメ	○	○	○	○	○	○	○	○	○	○	○	○	○	○	○	○	○	○	○	○	○	○	○	○	○	○	○	○	○	○				
マメ	タカナタマメ		○		○				○	○	○	○					○	○	○		○	○	○		○		○	●						NT	
マメ	ナハエボシグサ		○	○	○	○	○	○	○	○	○	○			○	○	○	○	○	○			○	○	○	●									
マメ	ハギカズラ	○	○	○	○	○	○	○	○	○	○	○	○	○	○	○	○	○	○	○	○	○	○	○	○		●							NT	
マメ	シロバナミヤコグサ	○	○	○	○	○	○	○	○	○	○	○			○	○	○	○	○	○	○		○		○	○	●							NT	
マメ	タデハギ								●																								IA		IA
バラ	カンヒザクラ		植	植	植	植	植	植	○	植	植	植	植	植	植	植	植	植	植	植	植	植	植	植	植	植	植								
バラ	バクチノキ		○		○				○			○	○		○		名	○			○		○	○	○	○		○	○	○					
バラ	リンボク														○			○															IB		
バラ	シマカナメモチ				○				○						○			○		○	○		○	○	?						○			II	NT
バラ	オオカナメモチ				?																		○	○	○									I	IA
バラ	シャリンバイ（広義）	○	○	○	○	○	○	○	○	○	○	○	○	○	○	○	○	○	○	○	○	○	○	○	○	○	○	○	○	○				NT*5	
バラ	ホウロクイチゴ														●	○	○	○	○	○	○	○	○	○	○	○	○	○	○	○					
バラ	クワノハイチゴ								●									●														固	II*6		IB*6
バラ	ホザキイチゴ																	●														固	II		
バラ	アマミフユイチゴ																							●	●							固		II	
バラ	コバノアマミフユイチゴ																								●							固		I	IA
バラ	リュウキュウイチゴ				○				○						○		○	○		○	○		○	○	○				○	○					
バラ	リュウキュウバライチゴ	○			○				○				○	○	○	○	○	○		○	○		○	○	○		○	○	○	○					
バラ	アリサンバライチゴ		●																														NT		

科	種	尖閣	与那国	波照間	西表	小浜	黒島	竹富	石垣	*宮他	伊良	宮古	南大	北大	久米	粟国	*沖他	沖縄	伊江	伊是	伊平	与論	沖永	徳之島	奄美	喜界	宝	黒~悪	屋久	種子	小笠原	備考	RDB* 沖	RDB* 鹿	RDB* 全
バラ	ナワシロイチゴ		○	○	○	○	○	○	○	○	○	○			○	○	○	○	○	○	○	○	○	○	○	○	○	○	○	○					
バラ	テンノウメ		○		○				○	○	○	○		絶植	○	○	○	○		○	○	○	○	○	○	○	●小		絶				II	II	II
バラ	リュウキュウテリハノイバラ														○	○	○	○	○	○	○	○	○	○	○	○	○	○	○	○					
バラ	テリハノイバラ（狭義）		○																																
バラ	ヤエヤマノイバラ				○		○		○		○	●																							
グミ	ツルグミ		○		○	○			○	○	○	○	○		○	○	○	○	○	○	○		○	○	○	○	○	○	○	○					
グミ	リュウキュウツルグミ		○		○	○			○	○	○	○					○	○	○		○		○	○	●									NT	
グミ	オオバグミ	○			○				○	○	○	○					○	○	○		○			○	○		○	○	○						
グミ	アキグミ（広義）															○								○			○	○	○	○			IA		
クロウメモドキ	リュウキュウクロウメモドキ	○	○		○				○						○	○	○	○	○	○	○		○	○	○		○	●悪							
クロウメモドキ	ヒメクロウメモドキ																	●														固	IA		IA
クロウメモドキ	クニガミクロウメモドキ																	●														固	IA		
クロウメモドキ	ヤエヤマハマナツメ				○	○	○	○	○	○		○											●								硫		II	II	IB
クロウメモドキ	ハマナツメ				?				?			?						?							?				?	○			DD	II	II
クロウメモドキ	ヤエヤマネコノチチ	●			○				○			?						○					○	○	○	●						固		II	II
クロウメモドキ	クロイゲ		○	○	○				○	○	○	○			○	○	○	○		○		○	○	○	○	○								NT	
クロウメモドキ	ナガミクマヤナギ				●				○						○			○			○		○	○	●							固			
クロウメモドキ	ヒメクマヤナギ		○	○	○		○		○	○	○	○			○	○	○	○	○	○	○	○	○	○	○	●								NT	
アサ	クワノハエノキ	○	○	○	○		○		○	○	○	○	○	○	○	○	○	○	○	○	○		○	○	○	○	○	○	○	○	○				
アサ	サキシマエノキ										○	●																					IB		IA
アサ	ムクノキ																	○											○	○			IB		
アサ	ウラジロエノキ	○	○		○	○			○				○	○	○	?		○					○	○	○			○	○	●	○				
アサ	キリエノキ																	○							○				○	○					
クワ	ガジュマル	○	○	○	○	○	○	○	○	○	○	○	○	○	○	○	○	○	○	○	○	○	○	○	○	○	○	○	○	●	野				
クワ	アコウ	○	○	○	○	○	○	○	○	○	○	○	○	○	○	○	○	○	○	○	○	○	○	○	○	○	○	○	○	○	植				
クワ	オオバアコウ	○	○	○	○	○	○		●																						植				
クワ	ホソバムクイヌビワ	○	○		○	○			○			○			○	○	○	○		○	○		○	○	●									NT	
クワ	ムクイヌビワ	?	○		○				○				○	○				●															NT	DD	
クワ	ハマイヌビワ	○	○	○	○	○	○	○	○	○	○	○	○	○	○	○	○	○	○	○	○	○	○	○	○	○	○	●口							
クワ	オオバイヌビワ		○	○	○	○	○	○	○	○	○	○	○	○	○	○	○	○	○		○		○		○	●								NT	
クワ	アカメイヌビワ		○		○	○			○						○		嘉	○					○	○	●										
クワ	ギランイヌビワ		○		○	○			○			●																							
クワ	イヌビワ（狭義）	○	○	○	○	○	○	○	○	○	○	○			○	○	○	○	○	○	○	○	○	○	○	○	○	○	○	○					
クワ	ケイヌビワ	○	○	○	○		○		○	○	○	○	○	○		○	○	○	○	○	○		○	○	○	○	○	○						NT	
クワ	オオイタビ	○	○	○	○	?			○	○	○	○	○	○	○	○	○	○	○	○	○	○	○	○	○	○	○	○	○	○					
クワ	イタビカズラ	○	?		○				○								?	○							○			○	○	○					

クワ	ヒメイタビ	○			○				○						○		○	○	○					○	○			○	○	○					
クワ	カカツガユ		○		○		○		○			○			○		○	○	○		○		○	○	○	○		○	○	○					
クワ	シマグワ	○	○	○	○	○	○	○	○	○	○	○	○	○	○	○	○	○	○	○	○	○	○	○	○	○	○	○	○	○	野				
クワ	カジノキ		野	野	野	野	野	野	野	野	野	野	野	野	野	野	野	野	野	野	野	野	野	野	野	野	野	野	野		野	野			
クワ	ヒメコウゾ																								?										
イラクサ	ハドノキ	○			○				○						○			○					○	○	○	○	○	○	○	○					
イラクサ	ヌノマオ		○	○	○	○	○	○	○									●																	
イラクサ	ヤナギイチゴ				○				○						○			○					○	○	○			○	○	○					
イラクサ	ヤナギバモクマオ																○	●	○																
ブナ	オキナワジイ		●		○				○				植		○	○	○	○			○		○	○	○	●						固			
ブナ	マテバシイ														○		座	○			○		○	○	○			○	○	○					
ブナ	オキナワウラジロガシ				●				○						○		座	○					○	?	●							固		II	
ブナ	アマミアラカシ	●							?									○			○		○	○	●							固			
ブナ	ウラジロガシ		○															○						○	○				○	○			II		
ブナ	ウバメガシ																	●	植	○	○						○	○	○	○			II		
ヤマモモ	ヤマモモ	○	○		○	○			○						○	○	○	○	○	○	○		○	○	○	○		○	○	○					
モクマオウ	トクサバモクマオウ		野	野	野	野	野	野	野	野	野	野	野	野	野	野	野	野	野	野	野	野	野	野	野	野	野				野	野			
カバノキ	タイワンハンノキ														野			野					野	野								野			
カバノキ	オオバヤシャブシ																						野	野	野			野	野	野		野		DD	
ニシキギ	コクテンギ	○	○		○	○			○	○	○	○	○		○	○	○	○	○	○			○	○	○		○	○							
ニシキギ	リュウキュウマユミ		○		○				○						○			○					○	○	○		○	○	○					NT	
ニシキギ	ヤンバルマユミ				○				○									●																	
ニシキギ	ヒゼンマユミ																	●										悪						II	IB
ニシキギ	アバタマユミ	?			○													○					○	○	●									I	
ニシキギ	マサキ	○	○	○	○	○	○	○	○	○	○	○			○	○	○	○	○	○	○	○	○	○	○	○	○	○	○	○					
ニシキギ	リュウキュウツルマサキ				●				○															○	●								II	I	II
ニシキギ	ハリツルマサキ		○	○	○	○	○	○	○	○	○	○			○	○	○	○	○	○	○	○	○	○	○	●								II	NT
ニシキギ	モクレイシ	○	○		○				○									○			○		○	○	○		○	○	○	○					
ニシキギ	ホソバモクレイシ	○																○							○					○				NT	
ニシキギ	テリハツルウメモドキ	○	○		○				○	○	○	○			○	○	○	○	○		○		○	○	○	○	○	○	○	○					
ニシキギ	リュウキュウツルウメモドキ				●				○						○			○			○		○	○	○		○	● 中				固			
ホルトノキ	ホルトノキ	○	○		○				○	○	○	○			○	○	○	○	○	○	○		○	○	○	○	○	○	○	○					
ホルトノキ	コバンモチ	○	○		○				○						○		○	○		○	○		○	○	○	○		○	○	○					
ホルトノキ	ナガバコバンモチ				○				●																								NT		IB
ヒルギ	ヤエヤマヒルギ		植		○	○			○		○	○			○		○	●																	
ヒルギ	オヒルギ				○	○			○		○	○	○		○		○	○		○					●									II	
ヒルギ	メヒルギ				○	○			○		○	○					○	○		○				○	○				○	○				NT	
トウダイグサ	シマシラキ		○		○	○	○		○	○	○	○				○		○	○				○	○	○		●							NT	
トウダイグサ	ダイトウセイシボク												●	●																		固	II		II
トウダイグサ	シラキ（広義）				○													○			○			○	○				○				II	NT*7	
トウダイグサ	エノキフジ				○				○			○			○					○	○			○	●								IB	DD	IA

科	種	尖閣	与那国	波照間	西表	小浜	黒島	竹富	石垣	宮他*	伊良	宮古	南大	北大	久米	粟国	沖他*	沖縄	伊江	伊是	伊平	与論	沖永	徳之島	奄美	喜界	宝	黒~悪	屋久	種子	小笠原	備考	RDB*		
																																	沖	鹿	全
トウダイグサ	オオバギ	○	○	○	○	○	○	○	○	○	○	○			○	○	○	○	○	○	○	○	○	○	○	●									
トウダイグサ	アカメガシワ	○	○	○	○	○	○	○	○	○	○	○	○	○	○	○	○	○	○	○	○	○	○	○	○	○	○	○	○	○					
トウダイグサ	ウラジロアカメガシワ				○				●																										
トウダイグサ	クスノハガシワ	○	○		○				○	○		○			○	○	○	○	○	○	○	○	○	○	○	○	○	●悪						NT	
トウダイグサ	ヤンバルアカメガシワ	?	○	○	○	○	○	○	○	○	○	○	○	○			名	●																	
トウダイグサ	アミガサギリ		●		○	○			○	○	○	○			○			○	○		○	○	○		●							固		II	
トウダイグサ	グミモドキ	○	○	○	○	○	○	○	○	○	○	○	○	○	○	○	○	○	○	○	○	○	○	○	○	●								I	
コミカンソウ	アカギ		○	○	○	○			○	○	○	○	植			○	○	○	○	○	○	植	植	植	植	植	植	植	植	植	野				
コミカンソウ	アマミヒトツバハギ		○	○	○	○	○		○	○	○	○				○	○	○	○		○	○	○	○	○	○	○			○					
コミカンソウ	マルヤマカンコノキ		○	○	○			○	○	○		●																							
コミカンソウ	アカハダコバンノキ				○				○									○						●									IB	I	IA
コミカンソウ	カキバカンコノキ	○	○	○	○	○			○			○					○	○		○	○		○	○	○	○	○	○	○	●					
コミカンソウ	ケカンコノキ				○	○			○								嘉	○		○			?		●									NT	
コミカンソウ	キールンカンコノキ	○	○		○				○			○			○		嘉	○			○		○	○	○	●								NT	
コミカンソウ	カンコノキ	?													○	○	○	○	○	○	○	○	○	○	○		○	○	○	○					
コミカンソウ	ヒラミカンコノキ	○	○	○	○	○			○	○	○	○																		●				NT	
コミカンソウ	ウラジロカンコノキ				?				?									○					○	○	●									NT	
コミカンソウ	オオシマコバンノキ	○	○	○	○	○	○	○	○	○	○	○			○	○	○	○	○	○	○	○	○	○	○	○	●				植			NT	
コミカンソウ	ドナンコバンノキ		●																													固	IA		IA
コミカンソウ	シマコバンノキ				野				野			野	野																			野			
コミカンソウ	ハナコミカンボク																	●														固	IA		IB
コミカンソウ	ヤマヒハツ		○		○	?			○						○		○	○		○	○		○	○	○				○	○					
コミカンソウ	コウトウヤマヒハツ		○	○	○	○	○	○	○	○	○	○			○	○	○	○	○			●												I	
キントラノオ	コウシュンカズラ		○		○				○		○	○						●															II		NT
キントラノオ	ササキカズラ		○	○	○				●			?						?															II		IA
ツゲモドキ	ツゲモドキ	○	○	○	○	○	○	○	○	○	○	○	○	○	○	○	○	○	○	○	○		○	○	○	○	○	○	●					NT	
ヤナギ	トゲイヌツゲ	○			○				○				○	?			○	●																	
ヤナギ	イイギリ				○				○		○				○			○			○		○	○	○			○	○	○					
ヤナギ	クスドイゲ	?							?																								IA		
テリハボク	テリハボク		○	○	○	○	○	○	○	○	○	○	植	植	植	植	植	植	植	植	植	植	植	植	植	植					植	植			
フクギ	フクギ		○	○	○	○	○	○	○	植	植	植	植	植	植	植	植	植	植	植	植	植	植	植	植	植						植			
シクンシ	モモタマナ		○	○	○	○	○	○	○	○	○	○	○		○	○	○	○	○	○	○	○			●						○				
シクンシ	テリハモモタマナ				●																												IA		IA
シクンシ	シクンシ				野			野	野									野														野			
シクンシ	ヒルギモドキ		?		○	?			○			○			?			●															II		IA
ミソハギ	ハマザクロ				○	○			●																								NT		NT
ミソハギ	ミズガンピ	○	○	○	○	○	○		○	○	○	○	○	○	○	○	○	○			○	○	○	○		●							NT	NT	
ミソハギ	シマサルスベリ																						?	○	○	●					植			NT	NT

ミソハギ	ヤクシマサルスベリ																											●	●					NT	NT
フトモモ	テンニンカ								○						○	○		○		○	●														
フトモモ	バンジロウ		野	野	野	野	野	野	野	野	野	野	野	野	野	野	野	野	野	野	野	野	野	野	野							野			
フトモモ	アデク	○	○		○	○			○						○	○	○	○	○	○	○		○	○	○				○	○					
フトモモ	フトモモ		野		野				野						野			野	野					野	野				野	野	野	野			
ノボタン	ノボタン	○	○		○	○			○			○			○	○	○	○	○	○	○		○	○	○				●						
ノボタン	コバノミヤマノボタン																	●														固	II		II
ノボタン	ハシカンボク		○		○				○								嘉	○						○	○				○	●				NT	
ノボタン	ヤエヤマノボタン				●				●																							固			
ノボタン	ミヤマハシカンボク																	?							○				○	●			DD	II	II
ミツバウツギ	ショウベンノキ	○	○		○				○	○		○	○	○	○		○	○	○	○	○		○	○	○	○	○	○	○	○					
ミツバウツギ	ゴンズイ	○	○		○	○			○						○		○	○		○	○		○	○	○				○	○					
キブシ	ナンバンキブシ																							●	○			○	○	○					
ウルシ	ハゼノキ	○	○	○	○	○	○	○	○	○	○	○	○	○	○	○	○	○	○	○	○	○	○	○	○	○	○	○	○	○	○				
ウルシ	ヌルデ								○						○			○						○	○			○	○	○			IA		
ウルシ	タイワンフシノキ				○				●			?																					DD		IA
ムクロジ	ムクロジ				○				○									○							○			○	○	○	○				
ムクロジ	クスノハカエデ														○	○	名	○		○	○	○	○			●								II	II
ムクロジ	シマウリカエデ																							●	●							固			
ムクロジ	アマミカジカエデ																								●							固		I	IA
ムクロジ	アカギモドキ		○	○	○		○	○	○	○	○	●																							
ムクロジ	ハウチワノキ（狭義）				○				○			○																			○			I	
ムクロジ	ヒロハハウチワノキ														○		座	○			○			○	○		●			絶				I[*8]	
ミカン	アワダン	○	○	○	○	○		○	○	○	○	○					高	○			○	○	○			●								NT	
ミカン	サルカケミカン		○	○	○		○	○	○	○	○	○			○	○	○	○	○	○	○	○	○			●								NT	
ミカン	ハナシンボウギ			○	○		○		○	○	○	○						●															IB		
ミカン	ツルザンショウ				○				○									○				○	○			○	●							NT	
ミカン	アマミザンショウ																						●	○	○	●						固		NT	
ミカン	シマイヌザンショウ																	●						○	●							固	IB	NT	NT
ミカン	テリバザンショウ		○		○	○			○						●																				
ミカン	ヒレザンショウ		○	○	○		○		○	○	○	○	○	○	○	○	○	○	○	○	●												II		
ミカン	カラスザンショウ	○	○		○				○			○			○			○						○	○		○	○	○	○					
ミカン	フユザンショウ														絶			絶														絶	DD	NT	
ミカン	ハマセンダン		○		○			○	○			○	○		○		○	○		○	○		○	○	○	○	○	○	○						
ミカン	ホソバハマセンダン																								●									I	IA
ミカン	ゲッキツ		○	○	○	○	○	○	○	○	○	○	○	○	○	○	○	○	○	○	○	○	○	○	○	○	●				植			NT	
ミカン	シークワーサー		○	○	○	○	○		○	○	○	○			○	○	○	○	○	○	○	○	○			○	○	● □				植		NT	
ミカン	タチバナ	?			?				?				?	?				?							?			○	○	○		植	IA	II	NT
ミカン	リュウキュウミヤマシキミ				●				○									○						○	○			● □				固		NT	
ニガキ	ニガキ				○				○			○				○	○	○					○	○	○	○			○	○					

科	種	尖閣	与那国	波照間	西表	小浜	黒島	竹富	石垣	*宮他	伊良	宮古	南大	北大	久米	粟国	*沖他	沖縄	伊江	伊是	伊平	与論	沖永	徳之島	奄美	喜界	宝	黒～悪	屋久	種子	小笠原	備考	RDB* 沖	RDB* 鹿	RDB* 全
センダン	センダン		○	○	○	○	○	○	○	○	○	○	植		○	○	○	○	○	○	○	○	○	○	○	○	○	○	○	○	○				
アオイ	アオギリ				○				○			○			○		名	○					○	○	○	○		○	○						
アオイ	サキシマスオウノキ			○	○			植	○		?	○						○							●									II	
アオイ	サキシマハマボウ		○		○	○	○		○	○	○	○			○	○	○	○	○	○			○	○	●									I	
アオイ	ハマボウ																								●				○	○					
アオイ	オオハマボウ	○	○	○	○	○	○	○	○	○	○	○	植	植	○	○	○	○	○	○	○	○	○	○	○	○	○	○	○	●	○			NT	
アオイ	サキシマフヨウ	○	●	○	○	○	○	○	○	○	○	○		○	○	○	○	○	○	○	○	○	○	○	○	○	○	○	○	○					
アオイ	タカサゴイチビ		野	野	野		野		野	野	野	野	野	野		野	野	野	野						野							野			
アオイ	タイワンイチビ		野	野	野	野	野	野	野		野	野	野	野	野	野		野	野			野	野			野					野	野		NT	
アオイ	サキシマイチビ		野						野			野																				野			
アオイ	ハテルマカズラ		○	○	○		○		○	○		○					●慶														硫		II		
アオイ	ケナシハテルマカズラ									●多	?																						II		IA
アオイ	カジノハラセンソウ		○		○	○			○	○		○	○			○		○	○				○	○	●						硫			NT	
アオイ	エノキアオイ		野	野	野	野	野	野	野	野	野	野	野	野	野	野	野	野	野	野	野		野		野						野	野			
アオイ	ヒシバウオトリギ								●																								IA		IA
アオイ	ヤンバルゴマ		○		○				○			○			○	○	○	○		○	○		○	○	●									NT	
アオイ	オオバボンテンカ		野		野	野	野		野	野		野	野	野				野	野	野	野		野	野	野	野	野	野	野	野		野			
アオイ	ボンテンカ				野				野						野			野							野			野				野			
ジンチョウゲ	アオガンピ		○	○	○	○	○	○	○	○	○	○			○	○	○	●							?									DD	
ジンチョウゲ	オオシマガンピ																							●	●							固		I	IA
ジンチョウゲ	コショウノキ	○																			○			○	○			○	○	○			IA		
パパイヤ	パパイヤ		野	野	野	野	野	野	野	野	野	野	野	野	野	野	野	野	野	野	野	野	野	野	野	野						野			
フウチョウボク	ギョボク	○	○	○	○	○	○	○	○	○	○	○	○	○	○	○	○	○	○	○	○	○	○	○	○	○	○	○	○	○				NT	
ビャクダン	ヒノキバヤドリギ	○	○		○				○				○		○		○	○		○	○		○	○	○		○	○	○	○	○				
マツグミ	オオバヤドリギ														○			○						○	○			○	○	○					
マツグミ	ニンドウバノヤドリギ				○				●																								II		NT
ボロボロノキ	ボロボロノキ		○		○				○						○	○	○	○			○			○	○				○	○					
ヒユ	インドヒモカズラ			○	○	○			○	○		●				?																	IB		IA
イソマツ	イソマツ	○	○	○	○	○	○		○	○	○	○			○	○						○	○	○	○	○	○	○	○	○	○			II	II
イソマツ	ウコンイソマツ																○	○	○	○	○	○	○		●請		?	?					IB	II	II
イソマツ	シロバナイソマツ		○													○																			
イソマツ	ウスジロイソマツ												○	○																					
オシロイバナ	トゲカズラ			○	○		○	○	○	○	○	○	○	?		○		○		○		●												I	
オシロイバナ	オオクサボク	○	○		○			○	○	○	○	○	○	○		○	○	○				○	○	○	○	○	○	●悪			○			II	
ミズキ	シマウリノキ				●				○									○						○	○		○	○	○	○				NT	

ミズキ	ヤエヤマヤマボウシ				○				●																							II		IA
アジサイ	トカラアジサイ																				●		○	○	?		○	●黒				固	IB		
アジサイ	リュウキュウコンテリギ																	●														固			II
アジサイ	ヤエヤマコンテリギ				●				●																							固			
アジサイ	オオシマウツギ																							●	○	●						固		NT	
アジサイ	オオバナオオシマウツギ																							●								固		DD	
アジサイ	オキナワヒメウツギ																	●														固	IA		IA
アジサイ	ヤエヤマヒメウツギ				●																											固	II		IB
アジサイ	シマユキカズラ				○				○						○			○						○	●									NT	
サガリバナ	サガリバナ		○		○				○			○			○		嘉	○						○	●									II	
サガリバナ	ゴバンノアシ		○	○	○	○	○		○	水																					植		IA		IA
サカキ	ヒサカキ		○		○				○			○	○		○	○	○	○	○	○	○		○	○	○		○	○	○	○					
サカキ	ケヒサカキ																	○					○	○	○				○	○					
サカキ	ハマヒサカキ（広義）	○	○		○	○			○			○			○	○	○	○	○	○	○		○	○	○	○	○	○	○	○					
サカキ	マメヒサカキ																	●						○	●							固		NT	II
サカキ	ケナシハマヒサカキ																	●														固			
サカキ	テリバヒサカキ				●				●																							固			
サカキ	サキシマヒサカキ				●				●																							固	NT		
サカキ	クニガミヒサカキ																	●														固	IB		IA
サカキ	ヤエヤマヒサカキ				●				●																							固			
サカキ	アマミヒサカキ				●				○									○						○	●							固		NT	
サカキ	リュウキュウナガエサカキ																	●														固			
サカキ	ケナガエサカキ				●				●																							固			
サカキ	サカキ				○				○									○						○	○			○	○	○					
サカキ	マルバサカキ				○				●									?																	
サカキ	モッコク		○		○				○								○	○		○	○		○	○	○			○	○	○					
アカテツ	アカテツ	○	○	○	○	○	○	○	○	○	○	○	○	○	○	○	○	○	○	○	○	○	○	○	○	○	○	●悪			○				
アカテツ	コバノアカテツ												○	?																	○		II		II
カキノキ	トキワガキ		○		○				○									○			○		○	○	○				○	○					
カキノキ	リュウキュウコクタン	?	○	○	○	○	○	○	○	○	○	○			植	植	植	●	植	植	植	植	植	植	植	植					野				NT
カキノキ	リュウキュウガキ	○	○	○	○	○	○	○	○	○	○	○	○	○	○		○	○	○	○	○	○	○	●										NT	
カキノキ	リュウキュウマメガキ		○		○				○									○		○	○		○	○	○			○	○	○				II	
カキノキ	オルドガキ				○				●																										
カキノキ	ヤワラケガキ		○		●																												IB		IB
サクラソウ	マンリョウ		○		○				○						○		○	○		○	○		○	○	○			○	○	○					
サクラソウ	モクタチバナ	○	○	○	○	○	○	○	○	○	○	○	○	○	○	○	○	○	○	○	○	○	○	○	○	○	○	○	○	○	○				
サクラソウ	シシアクチ	○			○				○						○		○	○	○		○		○	○	○				○	○					
サクラソウ	カラタチバナ								○									○										○	○				IB		
サクラソウ	シナヤブコウジ				○																			●									IA	I	II
サクラソウ	オオツルコウジ																							●	○			○						II	IB

科	種	尖閣	与那国	波照間	西表	小浜	黒島	竹富	石垣	宮他*	伊良	宮古	南大	北大	久米	粟国	沖他*	沖縄	伊江	伊是	伊平	与論	沖永	徳之島	奄美	喜界	宝	黒~悪	屋久	種子	小笠原	備考	RDB*		
																																	沖	鹿	全
サクラソウ	リュウキュウツルコウジ	○			○				○						○		嘉	○			○		○	○	○			○	○	○					
サクラソウ	ヤブコウジ	○																										○	○	○			ⅠA		
サクラソウ	ツルマンリョウ																	?											○				ⅠA	Ⅰ	NT
サクラソウ	タイミンタチバナ		○		○				○									○		○	○		○	○	○			○	○	○					
サクラソウ	シマイズセンリョウ	○	○		○	○			○			○				○		○		○	○	○	○	○	○	○	○	○	○	○	南				
サクラソウ	イズセンリョウ																	○			○							○	○	○			ⅠA		
ツバキ	イジュ		○		○				○			植			○			○		○	○		○	○	●	?	植	植						NT	
ツバキ	ヤブツバキ	○	○		○				○	○	○	○	植		○	○	○	○	○	○	○		○	○	○		○	○	○	○					
ツバキ	リンゴツバキ																												○						
ツバキ	サザンカ				○				○									○						○	○				○	○					
ツバキ	ヒメサザンカ				●				○						○			○					○	●								固		Ⅰ	
ツバキ	ヒサカキサザンカ				●				○						○			○					●									固		Ⅰ	
ハイノキ	アマシバ														●			○					○	○	●							固			
ハイノキ	リュウキュウハイノキ																	●														固			
ハイノキ	ミヤマシロバイ																	○						○	●									Ⅰ	Ⅱ
ハイノキ	ナカハラクロキ		●		○				○						○		○	○		○	○		○	○	●	?						固		NT	
ハイノキ	クロバイ																	○					○	○	○			○	○	○					
ハイノキ	ナガバクロバイ				●				●																							固			
ハイノキ	アオバナハイノキ																	●					●									固		Ⅰ	
ハイノキ	イリオモテハイノキ				●																											固			
ハイノキ	ヤエヤマクロバイ				○				●																										
ハイノキ	アオバノキ		○		○				○			○	○	○	○			○					○	○	○			○	○	●					
ハイノキ	ヤンバルミミズバイ																	●																	
ハイノキ	ミミズバイ				○				○						○			○			○			○	○			○	○	○					
ハイノキ	コニシハイノキ				●																												NT		ⅠB
エゴノキ	エゴノキ（広義）	○	○		○	○			○			○	○	○	○		○	○		○	○		○	○	○	○		○	○	○				Ⅱ*9	Ⅱ*9
マタタビ	シマサルナシ		○		○				○				○	○	○			○			○		○	○	○		○	○	○	○					
マタタビ	タカサゴシラタマ				○				●																										
ツツジ	ケラマツツジ																●	○					○		●							固	ⅠB	Ⅱ	Ⅱ
ツツジ	ホソバケラマツツジ																	?							●							固		Ⅱ	
ツツジ	タイワンヤマツツジ				○				○									○		○	○			○	●								ⅠB	Ⅱ	
ツツジ	サキシマツツジ				●				○						●																	固	Ⅱ		
ツツジ	サクラツツジ（広義）														○			○						○	○			○	○	○					
ツツジ	アラゲサクラツツジ																							?				○							
ツツジ	マルバサツキ																										●	○	○	○					
ツツジ	センカクツツジ	●																														固	ⅠA		ⅠA
ツツジ	セイシカ				○				●																								Ⅱ		
ツツジ	アマミセイシカ																								●							固		Ⅰ	ⅠA
ツツジ	ギーマ	○	○		○	○			○						○	○	○	○	○	○	○		○	○	●										

ツツジ	シャシャンボ	○			○				○						○		鳥	○	○								○	○	○	○					
ツツジ	ヤドリコケモモ																								●							固		I	IA
ツツジ	リュウキュウアセビ																	●														固	EW		IA
ツツジ	アマミアセビ																								●							固		I	IA*10
クロタキカズラ	クサミズキ				○				●																								II		IB
クロタキカズラ	ワダツミノキ																								●							固		I	IA
アオキ	ナンゴクアオキ																	●						○	○			○	○	○			II		
アカネ	クチナシ	○	○	○	○	○	○	○	○	○	○	○	○	○	○	○	○	○	○	○	○		○	○	○	○	○	○	○	○					
アカネ	アカミズキ		○		○				○						○		嘉	○					○	○	●										
アカネ	ギョクシンカ（広義）	○	○		○				○	○	○	○	○	○	○		○	○		○	○		○	○	○	○	○	○	○	○					
アカネ	ヤエヤマギョクシンカ		○		○				○																										
アカネ	シマミサオノキ		○		○				○						○			○						○	●									NT	
アカネ	シロミミズ		○		○				○						○		○	○		○	○		○	○	○		○		○	●				NT	
アカネ	ヒジハリノキ								●																								IB		IB
アカネ	ヘツカニガキ														○			○		○	○			○					○	○			II	II	
アカネ	ハテルマギリ			○	○	○	○	○	○	○	○	●																							
アカネ	ボチョウジ		○		○	○			○						○		○	○	○	○	○		○	○	○			○	○	●					
アカネ	ナガミボチョウジ	○	○	○	○	○	○	○	○	○	○	○				○	○	○	○	○	○		○	○	○		○	●臥						NT	
アカネ	シラタマカズラ	○	○		○	○	○		○			○		○	○	○	○	○	○	○	○		○	○	○		○	○	○	○					
アカネ	ヒョウタンカズラ				○				○				?		○			○						○	●									I	
アカネ	コンロンカ（広義）	○	○		○	○			○		○	○			○			○		○	○		○	○	○		○	○	○	●					
アカネ	ヤエヤマコンロンカ				●				●																							固			
アカネ	ハナガサノキ		○		○				○			○	○	○	○			○		○	○		○	○	○			○	○	●					
アカネ	ヤエヤマアオキ		○	○	○	○	○	○	○	○	○	○	?		○	○	○	○		○	●		植								○		II		II
アカネ	タイワンルリミノキ		○		○				○						○		○	○		○	○			○	●									I	
アカネ	オオバルリミノキ	○	○		○	○			○			○	○	○			○	○		○	○		○	●										II	
アカネ	マルバルリミノキ	○	○		○				○						○		○	○			○		○	○	○				●					NT	
アカネ	リュウキュウルリミノキ	○	○		○				○						○		嘉	○					○	○	○			○	○	●					
アカネ	ケハダルリミノキ																	○					○	○	●									NT*11	
アカネ	ケシンテンルリミノキ	○			○				○									○					○	○	○				●					NT*12	
アカネ	ニコゲルリミノキ				○													●															II		NT
アカネ	トガリバルリミノキ																	○																	
アカネ	アリドオシ	○			○				○									○					○	○	○				○						
アカネ	ヒメアリドオシ																						○	○	○				○	○					
アカネ	オオアリドオシ				○				○						○			○					○	○	○			○	○						
アカネ	リュウキュウアリドオシ																	●						○	●							固		NT	
アカネ	ヤンバルアリドオシ																	●							●							固		NT*13	
マチン	ホウライカズラ															?		○											○	○			II*14	I*14	IA*14
マチン	リュウキュウチトセカズラ											●					名	○					○			●									
マチン	タイワンチトセカズラ									?	○	○																					IA		IA
キョウチクトウ	サカキカズラ		○		○				○	○	○	○			○	○	○	○	○	○	○		○	○	○		○	○	○	○					

科	種	尖閣	与那国	波照間	西表	小浜	黒島	竹富	石垣	*宮他	伊良	宮古	南大	北大	久米	粟国	*沖他	沖縄	伊江	伊是	伊平	与論	沖永	徳之島	奄美	喜界	宝	黒～悪	屋久	種子	小笠原	備考	RDB* 沖	RDB* 鹿	RDB* 全
キョウチクトウ	シタキソウ	○			○				○						○			○			○			○	○		○	○	○	○				NT	
キョウチクトウ	キジョラン	○																○	○				○	○	○		○	○	○	○			II		
キョウチクトウ	タイワンキジョラン				?																												DD		DD
キョウチクトウ	ソメモノカズラ	○	○		○	○		○	○	○	○	○				○	○	○	○	○		○	○	○	○	○	○	●永						NT	
キョウチクトウ	ゴムカズラ				○				●																								II		IA
キョウチクトウ	ホウライアオカズラ		?						?																								DD		DD
キョウチクトウ	サクララン	○	○	○	○	○	○	○	○	○	○	○	○	○	○	○	○	○	○	○	○	○	○	○	○	○	○	○	○	○					
キョウチクトウ	ホウライカガミ		○	○	○	○	○	○	○	○	○	○	○		○		○	○	○		○	○		○	植	●								II	
キョウチクトウ	オキナワテイカカズラ	○	○		○				○		○	○			○	○	○	○	○	○	○	○	○	○	○	○	○	○	○	○	○				
キョウチクトウ	ケテイカカズラ														○			○					○						○					NT	
キョウチクトウ	ミフクラギ		○	○	○	○	○	○	○	○	○	○	○	○	○	○	○	○	○	○	○	○	○	○	●										
キョウチクトウ	シマソケイ				●				○		○	●																				固	IB		IA
ムラサキ	チシャノキ				○				○			○			○	○	○	○		○	○		○	○	○			○	○	○					
ムラサキ	マルバチシャノキ		○	○	○	○	○	○	○	○	○	○			○	○	○	○	○			○	?	○	○	○	○			●				NT	
ムラサキ	リュウキュウチシャノキ	○		○	○	○			○			●																					II		IA
ムラサキ	フクマンギ		○	○	○	○	○	○	○	○	○	○			○	○	○	○	○	○	○	○	○	○	●									NT	
ムラサキ	カキバチシャノキ				○				○									○				○		○	○	●							IB	NT	
ムラサキ	トゲミノイヌヂシャ	○			○				●																								IA		IA
ムラサキ	モンパノキ	○	○	○	○	○	○	○	○	○	○	○	○	○	○	○	○	○	○	○	○	○	○	○	○	○	●			絶	○			NT	
ムラサキ	ノアサガオ	○	○	○	○	○	○	○	○	○	○	○			○	○	○	○	○	○	○	○	○	○	○	○	○	○	○	○	○				
ムラサキ	モミジヒルガオ				野	野		野	野			野			野			野					野	野	野						野	野			
ヒルガオ	ホルトカズラ				○				○			○						○					○	○	○		○		○	○				NT	
ナス	アツバクコ												○	○																	○		NT		
ナス	ヤンバルナスビ				○	○	○		○	○	○	○				○	○	○				○	○	○	●									NT	
ナス	スズメナスビ				野				野									野														野			
ナス	イラブナスビ									○	○	●																					IA		IA
モクセイ	オキナワソケイ				●	○	○	○	○	○	○	○				○	○	○	○		○	○	○	○		●						固		I	II
モクセイ	イリオモテヒイラギ				●																											固	II		
モクセイ	リュウキュウモクセイ		○		○				○			○	○	○	○		○	○	○	○	○		○	○	●									II	
モクセイ	シマモクセイ	○	●		○				○								○							?	○			○	○	○	○		NT	NT	
モクセイ	ヤナギバモクセイ																	●							?							固	II	I	IB
モクセイ	ネズミモチ	○	○		○				○			○			○	○	○	○	○	○	○		○	○	○		○	○	○	○					
モクセイ	イワキ																								●		●					固		I	
モクセイ	オキナワイボタ				●				○									○						○	●							固		NT	
モクセイ	トゲイボタ		●								○						●名															固	IA		IA
モクセイ	シマタゴ																○	○			○		○	○	○			○	●					NT	
モクセイ	シマトネリコ				○	?			○						○			●																	

イワタバコ	ミズビワソウ				●																											固	IB		
イワタバコ	ナガミカズラ				●																												IA		IA
イワタバコ	ヤマビワソウ（狭義）		○		○				○						○			○					○	○	●									NT	
イワタバコ	キレバヤマビワソウ				●				○									●														固			
イワタバコ	タマザキヤマビワソウ																						?	?	?	?		●	○	○				NT	
ゴマノハグサ	ハマジンチョウ				○	植			○	植		植						○		○					○					○			II	I	II
ゴマノハグサ	ウラジロフジウツギ																								●			○	○	○			DD		
シソ	オオムラサキシキブ	○	○	○	○	○	○	○	○	○	○	○	○	○	○	○	○	○	○	○	○	○	○	○	○	○	○	○	○	○					
シソ	オオシマムラサキ																							●	●							固		NT	
シソ	オキナワヤブムラサキ																	●														固	II		II
シソ	イリオモテムラサキ		●		○				●																							固			
シソ	ホウライムラサキ																	●															IA		IA
シソ	ホソバムラサキ				●																												IA		
シソ	イボタクサギ	○	○	○	○	○	○	○	○	○	○	○	○		○	○	○	○	○	○	○	○	○	○	○	○	○	○		●					
シソ	クサギ（広義）	○	○	○	○	○	○	○	○	○	○	○			○	○	○	○	○	○	○	○	○	○	○	○	○	○	○	○					
シソ	ヒギリ						野		野					野				野					野	野	野						野	野			
シソ	タイワンウオクサギ		○	○	○	○	○	○	○	○	○	○			○	○	○	○	○	○	○	○	○	○	○	●								NT	
シソ	ルソンハマクサギ				○				●																								II		
シソ	ハマクサギ（広義）	○																							○			?	○	○			IA		
シソ	ハマゴウ	○	○	○	○	○	○	○	○	○	○	○	○	○	○	○	○	○	○	○	○	○	○	○	○	○	○	○	○	○	○				
シソ	ミツバハマゴウ			○	○	○	○		○	○							○	○			○	○	○	○	○	○	○	● 平						NT	
シソ	ヤエヤマハマゴウ				○			○	○									●															II		IA
シソ	オオニンジンボク				○				●																								IB		IA
キツネノマゴ	ヒルギダマシ				○	○			○		○	●					植	植															NT		II
キツネノマゴ	アリサンアイ				○				○									●																	
ハナイカダ	リュウキュウハナイカダ																	●			○			○	●							固		NT	NT
モチノキ	ヒロハタマミズキ																								●									I	IA
モチノキ	オオシイバモチ				○				○						○			○					○	○	●									NT	
モチノキ	リュウキュウモチ	○	○		○				○						○			○					○	○	○				○	○				NT	
モチノキ	ムッチャガラ														○			○					○	○	●									NT	
モチノキ	ナガバイヌツゲ（広義）		○		○	○			○						○			○					○	○	●									NT	
モチノキ	モチノキ（広義）	○	○		○				○					?	○		○	○		○	○		○	○	○		○	○	○	○				NT[*15]	
モチノキ	ツゲモチ		○		○				○						○			○			○		○	○	○				○					NT	
モチノキ	クロガネモチ	○	○		○	○			○						○			○		○	○		○	○	○			○	○	○				NT	
モチノキ	アマミヒイラギモチ																								●							固		I	IA
クサトベラ	クサトベラ	○	○	○	○	○	○	○	○	○	○	○	○	○	○	○	○	○	○	○	○	○	○	○	○	○	○	○	○	●	○			NT	
キク	ヒイラギギク																	野													野	野			
キク	タワダギク																野	野													野	野			
キク	モクビャッコウ	○	○	○	○		○	○	○		○	○			○	○	○	○		○	○	○	○	○	植	●		植			硫		II	I	II
ガマズミ	ハクサンボク				○				○						○		○	○	○	○	○		○		○	○	○	○	○	○					
ガマズミ	オオシマガマズミ																							●	●							固		I	II

科	種	尖閣	与那国	波照間	西表	小浜	黒島	竹富	石垣	*宮他	伊良	宮古	南大	北大	久米	粟国	*沖他	沖縄	伊江	伊是	伊平	与論	沖永	徳之島	奄美	喜界	宝	黒~悪	屋久	種子	小笠原	備考	RDB*		
																																	沖	鹿	全
ガマズミ	ゴモジュ														●	○		○	植	?		?		○	○	●						固		NT	
ガマズミ	サンゴジュ	○	○		○			○	○						○		○	○	○		○		○	○	○			○	○	○					
ガマズミ	ニワトコ																								●										
スイカズラ	ハマニンドウ		○		○		○		○			○			○		○	○	○	○	○		○	○	○		○	○	○	○					
スイカズラ	ヒメスイカズラ		●						○			○						○	○				?	●								固	II	I	IA
スイカズラ	スイカズラ																									?		?	○	○		野			
スイカズラ	タイワンツクバネウツギ								○									絶							●								IA	I	IA
トベラ	トベラ（広義）	○	○	○	○	○	○	○	○	○	○	○	○	○	○	○	○	○	○	○	○	○	○	○	○	○	○	○	○	○					
ウコギ	リュウキュウハリギリ				●				○			○			○		名	●														固			
ウコギ	カクレミノ	○	○		○				○						○			○		○	○		○	○	○	○		○	○	○					
ウコギ	リュウキュウヤツデ																	●			○		○	○	○	●						固		NT	
ウコギ	キヅタ	○														○		○					○	○		○	○	○	○	○					
ウコギ	ミツバウコギ											●																					IA		
ウコギ	フカノキ		○		○	○			○				○		○		○	○		○	○	○	○	○	○		○	○	○	○					
ウコギ	リュウキュウタラノキ									○	○	●						○	○		○		○	○	○	○	○	○	○	○					
島ごとの掲載植物種数		137	230	112	365	146	111	98	363		140	198	73	64	232	136		367	138	168	209	104	243	294	314	135	134								

学名索引

A

Abelia chinensis
  var. ionandra … 440
Abutilon
  grandifolium … 272
  indicum
    subsp. albescens … 272
    subsp. guineense … 272
    subsp. indicum … 272
Acacia confusa … 98
Acalypha wilkesiana … 209
Acanthaceae … 414–417
Acer
  amamiense … 253
  buergerianum … 252
  crataegifolium … 253
  diabolicum … 253
  insulare … 253
  itoanum … 252
Actinidia rufa … 331
Actinidiaceae … 331
Actinodaphne acuminata … 49
Adinandra
  ryukyuensis … 302
  yaeyamensis … 303
Adina pilulifera … 350
Adoxaceae … 436–439
Aeschynanthus acuminatus…400
Aidia … 347
  canthioides … 347
  cochinchinensis … 347
Alangium … 290
  platanifolium … 290
  premnifolium … 290
Albizia
  julibrissin var. glabrior … 117
  kalkora … 117
  lebbeck … 118
  retusa … 116
Alchornea
  davidii … 208
  liukiuensis … 208
Aleurites moluccana … 201
Allamanda
  cathartica … 374
    'Grandiflora' … 374
    'Hendersonii' … 374
    'Williamsii' … 374
  schottii … 375
  violacea … 375
Allophylus timoriensis … 254
Alnus
  formosana … 183
  japonica var. formosana … 183
  sieboldiana … 183
Alocasia
  cucullata … 56
  odora … 56
Alpinia
  flabellata … 73
  formosana … 72
  intermedia … 73
  zerumbet … 72
Altingiaceae … 89
Amaranthaceae … 283
Amorpha fruticosa … 111
Ampelopsis glandulosa
  var. hancei … 94
  var. heterophylla … 94
Anacardiaceae … 246–248
Annonaceae … 39
Anodendron affine … 367
Antidesma
  japonicum … 220
  pentandrum … 221
Antigonon leptopus … 285
Aphananthe aspera … 151
Apocynaceae … 367–379
Aquifoliaceae … 428–433
Araceae … 56–59
Aralia
  elata … 448
  ryukyuensis
    var. inermis … 448
    var. ryukyuensis … 448
Araliaceae … 442–448
Araucaria heterophylla … 28
Araucariaceae … 28
Archidendron lucidum … 113
Archontophoenix alexandrae…70
Ardisia
  crenata … 311
  crispa … 314
  cymosa … 314
  elliptica … 311
  japonica … 316
  pusilla var. liukiuensis … 315
  quinquegona … 313
  sieboldii … 312
  walkeri … 315
Areca … 71
Arecaceae … 68–71
Arenga ryukyuensis … 69
Aristolochia
  kaempferi … 36
  liukiuensis … 36
  shimadae … 37
  zollingeriana … 37
Aristolochiaceae … 36, 37
Artocarpus
  heterophyllus … 154
  incisus … 154
Asteraceae … 435, 436
Aucuba japonica
  var. ovoidea … 342
Avicennia marina … 414

B

Bambusa
  multiplex … 74
  vulgaris … 74
Barringtonia
  asiatica … 297
  racemosa … 296
Bauhinia
  × blakeana … 97
  purpurea … 97
  variegata … 97
    var. candida … 97
Beilschmiedia erythrophloia … 48
Benkara sinensis … 349
Berchemia
  lineata … 149
  racemosa
    var. stenosperma … 149
Betulaceae … 183
Bignoniaceae … 418–424
Bischofia javanica … 211
Blastus cochinchinensis … 243
Boehmeria densiflora … 175
Bombax ceiba … 277
Boraginaceae … 380–384
Bougainvillea
  × buttiana … 288
  glabra … 288
  peruviana … 288
  spectabilis … 288
Bredia
  hirsuta … 241
  okinawensis … 241
  yaeyamensis … 242
Bridelia balansae … 213
Broussonetia papyrifera … 173
Brugmansia
  arborea … 392
  × candida … 392
  cornigera … 392
  suaveolens … 392
Bruguiera gymnorhiza … 196
Buddleja
  curviflora … 403
    f. venenifera … 403
  lindleyana … 403
Buxaceae … 88, 89
Buxus
  liukiuensis … 89

microphylla
subsp. microphylla
var. japonica … 88
subsp. sinica … 88

C

Cactaceae … 289
Caesalpinia
bonduc … 122
crista … 121
decapetala … 121
major … 123
pulcherrima … 119
Calliandra haematocephala…119
Callicarpa
formosana … 406
japonica var. luxurians … 404
oshimensis
var. iriomotensis … 405
var. okinawensis … 405
var. oshimensis … 405
pilosissima … 406
Calophyllaceae … 226
Calophyllum inophyllum … 226
Camellia
japonica
var. hozanensis … 319
var. macrocarpa … 319
lutchuensis … 321
miyagii … 320
sasanqua … 320
sinensis … 320
Canavalia
cathartica … 132
lineata … 132
rosea … 131
Cannabaceae … 150–153
Capparaceae … 281
Caprifoliaceae … 439, 440
Carica papaya … 280
Caricaceae … 280
Cassia fistula … 109
Cassytha
filiformis
var. duripraticola … 54
var. filiformis … 54
glabella … 54
pergracilis … 54
pubescens … 54
Castanopsis
cuspidata … 176
sieboldii
subsp. lutchuensis … 176
Casuarina
cunninghamiana … 182
equisetifolia … 182
nana … 182
Casuarinaceae … 182
Ceiba speciosa … 276
Celastraceae … 184–191
Celastrus
kusanoi var. glaber … 191
punctatus … 191
Celtis
biondii
var. heterophylla … 151
var. insularis … 151
boninensis … 150
jessoensis … 150
sinensis … 150
Cerasus campanulata … 134
Cerbera manghas … 376
Cestrum nocturnum … 388
Chloranthaceae … 34
Cinnamomum
camphora … 42
f. linaloolifera … 42
daphnoides … 45
doederleinii … 44
var. pseudodaphnoides… 44
sieboldii … 45
× takushii … 44
yabunikkei … 43
Citrus
depressa … 262
tachibana … 263
Clematis
chinensis var. chinensis … 84
javana … 81
leschenaultiana … 80
meyeniana … 83
pierotii … 81
tashiroi … 83
terniflora var. terniflora … 84
uncinata
var. okinawensis … 82
var. ovatifolia … 82
Clerodendrum
japonicum … 409
trichotomum … 408
var. esculentum … 408
var. fargesii … 408
var. trichotomum … 408
Cleyera japonica … 303
var. morii … 303
Clusiaceae … 227
Coccoloba uvifera … 285
Cocculus
laurifolius … 76
orbiculatus … 77
trilobus … 77
Cocos nucifera … 71
Codiaeum variegatum … 210
Colubrina asiatica … 147
Combretaceae … 228–230
Convolvulaceae … 385–387
Coptosapelta diffusa … 355
Cordia
aspera subsp. kanehirae … 383
dichotoma … 383
Cornaceae … 290, 291
Cornus kousa
subsp. chinensis … 291
Crateva formosensis … 281
Crossostephium chinensis … 436
Croton cascarilloides … 209
Cryptostegia grandiflora … 373
Cuphea hyssopifolia … 235
Cupressaceae … 30
Cyathea
lepifera … 22
podophyla … 24
spinulosa … 23
Cyatheaceae … 22–24
Cycadaceae … 26
Cycas revoluta … 26
Cyclea insularis … 78
Cyrtandra yaeyamae … 400

D

Dalbergia candenatensis … 126
Damnacanthus
biflorus … 365
indicus … 364
var. indicus … 364
var. intermedius … 364
var. major … 364
var. microphyllus … 364
var. parvispinus … 364
okinawensis … 365
Daphne kiusiana … 279
Daphniphyllaceae … 92, 93
Daphniphyllum … 92, 93
macropodum
subsp. macropodum … 93
tajimannii … 92
Debregeasia orientalis … 175
Deeringia polysperma … 283
Delonix regia … 114
Dendrolobium umbellatum … 101
Dendropanax
iriomotensis … 443
trifidus … 443
Derris trifoliata … 127
Desmodium
gangeticum … 99
heterocarpon … 133
incanum … 133
Deutzia
naseana
var. amanoi … 294
var. macrantha … 294
var. naseana … 294
yaeyamensis … 295
Dimocarpus longan … 251
Dioscorea cirrhosa … 369
Diospyros … 306–310

egbert-walkeri … 307
eriantha … 310
japonica … 309
kaki … 309
lotus … 309
maritima … 308
morrisiana … 306
oldhamii … 310
Diplomorpha
phymatoglossa … 279
Diplospora dubia … 348
Discocleidion ulmifolium … 202
Distylium racemosum … 90
Dodonaea viscosa
var. angustifolia … 254
var. viscosa … 254
Dombeya wallichii … 278
Duranta erecta
'Alba' … 426
'Takarazuka' … 426
'Yellow Leaf' … 426
Dypsis lutescens … 71

E

Ebenaceae … 306–310
Ehretia
acuminata var. obovata … 380
dicksonii … 381
microphylla … 382
philippinensis … 382
Elaeagnaceae … 144, 145
Elaeagnus
glabra … 144
liukiuensis … 144
macrophylla … 145
thunbergii … 144
umbellata … 145
var. rotundifolia … 145
Elaeocarpaceae … 192–194
Elaeocarpus
japonicus … 193
multiflorus … 194
sylvestris var. ellipticus … 192
Eleutherococcus trifoliatus
var. trifoliatus … 446
Entada
koshunensis … 125
phaseoloides … 125
subsp. tonkinensis … 124
tonkinensis … 124
Epipremnum
aureum … 57
pinnatum … 58
Ericaceae … 332–339
Erycibe henryi … 387
Erythrina
crista-galli … 99
variegata … 100
Euchresta
formosana … 110
japonica … 110
Eugenia uniflora … 237
Euonymus
carnosus … 184
chibae … 186
fortunei
var. austroliukiuensis … 188
japonicus … 188
lutchuensis … 185
spraguei … 187
tashiroi … 185
trichocarpus … 187
Euphorbia pulcherrima … 201
Euphorbiaceae … 198–210
Eurya
emarginata
var. emarginata … 299
var. glaberrima … 299
var. minutissima … 299
var. ryukyuensis … 299
japonica … 298
var. australis … 298
osimensis … 302
var. kanehirae … 302
sakishimensis … 300
yaeyamensis … 301
zigzag … 300
Euscaphis japonica … 245
Excoecaria
agallocha … 198
cochinchinensis … 198
formosana
var. daitoinsularis … 199
var. formosana … 199

F

Fabaceae … 96–133
Fagaceae … 176–181
Falcataria moluccana … 118
Fatsia japonica
var. liukiuensis … 444
Ficus
altissima … 156
ampelas … 162
bengalensis … 157
benguetensis … 166
benjamina … 158
caulocarpa … 161
cyathistipula 'Hawaii' … 158
elastica … 156
erecta … 168
f. sieboldii … 168
var. beecheyana … 168
irisana … 163
microcarpa … 159
pumila … 169
religiosa … 157
sarmentosa
subsp. nipponica … 170
septica … 165
subpisocarpa … 160
thunbergii … 170
viregate … 167
virgata … 164
Firmiana simplex … 266
Flagellaria indeica … 74
Flagellariaceae … 74
Flemingia
macrophylla
var. philippinensis … 102
strobilifera … 102
Flueggea
suffruticosa … 212
trigonoclada … 212
Fraxinus
griffithii … 399
insularis … 398
Freycinetia
formosana … 63
williamsii … 62

G

Galactia tashiroi … 133
f. yaeyamensis … 133
Garcinia subelliptica … 227
Gardenia jasminoides … 344
Gardneria
liukiuensis … 366
multiflora … 366
nutans … 366
shimadae … 366
Garryaceae … 342
Gesneriaceae … 400, 401
Glochidion … 216
Glycosmis parviflora … 256
Goodeniaceae … 434
Grewia rhombifolia … 274
Guettarda speciosa … 351
Gymnema sylvestre … 370
Gymnosporia diversifolia … 189
Gynochthodes
boninensis … 357
umbellata … 357

H

Hamamelidaceae … 90
Handroanthus
chrysotrichus … 418
impetiginosus … 419
Hedera rhombea … 445
Helicia cochinchinensis … 87
Helicteres angustifolia … 275
Heliotropium foertherianum… 384
Helwingia japonica
subsp. liukiuensis … 427
Helwingiaceae … 427
Heritiera littoralis … 267

Hernandia nymphaeifolia … 40
Hernandiaceae … 40, 41
Heterosmilax japonica … 64
Hibiscus
hamabo … 268
makinoi … 270
mutabilis … 270
penduliflorus … 271
rosa-sinensis … 271
schizopetalus … 271
tiliaceus … 269
Hoya carnosa … 371
Hydrangea … 292, 293
chinensis
var. yaeyamensis … 293
kawagoeana
var. grosseserrata … 292
var. kawagoeana … 292
liukiuensis … 293
Hydrangeaceae … 292, 293
Hylocereus
costaricensis … 289
undatus … 289
Hyophorbe
lagenicaulis … 70
verschaffeltii … 70

I

Icacinaceae … 340, 341
Idesia polycarpa … 225
Ilex
buergeri … 429
cornuta … 433
crenata … 431
var. tokarensis … 431
dimorphophylla … 433
goshiensis … 432
integra … 432
liukiuensis … 430
macrocarpa … 428
macropoda … 428
maximowicziana … 431
var. kanehirae … 431
var. maximowicziana … 431
micrococca … 428
rotunda … 433
warburgii … 429
Illicium
anisatum … 32
var. masa-ogatae … 32
tashiroi … 33
Illigera luzonensis … 41
Indigofera
suffruticosa … 106
tinctoria … 106
trifoliata … 133
zollingeriana … 106
Intsia bijuga … 104
Ipomoea
cairica … 386
carnea subsp. fistulosa … 385
indica … 386
pes-caprae … 385
Itea
japonica … 91
oldhamii … 91
Iteaceae … 91
Ixora
chinensis … 359
coccinea … 359
duffii … 359
javanica … 359

J

Jacaranda mimosifolia … 114
Jasminanthes mucronata … 367
Jasminum superfluum … 393
Jatropha integerrima … 210
Juniperus
chinensis 'Kaizuka' … 30
conferta … 30
taxifolia
var. lutchuensis … 30
var. taxifolia … 30

K

Kadsura
japonica … 33
matsudae … 33
Kalopanax septemlobus
var. lutchuensis … 442
Kandelia obovata … 197
Koelreuteria
henryi … 249
paniculata … 249
Korthalsella japonica … 282

L

Lagerstroemia
indica … 232
speciosa … 234
var. fauriei … 233
subcostata
var. subcostata … 233
Lamiaceae … 404–413
Lantana
camara … 425
subsp. aculeata … 425
subsp. camara … 425
hirsta … 425
× hybrida … 425
× mista … 425
montevidensis … 425
Lardizabalaceae … 76
Lasianthus
attenuatus … 361
curtisii … 362
fordii
var. fordii … 362
var. pubescens … 362
hirsutus … 360
hispidulus … 363
japonicus
var. taiheizanensis … 363
verticillatus … 361
Lauraceae … 42–54
Laurocerasus
spinulosa … 135
zippeliana … 135
Lecythidaceae … 296, 297
Lespedeza
liukiuensis … 101
thunbergii
subsp. formosa … 101
Leucaena leucocephala … 115
Ligustrum
japonicum … 396
f. pubescens … 396
var. spathulatum … 396
liukiuense … 397
tamakii … 397
Limonium
wrightii var. arbusculum … 284
f. albescens … 284
f. albolutescens … 284
wrightii var. wrightii … 284
Lindera communis
var. okinawensis … 49
Liquidambar formosana … 89
Litchi chinensis … 251
Lithocarpus edulis … 177
Litsea
coreana … 52
cubeba … 52
japonica … 53
Livistona chinensis
var. amanoi … 68
var. subglobosa … 68
Loganiaceae … 366
Lonicera
affinis … 439
hypoglauca … 439
japonica
var. miyagusukiana … 440
Loranthaceae … 282
Lotus taitungensis … 133
Lumnitzera racemosa … 230
Lycium
chinense … 387
sandwicense … 387
Lythraceae … 231–235

M

Maackia tashiroi … 111
Macaranga tenarius … 203
Machilus
japonica … 50

thunbergii … 51
Maclura cochinchinensis
var. gerontogea … 171
Maesa
japonica … 317
perlarius var. formosana … 317
Magnolia
compressa … 38
formosana … 38
Magnoliaceae … 38
Mallotus
japonicus … 204
paniculatus … 205
philippensis … 206
Malpighia emarginata … 223
Malpighiaceae … 222, 223
Malvaceae … 266–278
Malvastrum
coromandelianum … 274
Mangifera indica … 248
Mansoa alliacea … 424
Margaritaria indica … 213
Marsdenia
tinctoria … 369
tomentosa … 368
Melanolepis multiglandulosa … 207
Melastoma candidum
var. candidum … 240
Melastomataceae … 240–243
Melia azedarach … 265
Meliaceae … 265
Melicope triphylla … 255
Meliosma
arnottiana subsp. oldhamii
var. hachijoensis … 85
var. oldhamii … 85
var. rhoifolia … 85
rigida … 87
squamulata … 86
Menispermaceae … 76–79
Microtropis japonica … 190
var. sakaguchiana … 190
Monoon liukiuense … 39
Monstera deliciosa … 58
Moraceae … 154–175
Morella rubra … 181
Morinda citrifolia … 358
Morus
alba … 172
australis … 172
Mucuna
gigantea … 131
macrocarpa … 129
membranacea … 130
Murraya paniculata … 261
Mussaenda parviflora … 356
var. yaeyamensis … 356
Myrsine
seguinii … 316
stolonifera … 316
Myrtaceae … 235–239

N

Nageia nagi … 28
Neolitsea
aciculata … 47
sericea var. argentea … 47
sericea var. aurata … 46
sericea var. sericea … 46
Neoshirakia japonica … 200
var. ryukyuense … 200
Nerium oleander … 377
Nothapodytes
amamianus … 341
nimmonianus … 340
Nyctaginaceae … 286–288
Nypa fruticans … 69

O

Ochrosia
iwasakiana … 378
oppositifolia … 378
Odontonema strictum … 417
Ohwia caudata … 102
Oleaceae … 393–399
Oreocnide
frutescens … 174
pedunculata … 174
Ormocarpum
cochinchinense … 110
Osmanthus
heterophyllus … 393
insularis
var. insularis … 395
var. okinawensis … 395
iriomotensis … 393
marginatus … 394
Osteomeles anthyllidifolia
var. subrotunda … 142

P

Pachira aquatica … 277
Palaquium formosanum … 304
Paliurus ramosissimus … 147
Pandanaceae … 60–63
Pandanus
boninensis … 61
daitoensis … 62
odoratissimus … 60
utilis … 61
Paraderris elliptica … 126
Parsonsia alboflavescens … 371
Parthenocissus
heterophylla … 94
tricuspidata … 94
Passiflora edulis … 224
Passifloraceae … 224
Pemphis acidula … 232
Pentacoelium bontioides … 402
Pentaphylacaceae … 298–304
Pereskia aculeata … 289
Pericampylus glaucus … 77
Phanera japonica … 96
Phoenix
canariensis … 71
dactylifera … 71
roebelenii … 71
Photinia glabra
serratifolia … 136
wrightiana … 136
Phyllanthaceae … 211–221
Phyllanthus
hirsutus … 215
keelungensis … 215
liukiuensis … 220
nitidus … 214
oligospermus
subsp. donanensis … 219
reticulatus … 219
ruber … 217
sieboldianus … 216
tenellus … 220
triandrus … 217
vitis-idaea … 218
Picrasma quassioides … 264
Pieris
amamioshimensis … 339
japonica
subsp. Japonica
var. yakushimensis … 339
subsp. koidzumiana … 338
subsp. taiwanensis … 338
Pileostegia viburnoides … 295
Pinaceae … 27
Pinus luchuensis … 27
Piper
kadsura … 35
retrofractum … 34
Piperaceae … 34, 35
Pipturus arborescens … 174
Pisonia
aculeata … 286
umbellifera … 287
Pittosporaceae … 441
Pittosporum
boninense
var. lutchuense … 441
tobira … 441
Planchonella obovata … 305
var. dubia … 305
Plantaginaceae … 402
Pleioblastus
linearis … 74
nigra var. henonis … 74
reticulata … 74
Pluchea
carolinensis … 435
indica … 435

Plumbaginaceae … 284
Plumeria
obtusa … 379
rubra … 379
'Acutifolia' … 379
Poaceae … 74
Podocarpaceae … 28, 29
Podocarpus
fasciculus … 29
macrophyllus
f. macrophyllus … 29
f. spontaneus … 29
Polygonaceae … 285
Pongamia pinnata … 103
Pothos chinensis … 57
Pouteria campechiana … 306
Premna
microphylla
var. japonica … 411
var. microphylla … 411
nauseosa … 411
serratifolia … 410
Primulaceae … 311–317
Proteaceae … 87
Psidium
cattleyanum … 236
f. lucidum … 236
guajava … 236
Psychotria
manillensis … 353
rubra … 352
serpens … 354
Pterocarpus
indicus … 105
vidalianus … 105
Pueraria
lobata
subsp. lobata … 128
subsp. thomsonii … 128
montana … 128
Putranjiva matsumurae … 223
Putranjivaceae … 223
Pyrenaria virgata … 321
Pyrostegia venusta … 424

Q

Quercus
glauca var. amamiana … 179
miyagii … 178
phillyreoides … 180
f. wrightii … 180
salicina … 180
Quisqualis indica … 229

R

Radermachera sinica … 423
Ranunculaceae … 80–82
Rhamnaceae … 146–149
Rhamnella
franguloides … 148
inaequilatera … 148
Rhamnus
× calcicola … 146
kanagusukui … 146
liukiuensis … 146
Rhaphidophora
korthalsii … 59
liukiuensis … 59
Rhaphiolepis indica … 137
var. indica … 137
var. liukiuensis … 137
var. umbellate … 137
Rhizophora stylosa … 195
Rhizophoraceae … 195–197
Rhododendron … 332–335
amanoi … 333
eriocarpum
var. eriocarpum … 334
var. tawadae … 334
Hirado Group … 332
latoucheae
var. amamiense … 335
var. latoucheae … 335
scabrum … 332
var. angustifolium … 332
simsii … 333
tashiroi … 334
f. leucanthum … 334
var. lasiophyllum … 334
Rhodomyrtus tomentosa … 235
Rhus javanica
var. chinensis … 247
var. javanica … 247
Rhynchotechum discolor … 401
var. austrokiushiuense … 401
var. discolor … 401
var. incisum … 401
Rosa
bracteata … 143
luciae … 143
f. glandulifera … 143
Rosaceae … 134–143
Rubiaceae … 343–365
Rubus
amamianus … 140
var. minor … 140
buergeri … 140
cardotii … 141
croceacanthus … 141
grayanus … 140
nesiotes … 139
okinawensis … 141
parvifolius … 142
f. concolor … 142
sieboldii … 138
swinhoei … 139
× utchinensis … 139
Russelia equisetiformis … 402
Rutaceae … 255–263
Ryssopterys timoriensis … 222

S

Sabiaceae … 85, 86, 87
Sageretia thea … 148
var. tomentosa … 148
Salicaceae … 225
Sambucus
chinensis var. formosana… 439
racemosa subsp. sieboldiana
var. sieboldiana … 439
Santalaceae … 282
Sapindaceae … 249–254
Sapindus mukorossi … 250
Sapotaceae … 304, 305, 306
Sarcandra glabra … 34
f. flava … 34
Satakentia liukiuensis … 68
Saurauia tristyla … 331
Scaevola
taccada … 434
f. moomomiana … 434
f. taccada … 434
Schefflera
actinophylla … 447
arboricola … 446
heptaphylla … 447
Schima wallichii
subsp. mertensiana … 318
subsp. noronhae … 318
Schinus terebinthifolia … 247
Schisandraceae … 32, 33
Schoepfia jasminodora … 283
Schoepfiaceae … 283
Scolopia oldhamii … 225
Scrophulariaceae … 402, 403
Senna
corymbosa … 108
pendula … 108
surattensis … 108
Serissa japonica … 355
Sida
acuta … 275
rhombifolia
subsp. insularis … 275
subsp. retusa … 275
subsp. rhombifolia … 275
spinosa … 275
Simaroubaceae … 264
Sinoadina racemosa … 350
Sinomenium acutum … 78
var. cinereum … 78
Skimmia japonica
var. lutchuensis … 263
Smilacaceae … 64–67
Smilax
amamiana … 67
biflora … 67
bracteata … 66

var. verruculosa … 66
china var. yanagitae … 65
nervomarginata … 67
sebeana … 65
Solanaceae … 387–392
Solanum … 389–391
diphyllum … 389
erianthum … 390
macaonense … 391
miyakojimense … 389
spirale … 389
torvum … 391
violaceum … 389
Sonneratia alba … 231
Sophora tomentosa … 112
Spathodea campanulata … 422
Stachyuraceae … 245
Stachyurus praecox
var. lancifolius … 245
Staphyleaceae … 244, 245
Stauntonia hexaphylla … 76
Stephania
japonica … 79
longa … 79
Strobilanthes
flexicaulis … 415
tashiroi … 415
Styracaceae … 330
Styrax japonica … 330
var. kotoensis … 330
f. tomentosa … 330
Symplocaceae … 322–329
Symplocos
anomala … 323
caudata … 327
cochinchinensis … 327
formosana … 322
glauca … 329
konishii … 329
kuroki … 324
liukiuensis
var. iriomotensis … 326
var. liukiuensis … 326
nakaharae … 324
okinawensis … 323
prunifolia
var. prunifolia … 325
var. tawadae … 325
sonoharae … 323
stellaris … 328
Syzygium
buxifolium … 237
cumini … 239
jambos … 238
samarangense … 239

T

Tabebuia
donnel-smithii … 421
pallida … 420
rosea … 420
Tabernaemontana
divaricata … 378
'Flore Pleno' … 378
Tarenna gracilipes … 346
var. kotoensis … 346
Taxillus
nigrans … 282
yadoriki … 282
Tecoma stans … 421
Terminalia
catappa … 228
mantaly … 229
nitens … 228
Ternstroemia
gymnanthera … 304
Tetradenia riparia … 409
Tetradium
glabrifolium
var. glabrifolium … 261
var. glaucum … 260
Tetrapanax papyrifer … 445
Tetrastigma
formosanum … 93
liukiuense … 93
Theaceae … 318–321
Thespesia populnea … 268
Thevetia peruviana … 377
Thunbergia
affinis … 416
alata … 416
erecta … 416
grandiflora … 415
mysorensis … 416
Thymelaeaceae … 278, 279
Tibouchina grandifolia … 242
Toddalia asiatica … 255
Toxicodendron
succedaneum … 246
sylvestre … 246
Trachelospermum
asiaticum … 372
gracilipes var. liukiuense … 372
jasminoides
var. pubescens … 373
Trachycarpus fortunei … 68
Trema
cannabina … 153
orientalis … 152
Triadica sebifera … 200
Tristellateia australasiae … 222
Triumfetta
procumbens
var. procumbens … 273
var. repens … 273
rhomboidea … 273
Trochodendraceae … 88
Trochodendron … 88
aralioides … 88
Turnera ulmifolia … 224
Turpinia ternata … 244

U

Uraria
crinita … 107
lagopodioides … 107
picta … 107
Urceola micrantha … 370
Urena lobata
subsp. lobata … 275
subsp. sinuata … 275
Urticaceae … 174

V

Vaccinium
amamianum … 337
bracteatum … 337
wrightii … 336
Veitchia merrillii … 70
Verbenaceae … 425, 426
Viburnum
japonicum var. japonicum…436
odoratissimum
var. awabuki … 438
suspensum … 437
tashiroi … 437
Vitaceae … 93–95
Vitex
bicolor … 413
quinata … 413
rotundifolia … 412
trifolia … 412
Vitis
ficifolia var. ganebu … 95
flexuosa … 95
Volkameria inermis … 407

W

Wendlandia formosana … 345
Wikstroemia retusa … 278
Wisteria
floribunda … 127
japonica … 127

Z

Zanthoxylum
ailanthoides … 259
amamiense … 257
beecheyanum
var. alatum … 258
nitidum … 258
scandens … 256
schinifolium
var. okinawense … 257
Zingiberaceae … 72, 73

和名・別名・方言名索引

太字は写真掲載した和名と掲載ページ。細字は別名、方言名、文中で紹介したもの。

ア

'アーウィン'…… 248
アーカンダ…… 345
アータシ…… 204
アーモモ…… 304
アイカズラ…… 369
アウチ…… 265
アオイ科…… 266–278
アオイモドキ…… 274
アオカゴノキ…… 49
アオガシ…… 50
アオガンピ…… 278
アオキ…… 342
アオキ科…… 342
アオギリ…… 266
アオギリ科…… 266
アオツヅラフジ…… 77
アオツヅラフジ属…… 76–77
アオナワシロイチゴ…… 142
アオノクマタケラン…… 72
アオバナハイノキ…… 322, **326**
アオバノキ…… 322, **327**
アオモジ…… 52
アオヤギ…… 52, 398
アカカブリ…… 166
アカギ…… 10, **211**
アガキ…… 438
アカギモドキ…… 254
アカシア属…… 98
アカタコノキ…… 61
アカタッピ…… 208
アカツギ…… 211
アカツユ…… 247
アカテツ…… 305
アカテツ科…… 304–306
アカトゥリ…… 203
アカネ科（検索表）… 343–365
アカハダクスノキ…… 48
アカハダコバンノキ…… 11, **213**
アカハダノキ…… 113
アカバナー…… 271
アカバナイペー…… 419
アカバナハカマノキ…… 97
アカバナヒルギ…… 196
アカフラ…… 345
アカマミク…… 206
アカミズキ…… 343, **345**
アカミミズ…… 345
アカメイヌビワ…… 155, **166**
アカメガシワ…… 204
アカメガシワ属…… 204–206
アカヨーラ…… 100
アカリファ…… 209
アカン…… 211
アカンギ…… 39
アキグミ…… 145
アクチ…… 312, 313
アクチャー…… 313
アケビ科…… 76
アコウ…… 10, 155, **160**
アサ科…… 150–153
アサカ…… 352, 353
アザカ…… 352, 353
アサガオ…… 386
アザキ…… 60
アサグラー…… 447
アサグル…… 447
アサシキ…… 433
アサヒカズラ…… 285
アジサイ科…… 292–295
アジサイ属…… 292–293
アジムッチャガラ…… 432
アセビ属…… 338, 339
アセロラ…… 223
アダニ…… 60
アタニバギー…… 91
アダヌ…… 60
アダン…… 9, **60**
アチネーク…… 164
アツバクコ…… 8, **387**
アツバノボタン…… 242
アデク…… 237
アトモドレ…… 123
アトラ…… 254
アハカッツァ…… 367
アハカブリ…… 167
アハギ…… 211
アバタマサキ…… 187
アバタマユミ…… 187
アハブラギ…… 233
アフツ…… 312
アブラギィ…… 111, 294
アフリカンチューリップ…… 422
アホーギー…… 160
アマキ…… 281
アマクサギ…… 408
アマコッカ…… 317
アマシバ…… 322
アマミアセビ…… 12, **339**
アマミアラカシ…… 10, **179**
アマミイボタ…… 396
アマミエボシグサ…… 133
アマミカジカエデ…… 253
アマミザンショウ…… 257
アマミセイシカ…… 335
アマミヅタ…… 94
アマミナツヅタ…… 94
アマミヒイラギモチ…… 11, **433**
アマミヒサカキ…… 298, **302**
アマミヒトツバハギ…… 212
アマミヒメカカラ…… 64, **67**
アマミフユイチゴ…… 138, **140**
アマンジャ…… 76
アミガサギリ…… 208
アミフイバナ…… 385, 386
アメリカキンゴジカ…… 275
アメリカデイゴ…… 99
アメリカネナシカズラ…… 54
アメリカハマグルマ…… 10
アモキ…… 223
アラカシ…… 179
アラガタオオサンキライ…… 66
アラガタサンキライ…… 66
アラゲサクラツツジ…… 334
アラマンダ…… 374
アリアケカズラ…… 374
アリアケカズラ属…… 374–375
アリサンアイ…… 415
アリサンオオバライチゴ…… 141
アリサンバライチゴ… 138, **141**
アリドオシ…… 343, **364**
アリドオシ属…… 364–365
アリマウマノスズクサ…… 37
アレカヤシ…… 71
アワグミ…… 221
アワダン…… 255
アワブキ科…… 85–87
アワラン…… 255
アンギ…… 259
アンジギー…… 259
アンデスの乙女…… 108
アンバーギィ…… 232
アンマーチーチー…… 168
アンマンギ…… 305

イ

イイギリ…… 225
イーク…… 304
イエロークィーン…… 224
イカダカズラ…… 288
イカヌタマグ…… 112
イガブサ…… 351
イギ…… 213
イシギク…… 436
イシクルチヤ…… 278
イシバーギー…… 169
イシビ…… 438
イシフ…… 198
イシマチ…… 142, 170
イシマチカンジャ…… 372
イシムム…… 181
イジュ…… 10, 75, **318**
イジュミチ…… 186
イズセンリョウ…… 317
イスノキ…… 11, **90**

イセハナビ属…… 415
イソザンショウ…… 142
イソツギ…… 299
イソフジ…… 112
イソボーギー…… 142
イソマツ…… 8, **284**
イソマツ科…… 284
イソヤマアオキ…… 76
イタジイ…… 11, 176
イタチハギ…… 111
イタビ…… 168
イタビカズラ…… 155, **170**
イチジク属（検索表）… 155–170
イチビ属…… 272
イチャブ…… 168
イツニンキ…… 212
イッペイ…… 418, 419
イトカズラ…… 36
イトスナヅル…… 54
イヌエンジュ属…… 111
イヌガシ…… 47
イヌグス…… 51
イヌクワギマ…… 298
イヌザンショウ…… 257
イヌヂシャ…… 383
イヌツゲ…… 431
イヌビワ…… 155, **168**
イヌホオズキ…… 389
イヌマキ…… 29
イネ科…… 74
イビキ…… 292
イブキ…… 30
イペー…… 418, **419**
イボタクサギ…… 407
イボタノキ属…… 396–397
イラクサ科…… 174
イラハジャ…… 316
イラブナスビ…… 8, **389**
イランイランノキ…… 39
イリオモテカクレミノ…… 443
イリオモテキジョラン…… 368
イリオモテクマタケラン…… 73
イリオモテハイノキ… 322, **326**
イリオモテヒイラギ…… 393
イリオモテムラサキ…… 405
イリキケ…… 245
イリタマゴノキ…… 108
イルカンダ…… 120, **129**
イワガネ…… 174
イワキ…… 396
イワザンショウ…… 258
イワタバコ科…… 400–401
イワヅタイ…… 354
イワモジ…… 88
インカンキ…… 89
インギ…… 195
インギー…… 196, 197
インコジャザクラ…… 335
インタブ…… 50
インドゴムカズラ…… 373
インドゴムノキ…… 155, **156**
インドシクンシ…… 229
インドシタン…… 105
インドソケイ…… 379
インドヒモカズラ…… 10, **283**
インドボダイジュ…… 155, **157**
インドワタノキ…… 277
インヌクス…… 87

ウ

ヴィーチア属…… 70
ウーアサグル…… 443, 444
ウーグル…… 443
ウーシバキ…… 46
ウーハ…… 268
ウービーグ…… 23
ウーピンギ…… 196
ウーヤマダックワン…… 321
ウェンチノミ…… 235
ウオトリギ属…… 274
ウカバ…… 103
ウカファ…… 103
ウクヮンシンカンダ…… 33
ウコールギー…… 89
ウコギ科…… 442–448
ウコギ属…… 446
ウコンイソマツ…… 284
ウジクサ…… 102
ウシチカンダ…… 35
ウシヌタニ…… 40
ウジルカンダ…… 125, 129
ウシンフグリ…… 33
ウスク…… 160
ウスジロイソマツ…… 284
ウチギ…… 336
ウチワツナギ…… 452
ウツギ属…… 294–295
ウドノキ…… 10, 287
ウナズキヒメフヨウ…… 271
ウニムチガサ…… 72
ウヌハカギー…… 395, 399
ウバメガシ…… 180
ウフイチュビ…… 138
ウフバー…… 165
ウフバーブンキ…… 151
ウフワケィシ…… 303
ウマヌタニー…… 267
ウマノスズクサ科…… 36–37
ウミブドウ…… 285
ウミベマンリョウ…… 311
ウミマーチ…… 284
ウメーシギ…… 436
ウメーシダキナ…… 221
ウラジロアカメガシワ…… 205
ウラジロエノキ…… 152
ウラジロエノキ属…… 152–153
ウラジロガシ…… 180
ウラジロカンコノキ…… 217
ウラジロフジウツギ…… 403
ウラジロメダラ…… 448
ウリカエデ…… 253
ウリノキ…… 290
ウリノキ属…… 290
ウルシ科…… 246–248
ウルシ属…… 246
ウンシブ…… 347
ウンブギ…… 40

エ

エーモリ…… 216
エゴノキ…… 330
エゴノキ科…… 330
エゾエノキ…… 150
エノキ…… 150
エノキ属…… 150–151
エノキアオイ…… 274
エノキグサ属…… 209
エノキフジ…… 202
エノキマメ…… 10, **102**
エビヅル…… 95
エラブハイノキ…… 326
エンジェルス・トランペット… 392

オ

オウゴチョウ…… 119
オウゴンカズラ…… 10, **57**
オオアリドオシ…… 343, **364**
オオイタビ…… 155, **169**
オオイワガネ…… 174
オオカナメモチ…… 10, **136**
オーギ…… 160
オオキハギ…… 101
オオクサボク…… 287
オオゴチョウ…… 119
オオシイバモチ…… 429
オオシマアリドオシ…… 364
オオシマウツギ…… 294
オオシマガマズミ…… 437
オオシマガンピ…… 12, 13, **279**
オオシマコバンノキ…… 218
オオシマハイネズ…… 30
オオシマヒサカキ…… 302
オオシマムラサキ…… 405
オオツヅラフジ…… 78
オオツルウメモドキ…… 191
オオツルコウジ…… 315
オオニンジンボク…… 413
オオバアカテツ…… 304
オオバアコウ…… 155, **161**
オオバイチビ…… 272
オオバイヌビワ…… 155, **165**
オオバウマノスズクサ…… 36
オオバカナメモチ…… 136
オオバギ…… 9, **203**
オオバグミ…… 145
オオバケエゴノキ…… 330
オオバケカンコノキ…… 215
オオバゲッキツ…… 261
オオバコ科…… 402
オオバシコンノボタン… 240, **242**

オオバシラキ…… 200
オオバナアサガオ…… 373
オオバナアリアケカズラ…… 374
オオバナオオシマウツギ…… 294
オオバナサルスベリ…… 234
オオバナソシンカ…… 97
オオバナチョウセンアサガオ… 392
オオバネムノキ…… 117
オオバノボタン…… 242
オオバヒルギ…… 195
オオバフジボグサ…… 107
オオバプルメリア…… 379
オオバベニガシワ…… 208
オオバボンテンカ…… 275
オオハマボウ…… 9, **269**
オオバヤシャブシ…… 183
オオバヤドリギ…… 282
オオバヤドリギ科…… 282
オオバライチゴ…… 141
オオバルリミノキ…… 360, **361**
オオフカノキ…… 447
オオフトモモ…… 239
オーフリバナ…… 356
オオベニゴウカン…… 119
オオマツバシバ…… 54
オオムラサキシキブ…… 404
オーヤギ…… 253, 290
オーヤンギ…… 327
オガサワラタコノキ…… 61
オガタマノキ…… 38
オキナワイボタ…… 397
オキナワウラジロガシ… 11, **178**
オキナワウラジロイチゴ…… 139
オキナワウリノキ…… 290
オキナワガンピ…… 278
オキナワキョウチクトウ…… 376
オキナワグミ…… 144
オキナワコウバシ…… 49
オキナワサザンカ…… 320
オキナワサルトリイバラ… 64, **65**
オキナワジイ…… 11, **176**
オキナワシキミ…… 32
オキナワシタキヅル…… 367
オキナワシャリンバイ…… 137
オキナワジュズネノキ…… 365
オキナワジンコウ…… 198
オキナワスズムシソウ…… 415
オキナワセンニンソウ…… 80, **82**
オキナワソケイ…… 393
オキナワソヨゴ…… 432
オキナワツゲ…… 89
オキナワテイカカズラ…… 372
オキナワトベラ…… 441
オキナワニッケイ…… 45
オキナワハイネズ…… 8, 12, **30**
オキナワバライチゴ…… 138
オキナワヒサカキ…… 302
オキナワヒメウツギ…… 294
オキナワボタンヅル…… 82
オキナワマルバニッケイ…… 44
オキナワヤブムラサキ…… 405
オキナワヤマコウバシ…… 49
オクトパスツリー…… 447
オシロイバナ科…… 286-288
オトギリソウ科…… 227
オドントネマ属…… 417
オナガカエデ…… 253
オニヘゴ…… 24
オヒルギ…… 9, **196**
オモロカズラ…… 93
オルドガキ…… 310

カ

ガーガー…… 306
ガーキ…… 310
カーサギー…… 269
カーブイ…… 166
カーブンギー…… 166
カーライーク…… 321
カーライジョ…… 215
カーライゾ…… 214
ガーリックカズラ…… 424
ガーリックバイン…… 424
カイエンナット…… 277
カイコウズ…… 99
カイヅカイブキ…… 30
カエデ属…… 252-253
カエンカズラ…… 424
カエンボク…… 422
ガガ…… 306, 308
ガガイモ科…… 368
カカツガユ…… 171
カカヤンバラ…… 143
カキノキ…… 309
カキノキ科…… 306-310
カキノキダマシ…… 380
カキバカンコノキ…… 214
カキバチシャノキ…… 383
ガクウツギ…… 292
カクレミノ…… 443
カゴノキ…… 52
カサイ…… 205
カサヌパ…… 56
ガザンギ…… 413
ガザンギー…… 412
カシ…… 178
カジカエデ…… 253
カシギ…… 179
カジキ…… 227, 266, 270
カジクルー…… 324
カジクルボー…… 324
カジノキ…… 173
カジノハラセンソウ…… 273
カジマヤーギ…… 344
ガジマル…… 159
ガジャンギ…… 407
ガシヤンダヌ…… 62
ガジュマル…… 9, 155, **159**
カショウクズマメ…… 120, **130**
カシワバチョウセンアサガオ… 392
カタシ…… 319
カチラ…… 79
カツキ…… 266
カナキ…… 212
カナメモチ…… 136
カナメモチ属…… 136
カナリーヤシ…… 71
カニステル…… 306
カニブ…… 95
ガニブ…… 94
カニフンナー…… 95
カニンガムモクマオウ…… 182
カネブ…… 95
カネプシ…… 414
カバノキ科…… 183
カビギ…… 171, 173, 279
カビンギー…… 173
カブラ…… 165
カブレギ…… 199
カボチャアデク…… 237
カポック…… 446
ガマズミ属…… 436-438
カミエビ…… 77
カミキ…… 38, 278
カミノツマ…… 171
カミヤツデ…… 445
ガヤブリヤマミ…… 132
カラギ…… 45
カラコンテリギ…… 293
ガラサームック…… 53
ガラサギーマ…… 298, 299
ガラサヌファインタナ…… 353
カラスキバサンキライ…… 64
カラスギマ…… 299
カラスザンショウ…… 259
ガラスヌパン…… 284
カラタチバナ…… 314
ガランカザ…… 96
ガリア科…… 342
カワザクラ…… 146
カンコノキ…… 216
カンザー…… 322
カンザブロウノキ…… 327
ガンチョウギー…… 384
カンヒザクラ…… 134
ガンピ属…… 279

キ

キアサガオ…… 385
キーカズラ…… 357
キーカンダ…… 356
キイセンニンソウ…… 82
キイチゴ属（検索表）138-142
'キーツ'…… 248
ギーファーギ…… 185
キーフジ…… 296
ギーマ…… 336

ギィムル…… 437
キールンカンコノキ…… 215
キガゾー…… 333
ギキジャー…… 261
ギギチ…… 261
キク科…… 435–436
キジョラン…… 368
キジョラン属…… 368–369
キダキ…… 307
キダチアサガオ…… 385
キダチイヌホオズキ…… 389
キダチセンナ…… 108
キダチチョウセンアサガオ… 392
キダチニンドウ…… 439
キダチベニノウゼン…… 420
キダチルリソウ属…… 384
ギチギチカッツア…… 370
キッスス・シキオイデス…… 452
キヅタ…… 445
キツネノマゴ科…… 414–417
ギノクトデス属…… 357
キバナイソマツ…… 284
キバナイペー…… 418
キバナキョウチクトウ…… 377
キバナツルネラ…… 224
キバナテコマ…… 421
キバナランタナ…… 425
キバノタイワンレンギョウ… 426
キバンジロウ…… 236
キブシ…… 245
キブシ科…… 245
ギマ…… 336
キミノセンリョウ…… 34
キミノバンジロウ…… 236
キヤーン…… 127
キャーンギ…… 29
ギョウジャノミズ…… 95
キョウチクトウ…… 377
キョウチクトウ科…… 367–379
ギョクシンカ…… 343, **346**
ギョトウ…… 127
ギョボク…… 281
ギランイヌビワ…… 155, **167**
キリエノキ…… 153
キリモドキ…… 114
キレバヤマビワソウ…… 401
キワタノキ…… 277
キンギョボク…… 416
キングイヌビワ…… 162
ギンゴウカン…… 115
ギンゴウカン属…… 115
キンゴジカ…… 275
キンショクダモ…… 46
ギンタブ…… 46
キントラノオ科…… 222–223
ギンネム…… 10, **115**, 422
キンポウゲ科…… 80–84
キンレイジュ…… 421

ク

グァバ…… 236
クーガー…… 331
クースギー…… 35
クービ…… 144, 145
クール…… 66
クガ…… 52, 331
ククイノキ…… 201
クコ…… 387
クコ属…… 387
クサギ…… 408
クサギ属…… 407–409
クサギバ…… 408
クサスビ…… 220
クサヂナ…… 408
クサトベラ…… 8, **434**
クサトベラ科…… 434
クサノガキ…… 308
クサハギ…… 133
クサマキ…… 29
クサミズキ…… 340
クサミズキ属…… 340–341
クサレギ…… 425
クズ…… 128, 422
クスドイゲ…… 456
クスヌチ…… 42
クスノキ…… 42
クスノキ科…… 42–54
クスノキ属…… 42–45
クスノキモドキ…… 86
クスノハアカメガシワ…… 206
クスノハカエデ…… 10, **252**
クスノハガシワ…… 206
クズモダマ…… 129
グソウバナ…… 271
クダモノタマゴ…… 306
クダモノトケイソウ…… 224
クダリバナ…… 296
クダン…… 177
クダンカシ…… 177
クチナギ…… 344
クチナギヌウトゥ…… 346
クチナシ…… 343, **344**
クニガミクロウメモドキ…… 146
クニガミサンキライ…… 64
クニガミヒサカキ… 11, 298, **300**
クバ…… 68
クバディサー…… 228
クビ…… 145
クファギ…… 228
クフェア…… 235
クマタケラン…… 72
クマツヅラ科…… 425–426
クマヤナギ…… 149
クマヤナギ属…… 149
クミー…… 333
グミ科…… 144–145
グミモドキ…… 10, **209**
グムル…… 437
クメジマツツジ…… 333
クララ属…… 112
クリスマスベリー…… 247
クリプトステギア属…… 373
クルチ…… 307
クルボー…… 308, 325, 326
クルマーチ…… 284
クルミカンダ…… 367
クルンギ…… 148
クロイゲ…… 8, **148**
クロウメモドキ科…… 146–149
クロウメモドキ属…… 146
クロガネモチ…… 433
クロキ…… 322, **324**
クロキ(ハマセンダン)…… 260
クロキ(リュウキュウコクタン) 307
クロタキカズラ科…… 340–341
クロツグ…… 10, **69**
クロテツ…… 305
クロトチュウ…… 184
クロトン…… 210
クロニギ…… 148
クロバイ…… 322, **325**
クロバナエンジュ…… 111
クロヘゴ…… 24
クロボウ…… 39, 308
クロボウモドキ…… 39
クロマツ…… 27
クロモジ属…… 49
クローナ…… 103
クロヨナ…… 9, **103**
クロンボ…… 324
クワ…… 172
クワ科…… 154–173
クワ属…… 172
クワーギー…… 172
クワズイモ…… 56
クゥディーサー…… 228
クワノハイチゴ…… 139
クワノハエノキ…… 10, **150**
クワハチャグミ…… 175
クンチャーユーナ…… 203
グンバイヒルガオ…… 8, **385**

ケ

ケイヌビワ…… 155, **168**
ケウバメガシ…… 180
ケーカザ…… 127
ケーズ…… 381
ゲーマ…… 336
ケオオツヅラフジ…… 78
ケカンコノキ…… 215
ケクサトベラ…… 434
ケクロイゲ…… 148
ケサクラツツジ…… 334
ケシバニッケイ…… 44
ケシンテンルリミノキ… 360, **362**
ケスナヅル…… 54
ゲッキツ…… 261

ゲットウ…… 72
ケテイカカズラ…… 373
ケナガエサカキ…… 298, **303**
ケナシアオギリ…… 266
ケナシハテルマカズラ…… 273
ケナシハマヒサカキ…… 299
ケネズミモチ…… 396
ケハスノハカズラ…… 79
ケハダルリミノキ…… 360, **362**
ケヒサカキ…… 298
ケヒモカズラ…… 283
ケボタンヅル…… 81
ケラマツツジ…… 332

コ

コウーギ…… 51
コウシュウウヤク…… 76
コウシュンウマノスズクサ…… 37
コウシュンカズラ…… 9, **222**
コウシュンモダマ…… 125
コウチニッケイ…… 45
コウトウイヌビワ…… 166
コウトウエゴノキ…… 330
コウトウギョクシンカ…… 346
コウトウコマツナギ…… 106
コウトウタチバナ…… 311
コウトウヤマヒハツ…… 221
コウライシバ…… 8
コーカー…… 179
コーガー…… 50
コオズ…… 393
‘コート・ダジュール’…… 240
コーヒーモドキ…… 348
ゴールデンシャワー…… 109
コガクウツギ…… 293
コガネタケヤシ…… 71
コガネノウゼン…… 418
コガノキ…… 52
コカバコバンノキ…… 219
コキーナマ…… 254
コクテンギ…… 184
ココノエカズラ…… 288
コゴメムラサキ…… 405
ココヤシ…… 71
コジイ…… 176
ゴシュユ属…… 260–261
コショウ科…… 34–35
コショウノキ…… 279
コショウボク属…… 247
コソーカズラ…… 83
コダチアサガオ…… 385
コダチチョウセンアサガオ… 392
コダチヤハズカズラ…… 416
ゴッコゴーギー…… 37
コナラ属…… 178–180
コニシイヌビワ…… 167
コニシカンザブロウノキ…… 329
コニシハイノキ…… 322, **329**
コバテイシ…… 228
コバナアリアケカズラ…… 374
コバナキ…… 399
コバノアカテツ…… 305
コバノアマミフユイチゴ…… 140
コバノアリアケカズラ…… 374
コバノコバテイシ…… 229
コバノサンダンカ…… 359
コバノシチヘンゲ…… 425
コバノセンナ…… 108
コバノタマツバキ…… 396, 397
コバノチョウセンエノキ…… 151
コバノナンヨウスギ…… 28
コバノハスノハカズラ…… 79
コバノボタンヅル…… 80, **81**
コバノミヤマノボタン… 240, **241**
コバノランタナ…… 425
コバフンギ…… 153
ゴバンノアシ…… 297
コバンノキ類…… 213, 218–219
コバンモチ…… 193
コフジウツギ…… 403
コマツナギ属…… 106, 133
ゴマノハグサ科…… 402–403
コミカンソウ科…… 211–221
コミカンソウ属…… 214–220
コミノクロツグ…… 69
ゴムカズラ…… 370
ゴムノキ…… 156
ゴモジュ…… 437
コンギー…… 172
ゴンズイ…… 245
コンテリギ類…… 293
コンペイトウグサ…… 273
コンロンカ…… 343, **356**

サ

サーターギー…… 396
サーチグ…… 193
サァパムッチャガラ…… 433
ザアル…… 283
サカイダケ…… 74
サカキ…… 298, **303**
サカキ科（検索表）… 298–304
サカキカズラ…… 367
サガリバナ…… 9, **296**
サガリバナ科…… 296–297
サキシマイチビ…… 272
サキシマエノキ…… 10, **151**
サキシマスオウノキ…… 9, **267**
サキシマツツジ…… 333
サキシマハブカズラ…… 59
サキシマハマボウ…… 268
サキシマヒサカキ…… 298, **300**
サキシマフウトウカズラ…… 34
サキシマフヨウ…… 270
サキシマボタンヅル…… 80, **84**
サクラ…… 134, 332
サクラ属…… 134
サクラガンピ…… 279
サクラソウ科…… 311–317
サクラツツジ…… 334
サクララン…… 371
ザクロ…… 223
ササ…… 74
ササガー…… 438
ササキカズラ…… 9, **222**
ササバサンキライ…… 64, **67**
サザンカ…… 320
サターマガチ…… 396
サタギ…… 396
サツマイモ属…… 385–386
サツマサンキライ…… 64, **66**
サトイモ科…… 56–59
サニン…… 72
サネカズラ…… 33
サネヤクショ…… 88
サネン…… 72, 73
ザブル…… 207
ザフンギ…… 350
サボテン科…… 289
サラカチ…… 121
サラカチャー…… 143
サルカキ…… 121
サルカケミカン…… 255
サルスベリ…… 232
サルスベリ属…… 232–234
サルトカズラ…… 355
サルトリイバラ…… 65
サルトリイバラ科（検索表）64–67
サルトリイバラ属…… 65–67
サルナシ…… 331
サルヌマタ…… 404
サワフジ…… 296
サンカクサボテン…… 289
サンカクヅル…… 95
サンキラ…… 64, 65, 66, 67
サンゴジュ…… 438
サンシュユ属…… 291
サンショウ属…… 256–259
サンショウモドキ…… 247, 422
サンス…… 258
サンタンカ…… 359
サンダンカ…… 359
サンダンカ‘スーパー・キング’… 359
‘サンデリアナ’…… 288
サンニン…… 72
サンユウカ…… 378
サンヨウボタンヅル…… 82

シ

シーカーシャー…… 262
ジーカズラ…… 372
シイギ…… 176
シーグレープ…… 285
シークヮーサー…… 262
シイジムッチャ…… 429
シィジャ…… 176
シイ属…… 176
シイノキカズラ…… 120, **127**
ジーブター…… 244
シイモチ…… 429

シーワーギー…… 267
シェフレラ…… 446
シキミ…… 32
シキミ属…… 32–33
シクンシ…… 229
シクンシ科…… 228–230
シコンノボタン属…… 242
シザリ…… 44
シシアクチ…… 313
シジク…… 352
シソ科…… 404–413
シタキソウ…… 367
シダレガジュマル…… 158
シタン…… 105
シタン属…… 105
シチトウタラノキ…… 448
シチヘンゲ…… 425
シチヘンゲ属…… 425
シチャマギ…… 330
シトゥチ…… 26
シナクズ…… 128
シナタチバナ…… 314
シナノガキ…… 309
シナノクズ…… 128
シナマンリョウ…… 314
シナミサオノキ…… 349
シナヤブコウジ…… 11, **314**
シナヤマツツジ…… 333
シナヤマボウシ…… 291
シバキ…… 43
シバナクラギー…… 284
シバニッケイ…… 44
シバハギ…… 133
シバハギ属…… 99, 133
シバヤブニッケイ…… 44
シビ…… 445
シブー…… 309
シブガガ…… 309
シブガキ…… 309
シマアワイチゴ…… 140
シマイズセンリョウ…… 317
シマイチビ…… 272
シマイヌザンショウ…… 257
シマイヌツゲ…… 431
シマウオクサギ…… 410
シマウラジロイチゴ…… 139
シマウリカエデ…… 253
シマウリノキ…… 290
シマエンジュ…… 111
シマカナメモチ…… 136
シマクロキ…… 260
シマグワ…… 172
シマクワズイモ…… 56
シマコバンノキ…… 219
シマコンテリギ…… 293
シマサカキ…… 302
シマサルスベリ…… 233
シマサルナシ…… 331
シマシラキ…… 198
シマソケイ…… 378
シマタゴ…… 10, **398**
シマタコノキ…… 60
シマトネリコ…… 399
シマナンヨウスギ…… 28
シマネナシカズラ…… 54
シマハシカンボク…… 243
シマハビロ…… 351
シマハマボウ…… 269
シマヒョウタンボク…… 355
シマミサオノキ…… 343, **347**
シマムロ…… 30
シマモクセイ…… 395
シマヤマヒハツ…… 221
シマユーナ…… 268
シマユキカズラ…… 295
ジャカランダ…… 114
ジャケツイバラ……120, **121**
ジャケツイバラ属…… 119–123
シャシャンボ…… 337
ジャックフルーツ…… 154
ジャフン…… 350
シャリンバイ…… 137
ジャワザクラ…… 234
ジャワサンダンカ…… 359
ジャワナガコショウ…… 34
ジャワフトモモ…… 239
ジャンボラン…… 239
シューギ…… 402
シュートンギ…… 405
ジュランカツラ…… 426
ジュリグワーギー…… 184
シュロ…… 68
ショウガ科…… 72–73
ショウジョウボク…… 201
ショウベンノキ…… 244
ショウロウクサギ…… 408
ショウロクサギ…… 408
ジョーカイコー…… 201
ショージギー…… 53
シラキ…… 200
シラタマカズラ…… 343, **354**
シラチグ…… 193
シラマギ…… 330
ジルガキ…… 296
シルキ…… 207
シルキー…… 283
シルサクラ…… 335
シルダイ…… 348
シルハゴーギー…… 233
シルミズキ…… 348
シルムム…… 91
シロガジュマル…… 158
シロダモ…… 46, 47
シロツバキ…… 320
シロツブ…… 120, **122**
シロトベラ…… 441
シロバナイソマツ…… 284
シロバナサクラツツジ…… 334
シロバナソシンカ…… 97
シロバナタイワンレンギョウ…426
シロバナヒルギ…… 195
シロバナミヤコグサ…… 133
シロミミズ…… 343, **348**
シロヨナ…… 104
ジンガサ…… 272
ジンギ…… 398
ジンギウトゥ…… 399
ジングヮギー…… 218
シンダンギー…… 265
ジンチョウゲ科…… 278–279
ジンチョウゲ属…… 279
シンノウヤシ…… 71

ス

スイカズラ…… 440
スイカズラ科…… 439–440
ズイナ…… 91
ズイナ科…… 91
スーキ…… 384, 434
スグヌキ…… 87
スクランブルエッグツリー… 108
スズキ…… 434
スズメナスビ…… 391
スタビ…… 168
スタマキ…… 330
スチチ…… 26
スティーチャ…… 26
ステレオスペルマム…… 423
ストロベリーグァバ…… 236
スナヅル…… 8, **54**
スノキ属…… 336–337
スバガーニー…… 125
ズボンタ…… 445
スルスルバー…… 206
スルミチ…… 86

セ

セイシカ…… 335
セイシボク…… 198
セイシボク属…… 198–199
セイタカスズムシソウ…… 415
セイバンナスビ…… 391
セイロンマンリョウ…… 311, 422
センカクツツジ…… 334
センダン…… 265
センダン科…… 265
センダンキササゲ…… 423
センナ属…… 108–109
センニンソウ…… 80, **84**
センニンソウ属（検索表）80–84
センリョウ…… 34
センリョウ科…… 34

ソ

ソウザンハイノキ…… 327
ソウシジュ…… 10, **98**
ソーシギ…… 98
ソーミングサ…… 54
ソケイ属…… 393
ソシンカ…… 97

ソシンカ属…… 96–97
ソッケウバナ…… 335
ソテツ…… 10, **26**
ソテツ科…… 26
ソメイヨシノ…… 134
ソメシバ…… 325
ソメモノイモ…… 369
ソメモノカズラ…… 369
ソロソロギー…… 162
ソロハギ…… 102

タ

ターネラ・ウルミフォリア… 224
ターラシ…… 192
ダイサンチク…… 74
タイソーアザ…… 349
ダイトウシロダモ…… 47
ダイトウセイシボク…… 199
ダイトウビロウ…… 68
タイヘイヨウテツボク…… 104
タイミンタチバナ…… 316
タイリンヒメフヨウ…… 271
タイワンアカシア…… 98
タイワンアキグミ…… 144
タイワンアサガオ…… 386
タイワンアサマツゲ…… 88
タイワンアセビ…… 338
タイワンイチビ…… 272
タイワンウオクサギ…… 410
タイワンオガタマノキ…… 38
タイワンキジョラン…… 368
タイワンクズ…… 120, **128**
タイワンクロモジ…… 52
タイワンクワズイモ…… 56
タイワンコウバシ…… 49
タイワンウラジロイチゴ…… 139
タイワンコバンノキ…… 219
タイワンコマツナギ…… 106
タイワンシオジ…… 399
タイワンセンダンボダイジュ… 249
タイワンソクズ…… 439
タイワンタゴ…… 398
タイワンチトセカズラ…… 366
タイワンツクバネウツギ… 12, **440**
タイワンハギ…… 101
タイワンハマクサギ…… 411
タイワンハンノキ…… 183
タイワンヒメコバンノキ…… 218
タイワンフウ…… 89
タイワンフシノキ…… 247
タイワンミヤマトベラ…… 110
タイワンモクゲンジ…… 249
タイワンヤナギ…… 98
タイワンヤマツツジ…… 333
タイワンヤマツバキ…… 319
タイワンルリミノキ…… 360
タイワンレンギョウ…… 426
タカサゴイチビ…… 272
タカサゴコバンノキ…… 218
タカサゴシラタマ…… 331
タカナタマメ…… 120, **132**
'タカラヅカ'…… 426
タカワラビ科…… 23
タグリイチゴ…… 138
タケ…… 23, 74
タケ属…… 74
タコノキ…… 61
タコノキ科…… 60–63
タコノキ属…… 60–62
ダシカ…… 347
ダシチャ…… 347
タシロマメ…… 104
タチゲランタナ…… 425
タチシバハギ…… 133
タヂチューカンダ…… 355
タチノウゼン…… 421
タチバナ…… 263
タチバナアデク…… 237
タチハマゴウ…… 412
ダチュラ…… 392
タッピ…… 207
タデ科…… 285
タデハギ…… 453
タニワタリノキ…… 350
タヒ…… 204
タピシチャ…… 205
タブノキ…… 11, **51**
タブノキ属…… 50–51
タベブイア属 418,419,**420**,421
ダマキダ…… 310
タマグワーギ…… 404
タマゴバアリドオシ…… 364
タマザキゴウカン…… 113
タマザキヤマビワソウ…… 401
タマシダ…… 294
タマツナギ…… 10, **99**
タマツバキ…… 396
タマナ…… 226
タマミズキ…… 428
タマモクマオウ…… 182
タヤラチラギー…… 223
ダラギ…… 442, 448
タラサー…… 192
タラノキ…… 448
タラノキ属…… 448
タリカスギー…… 219
ダルス…… 127
タワダギク…… 435
タンカン…… 262
タンメーグリギー…… 76

チ

チーギ…… 305
チーギウトゥ…… 53
チギ…… 89
チコホーマメ…… 130
チサヌチ…… 380
チサン…… 85
チシャノキ…… 380
チシャノキ属…… 380–382
チタ…… 169
チチウリ…… 280
チチクワシア…… 371
チチジ…… 332, 333
チチンバナ…… 332
チトセカズラ…… 366
チバチ…… 319
チバチラン…… 371
チビカタマヤーガサ…… 203
チャーギ…… 29
チャノキ…… 320
チャンカニー…… 209
チョウセンアサガオ属…… 392
チリギ…… 225
チリントー…… 409
チンギ…… 193
チンジンソウ…… 439

ツ

ツィンギ…… 192
ツウダツボク…… 445
ツクバネウツギ属…… 440
ツゲ…… 88
ツゲ科…… 88–89
ツゲモチ…… 432
ツゲモドキ…… 10, **223**
ツゲモドキ科…… 223
ツザカギ…… 272
ツタ…… 94
ツタ属…… 94
ツツアギ…… 43
ツツジ科…… 332–339
ツツジ属…… 332–335
ツヅラフジ…… 78
ツヅラフジ科…… 76–79
ツバキ…… 319
ツバキ科…… 318–321
ツバキ属…… 319–321
ツブラジイ…… 176
ツルアカミノキ…… 316
ツルアダン…… 63
ツルアダン属…… 62–63
ツルウメモドキ属…… 191
ツルキリン…… 289
ツルグミ…… 144
ツルコウジ…… 315
ツルサイカチ属…… 126
ツルザンショウ…… 256
ツルネラ…… 224
ツルピニア・テルナタ…… 244
ツルヒヨドリ…… 10
ツルマサキ…… 188
ツルマンリョウ…… 316
ツルマンリョウ属…… 316
ツンベルギア…… 416

テ

ディーグ…… 100
テイカカズラ…… 372
テイカカズラ属…… 372–373

ト

ナ

ニ

ヌ

ヌルデアワブキ…… 85

ネ

ネコノチチ…… 148
ネコノチチ属…… 148
ネズミモチ…… 396
ネムノキ…… 117
ネムノキ属…… 116–118

ノ

ノアサガオ…… 10, **386**
ノウゼンカズラ科…… 418–424
ノーフォークマツ…… 28
ノダフジ…… 127
ノニ…… 358
ノブドウ…… 94
ノブドウ属…… 94
ノボタン…… 240
ノボタン科（検索表）… 240–243

ハ

パーマムチ…… 432
ハーミミズキ…… 345
ハイイバラ…… 143
ハイキンゴジカ…… 275
ハイスギ…… 30
ハイトバ…… 126
ハイトバ属…… 126
ハイネズ…… 30
ハイノキ科（検索表）322– 329
ハイビスカス…… 271
パウギー…… 58
パウダルコ…… 419
ハウチワノキ…… 254
バウヒニア類……97
ハウレンファー…… 241
バオバブ…… 276
ハカマカズラ…… 96
ハギカズラ…… 8, **133**
ハギ属…… 101
パキラ…… 277
ハキリン…… 289
ハクサンボク…… 436
バクチノキ…… 135
ハクチョウゲ…… 343, **355**
ハサス…… 429, 433
ハジ…… 246
バジ…… 56
ハシカンボク…… 240, **241**
ハシカンボク属…… 241-242
ハジキ…… 246
ハジャー…… 246
ハズ属…… 209
ハスノハカズラ…… 79
ハスノハギリ…… 8, 31, **40**
ハスノハギリ科…… 40–41
ハスノミカズラ… 120, 122, **123**
ハゼノキ…… 10, **246**
ハダカゲットウ…… 73
バタカンマユミ…… 184
ハタブラーキ…… 340
ハチコーギー…… 162
ハチコーンム…… 56
ハチジョウモクセイ…… 395
パッションフルーツ…… 224
ハテルマカズラ…… 8, **273**
ハテルマギリ…… 343, **351**
バテンギー…… 47
ハドノキ…… 174
ハナイカダ…… 427
ハナイカダ科…… 427
ハナガー…… 92
ハナガサノキ…… 343, **357**
ハナココ…… 36
ハナコミカンボク…… 8, **220**
ハナシンボウギ…… 256
ハナセンナ…… 108
ハナチョウジ…… 402
ハナフカノキ…… 447
ハナミョウガ属…… 72–73
ハナヤナギ属…… 235
ハナンバ…… 34
バニ…… 69
ハニガキ…… 350
ハネミノモダマ…… 130
パパイヤ…… 280
パパイヤ科…… 280
ハハジマハナガサノキ…… 357
パパヤ…… 280
ハビギ…… 171
ハビギー…… 173
ハブイ…… 74
パフゥギー…… 278
ハブカズラ…… 55, **58**
ハブカズラ属…… 57–58
ハブギ…… 199
ハブュキギー…… 112
ハマイチビ…… 269
ハマイヌビワ…… 155, **164**
ハマエンジュ…… 110
ハマカニーキ…… 230
ハマカニキ…… 229
ハマカンダ…… 385
ハマギク…… 436
ハマクコ…… 387
ハマクサギ…… 411
ハマクサギ属…… 410–411
ハマクネブ…… 76
ハマグルミ…… 267
ハマクワ…… 116
パマクワ…… 116
ハマゴウ…… 8, **412**
ハマゴウ属…… 412–413
ハマザクロ…… 194, **231**, 414
ハマサルトリイバラ…… 64, **65**
ハマシタン…… 12, 232
ハマジンチョウ…… 402
ハマスーキ…… 384
ハマセンダン…… 260, 261
ハマセンナ…… 110
ハマナタマメ…… 120, **132**
ハマナツメ…… 147
ハマニンドウ…… 439
ハマハイネズ…… 30
ハマヒサカキ…… 298, **299**
ハマヒルギ…… 402
ハマビワ…… 53
ハマビワ属…… 52–53
ハマベブドウ…… 285
ハマボウ…… 268
ハママミ…… 112
ハマムラサキノキ…… 384
バライチゴ…… 20
バラ科…… 134–143
バラカッツァ…… 121
バラ属…… 143
バラピ…… 22
パラボラッチョ…… 276
パラミツ…… 154
ハリギリ…… 442
ハリギリ属…… 442
ハリグワ属…… 171
ハリツルマサキ…… 189
バリバリノキ…… 49
ハリマツリ…… 426
ハリマツリ属……426
バルバドスチェリー…… 223
ハワイアン・ハイビスカス… 271
ハンケータブ…… 240
ハンコーギー…… 240
バンザクロ…… 236
バンシルー…… 236
バンジロウ…… 236
ハンチェーグヮー…… 96
バンティーシ…… 355
ハンドロアンサス属… 418–419
ハンヌチ…… 183
ハンノキ…… 183
ハンノキ属…… 183
パンノキ…… 154
パンパカ…… 132
バンブー…… 74
パンヤ科…… 277
パンヤノキ属…… 276
バンレイシ科…… 39

ヒ

ビーコーガ…… 49
ピーザーグサ…… 35
ピージナ…… 216
ビーパーシガラ…… 184
ヒイラギ…… 393
ヒイラギガシ…… 135
ヒイラギギク…… 435
ヒイラギズイナ…… 91
ヒイラギトラノオ属…… 223
ヒイラギモチ…… 433
ヒカゲヘゴ…… 11, 21, **22**
ヒカンザクラ…… 134
ヒギリ…… 409

ビキンータギー…… 149
ヒグ…… 22
ピケシ…… 30
ヒゴ…… 23
ヒザーメ…… 110
ヒサカキ…… 298
ヒサカキサザンカ…… 321
ヒサカキ属…… 298–302
ヒジギ…… 316
ビジナ…… 214
ヒシバウオトリギ…… 8, **274**
ヒジハリノキ…… 343, **349**
ビジン…… 217
ビシンニセジュズネノキ…… 364
ヒゼンマユミ…… 10, **186**
ピタヤ…… 289
ピタンガ…… 237
ヒチキ…… 316
ビツカザ…… 133
ヒツキラギ…… 164
ヒッチャシ…… 30
ヒトツバハギ…… 212
ヒトツバハギ属…… 212
ビナンカズラ…… 33
ピニキ…… 196, 197
ビヌッフカバ…… 104
ヒノキ科…… 30
ヒノキバヤドリギ…… 282
ビバーチ…… 34
ピバーツ…… 34
ヒハツ…… 34
ヒハツモドキ…… 34
ビビンギ…… 188
ヒメアリアケカズラ…… 375
ヒメアリドオシ…… 343, **364**
ヒメイタビ…… 155, **170**
ヒメイチビ…… 272
ヒメカカラ…… 67
ヒメクマヤナギ…… 149
ヒメクロウメモドキ…… 8, **146**
ヒメコウゾ…… 173
ヒメサザンカ…… 321
ヒメシャシャンボ…… 336
ヒメスイカズラ…… 440
ヒメツバキ…… 318
ヒメツバキ属…… 318
ヒメツルアダン…… 62
ヒメニッケイ…… 44
ヒメハブカズラ…… 59
ヒメモダマ…… 120, 124, **125**
ヒメユズリハ…… 92
ヒモサボテン属…… 289
ヒャクジツコウ…… 232
ビャクシン…… 30
ビャクシン属…… 30
ビャクダン科…… 282
ヒャクリョウ…… 314
ヒユ科…… 283
ビヨウカズラ…… 222
ビヨウタコノキ…… 61
ヒョウタンカズラ…… 343, **355**
ヒョンノキ…… 90
ヒラドツツジ…… 332
ヒラミカンコノキ…… 217
ヒラミレモン…… 262
ビランジュ…… 135
ヒルガオ科…… 385–387
ビルカズラ…… 79
ヒルギ科…… 195–197
ヒルギカズラ…… 9, 120, **126**
ヒルギダマシ…… 194, **414**
ヒルギモドキ…… 194, **230**
ビルマゴウガン…… 118
ビルマネム…… 118
ヒレザンショウ…… 12, **258**
ビロウ…… 10, **68**
ビロードボタンヅル…… 80
ピロステギア属…… 424
ヒロハタマミズキ…… 428
ヒロハツルグミ…… 144
ヒロハネム…… 117
ヒロハハウチワノキ…… 254
ヒロハミミズバイ…… 328
ビワバハイノキ…… 328
ビンギ…… 150
ピンクイペー…… 419
ピンクダチュラ…… 392
ピンクテコマ…… 420
ピンクボール…… 278
ヒンスーカザ…… 169
ビンドー…… 68
ビンロー…… 68

フ

ファーグヮーシバキ…… 44
ファイヤースパイク…… 417
ファグマ…… 397
ファゴーギー…… 135
ファナガギー…… 49
ファルカタリア属…… 118
フィカス・アルティシマ…155, **156**
フィカス'ハワイ'…… 155, **158**
フィカス・プミラ…… 169
フィジン…… 214, 216
フィナ…… 217
フィヌキウカバ…… 104
フィファチ…… 34
フィラジカ…… 206
フイリソシンカ…… 97
フイリハクチョウゲ…… 355
フウ…… 89
フウ科…… 89
ブーガキ…… 372
ブーゲンビレア…… 288
ブーシザキ…… 43
フーシバ…… 329
フーダラ…… 442
フウチョウボク科…… 281
フード…… 238
フウトウカズラ…… 35
フートー…… 238
フーバムィズィギ…… 410
フウリンブッソウゲ…… 271
フェーギ…… 313
フェーギー…… 312
フェニックス・ロベ…… 71
フガ…… 376
ブガ…… 358
フカノキ…… 447
フカノキ属…… 446–447
フクイギ…… 152
フクギ…… 227
フクギ科…… 227
プクギィ…… 227
フクジ…… 227
ブクブクーグーサ…… 81
ブクブクギー…… 252
フクマンギ…… 382
フクリンアカリファ…… 209
フサフジウツギ…… 403
フサラーキ…… 410
フサリャマイゾ…… 303
フジ…… 127
フジウツギ…… 403
フジウツギ属…… 403
プシキ…… 195, 197
フシノキ…… 247
フシノハアワブキ…… 85
フジボグサ…… 10, **107**
フジボハギ…… 107
フシマギ…… 184
フチマウトゥ…… 185
プッカカー…… 358
ブッソウゲ…… 271
ブドウ科…… 93–95
ブドウ属…… 95
フトモモ…… 238
フトモモ科…… 235–239
フトモモ属…… 237–239
ブナ科…… 176–180
プニキヤマー…… 254
フバ…… 68
フブキバナ…… 409
ブブルギー…… 382
フユイチゴ…… 140
フユー…… 270
フユザンショウ…… 457
フユヅタ…… 445
フヨウ…… 270
フヨウ属…… 268–271
ブラッサイア…… 447
フルフギー…… 180
プルメリア…… 379
フンキ…… 260
フンギ…… 149, 152, 153
ブンギ…… 150

ヘ

ペーサリヤ…… 272
ベーベーギー…… 218

ヘゴ…… 23
ヘゴ科…… 22–24
ヘツカニガキ…… 343, **350**
ベニゴウカン…… 119
ベニゴウカン属…… 119
ベニツツバナ…… 417
ベニデマリ…… 359
ベニバナインドソケイ…… 379
ヘリトリアカリファ…… 209
ペルーイカダカズラ…… 288
ベンカラ属…… 349
ベンガルボダイジュ… 155, **157**
ベンガルヤハズカズラ…… 415
ベンジャミン…… 155, **158**
ベンジャミンゴムノキ…… 158
ヘンヨウボク…… 210
ヘンヨウボク属…… 210

ホ

ポインセチア…… 201
ホウオウボク…… 114
ホウザンツヅラフジ…… 77
ホウザンツバキ…… 319
ホウショウ…… 42
ポウテリア属…… 306
ホウライアオカズラ…… 370
ホウライカガミ…… 371
ホウライカズラ…… 366
ホウライショウ…… 58
ホウライチク…… 74
ホウライツヅラフジ…… 77
ホウライムラサキ…… 406
ホウロクイチゴ…… 138
ポー…… 148
ホーガーギー…… 412
ホーギ…… 412
ホート…… 238
ホコバテイキンザクラ…… 210
ホザキイチゴ…… 139
ホソバイヌビワ…… 168
ホソバキンゴジカ…… 275
ホソバケラマツツジ…… 332
ホソバシャリンバイ…… 137
ホソバタブ…… 50
ホソバハマセンダン…… 261
ホソバフジボグサ…… 107
ホソバムクイヌビワ… 155, **162**
ホソバムラサキ…… 11, **406**
ホソバモクレイシ…… 190
ホソミアダン…… 62
ボタンヅル…… 81
ボチョウジ…… 343, **352**
ボチョウジ属…… 352–354
ホトウ…… 238
ポトス…… 57
ホルトカズラ…… 10, **387**
ホルトノキ…… 10, **192**
ホルトノキ科…… 192–194
ボロボロノキ…… 283
ボロボロノキ科…… 283
ホンコンオーキッドツリー…… 97
ボンテンカ…… 275
ボンテンカ属…… 275

マ

マーチ…… 27
マートゥムヌ…… 50
マーニ…… 69
マーミヌク…… 128
マイソルヤハズカズラ…… 416
マガシ…… 178
マキ…… 29
マキ科…… 28–29
マキ属…… 29
マクア・プアン…… 391
マグワ…… 172
マサキ…… 188
マサシ…… 393
マシュカズラ…… 83, 439
マダケ…… 74
マタサカーキ…… 344
マタタビ科…… 331
マチ…… 27
マチギ…… 27
マチポーヤ…… 354
マチン科…… 366
マツァープシ…… 230
マツ科…… 27
マツグミ科…… 282
マッコウ…… 189
マッコー…… 32
マッコーイク…… 32
マッコン…… 149
マツダモクセイ…… 394
マツブサ科…… 32–33
マツラニッケイ…… 47
マテバシイ…… 11, **177**
マニラヤシ…… 70
マニン…… 69
マミカンダー…… 128
マミク…… 252
マミハンジャ…… 128
マメ科…… 96–133
マメ科つる性木本検索表……120
マメガキ…… 309
マメヒサカキ…… 298, **299**
マヤーフィグ…… 22
マヤダスケ…… 361
マヤヌプスカッツァ…… 123
マヤプシキ…… 231
マユヌシプ…… 107
マユミ…… 184
マラクスイク…… 190
マラフクラ…… 434
マルバーカンダ…… 36
マルバアキグミ…… 145
マルバウツギ…… 294
マルバグミ…… 145
マルバサカキ…… 303
マルバサツキ…… 334
マルバチシャノキ…… 381
マルバニッケイ…… 45
マルバプルメリア…… 379
マルバルリミノキ…… 360, **361**
マルミカンコノキ…… 217
マルヤマカンコノキ…… 213
マンカホーギ…… 407
マングローブ樹木検索表……194
マンゴー…… 248
マンサク科…… 90
マンジューギ…… 280
マンジュマイ…… 280
マンソア属…… 424
マンリョウ…… 311

ミ

ミーアヂク…… 321
ミィパガキ…… 245
ミーハンチャ…… 240
ミィハンチャー…… 245
ミィフックワ…… 244
ミーフックヮー…… 376
ミカン科…… 255–263
ミカン属…… 262–263
ミキ…… 335
ミキヂョ…… 321
ミサオノキ…… 347
ミサオノキ属…… **347**, 349
ミジクルボー…… 329
ミズガンピ…… 8, 12, **232**
ミズキ科…… 290–291
ミズキ属…… 291
ミズビワソウ…… 400
'ミセス・バット'…… 288
ミソナオシ…… 102
ミソハギ科…… 231–235
ミツデガシワ…… 443
ミツバウコギ…… 446
ミツバウツギ科…… 244–245
ミツバノコマツナギ…… 133
ミツバハマゴウ…… 412
ミツバビンボウカズラ…… 93
ミツバビンボウカズラ属…… 93
ミドリモダマ…… 131
ミフクラギ…… 376
ミミジャギ…… 348
ミミズバイ…… 322, **329**
ミミンガ…… 404
ミヤギノハギ…… 101
ミヤコグサ属…… 133
ミヤコジマツヅラフジ…… 78
ミヤマアクチノキ…… 313
ミヤマシキミ…… 263
ミヤマシキミ属…… 263
ミヤマシロバイ…… 322, **323**
ミヤマトベラ…… 110
ミヤマトベラ属…… 110
ミヤマハシカンボク… 240, **243**
ミラシンクヮ…… 317
'ミルキー・ウェイ'…… 291

ミルクギーマ…… 220
ミンチューカズラ…… 368
ミンミンガー…… 407

ム

ムーチーガサ…… 72
ムクイヌビワ…… 10, 155, **163**
ムクノキ…… 151
ムクロジ…… 250
ムクロジ科…… 249–254
ムダマ…… 124
ムチギ…… 430, 432
ムチナラビ…… 429
ムチャガラ…… 430
ムックジ…… 250
ムッチャ…… 432
ムッチャガラ…… 431
ムツニーキー…… 430
ムニンエノキ…… 150
ムニンハナガサノキ…… 357
ムベ…… 76
ムラサキアリアケカズラ…… 375
ムラサキイソマツ…… 284
ムラサキイペー…… 419
ムラサキ科…… 380–384
ムラサキシキブ…… 404
ムラサキシキブ属…… 404–406
ムラサキソシンカ…… 97
ムラサキフトモモ…… 239
ムラサキモクワンジュ…… 97
ムラサキヤハズカズラ…… 416
ムンヌク…… 181

メ

メイフラワー…… 409
メーキ…… 335
メーシギ…… 436
メーヌナギー…… 110
メキシコハナヤナギ…… 235
メダケ属…… 74
メヒルギ…… 9, 194, **197**
メボタンヅル…… 81
メラノキシロンアカシア…… 98
メリケンマツ…… 182

モ

モイタナキ…… 91
モイマキ…… 164
モガシ…… 87, 192
モクキリン…… 289
モクゲンジ…… 249
モクゲンジ属…… 249
モクサ…… 397
モクセイ科…… 394–399
モクセイ属…… 393–395
モクセンナ…… 108
モクタチバナ…… 312
モクビャッコウ…… 8, **436**
モクマオ…… 175
モクマオウ…… 10, 182
モクマオウ科…… 182
モクレイシ…… 190
モクレン科…… 38
モダマ…… 120, **124**
モダマ属…… 124–125
モチツゲ…… 223
モチノキ…… 432
モチノキ科…… 428–433
モッカ…… 280
モッコク…… 304
モッコク科…… 298–304
モッコクモドキ…… 137
モッコロ…… 250
モミジバアサガオ…… 386
モミジバヒルガオ…… 386
モミジヒルガオ…… 10, **386**
モモイロイペー…… 419
モモイロノウゼン…… 420
モモタマナ…… 228
モモタマナ属…… 228–229
モリヘゴ…… 22
モルッカネム…… 118
モンステラ…… 58
モンパノキ…… 8, **384**

ヤ

ヤーモー…… 311
ヤイマナスビ…… 391
ヤイヤマシタン…… 104
ヤエサンユウカ…… 378
ヤエヤマアオキ…… 343, **358**
ヤエヤマウツギ…… 295
ヤエヤマガシ…… 178
ヤエヤマギョクシンカ…… 346
ヤエヤマクロバイ…… 322, **327**
ヤエヤマコクタン…… 307
ヤエヤマコンテリギ…… 293
ヤエヤマコンロンカ…… 356
ヤエヤマシキミ…… 33
ヤエヤマシタン…… 105
ヤエヤマシラタマ…… 331
ヤエヤマセイシカ…… 335
ヤエヤマセンニンソウ…… 80, **83**
ヤエヤマチシャノキ…… 382
ヤエヤマネコノチチ…… 148
ヤエヤマネムノキ…… 116
ヤエヤマノイバラ…… 10, **143**
ヤエヤマノボタン…… 240, **242**
ヤエヤマハギカズラ…… 133
ヤエヤマハマゴウ…… 413
ヤエヤマハマナツメ…… 147
ヤエヤマヒイラギ…… 393
ヤエヤマヒサカキ…… 298, **301**
ヤエヤマヒメウツギ…… 11, **295**
ヤエヤマヒルギ…… 9, 194, **195**
ヤエヤマフジボグサ…… 107
ヤエヤマヤシ…… 10, **68**
ヤエヤマヤマボウシ…… 291
ヤクシマアジサイ…… 292
ヤクシマアセビ…… 339
ヤクシマサルスベリ…… 233
ヤクシマツバキ…… 319
ヤクシマヒサカキ…… 298
ヤコウカ…… 388
ヤコウボク…… 388
ヤシ科…… 68–71
ヤシマキ…… 74
ヤツデ…… 444
ヤツデ属…… 444
ヤツドマル…… 444
ヤドリギ類…… 282
ヤドリコケモモ… 12, **337**, 339
ヤドリフカノキ…… 446
ヤナギイチゴ…… 175
ヤナギ科…… 225
ヤナギバナタオレ…… 395
ヤナギバモクセイ…… 395
ヤナギバモクマオ…… 175
ヤナギヤブマオ…… 175
ヤハズカズラ…… 416
ヤハズカズラ属…… 415–416
ヤハズキンゴジカ…… 275
ヤバネヒイラギモチ…… 433
ヤファラ…… 287
ヤブコウジ…… 316
ヤブコウジ属…… 311–316
ヤブツバキ…… 319
ヤブニッケイ…… 10, **43**
ヤブマオ属…… 175
ヤマアサ…… 269
ヤマオグマ…… 34
ヤマカジャ…… 37
ヤマカタシ…… 320
ヤマカンダ…… 386
ヤマギリ…… 442
ヤマグサ…… 34
ヤマクルチ…… 260
ヤマグルマ…… 88
ヤマグルマ科…… 88
ヤマグワ…… 172
ヤマザクラ…… 135, 146, 334
ヤマザニ…… 63
ヤマジン…… 190
ヤマズク…… 259
ヤマダックヮ…… 46
ヤマタバク…… 390
ヤマツバキ…… 319
ヤマデー…… 427
ヤマデキ…… 244
ヤマトゥクワギ…… 410
ヤマドリヤシ…… 71
ヤマヌバン…… 113
ヤマハズ…… 220
ヤマハゼ…… 246
ヤマヒッパーツ…… 220
ヤマヒハツ…… 220
ヤマヒハツ属…… 220–221
ヤマビワ…… 87
ヤマビワソウ…… 401
ヤマフクギ…… 152

ヤマフクン…… 378
ヤマボウシ…… 291
ヤマママミ…… 221
ヤマミカン…… 171
ヤマムーチ…… 73
ヤマムム…… 181
ヤマモガシ…… 87
ヤマモガシ科…… 87
ヤマモモ…… 181
ヤマモモ科…… 181
ヤマユーナ…… 204, 270
ヤマラックワン…… 320
ヤモーキ…… 174
ヤラボ…… 226
ヤロード属…… 378
ヤワラケガキ…… 310
ヤンジャマチ…… 79
ヤンダル…… 63
ヤンバルアカメガシワ…… 207
ヤンバルアリドオシ…… 343, **365**
ヤンバルアワブキ…… 85
ヤンバルゴマ…… 275
ヤンバルジュズネノキ…… 365
ヤンバルセンニンソウ…… 80, **83**
ヤンバルナスビ…… 390
ヤンバルマユミ…… 185
ヤンバルミミズバイ… 322, **328**
ヤンムチギー…… 432

ユ

ユイヌゴー…… 87
ユイピトゥガナシ…… 85
ユーカリフトモモ…… 239
ユーグル…… 443
ユーゲニア属…… 237
ユウナ…… 269
ユーナギィ…… 268
ユシギ…… 90
ユス…… 90
ユズノハカズラ…… 57
ユスラヤシ…… 70
ユズリハ…… 93
ユズリハ科…… 93
ユズリハ属…… 92–93
ユズル…… 92
ユナギー…… 269
ユムナ…… 92
ユワンギ…… 323

ヨ

ヨウテイボク…… 97
ヨージギ…… 52
ヨッパライノキ…… 276

ラ

ライチ…… 251
ラカンマキ…… 29
ラセンソウ属…… 273
ランタナ…… 422, **425**

リ

リュウガン…… 251
リュウキュウアオキ…… 352
リュウキュウアカマツ…… 27
リュウキュウアセビ… 11, 12, **338**
リュウキュウアリドオシ 343, **365**
リュウキュウアワブキ…… 85
リュウキュウイチゴ… 138, **140**
リュウキュウイヌマキ…… 29
リュウキュウウマノスズクサ… 36
リュウキュウエノキ…… 150
リュウキュウオオバツルウメモドキ 191
リュウキュウガキ…… 308
リュウキュウガネブ…… 95
リュウキュウカンヒザクラ… 134
リュウキュウクロウメモドキ 146
リュウキュウクロキ…… 324
リュウキュウコウガイ…… 197
リュウキュウコクタン… 307
リュウキュウコマツナギ…… 106
リュウキュウコンテリギ…… 293
リュウキュウサネカズラ…… 33
リュウキュウタラノキ…… 448
リュウキュウチク…… 11, **74**
リュウキュウチシャノキ…… 382
リュウキュウチトセカズラ 10, **366**
リュウキュウツバキ…… 321
リュウキュウツルウメモドキ 191
リュウキュウツルグミ…… 144
リュウキュウツルコウジ…… 315
リュウキュウツルマサキ…… 188
リュウキュウテイカカズラ… 372
リュウキュウテリハノイバラ… 143
リュウキュウトベラ…… 441
リュウキュウナガエサカキ…… 298, **302**
リュウキュウヌスビトハギ… 102
リュウキュウハイノキ… 322, **323**
リュウキュウハギ…… 101
リュウキュウハゼ…… 246
リュウキュウハナイカダ 10, **427**
リュウキュウバライチゴ…… 141
リュウキュウハリギリ…… 442
リュウキュウハンショウヅル… 81
リュウキュウフジウツギ…… 403
リュウキュウボタンヅル… 80, **81**
リュウキュウマツ…… 10, 11, 25, **27**
リュウキュウマメガキ…… 309
リュウキュウマユミ…… 185
リュウキュウミヤマシキミ… 263
リュウキュウミヤマトベラ… 110
リュウキュウモクセイ…… 394
リュウキュウモチ…… 430
リュウキュウモチノキ…… 430
リュウキュウヤツデ…… 444
リュウキュウルリミノキ …360, **362**
リンゴツバキ…… 319
リントウ…… 60
リンボク…… 135

ル

ルスン…… 38, 323
ルゾンクサギ…… 411
ルソンハマクサギ…… 411
ルッセリア…… 402
ルリミノキ属（検索表）360–363

レ

レイシ…… 251
‘レインボー’…… 288
レッドピタヤ…… 289
レンブ…… 239
レンプクソウ科…… 436–439

ロ

ロウノキ…… 246
ロクロギ…… 330
ロボク…… 23
ロンガン…… 251

ワ

ワーブルグモチ…… 429
ワケィシ…… 302
ワダツミノキ…… 341
ワタノキ…… 277
ワニグチモダマ…… 120, **131**
ワラビナケーサー…… 354
ワラベナカシャ…… 356
ワラベナカセ…… 354
ワンジュ…… 96

ン

ンガキ…… 264
ンジャギ…… 264
ンジュン…… 311
ンヂィー…… 143
ンバシ…… 56

主な参考文献

【琉球の樹木の分類・分布】

『琉球植物誌』, 初島住彦 , 沖縄物教育研究会 , 1975
『沖縄植物野外活用図鑑 全 10 巻』, 新星図書出版 , 池原直樹 , 1979
『増補訂正 琉球植物目録』, 初島住彦、天野鉄夫 , 沖縄生物学会 , 1994
『琉球列島維管束植物集覧 改訂版』, 島袋敬一 , 九州大学出版会 , 1997
『九州植物目録』, 初島住彦 , 鹿児島大学総合研究博物館 , 2004
『奄美群島植物目録』, 堀田満 , 鹿児島大学総合研究博物館 , 2013
『琉球弧・野山の花』, 片野田逸朗 著、大野照好 監修 , 南方新社 , 1999
『改訂版 レッドデータおきなわ - 菌類編・植物編 -』, 沖縄県 , 2006
『改訂・鹿児島県の絶滅のおそれのある野生動植物－植物編－』, 鹿児島県 , 2015
『沖縄生物学会誌 琉球列島植物分布資料 1-17』, 沖縄生物学会 , 1985-2004
『沖縄県社寺・御嶽林調査報告書』, 沖縄県教育庁文化課　編 , 沖縄県教育委員会 , 1981
『日本の重要な植物群落 南九州・沖縄版 熊本県・大分県・宮崎県・鹿児島県・沖縄県』, 環境庁　編著 , 1980
『日本の重要な植物群落 2　沖縄県版』, 環境庁　編著 , 1988
『トカラ列島悪石島の植物採集記録』, 森田康夫、丸野勝敏 , 鹿児島県立博物館研究報告 , 2003
『トカラ列島宝島・小宝島の植物』, 迫静男、上野博義 , 鹿児島大学農学部演習林報告 , 1981
『鹿児島県喜界島の植物採集記録』, 大屋哲 , 鹿児島県立博物館研究報告 , 2013
『喜界島の植物 , 木戸伸栄』, 鹿児島国際大学福祉社会学部論集 , 2012
『沖永良部島における植物相の概要と目録』, 新納忠人 , Nature of Kagoshima, 2013
『与論島の植物』, 木戸伸栄 , 鹿児島国際大学福祉社会学部論集 , 2015
『伊平屋、伊是名諸島の植物』, 新納義馬、新城和治 , 琉球大学文理学部紀要 理学篇 , 1959
『ふるさとの草木－伊是名諸島の植物図鑑－』, 仲田栄二　編著 , 伊是名村教育委員会 , 1995
『伊江島の植物図鑑』, 新里孝和・嵩原健二 , 伊江村教育委員会 , 2015
『粟国島植物目録』, 天野鉄夫 , 粟国村教育委員会 , 1981
『北大東島の植物図鑑』, 城間盛男　編・著 , 北大東村教育委員会 , 2011
『隆起環礁の島－南大東島の植物－』, 西浜良修 著 , 南大東村教育委員会 , 2004
『宮古群島の植物』, 初島住彦、天野鉄夫、宮城康一 , 沖縄県立自然公園候補地学術調査報告（宮古群島）, 1975
『狩俣御嶽及びその周辺の植物相の特徴』, 川上勲・天野鉄夫 , 沖縄県自然環境保全地域指定候補地学術調査報告 , 1979
『東平安崎根元周辺文化財及び自然環境調査報告書～植物相』, 川上勲・砂川博秋・佐藤宣子 , 宮古島市教育委員会 , 2009
『いらぶの自然』, いらぶの自然編集委員会　編著 , 1995
『石西礁湖小島嶼の植物相』, 知念美香 , 沖縄島嶼研究 , 1993
『波照間島の自然』, 奥土晴夫 , 新星出版 , 2012
『八重山の豆蔵』, 中尾裕　著 , 2015
『与那国島の植物』, 渋谷加奈子 著、宮良全修 監修 , 与那国町教育委員会 , 1995
『与那国島の自然と動植物』, 松村稔　編 , 与那国町教育委員会 , 2015
『尖閣諸島自然環境基礎調査事業 報告書』, 石垣市（水圏科学コンサルタント 受託）, 2015
『小笠原植物図譜 増補改訂版』, 豊田武司 , アボック社 , 2003
『小笠原諸島固有植物ガイド』, 豊田武司 , ウッズプレス , 2014
（その他、南大東、渡名喜、渡嘉敷、竹富などの各町村史）

【琉球の植生・地史】

『琉球列島の植生学的研究』, 鈴木邦雄 , 横浜国立大学環境科学研究センター紀要 , 1979
『日本植生誌 (10)　沖縄・小笠原』, 宮脇昭 編著 , 至文堂 , 1989
『中新世の方舟にのって（HORIZON Vol.40）』, 服部正策 , ホライゾン編集室 , 2014
『絵でわかる日本列島の誕生』, 堤之恭 , 講談社 , 2014

【植物全般】

『日本の野生植物 木本、草本、シダ』, 平凡社 , 1982-1992
『改訂新版 日本の野生植物 1-3』, 平凡社 , 2016
『原色日本植物図鑑 木本、草本』, 保育社 , 1957-1979
『Flora of Japan』, 講談社サイエンティフィク , 1993-2016
『山溪ハンディ図鑑 樹木の葉』, 林将之 , 山と溪谷社 , 2014
『山溪ハンディ図鑑 樹に咲く花 1-3』, 高橋秀男 , 勝山輝男 監修 , 山と溪谷社 , 2000-2001
『日本維管束植物目録』, 邑田仁、米倉浩司 , 北隆館 , 2012
『高等植物分類表』, 大場秀章 , アボック社 , 2009
『新しい植物分類学Ⅰ・Ⅱ』, 日本植物分類学会 監修 , 講談社サイエンティフィク , 2012
『日本の樹木』, 初島住彦 , 講談社サイエンティフィク , 1976
『日本の固有植物』, 加藤雅啓、海老原淳 , 東海大学出版会 , 2011
『増補改訂 日本帰化植物写真図鑑 第 2 巻』, 植村修二、池原直樹 ほか編・著 , 全国農村教育協会 , 2015
『日本の帰化植物』, 清水健美 編 , 平凡社 , 2003
『レッドデータプランツ 増補改訂新版』, 矢原徹一、横田昌嗣ほか , 山と溪谷社 , 2015

【園芸・造園植物】
『沖縄の都市緑化植物図鑑』, 海洋博覧会記念公園管理財団 , 海洋博覧会記念公園管理財団 , 1997
『沖縄園芸百科』, 比嘉照夫他 , 新報出版 , 1985
『沖縄園芸植物大図鑑 4 (熱帯花木)』, 白井祥平 著 , 沖縄教育出版 , 1980
『園芸植物大事典 1-2・別』, 塚本洋太郎 他著 , 小学館 , 1994
『A-Z 園芸植物百科事典』, クリストファー・ブリッケル編、英国王立園芸協会 監修 , 誠文堂新光社 , 2003
『日本で育つ熱帯花木植栽事典』, 坂崎信之・尾崎章 ほか著 , アボック社 , 2003
『観葉植物と熱帯花木図鑑』, 日本インドア・グリーン協会 編 , 誠文堂新光社 , 2009
『熱帯の有用果実』, 土橋豊 , トンボ出版 , 2000
『熱帯くだもの図鑑』, 海洋博覧会記念公園管理財団 監修 , 海洋博覧会記念公園管理財団 , 2009
『熱帯果樹の栽培』, 米本仁巳 著 , 農山漁村文化協会 , 2009
『沖縄のヤシ図鑑』, 中須賀常雄・高山正裕・金城道男 , ボーダーインク , 1992
『山溪カラー名鑑 観葉植物』, 高林成年他著 , 山と溪谷社 , 1991
『咲かせて楽しい育てて嬉しいブーゲンビレアの花』, 島袋武雄 , 2013
【琉球の樹木一般・利用文化】
『琉球列島有用樹木誌』, 天野鉄夫 , 琉球列島有用樹木誌刊行会 , 1982
『図鑑琉球列島有用樹木誌』, 天野鉄夫 著、澤岻安喜 写真 , 沖縄出版 , 1989
『琉球列島植物方言集』, 天野鉄夫 , 新星図書 , 1979
『熱帯植物要覧』, 熱帯植物研究会 編 , 大日本山林会 , 1984
『カラー百科シリーズ 1 沖縄の自然 植物』, 黒島寛松 , 新星図書 , 1974
『カラー百科シリーズ 3 沖縄の自然 秘境西表島』, 田中利典 , 新星図書 , 1975
『カラー百科シリーズ 5 沖縄の自然 熱帯花木』, 岸本高雄ほか , 新星図書 , 1976
『カラー百科シリーズ 7 沖縄の自然 植物誌』, 城間朝教 , 新星図書 , 1977
『沖縄の樹木』, 平良喜代志 著、新里孝和 監修 , 新星図書出版 , 1987
『沖縄の自然を楽しむ　植物の本』, 屋比久壮実 , アクアコーラル企画 , 2004
『沖縄の自然を楽しむ　野草の本』, 屋比久壮実 , アクアコーラル企画 , 2005
『沖縄の自然を楽しむ　海岸植物の本』, 屋比久壮実 , アクアコーラル企画 , 2008
『やんばる樹木観察図鑑』, 與那原正勝 , ぱる 3 企画 , 2010
『おきなわの自然図鑑 季節と生き物』, 遊原耕知 , 亜熱帯好奇心倶楽部ずんずん , 2012
『わが国の街路樹Ⅵ』, 国土技術政策総合研究所・緑化生態研究室 著 , 国土技術政策総合研究所 , 2009
『フィールドガイド 沖縄の生きものたち 改訂版』, 沖縄生物教育研究会 編 , 新星出版 , 2012
『沖縄やんばるフィールド図鑑』, 湊和雄 , 実業之日本社 , 2012
『花楽祭～ブログでつづる花日記～』, 比嘉正一 , 東南植物楽園 , 2009
【植物分類関係の学会誌等】
分類～ BUNRUI, 日本植物分類学会
Acta Phytotaxonomica et Geobotanica, 日本植物分類学会
植物研究雑誌～ The Journal of Japanese Botany, 株式会社ツムラ
植物地理・分類研究～ The journal of phytogeography and taxonomy, 植物地理・分類学会
American Journal of Botany, Botanical Society of America
Journal of the Botanical Research Institute of Texas, Botanical Research Institute of Texas
Phytotaxa, Magnolia Press
【web サイト】
BG Plants 和名－学名インデックス（YList）, 米倉浩司・梶田忠 (2003-), http://ylist.info
The Plants List, http://www.theplantlist.org/
南嶋から , http://irimuti.cocolog-nifty.com/
私の雑記帳 , http://makiron39.blog58.fc2.com/?style2=flower_lace_blue&index
MIRACLE NATURE@ 奄美大島の自然 , http://blog.goo.ne.jp/miracle_nature_amami
西表島植物図鑑 , http://motegin.com/iriomote_plant/
うちな～自然記 , http://uchina2010.ti-da.net/
野の花賛花 , http://hanamist.sakura.ne.jp/
GKZ 植物事典 , http://gkzplant2.ec-net.jp/index.html
おきなわ 緑と花のひろば , 沖縄県森林緑地課 , http://www.midorihana-okinawa.jp/
鳥平の自然だより , http://memobird2.exblog.jp/
ノパの庭 , http://nopanoniwa.jp/
yanbaru のブログ , http://yanbaru1.cocolog-nifty.com/blog/
うちなー通信 , http://utinatusin.com/
沖縄の植物 , http://koma33.web.fc2.com/
沖縄生物倶楽部 , http://okinamamono.ti-da.net/
久米島の植物 , 喜久里昭夫、人田英也 , http://katekaru.web.fc2.com/
あじまぁ沖縄 沖縄方言辞典 , https://hougen.ajima.jp/
Flora of China, http://www.efloras.org/flora_page.aspx?flora_id=2
Flora of Taiwan, 2nd edition, http://tai2.ntu.edu.tw/index.php
中国植物誌 , http://frps.eflora.cn/

著者紹介

大川智史 [おおかわ・ともし]（写真のイニシャル表記は O）

1969 年、三重県尾鷲市生まれ。京都大学大学院理学研究科生物科学専攻植物系統分類学修了 (理学博士)。大学院修士時代は琉球大学理学部の横田昌嗣教授に師事し琉球列島のスゲ属の分類学的研究を行う。学生時代は他に紀伊半島の照葉樹林の植生や、ブナ集団の遺伝構造なども研究。現在は日本全国の植物を見て調べるのが仕事を兼ねたライフワーク。

林 将之 [はやし・まさゆき]（写真のイニシャル表記は H）

1976 年、山口県田布施町生まれ、沖縄在住。樹木図鑑作家、編集デザイナー。千葉大学園芸学部卒業。造園設計を専攻中の学生時代に樹木に興味をもち、全国で葉のスキャン画像を収集している。幼少期より南国への憧れが強く、14 歳で奄美を旅行し、21 歳の時に伊江島で居候生活を経験。2014 年に沖縄本島読谷村に移住。著書に『山溪ハンディ図鑑 14 樹木の葉』（山と溪谷社）、『葉で見わける樹木』(小学館)、『樹皮ハンドブック』（文一総合出版）など多数。樹木鑑定サイト『このきなんのき』管理人。

謝辞

この図鑑は著者らだけでは到底完成させせることはできず、実に多くの方々に助けていただいた。中でも琉球大学の横田昌嗣教授には、自生種全般の原稿に目を通していただき、貴重な助言や新たな知見を数多くご教示いただいた。また、沖縄美ら島財団理事長の花城良廣氏や、愛植物設計事務所会長の山本紀久氏には、難解な植栽種の原稿に目を通していただき、内貴章世氏にはアリドオシ属の分類を、島袋武雄氏にはブーゲンビレア類の分類をご教示いただいた。加島幹男氏、阿部篤志氏、原千代子氏には、それぞれ西表、沖縄、奄美の貴重な植物情報をご提供いただいた。ご厚意に改めて感謝の気持ちを表したい。

特別協力（括弧内は提供写真に表記したイニシャル）

横田昌嗣 (M.Y) , 花城良廣 , 加島幹男 (M.K) , 阿部篤志 , 原千代子 (C.H) , 内貴章世 , 島袋武雄 , 山本紀久（N.Y）

協力（五十音順）

赤堀千里 , 飯島摩耶 (M.I), 飯島慎治 , 大宜見勝也 (K.O) , 小原祐二 (Y.O) , 加藤詩邦 , 木本行俊 , cocoloba, 齋藤佳秀 (Y.S), 佐々木あや子 (A.S) , 佐藤宣子 , 島袋ときわ , 末次健司 , 菅谷邦子 , 多田弘一（K.T）, 田畑節子 , 當銘立男 , 名嘉初美 , 中川昌人 , 西中蘭美雪 , 浜岡史子（F.H）, 樋口純一郎 , 広沢 毅（T.H), 藤本勝典 , 松村澄子 , 湊 和雄 , わだつみ館 , 渡邉タヅ子（T.W), 亘 悠哉

編集デザイン　林 将之
編集　椿 康一（文一総合出版）

扉写真上：琉球の最高峰・湯湾岳の森を望む（2016.10.1 奄美大島 O）
扉写真下：ヤエヤマヒルギと朝日（2006.12.8 西表島古見 O）

ネイチャーガイド 琉球の樹木　奄美・沖縄～八重山の亜熱帯植物図鑑

2016年11月15日　初版第1刷発行
2020年 4月10日　初版第2刷発行

著　者　大川智史　林 将之
発行者　斉藤 博
発行所　株式会社　文一総合出版
〒162-0812　東京都新宿区西五軒町 2-5
TEL：03-3235-7341　FAX：03-3269-1402
URL：https://www.bun-ichi.co.jp　振替：00120-5-42149
印　刷　奥村印刷株式会社

 ISBN978-4-8299-8402-4　Printed in Japan
NDC477　148mm × 210mm　488p

沖縄島（沖縄本島）周辺

慶良間列島
（慶良間諸島）
渡嘉敷村
座間味村
座間味島
儀志布島
黒島
阿嘉島
屋嘉比島
前島
久場島
渡嘉敷島
慶留間島
下地島
安室島
伊平屋島
伊平屋村
野甫島
具志川島
伊是名島
伊是名村
屋那覇島
辺戸岬
西銘岳
420ｍ
国頭村
古宇利島
大宜味村
城山172ｍ
伊江島
伊江村
今帰仁村
屋我地島
与那覇岳
503ｍ
本部町
嘉津宇岳
452ｍ
水納島
瀬底島
名護岳
345ｍ
東村
名護市
恩納村
沖縄島
（沖縄本島）
石川岳
203ｍ
宜野座村
読谷村
金武町
嘉手納町
うるま市
伊計島
北谷町
宮城島
沖縄市
平安座島
宜野湾市
浜比嘉島
浦添市
北中城村
藪地島
那覇市
中城村
津堅島
南風原町
西原町
与那原町
豊見城市
久高島
0
10
20
30km
糸満市
南城市
主な山と標高
N
中心市街地
喜屋武岬
八重瀬町